大数据创新人才
培养系列

大数据导论

第 2 版

林子雨◎编著

INTRODUCTION TO
BIG DATA
(2ND)

人民邮电出版社
北 京

图书在版编目（CIP）数据

大数据导论 / 林子雨编著. -- 2版. -- 北京 ：人
民邮电出版社，2024.7
（大数据创新人才培养系列）
ISBN 978-7-115-64185-4

Ⅰ．①大… Ⅱ．①林… Ⅲ．①数据处理 Ⅳ.
①TP274

中国国家版本馆CIP数据核字(2024)第070258号

内 容 提 要

本书详细阐述了培养复合型大数据专业人才所需要的大数据相关知识。全书共 10 章，内容包括大
数据概述、大数据与其他新兴技术的关系、大数据基础知识、大数据的应用、大数据的硬件环境、数据
采集与预处理、数据存储与管理、数据处理与分析、数据可视化、大数据分析综合案例。在大数据基础
知识部分，本书详细介绍了与培养学生的数据素养相关的知识，包括大数据安全、大数据思维、大数据
伦理、数据共享、数据开放、大数据交易和大数据治理。

本书可以作为高等院校大数据专业的导论课教材，也可供相关技术人员参考。

◆ 编　著　林子雨
责任编辑　孙　澍
责任印制　陈　犇

◆ 人民邮电出版社出版发行　　北京市丰台区成寿寺路 11 号
邮编　100164　电子邮件　315@ptpress.com.cn
网址　https://www.ptpress.com.cn
大厂回族自治县聚鑫印刷有限责任公司印刷

◆ 开本：787×1092　1/16
印张：19.75　　　　　　　2024 年 7 月第 2 版
字数：453 千字　　　　　 2024 年 11 月河北第 3 次印刷

定价：59.80 元

读者服务热线：(010)81055256　印装质量热线：(010)81055316
反盗版热线：(010)81055315
广告经营许可证：京东市监广登字 20170147 号

前　言

党的二十大报告明确指出"加快发展数字经济，促进数字经济和实体经济深度融合"。"十四五"时期是我国工业经济向数字经济迈进的关键时期，对大数据产业发展提出了新的要求，我们必须加快推进大数据技术的研究与应用创新，同时进一步加快大数据人才的培养。

本书第 1 版于 2020 年 9 月出版，距改版已有 3 年多的时间。本书第 1 版被很多高校选用，成为众多高校大数据导论课程的首选教材，内容很好地通过了教学实践的检验。编者也收到了大量来自教学一线大数据教师的来信，他们对本书提出了许多宝贵的改进意见和建议，在此表示衷心的感谢。同时，编者举办了多期全国高校大数据课程教师培训交流班和全国高校大数据教学研讨会，开展了全国高校大数据公开课巡讲活动，建立了大数据课程教师交流群，与全国高校大数据课程教师进行了广泛的接触、沟通和交流，更好地了解了当前国内高校大数据课程教学的发展需求和前进方向，这也为本书第 2 版的撰写奠定了很好的基础。可以说，一线教师的意见和建议是编者对本书进行改版的主要动力。与此同时，技术的发展进步是编者对本书进行改版的另一个重要因素。在过去 3 年里，大数据技术快速发展，MapReduce 的市场份额继续被蚕食，Spark 在批处理、SQL（Structured Query Language，结构化查询语言）查询、机器学习等领域优势凸显，Flink 在流计算市场站稳脚跟，Storm 不再有往日的"荣光"。基于上述两方面原因，编者对教材进行了补充和修订，这样不仅能够适应大数据技术的快速发展，保持教材的先进性和实用性，也能够更好地满足一线教师的实际教学需求。

本书共 10 章，详细阐述了培养复合型大数据专业人才所需要的大数据相关知识，其中第 5 章为新增章节，其余各个章节的内容相较第 1 版也进行了大量更新。各章主要内容如下。

第 1 章介绍了数据的概念、大数据时代、大数据的发展历程、世界各国的大数据发展战略、大数据的概念与影响、大数据的应用、大数据产业、大数据与数字经济及高校的大数据专业。

第 2 章介绍了云计算、物联网、人工智能、区块链、元宇宙的概念和应用，并阐述了大数据与云计算、物联网、人工智能、区块链、元宇宙之间的紧密关系。

第 3 章介绍了与培养大数据人才的数据素养息息相关的一系列大数据基础知识，包括大数据安全、大数据思维、大数据伦理、数据共享、数据开放、大数据交易和大数据治理。

第4章介绍了大数据在各领域的典型应用，包括互联网、生物医学、物流、城市管理、金融、汽车、零售、餐饮、电信和能源、体育和娱乐、安全及日常生活等。

第5章介绍了大数据的硬件环境，包括服务器的性能指标、服务器的分类及选购、系统的性能评估、硬件系统分析、网络设备、系统组网方案设计、数据中心等。

第6章介绍了数据采集的概念、要点、数据源、方法、网络爬虫，以及数据清洗、数据集成、数据转换、数据归约和数据脱敏。

第7章介绍了传统的数据存储与管理技术、大数据时代的数据存储与管理技术、大数据处理架构Hadoop、分布式文件系统HDFS、NoSQL数据库、云数据库、分布式数据库HBase及Spanner、OceanBase等。

第8章介绍了数据处理与分析的概念、基于统计学方法的数据分析、机器学习和数据挖掘算法、数据挖掘的方法体系、大数据处理与分析技术、大数据处理与分析的代表性产品等。

第9章介绍了数据可视化的概念、可视化图表和可视化工具等。

第10章介绍了一个大数据分析综合案例，帮助读者对大数据分析形成一个全局性的认识，从而了解综合运用大数据理论和技术的方法。

在本书第2版的编写过程中，厦门大学计算机科学与技术系硕士研究生阮敏朝、刘官山、黄连福、周凤林、吉晓函、刘浩然、周宗涛等做了大量辅助性工作，在此向他们表示衷心的感谢。同时，感谢夏小云老师在书稿校对过程中的辛勤付出。

本书免费提供配套资源，访问高校大数据公共课程服务平台即可获取，读者也可通过该平台反馈用书过程中发现的问题。

本书在撰写过程中参考了大量文献资料，对相关知识进行了系统梳理，有选择性地把一些重要知识纳入本书，在此向相关作者表示感谢。限于编者水平，本书依然存在不足之处，望广大读者不吝赐教。

林子雨

2024年7月于厦门大学大数据课程虚拟教研室

目　录

第1章
大数据概述

大数据时代的开启带来了信息技术的巨大变革,并深刻影响着社会生产和人们生活的方方面面。全球范围内,世界各国政府均高度重视大数据技术的研究和产业发展,纷纷把大数据技术上升为国家战略加以重点推进。企业和学术机构纷纷加大技术、资金和人员投入力度,加强对大数据关键技术的研发与应用,以期在第三次信息化浪潮中占得先机,引领市场。大数据已经不是"镜中花""水中月",它的影响力和作用力正迅速波及社会的每个角落,所到之处,或是颠覆,或是提升,让人们深切感受到了大数据实实在在的威力。

本章介绍数据、大数据时代、大数据的发展历程、世界各国的大数据发展战略、大数据的概念、大数据的影响、大数据的应用、大数据产业、大数据与数字经济以及高校的大数据专业。

1.1 数据

本节介绍数据的概念、数据的类型、数据的组织形式、数据的生命周期、数据的使用、数据的价值、数据爆炸和数商。

1.1.1 数据的概念

数据是指对客观事物进行记录并可以鉴别的符号,是对客观事物的性质、状态以及相互关系等进行记载的物理符号或这些物理符号的组合,是可识别的、抽象的符号。数据和信息是两个不同的概念,信息较为宏观,它由数据的有序排列组合而成,传达给读者某个概念或方法等;而数据是构成信息的基本单位,离散的数据几乎没有任何实用价值。

数据有很多种,比如数字、文字、图像、声音等。随着社会信息化进程的加快,我们在日常生产和生活中每天都在不断产生大量的数据,数据已经渗透到当今每个行业和业务职能领域,成为重要的生产要素。从创新到所有决策,数据推动着企业的发展,并使各级组织的运营更为高效。可以这样说,数据将成为每个企业获取核心竞争力的关键要素。数据资源已经和物质资源、人力资源一样,成为国家的重要战略资源,影响着国家和社会的安全、稳定与发展。因此,数据也被称为"未来的石油",如图 1-1 所示。

图 1-1　数据也被称为"未来的石油"

1.1.2　数据的类型

常见的数据类型包括文本、图片、音频、视频等。

（1）文本

文本数据是指不能参与算术运算的任何字符，也称为字符型数据。在计算机中，文本数据一般保存在文本文件中。文本文件是一种由若干行字符构成的计算机文件，常见格式包括 ASCII（American Standard Code for Information Interchange，美国信息交换标准代码）、MIME（Multipurpose Internet Mail Extensions，多功能互联网邮件扩展）和 TXT 等。

（2）图片

图片是指由图形、图像等构成的平面媒体。在计算机中，图片数据一般用图片格式的文件来保存。图片的格式很多，大体可以分为点阵图和矢量图两大类。我们常用的 BMP（Bitmap，位图）、JPG（Joint Picture Group，联合图像组）等格式的图片属于点阵图，而 Flash 动画制作软件所生成的 SWF（Shock Wave Flash）等格式的文件和 Photoshop 绘图软件所生成的 PSD 等格式的图片属于矢量图。

（3）音频

数字化的声音数据就是音频数据。在计算机中，音频数据一般用音频文件的格式来保存。音频文件是指存储声音内容的文件，把音频文件用一定的音频程序执行，就可以还原以前录下的声音。音频文件的格式很多，包括 CD、WAV、MP3（Moving Picture Experts Group Audio Layer Ⅲ，动态影像专家压缩标准音频层面Ⅲ）、MID（Musical Instrument Digital Interface，音乐设备数字接口）、WMA（Windows Media Audio，Windows 媒体音频）等。

（4）视频

视频数据是指连续的图像序列。在计算机中，视频数据一般用视频文件的格式来保存。视频文件常见的格式包括 MPEG-4（Moving Picture Expert Group，动态图像专家组）、AVI（Audio Video Interleaved，音频视频交错格式）、DAT（Digital Audio Tape，数码音频磁带）、RM、MOV、ASF（Advanced Streaming Format，高级流媒体格式）、WMV（Windows Media Video，Windows 媒体视频）等。

1.1.3　数据的组织形式

计算机系统中的数据组织形式主要有两种，即文件和数据库。

（1）文件

计算机系统中的很多数据都是以文件形式存在的，比如 Word 文件、文本文件、网页文件、图片文件等。一个文件的文件名包含主名和扩展名，扩展名用来表示文件的类型，比如文本、图片、音频、视频等。在计算机中，文件是由文件系统负责管理的。

（2）数据库

计算机系统中另一种非常重要的数据组织形式就是数据库。今天，数据库已经成为计算机软件开发的基础和核心之一，在人力资源管理、固定资产管理、制造业管理、电信管理、销售管理、售票管理、银行管理、股市管理、教学管理、图书馆管理、政务管理等领域发挥着至关重要的作用。从 1968 年 IBM（International Business Machines，国际商业机器公司）公司推出第一个大型商用数据库管理系统 IMS（Inventory Management System，库存管理系统）到现在，数据库已经经历了层次数据库、网状数据库、关系数据库和 NoSQL 数据库等多个发展阶段。关系数据库仍然是目前数据库的主流，大多数商业应用系统都构建在关系数据库基础之上。但是，随着 Web 2.0 的兴起，非结构化数据迅速增加，目前人类社会产生的数据中有 90%是非结构化数据，因此，能够更好地支持非结构化数据管理的 NoSQL 数据库应运而生。

1.1.4　数据的生命周期

数据都存在一个生命周期，数据生命周期是指数据从创建、修改、发布利用到归档/销毁的整个过程。在不同的时期内，数据的利用价值也会不同。为了充分发挥存储设备和数据的价值，需要对数据生命周期进行认真分析，在不同阶段对数据采用不同的存储管理方式。

数据的生命周期管理工作包括以下 3 个方面。

①对数据进行自动分类，分离出有效的数据；对不同类型的数据制定不同的管理策略，并及时清理无用的数据。

②构建分层的存储系统，满足不同类型的数据对不同生命周期阶段的存储要求；对关键数据进行数据备份保护，对处于生命周期末期的数据进行归档并保存到适合长期保存数据的存储设备中。

③根据不同的数据管理策略，实施自动分层数据管理，即自动把处于不同生命周期阶段的数据存放在最合适的存储设备上，提高数据的可用性和管理效率。

1.1.5　数据的使用

我们的身边存在各种各样的数据。那么，我们应该如何把数据变得可用呢？

（1）第一步：数据清洗

使用数据的第一步通常是数据清洗，也就是把数据变成一种可用的状态。这个过程需要借助于工具去实现数据转换，比如"古老"的 UNIX 工具 AWK、XML（Extensible Markup Language，可扩展标记语言）解析器和机器学习库等。此外，脚本语言，比如 Perl 和 Python，也可以在这个过程发挥重要的作用。一旦完成数据的清洗，就要开始关注数据的质量。对于来源众多、类型多样的数据而言，数据缺失和语义模糊等问题是不可避免的，必须采取相应措施有效解决这些问题。

（2）第二步：数据管理

数据经过清洗以后，被存放到数据库系统中进行管理。从 20 世纪 70 年代到 21 世纪前 10 年，关系数据库一直是占据主流地位的数据库管理系统。它以规范化的行和列的形式保存数据，并可进行各种查询操作，同时支持事务一致性功能，很好地满足了各种商业应用的需求，从而长期占据市场垄断地位。但是，随着 Web 2.0 应用的不断发展，非结构化数据开始迅速增加，关系数据库擅长管理结构化数据，对于管理大规模非结构化数据则显得力不从心，暴露了很多难以克服的问题。NoSQL 数据库（非关系数据库）的出现有效满足了人们管理非结构化数据的市场需求，并由于其本身的特点得到了非常迅速的发展。

（3）第三步：数据分析

存储数据是为了更好地分析数据。分析数据需要借助于数据挖掘和机器学习算法，同时需要使用相关的大数据处理技术。Google 提出了面向大规模数据分析的分布式编程模型 MapReduce，Hadoop 对其进行了开源实现。MapReduce 将复杂的、运行于大规模集群上的并行计算过程高度地抽象为两个函数——Map 和 Reduce。一个 MapReduce 作业通常会把输入的数据集切分为若干独立的小数据块，由 map 任务以完全并行的方式处理它们，这大大提高了数据分析的速度。

此外，构建统计模型对数据分析也十分重要。统计是数据分析的重要方式，在众多开源的统计分析工具中，R 语言和它的综合类库 CRAN 是很重要的。为了能够"让数据说话"，使分析结果更容易被人理解，还需要对分析结果进行可视化。可视化对于数据分析来说是一项非常重要的工作。如果需要找出数据的差别，就需要用画图的方式帮助人们进行直观理解，继而找出问题所在。

这里以数据仓库为例演示数据在企业中的使用方法。很多企业为了支持决策分析会构建数据仓库系统，其中会存放大量的历史数据。这些数据来自不同的数据源，利用抽取、转换、加载（Extract-Transform-Load，ETL）工具将数据加载到数据仓库中，并且不断进行更新。技术人员可以利用数据挖掘和联机处理分析（On Line Analytical Processing，OLAP）工具从这些静态历史数据中找到对企业有价值的信息。

1.1.6 数据的价值

数据的价值在于可以为人们找出答案。数据往往为了某个特定的目的被收集，数据的价值是不断被人发现的。在过去，一旦数据的基本用途实现了，往往就会被删除，一方面是由于过去的存储技术落后，人们需要删除旧数据来存储新数据；另一方面是人们没有认识到数据的潜在价值。比如，在淘宝或者京东搜索一件衣服，当输入关键字"性别""颜色""布料""款式"后，消费者很容易就会找到自己心仪的产品。当购买行为结束后，这些数据就会被消费者删除。但是，对于这些购物网站，它们会记录和整理这些购买数据，当海量的购买数据被收集后，就可以预测未来将流行的产品的特征等。购物网站可把这些数据提供给各类生产商，帮助这些企业在竞争中脱颖而出——这就是数据价值的再发现。

数据的价值不会因为不断被使用而衰减，反而会因为不断重组而变得更大。比如，将一个地区的物价、地价、高档轿车的销售数量、二手房转手的频率、出租车密度等各种不相关的数据整合到一起，可以精准地预测该地区的房价走势。这种方式已经被国外很多房地产网站所采用。而这些被整合起来的数据，并不妨碍下一次出于别的目的而被重新整合。也就是说，数据没有因为被使用一次或两次而造成价值衰减，反而会在不同的领域产生更多的价值。基于数据的以上价值特性，各类被收集来的数据应当被尽可能长时间地保存下来，同时也应当在一定条件下与全社会分享，并产生更大的价值。数据的潜在价值往往是收集者不可想象的。当今世界已经逐步产生了一种认识，即在大数据时代以前，极具价值的商品是石油，而今天和未来极具价值的商品是数据。目前拥有大量数据的谷歌、亚马逊等公司，每个季度的利润总和高达数十亿美元，并仍在快速增长，这些都是数据价值的最好佐证。因此，要实现大数据时代思维方式的转变，就必须正确认识数据的价值。数据已经具备了资本的属性，可以用来创造经济价值。

1.1.7　数据爆炸

人类进入信息社会以后，数据以自然级数增长，其产生不以人的意志为转移。从 1986 年开始到 2010 年的 20 多年时间里，全球数据量增长了约 100 倍，今后的数据量增长速度将更快。我们正生活在一个"数据爆炸"的时代。一方面，互联网数据迅速增加。随着 Web 2.0 和移动互联网的快速发展，人们已经可以随时随地通过博客、微博、微信、抖音等发布各种信息。另一方面，物联网设备源源不断地生成新的数据。今天，世界上只有约 25% 的设备是联网的，在联网设备中大约 80% 是计算机和手机。而随着移动通信 5G 时代的全面开启，物联网将得到全面的发展，汽车、家用电器、生产机器等各种设备也将广泛连入物联网。这些设备每时每刻都会自动产生大量数据。综上所述，人类社会正经历第二次数据爆炸（如果把印刷在纸上的文字和图形也看作数据，那么，人类历史上第一次数据爆炸发生在造纸术和印刷术普及的时期），各种数据产生速度之快、产生数量之大已经远远超出人类的预期，"数据爆炸"成为大数据时代的鲜明特征。

在数据爆炸的今天，人类一方面对知识充满渴求，另一方面为数据的复杂特征所困惑。数据爆炸对科学研究提出了更高的要求，人类需要设计出更加灵活高效的数据存储、处理和分析工具，来应对大数据时代的挑战，由此，必将带来云计算、数据仓库、数据挖掘等技术和应用的提升或者根本性的改变。在存储（存储技术）领域，需要实现低成本的大规模分布式存储；在网络效率（网络技术）方面，需要实现及时响应用户的体验功能；在数据中心方面，需要开发更加绿色节能的新一代数据中心，在有效面对大数据处理需求的同时，实现最大化资源利用率、最小化系统能耗的目标。

1.1.8　数商

所谓"商"，是指对人类某种特定能力的度量。智商主要表现为一个人逻辑分析水平的高低，情商则用来衡量一个人管理自己和他人情绪的能力。

大数据先锋思想家、前阿里巴巴集团副总裁涂子沛借助全新研究成果，在《数商》一书中创造性地提出了一个新概念——"数商"。数据是土壤，是基础设施，更是基本生产要素；数商则是衡量现代人类是否具备数据意识、思维、习惯和数据分析能力的重要尺度，它衡量的是数据化时代的生存逻辑。

今天的社会正在发生一场巨大的变迁，要从以文字为中心变成以数据为中心。数据是一种新的资源，它可以释放出新的能量，这种能量对人和世界会产生新的作用力。在数据爆炸的今天，搜集数据、分析数据、用数据来指导决策的能力将愈发重要。对这种能力高低的衡量就是"数商"。数商是衡量数据优势大小的一个体系，它是智能时代的一个新的"商"，是对使用数据、驾驭数据能力的衡量，它包括记录数据、整理数据、组织数据、保存数据、搜索数据、洞察数据以及控制数据等各方面的能力。

高数商者十分重视数据，因为它是进行统计、计算、科研和技术设计的依据。数据是证据，也是解决问题的基础。巧妇难为无米之炊，数据就是"米"；数据是新文明的新基因，掌握它就是掌握新文明的密码。高数商的十大原则包括：

①勤于记录，善于记录，敢于记录。勤是习惯，善是方法工具，敢是勇气。很多人不愿意、害怕面对自己的记录，所以"敢"也是一个问题。

②善于分析。最好是定量分析。简单地对数据进行分析、量化，以一定的次序、格式或者图表呈现数据，分析就会有很大的改进。

③实"数"求是。从数据当中寻找因果关系和规律，让数据成为"感觉的替代品"，这是数据分析的最终使命。

④知道未来是一种演化，是多种可能性的分布；用概率来辅助个人决策。

⑤通过实验来收集数据，寻找真正的因果关系。

⑥学会用幸存者偏差分析社会现象。

⑦用数据破解生活中的隐性知识。

⑧反对混沌、差不多以及神秘主义文化。

⑨掌握聪明搜索的一系列技巧。

⑩掌握 SQL、Python 等数据新世界的金刚钻。

修炼数商是智能时代的新潮流。这是人类社会发展到一个新阶段自然而然产生的新要求。对一个高数商的人来说，要善于让数据成为"感觉的替代品"，即让数据帮助我们感觉自己的身体和周围的世界，让大脑直接处理数据，而不仅是直接处理情感和欲望。我们可以通过训练来提高数据在大脑中的地位。就像反复锻炼可以强化我们的肌肉一样，基于数据的反复练习也可以强化我们大脑中的"数据肌肉"，形成基于数据的反射思维。做到这一点，我们就能在更多的情境中让情感让位，主动使用数据，从而做出正确的判断和决策。大部分人做不到，你能做到，这就是高数商带来的竞争性优势。

1.2 大数据时代

随着第三次信息化浪潮的涌动，大数据时代全面到来。人类社会信息科技的发展为大数据时代的到来提供了技术支撑，而数据产生方式的变革则是促进大数据时代到来的至关重要的因素。

1.2.1　第三次信息化浪潮

根据 IBM 公司前首席执行官郭士纳的观点，IT（Internet Technology，互联网技术）领域每隔 15 年就会迎来一次重大变革，如表 1-1 所示。1980 年前后，个人计算机（Personal Computer，PC）开始普及，计算机逐渐走入企业和千家万户，大大提高了社会生产力，也使人类迎来了第一次信息化浪潮，Intel、AMD（Advanced Micro Devices，超威半导体公司）、IBM、苹果、微软、联想等企业是这个时期的标志。随后，在 1995 年前后，人类开始全面进入互联网时代，互联网的普及把世界变成"地球村"，每个人都可以自由遨游于信息的海洋。由此，人类迎来了第二次信息化浪潮，这个时期也缔造了雅虎、谷歌、阿里巴巴、百度等互联网"巨头"。时隔 15 年，在 2010 年前后，云计算、大数据、物联网的快速发展拉开了第三次信息化浪潮的大幕，大数据时代到来，涌现出了亚马逊、字节跳动等一批新的市场标杆企业。

表 1-1　　　　　　　　　　　三次信息化浪潮

信息化浪潮	发生时间	标志	解决的问题	代表企业
第一次信息化浪潮	1980 年前后	个人计算机	信息处理	Intel、AMD、IBM、苹果、微软、联想、戴尔、惠普等
第二次信息化浪潮	1995 年前后	互联网	信息传输	雅虎、谷歌、阿里巴巴、百度、腾讯等
第三次信息化浪潮	2010 年前后	物联网、云计算和大数据	信息爆炸	亚马逊、谷歌、IBM、VMware、Palantir、Cloudera、字节跳动、阿里云等

1.2.2　信息科技为大数据时代提供技术支撑

大数据首先会带来一场技术革命。毫无疑问，如果没有强大的数据存储、传输和计算等技术能力，缺乏必要的设施、设备，大数据的应用就无从谈起。从这个意义上说，信息科技进步是大数据时代的物质基础。信息科技需要解决信息存储、信息处理和信息传输 3 个核心问题。人类社会在信息科技领域的不断进步为大数据时代提供了技术支撑。

1. 存储设备的容量不断增加

数据被存储在磁盘、磁带、光盘、闪存等各种类型的存储介质中。随着科学技术的不断进步，存储设备的制造工艺不断升级，容量大幅增加，读/写速度不断提升，价格却在不断下降。早期的存储设备容量小，价格高，体积大。例如，IBM 公司在 1956 年生产的一个早期的商业硬盘，容量只有 5MB，不仅价格昂贵，而且体积有一个冰箱那么大。而今天容量为 1TB 的硬盘，只有 3.5in（长度单位英寸，1in=2.54cm），典型外观尺寸为 147mm（长）× 102mm（宽）× 26mm（厚），读/写速度达到 200MB/s，而且价格低廉。现在，高性能的硬盘存储设备不仅提供了海量的存储空间，还大大降低了数据的存储成本。

与此同时，以闪存为代表的新型存储介质也开始得到大规模的普及和应用。闪存是一种非易失性存储器，即使发生断电也不会丢失数据，可以作为永久性存储设备。闪存具有体积小、质量轻、能耗低、抗震性好等优良特性。闪存芯片可以被封装制作成 SD 卡、U 盘和固态盘等各种存储产品，SD 卡和 U 盘主要用于个人数据存储，固态盘则越来越多地应用于企业级数据存储。

总体而言，数据量和存储设备容量二者之间是相辅相成、互相促进的。一方面，随着数据的不断产生，需要存储的数据量不断增长，人们对存储设备的容量提出了更高的要求，促使存储设备生产商制造更大容量的产品，以满足市场需求；另一方面，更大容量的存储设备进一步加快了数据量增长的速度。在存储设备价格高企的年代，由于成本问题，一些不必要或当前不能明显体现价值的数据往往会被丢弃。但是，随着单位存储空间价格的不断降低，人们开始倾向于把更多的数据保存起来，以期在未来某个时刻可以用更先进的数据分析工具从中挖掘价值。

2. CPU 的处理能力大幅提升

CPU（Central Processing Unit，中央处理器）性能的不断提升也是促使数据量不断增长的重要因素。CPU 的性能不断提升大大提高了数据处理的能力，使我们可以更快地处理不断累积的海量数据。从 20 世纪 80 年代至今，CPU 的制造工艺不断提升，晶体管数目不断增加，运行频率不断提高，核心（Core）数量逐渐增多，而用同等价格所能获得的 CPU 处理能力也呈几何级数上升。在过去的 40 多年里，CPU 的处理速度已经从 10MHz 提高到 4.6GHz。在 2013 年之前的很长一段时间里，CPU 处理速度的提高一直遵循"摩尔定律"，即芯片上集成的元件数量大约每 18 个月翻一番，性能大约每隔 18 个月提高一倍，价格下降一半。

3. 网络带宽不断增加

1977 年，世界上第一个光纤通信系统在美国芝加哥市投入商用，数据传输速率达到 45Mb/s。从此，人类社会的数据传输速率不断被刷新。进入 21 世纪，世界各国更是纷纷加大宽带网络的建设力度，不断扩大网络覆盖范围，提高数据传输速率。以我国为例，截至 2022 年年底，我国互联网宽带接入端口数量达 10.65 亿个，其中，光纤接入端口占互联网接入端口的比重达 95.7%，光缆线路总长度已达 5791 万 km。目前，移动通信 4G 基站的数量已达 590 万个，我国 4G 网络的规模全球第一，并且 4G 的覆盖广度和深度也在快速发展。与此同时，我国正全面加速 5G 网络的建设。截至 2023 年 9 月底，全国建设开通的 5G 基站达 318.9 万个，5G 移动电话用户达 7.37 亿户，5G 网络的建设基础不断夯实。由此可以看出，在大数据时代，数据传输不再受网络发展初期的瓶颈的制约。

1.2.3 数据产生方式的变革促成大数据时代的来临

数据产生方式的变革是促成大数据时代来临的重要因素。总体而言，人类社会的数据产生方式大致经历了 3 个阶段：运营式系统阶段、用户原创内容阶段和感知式系统阶段。

1. 运营式系统阶段

人类最早大规模管理和使用数据是从数据库的诞生开始的。大型零售超市的销售系统、银行交易系统、股票交易系统、医院医疗系统、企业客户管理系统等大量运营式系统，都是建立在数据库基础之上的，数据库中保存了大量结构化的企业关键信息，用来满足企业各种业务需求。在这个阶段，数据的产生方式是被动的，只有当实际的企业业务发生时，才会产生新的数据并存入数据库。比如，对于股票交易市场而言，只有发生一笔股票交易时，股票交易系统才会有相关数据生成。

2. 用户原创内容阶段

互联网的出现使数据传播更加快捷，数据传播不再需要借助于磁盘、磁带等物理存储介质。网页的出现进一步加速了网络内容的大量产生，从而使人类社会的数据量开始呈现"井喷式"增长。但是，真正的互联网数据爆发产生于以"用户原创内容"为特征的 Web 2.0 时代。Web 1.0 时代主要以门户网站为代表，强调内容的组织与提供，大量用户本身并不参与内容的产生。而 Web 2.0 时代以微博、微信、抖音等应用所采用的自服务模式为主，强调自服务，大量用户本身就是内容的生成者。尤其是随着移动互联网和智能手机终端的普及，人们更是可以随时随地使用手机发微博、传照片等，数据量开始急剧增长。从此，每个人都是海量数据中的微小一部分。每天我们通过微信、QQ、新浪微博等各种方式采集到大量数据，然后通过同样的渠道和方式把处理过的数据反馈出去。而这些数据不断地被存储和加工，使互联网世界里的"公开数据"不断被丰富，这大大加速了大数据时代的到来。

3. 感知式系统阶段

物联网的发展最终导致了人类社会数据量的第三次跃升。物联网中包含大量传感器，如温度传感器、湿度传感器、压力传感器、位移传感器、光电传感器等。此外，视频监控摄像头也是物联网的重要组成部分。物联网中的这些设备每时每刻都会自动产生大量数据，如图 1-2 所示。与 Web 2.0 时代的人工数据产生方式相比，物联网中的自动数据产生方式会在短时间内生成更密集、更大量的数据，使人类社会迅速步入大数据时代。

图 1-2　物联网设备每时每刻都会自动产生大量数据

1.3　大数据的发展历程

从发展历程来看，大数据总体上可以划分为 3 个重要阶段：萌芽期、成熟期和大规模应用期，如表 1-2 所示。

表 1-2   大数据发展的 3 个重要阶段

重要阶段	时间	说明
萌芽期	约 20 世纪 90 年代至 21 世纪初	随着数据挖掘理论和数据库技术的逐步成熟，一批商业智能工具和知识管理技术开始被应用，如数据仓库、专家系统、知识管理系统等
成熟期	约 21 世纪前十年	Web 2.0 应用迅猛发展，非结构化数据大量产生，传统处理方法难以应对，带动了大数据技术的快速突破，大数据解决方案逐渐走向成熟，形成了并行计算与分布式系统两大核心技术，谷歌的 GFS（Google File System，Google 文件系统）和 MapReduce 等大数据技术受到追捧，Hadoop 平台开始盛行
大规模应用期	约 2010 年以后	大数据应用渗透各行各业，数据驱动决策，使信息社会的智能化程度大幅提高

这里简要回顾一下大数据的发展历程。

①1980 年，著名未来学家阿尔文·托夫勒在《第三次浪潮》一书中将大数据热情地赞颂为"第三次浪潮的华彩乐章"。

②1997 年 10 月，迈克尔·考克斯和大卫·埃尔斯沃思在第八届美国电气和电子工程师学会（Institute of Electrical and Electronics Engineers，IEEE）关于可视化的会议论文集中，发表《为外存模型可视化而应用控制程序请求页面调度》的文章。这是在美国计算机学会的数字图书馆中第一篇使用"大数据"这一术语的文章。

③1999 年 10 月，在美国电气和电子工程师学会关于数据可视化的年会上，设置名为"自动化或者交互：什么更适合大数据？"的专题讨论小组，探讨大数据问题。

④2001 年 2 月，梅塔集团分析师道格·莱尼发布题为《3D 数据管理：控制数据容量、处理速度及数据种类》的研究报告。10 年后，3V（Volume、Variety 和 Velocity）作为定义大数据的 3 个维度而被广泛接受。

⑤2005 年 9 月，蒂姆·奥莱利发表《什么是 Web 2.0》一文，并在文中指出"数据将是下一项技术核心"。

⑥2008 年，《自然》杂志推出大数据专刊；计算社区联盟（Computing Community Consortium，CCC）发表了报告《大数据计算：在商业、科学和社会领域的革命性突破》，阐述了大数据技术及其面临的一些挑战。

⑦2010 年 2 月，肯尼斯·库克尔在《经济学人》上发表一份关于管理信息的特别报告《数据，无所不在的数据》。

⑧2011 年 2 月，《科学》杂志推出专刊《处理数据》，讨论了科学研究中的大数据问题。

⑨2011 年，维克托·迈尔·舍恩伯格出版著作《大数据时代：生活、工作与思维的大变革》，引起轰动。

⑩2011 年 5 月，麦肯锡全球研究院发布《大数据：下一个具有创新力、竞争力与生产力的前沿领域》，提出"大数据"时代到来。

⑪2012 年 3 月，美国奥巴马政府发布《大数据研究和发展倡议》，正式启动了"大数据发展计划"。大数据上升为美国国家发展战略，被视为美国政府继信息高速公路计划之后在信息科学领

域的又一重大举措。

⑫2013 年 12 月，中国计算机学会发布《中国大数据技术与产业发展白皮书》，系统总结了大数据的核心科学与技术问题，推动了中国大数据学科的建设与发展，并为政府部门提供了战略性的意见与建议。

⑬2014 年 5 月，美国政府发布 2014 年全球"大数据"白皮书《大数据：抓住机遇、守护价值》，鼓励使用数据来推动社会进步。

⑭2015 年 8 月，国务院印发《促进大数据发展行动纲要》，提出全面推进我国大数据发展和应用，加快建设数据强国。

⑮2017 年 1 月，为加快实施国家大数据战略，推动大数据产业健康快速发展，工业和信息化部印发《大数据产业发展规划（2016—2020 年）》。

⑯2017 年 4 月，《大数据安全标准化白皮书（2017）》正式发布，从法规、政策、标准和应用等角度，勾画了我国大数据安全的整体轮廓。

⑰2018 年 4 月，首届"数字中国"建设峰会在福建省福州市举行。

⑱2020 年 4 月，国务院发布《关于构建更加完善的要素市场化配置体制机制的意见》，明确提出让"数据成为继土地、劳动力、资本、技术之后第五种市场化配置的关键生产要素"。

⑲2021 年 9 月，《中华人民共和国数据安全法》正式实施。该法围绕保障数据安全和促进数据开发利用两大核心，从数据安全与发展、数据安全制度、数据安全保护义务、政务数据安全与开放的角度进行了详细的规制。

⑳2021 年 11 月，工业和信息化部印发《"十四五"大数据发展产业规划》。该规划旨在充分激发数据要素的价值潜能，夯实产业发展基础，构建稳定高效产业链，统筹发展和安全，培育自主可控和开放合作的产业生态，打造数字经济发展新优势，为建设制造强国、网络强国、数字中国提供有力支撑。

㉑2022 年 2 月，国家发改委、中央网信办、工业和信息化部、国家能源局联合印发通知，同意在京津冀、长三角、粤港澳大湾区、成渝、内蒙古、贵州、甘肃、宁夏等 8 地启动建设国家算力枢纽节点，并规划了 10 个国家数据中心集群。至此，全国一体化大数据中心体系完成总体布局设计，"东数西算"工程正式全面启动。

㉒2022 年 10 月，党的二十大报告再次提出加快建设"数字中国"。

㉓2022 年 12 月 19 日，《中共中央 国务院关于构建数据基础制度更好发挥数据要素作用的意见》（简称"数据二十条"）对外发布。

㉔2023 年 10 月 25 日，国家数据局正式揭牌。国家数据局主要负责协调推进数据基础制度建设，统筹数据资源整合共享和开发利用，统筹推进数字中国、数字经济、数字社会规划和建设等。

1.4　世界各国的大数据发展战略

进入大数据时代后，世界各国都非常重视大数据发展。瑞士洛桑国际管理学院 2017 年度《世界数字竞争力排名》显示，各国数字竞争力与其整体竞争力呈现出高度一致的态势，即数字竞争力强的国家，其整体竞争力也很强，同时也更容易产生颠覆性创新。以美国、英国、欧盟、日本、韩国等为代表的发达国家/地区，非常重视大数据在促进经济发展和社会变革、提升国家整体竞争力等方面的重要作用，把发展大数据上升到国家战略的高度（见表1-3），视大数据为重要的战略资源，大力抢抓大数据技术与产业发展的先发优势，积极捍卫本国数据主权，力争在大数据时代占得先机。

表1-3 世界各国/地区的大数据发展战略

国家/地区	战略
美国	稳步实施"三步走"战略，打造面向未来的大数据创新生态
英国	紧抓大数据产业机遇，应对脱欧后的经济挑战
欧盟	注重加强成员国之间的数据共享，平衡数据的流通与使用
韩国	以大数据等技术为核心应对第四次工业革命
日本	开放公共数据，夯实应用开发基础
中国	实施国家大数据战略，加快建设数字中国

1.4.1 美国

美国是率先将大数据从商业上升至国家战略的国家。通过稳步实施"三步走"战略，美国在大数据技术研发、商业应用以及保障国家安全等方面已全面构筑起全球领先优势。第一步是快速部署大数据核心技术研究，并在部分领域积极开发大数据应用；第二步是调整政策框架与法律规章，积极应对大数据发展带来的隐私保护等问题；第三步是强化数据驱动的体系和能力建设，为提升国家整体竞争力提供长远保障。

2012年3月，美国联邦政府推出"大数据研究和发展倡议"，其中对于国家大数据战略的表述如下："通过收集、处理庞大而复杂的数据信息，从中获得知识和洞见，提升能力，加快科学、工程领域的创新步伐，强化美国国土安全，转变教育和学习模式。"2012年3月29日，美国白宫科技政策办公室发布《大数据研究和发展计划》，成立"大数据高级指导小组"。该计划旨在通过对海量和复杂的数字资料进行收集、整理，提高美国联邦政府收集海量数据、分析萃取信息的能力和对社会经济发展的预测能力。2013年11月，美国信息技术与创新基金会发布《支持数据驱动型创新的技术与政策》的报告。报告指出，"数据驱动型创新"是一个崭新的命题，其中最主要的包括"大数据""开放数据""数据科学""云计算"。2014年5月，美国发布《大数据：把握机遇，守护价值》白皮书，对美国大数据应用与管理的现状、政策框架和改进建议进行了集中阐述。该白皮书表示，在大数据发挥正面价值的同时，应该警惕大数据应用对隐私、公平等长远价值带来的负面影响。

2019年12月，美国发布国家级战略规划《联邦数据战略与2020年行动计划》，明确提出将数据作为战略资源，并以2020年为起点，勾勒联邦政府未来十年的数据愿景。2021年5月，美国大西洋理事会成立新兴技术与数据地缘政治影响委员会，并发布《新兴技术与数据的地缘政治影响》报告。该报告明确指出，美国政府应当通过推行系统化的技术与数据战略的方式，确保美国在关键领域的全球领先地位。2021 年 10 月，美国管理和预算办公室发布 2021 年行动计划，鼓励各机构继续实施联邦数据战略。在吸收 2020 年行动计划经验的基础上，2021 年行动计划进一步强化了在数据治理、规划和基础设施方面的活动。计划具体包括 40 项行动方案，主要分为 3 个方向：一是构建重视数据和促进公众使用数据的文化；二是强化数据的治理、管理和保护；三是促进高效恰当地使用数据资源。可以看出，美国在数据领域的政策，越来越强调发挥机构间的协调作用，促进数据的跨部门流通与再利用，充分发掘数据的资产价值，从而巩固美国在数据领域的优势地位。

1.4.2　英国

大数据发展初期，英国在借鉴美国经验和做法的基础上，充分结合本国特点和需求，加大大数据研发投入，强化顶层设计，聚焦部分应用领域进行重点突破。英国政府于 2010 年上线政府数据网站，它同美的政府数据网站功能类似，但侧重于大数据信息挖掘和获取能力的提升。以此作为基础，英国政府在 2012 年发布新的政府数字化战略，具体由英国商业创新技能部牵头，成立数据战略委员会，通过大数据开放，为政府、私人部门、第三方组织和个体提供相关服务，吸纳更多技术力量和资金支持拓宽数据来源，以推动就业和新兴产业的发展，实现大数据驱动的社会经济增长。2013 年，英国政府加大对大数据领域研究的资金支持，提出总额 1.89 亿英镑的资助计划，包括直接投资 1000 万英镑建立 "开放数据研究所"。为促进数据在政府、社会和企业间的流动以及社会各界对数据的应用，英国政府于 2020 年 9 月发布《国家数据战略》，明确指出政府需要优先执行的 5 项任务：一是充分释放数据价值；二是加强对可信数据体系的保护；三是改善政府的数据应用现状，提高公共服务效率；四是确保数据所依赖的基础架构的安全性和韧性；五是推动数据的国际流动。2021 年 5 月，英国政府在官方渠道上发布《政府对于国家数据战略咨询的回应》，强调 2021 年的工作重心是 "深入执行《国家数据战略》"，并表明将通过建立更细化的行动方案，全力确保战略的有效实施。由此可以看出英国政府利用数据资源激发经济新活力的决心。

1.4.3　欧盟

2020 年 2 月 19 日，欧盟委员会发布了《欧盟数据战略》，该战略勾画出了欧盟未来十年的数据战略行动纲要。区别于一般实体国家，欧盟作为一个经济政治共同体，其数据战略更加注重加强成员国之间的数据共享，平衡数据的流通与使用，以打造欧洲共同数据空间，构建单一数据市场。

为保障战略目标的顺利实现，欧盟实施了一系列重要举措。《欧盟数据治理法案》作为《欧盟数据战略》系列举措中的第一项，于 2021 年 10 月获得成员国表决通过。该法案旨在 "为欧洲共同数据空间的管理提出立法框架"，其中主要对 3 个数据共享制度进行了构架，分别为公共部门的数据再利用制度、数据中介及通知制度和数据利他主义制度，以此确保在符合欧洲公共利益和数据提供者合法权益的条件下，实现数据更广泛的国际共享。

为保证战略的可持续性，加强公民和企业对政策的支持和信任，2021 年 9 月 15 日，欧委会提交《通向数字十年之路》的提案。该提案以《2030 年数字指南针》为基础，为欧盟数字化目标的落地提供了具体治理框架，包括：建立监测系统，以衡量各成员国的目标进展；评估数字化发展年度报告并提供行动建议；各成员国提交跨年度的数字十年战略路线图等。

1.4.4　韩国

多年来，韩国的智能终端普及率和移动互联网接入速度一直位居世界前列，这使其数据产出量也达到了世界先进水平。为了充分利用这一天然优势，韩国很早就制定了大数据发展战略，并力促大数据成为经济增长的引擎。在韩国政府倡导的"创意经济"国家发展方针指导下，韩国多个部门提出了具体的大数据发展计划，包括 2011 年韩国科学技术政策研究院以"构建英特尔综合数据库"为基础的"大数据中心战略"以及 2012 年韩国国家科学技术委员会制定的大数据未来发展环境战略计划。其中，2012 年由未来创造科学部牵头的"培养大数据、云计算系统相关企业 1000家"的国家级大数据发展计划，已经通过《第五次国家信息化基本计划（2013—2017）》等多项具体发展战略，并已落实到生产层面。2016 年年底，韩国发布以大数据等技术为基础的《智能信息社会中长期综合对策》，以积极应对第四次工业革命的挑战。2022 年，韩国成立以国务总理作为委员长的"国家数据政策委员会"，其主要目的是制定与数据和新产业相关的制度，并放开相关限制，让企业可开发一对一的创新服务，以此来确保基于数据新产业的竞争力。

1.4.5　日本

2010 年 5 月，日本发达信息通信网络社会推进战略本部发布以实现电子政府、加强地区间的互助关系等为目标的《信息通信技术新战略》。2012 年 6 月，日本 IT 战略本部发布电子政务开放数据战略草案，迈出政府数据公开的关键性一步。2012 年 7 月，日本政府推出《面向 2020 年的 ICT 综合战略》，大数据成为发展的重点。2013 年 6 月，日本公布新 IT 战略——创新最尖端 IT 国家宣言，明确了 2013—2020 年以发展开放公共数据为核心的日本新 IT 国家战略。在应用中，日本的大数据战略已经发挥了重要作用，ICT（Information and Communication Technology，信息通信技术）与大数据信息能力的结合对协助解决抗震救灾和核泄漏事故等公共问题贡献明显。2021 年 9 月，日本数字厅正式成立，旨在迅速且重点推进数字社会进程。2021 年 6 月，日本内阁 IT 综合战略本部发布《综合数据战略》，旨在建设日本打造世界顶级数字国家所需的数字基础，同时明确了数据战略的基本思路，制定了社会愿景以及实现该愿景的基本行动指南。

1.4.6　中国

在我国，发展大数据也受到高度重视。如图 1-3 所示，2015 年以来，在国家和各级政府的大力推动下，大数据产业加速演进和迭代，政策环境持续优化，管理体制日益完善，产业融合加快发展，数据价值逐渐释放。

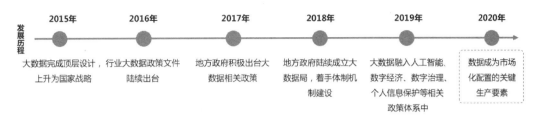

| 发展历程 | 2015年 | 2016年 | 2017年 | 2018年 | 2019年 | 2020年 |

图 1-3　中国的大数据发展历程

2015 年 8 月，国务院印发了《促进大数据发展行动纲要》，随后在党的十八届五中全会将大数据上升为国家战略。党的十九大报告明确指出"推动互联网、大数据、人工智能和实体经济深度融合"。2018 年 4 月 22—24 日，首届"数字中国"建设峰会在福建省福州市举行。如图 1-4 所示，峰会围绕"以信息化驱动现代化，加快建设数字中国"主题，来自各省区市网信部门负责人、行业组织负责人、产业界代表、专家学者以及智库代表等约 800 人出席峰会，就建设网络强国、数字中国、智慧社会等热点议题进行了交流分享。

图 1-4　首届"数字中国"建设峰会

2020 年 4 月，国务院发布的《关于构建更加完善的要素市场化配置体制机制的意见》中明确提出让"数据成为继土地、劳动力、资本、技术之后第五种市场化配置的关键生产要素"。2021 年 3 月 13 日，新华社公布《中华人民共和国国民经济和社会发展第十四个五年规划和 2035 年远景目标纲要》（下文简称"十四五规划纲要"）。在"十四五规划纲要"中，"数据"和"大数据"成为高频词汇，并指出"大数据在打造数字经济新优势、加快数字社会建设步伐、提高数字政府建设水平、营造良好数字生态中具有重要地位"。结合大数据发展面临的问题和大数据产业发展的趋势，"十四五规划纲要"对未来大数据发展作出了总体部署，将构建全国一体化大数据中心，发展第三方大数据服务产业，完善数据分类分级保护，加强涉及国家利益、商业秘密、个人隐私的数据保护，发展数据要素市场，加强数据产权制度建设，推动数据跨境安全有序流动，建设公安大数据平台，推进城市数据大脑建设，提高数字化政务服务效能等十大领域作为"十四五"时期发展的重点。整体来看，"十四五"期间国家强调数据治理和数据要素潜能释放。

2021年11月底，工信部印发《"十四五"大数据产业发展规划》，在响应国家"十四五"规划的基础上，围绕"价值引领、基础先行、系统推进、融合创新、安全发展、开放合作"6大基本原则，针对"十四五"期间大数据产业的发展制定了5个发展目标、6大主要任务、6项具体行动以及6个方面的保障措施，同时指出在当前我国迈入数字经济的关键时期，大数据产业将步入"集成创新、快速发展、深度应用、结构优化"的高质量发展阶段。

2022年12月19日，我国发布《中共中央国务院关于构建数据基础制度更好发挥数据要素作用的意见》，提出从数据产权、流通交易、收益分配、安全治理等方面构建数据基础制度。

2023年3月10日，十四届全国人大一次会议表决通过关于国务院机构改革方案的决定，其中包括组建国家数据局。组建国家数据局有几个重要价值：第一，有利于统一领导和协调数据资源管理，提高数据资源整合共享和开发利用的效率和效果，为数字中国建设提供更加有力的支撑；第二，有利于加强数字技术创新体系的建设，推动数字技术和各领域千行百业的深度融合，为数字经济发展提供强大动力；第三，有利于完善数字安全屏障体系的建设，加强数据安全保护和监管，为数字社会治理提供坚实保障，通过完善相关立法和标准的规范来明确数据安全责任主体和义务要求，通过加强数据安全监测预警和应急处理能力来及时发现并处置各类数据安全事件，通过加强数据安全的宣传教育和培训活动来提高公众和企业的相关数据安全意识和能力等；第四，有利于优化数字化发展的国际国内环境，加强国际交流合作，比如通过参与制定国际数字规则和标准，维护我国在数字领域的正当权益。

过去几年，大数据产业政策体系日益完善，相关政策内容已经从宏观的总体规划方案逐渐向微观细分领域深入。工业和信息化部、交通运输部、公安部、农业农村部等均推出了关于大数据的发展意见、实施方案、计划等，推动各行业应用大数据。另外，大数据技术的攻关政策、安全保障政策、产业关联政策等日益完善，为大数据产业的发展提供了保障。

与此同时，为了加快推进大数据战略的落地实施，我国构建了以国家大数据实验室为引领的战略科技力量。目前，全国与大数据相关的国家和省级实验室已有数百家。近年来，这些实验室围绕国家大数据战略，汇集高端人才和创新要素，面向世界科技前沿、面向经济主战场、面向国家重大需求、面向人民生命健康，不断探索大数据的前沿领域并在大数据关键核心技术创新方面不断突破，引领大数据产业创新发展。从分类来看，国家和省级大数据实验室主要包括大数据技术攻关、大数据关联技术攻关、大数据融合应用技术攻关、大数据底层技术攻关4大类。在大数据应用方面，数据分析和数据认知分析技术受重视程度高；在大数据关联技术方面，可以明显看到大数据不再作为纯粹独立的技术，其与虚拟现实、云计算、物联网、人工智能、工业互联网等技术交叉融合的态势日趋增强，通过紧密相关的信息技术发展体现其价值；在大数据融合应用方面，健康医疗、工业、交通等领域的大数据融合应用技术加快突破和创新，大数据融合应用的重点从虚拟经济转变为实体经济，各细分实体产业应用场景的拓展和深入挖掘将成为这类国家实验室关注的焦点；在大数据底层技术方面，信息安全、模式识别、语言工程、计算机辅助设计、高性能计算等加快突破，大数据技术领域逐渐补齐短板，并进一步强化长板，增强大数据产业的质量和安全。

政府部门对于大数据的管理是我国大数据战略的重点。大数据管理局等政府职能部门像雨后春笋般在各地挂牌并开始运转，如广东省大数据管理局、浙江省大数据发展管理局、江苏省大数据管理中心、福建省大数据管理局、山东省大数据局、广西大数据发展局、北京市大数据管理局、上海大数据中心、江西省大数据中心、河南省大数据管理局等。大数据管理局的主要职责为：研究拟定并组织实施大数据发展战略、规划和政策措施，引导和推动大数据研究和应用工作；组织拟定大数据的标准体系和考核体系，拟定大数据收集、管理、开放、应用等标准规范；负责以大数据为引领的信息产业行业管理，统筹推进社会经济各领域大数据的开发应用；组织并实施互联网行动计划，组织协调市级互联网应用工程；促进政府数据资源的共享和开放；统筹协调信息安全保障体系建设等。

以大数据为核心的新一代信息技术革命正加速推动我国各领域的数字化转型升级。大数据技术的广泛应用加速了数据资源的汇集整合与开放共享，形成了以数据流为牵引的社会分工协作新体系，促进了传统产业的转型升级，催生了一批新业态和新模式，助力"数字中国"战略落地。"数字中国"的内涵日益丰富，除了包含数字经济、数字社会、数字政府之外，新增了数字生态，这将是大数据产业发展的新动能。其中，数字经济建设以经济结构优化为目标，将大数据与数字技术融合，以实现数字产业化、产业数字化；数字社会建设强调以大数据赋能公共服务，进行社会治理，提供便民服务，助力完善城市公共服务能力，提升城市的发展能级；数字政府建设涵盖公共数据开放、政府数据资源的信息化以及数字政务服务，着重提升政府的执政效率；数字生态建设强调建立健全数据要素市场秩序，规范数据规则等，主要包括对数据安全、数据交易和跨境传输等的管理，以营造良好的数字生态。

1.5　大数据的概念

随着大数据时代的到来，大数据已经成为互联网信息技术行业的流行词汇。关于"什么是大数据"这个问题，目前比较认可的是关于大数据的 4V 说法。大数据的 4 个 "V"（或者说是大数据的 4 个特点）包含 4 个层面：数据量大（Volume）、数据类型繁多（Variety）、处理速度快（Velocity）和价值密度低（Value）。

1.5.1　数据量大

从数据量的角度而言，大数据泛指无法在可容忍的时间内用传统信息技术和软、硬件工具对其进行获取、管理和处理的巨量数据集合，需要可伸缩的计算体系结构，以支持其存储、处理和分析。按照这个标准来衡量，很显然，目前很多应用场景中所涉及的数据量已经具备了大数据的特征。比如，微博、微信、抖音等应用平台中每天由网民发布的海量信息就属于大数据；再比如，遍布我们工作和生活的各个角落的各种传感器和摄像头，每时每刻都在自动产生大量数据，这也属于大数据。

根据著名咨询机构互联网数据中心（Internet Data Center，IDC）的估测，人类社会产生的数据一直都在以每年 50% 的速度增长，也就是说大约每两年就增加一倍，这被称为"大数据摩尔定律"。这意味着，人类在最近两年产生的数据量相当于之前产生的全部数据量之和。据 IDC 预测，2025 年全球数据量将高达 175ZB，2030 年全球数据量将达到 2500ZB。其中，中国数据量的增速最为迅猛，预计 2025 年将增至 48.6ZB，占全球数据圈的 27.8%，平均每年的增长速度比全球快 3%，中国将成为全球最大的数据圈。

数据存储单位之间的换算关系如表 1-4 所示。

表 1-4　　　　　　　　　　　　　数据存储单位之间的换算关系

单位	换算关系
B（Byte，字节）	1B=8b
KB（Kilobyte，千字节）	1KB=1024B
MB（Megabyte，兆字节）	1MB=1024KB
GB（Gigabyte，吉字节）	1GB=1024MB
TB（Terabyte，太字节）	1TB=1024GB
PB（Petabyte，拍字节）	1PB=1024TB
EB（Exabyte，艾字节）	1EB=1024PB
ZB（Zettabyte，泽字节）	1ZB=1024EB

随着数据量的不断增长，数据所蕴含的价值会从量变发展到质变。举例来说，受到照相技术的制约，早期我们每分钟只能拍 1 张照片；随着照相设备的不断改进，处理速度越来越快，发展到后来，就可以每秒拍 1 张照片；而当有一天发展到每秒可以拍 10 张照片以后，就产生了电影。当照片数量的增长带来质变时，照片就发展成了电影。同样的量变到质变也会发生在数据量的增长过程之中。

1.5.2　数据类型繁多

大数据的数据来源众多，科学研究、企业应用和 Web 应用等都在源源不断地生成新的、类型繁多的数据。生物大数据、交通大数据、医疗大数据、电信大数据、电力大数据、金融大数据等都呈现出"井喷式"增长，所涉及的数据量巨大，已经从 TB 量级跃升到 PB 量级。各行各业，每时每刻，都在生成各种不同类型的数据。

（1）消费者大数据

中国移动拥有超过 8 亿的用户，每日新增数据量达到 14TB，累计存储量超过 300PB；阿里巴巴的月活跃用户超过 5 亿，单日新增数据量超过 50TB，累计存储量达数百 PB；百度月活跃用户近 7 亿，每日处理数据量达到 100PB；腾讯月活跃用户超过 9 亿，数据量每日新增数百 TB，总存储量达到数百 PB；京东每日新增数据量 1.5PB，2016 年累计数据量达到 100PB，年增 300%；今日头条日活跃用户近 3000 万，每日处理数据量 7.8PB；30%国人点外卖，周均 3 次，美团用户近6 亿，日处理数据量超过 4.2PB；滴滴打车用户超过 4.4 亿，每日新增轨迹数据量 70TB，处理数据量超过 4.5PB；我国共享单车市场拥有近 2 亿用户，超过 700 万辆自行车，每日骑行次数超过约 3000 万，每日产生约 30TB 数据量；携程旅行网每日线上访问量上亿人次，每日新增数据量达到 400TB，存储量超过 50PB；小米公司的联网激活用户超过 3 亿，小米云服务数据量达到 200PB。

（2）金融大数据

中国平安有约 8.8 亿客户的脸谱和信用信息以及近 5000 万个声纹库；中国工商银行拥有约 5.5 亿个人客户，全行数据量超过 60PB；中国建设银行客户超过 5 亿，手机银行用户达到 1.8 亿，网银用户超过 2 亿，数据存储量达到 100PB；中国农业银行拥有约 5.5 亿个人客户，日处理数据量达到 1.5TB，数据存储量超过 15PB；中国银行拥有约 5 亿个人客户，手机银行客户达到 1.15 亿，电子渠道业务替代率达到 94%。

（3）医疗大数据

一个人拥有约 10^{14} 个细胞，10^9 个碱基，一次全面的基因测序产生的个人数据可以达到 100～600GB。华大基因公司 2017 年产出的数据量达到 1EB。在医学影像中，一次 3D 核磁共振检查可以产生约 150MB 数据，一张 CT（Computer Tomography，电子计算机断层扫描）图像大小约为 150MB。2015 年，美国平均每家医院需要管理约 665TB 数据，个别医院年增数据量达到 PB 量级。

（4）城市大数据

一个传输速度为 8Mb/s 的摄像头 1h 产生的数据量是 3.6GB，1 个月产生的数据量约为 2.59TB。很多城市的摄像头多达几十万个，1 个月的数据量达到数百 PB。若需将其保存 3 个月，则存储的数据量会达到 EB 量级。北京市政府部门的数据总量 2011 年达到 63PB，2012 年达到 95PB，2018 年达到数百 PB。全国政府部门的数据量加起来为数百个甚至上千个阿里巴巴数据的体量。

（5）工业大数据

Rolls Royce 公司对飞机引擎做一次仿真，会产生数十 TB 的数据。一个汽轮机的扇叶在加工中就可以产生约 0.5TB 的数据，扇叶生产每年会产生约 3PB 的数据，叶片运行每日产生约 588GB 的数据。美国通用电气公司在出厂飞机的每个引擎上装 20 个传感器，每个引擎每飞行 1h 能产生约 20TB 的数据并通过卫星进行回传，使其每日可收集 PB 量级的数据。清华大学与金风科技共建了一个风电大数据平台，2 万台风机的年运维数据量约为 120PB。

综上所述，大数据的数据量非常庞大，总体而言可以分成两大类，即结构化数据和非结构化数据。其中，前者占 10% 左右，主要是指存储在关系数据库中的数据；后者占 90% 左右，种类繁多，包括邮件、音频、视频、位置信息、链接信息、手机呼叫信息、网络日志等。

如此类型繁多的异构数据对数据处理和分析技术提出了新的挑战，也带来了新的机遇。传统数据主要存储在关系数据库中，但是，在类似 Web 2.0 等应用领域中，越来越多的数据开始被存储在 NoSQL 数据库中，这就必然要求在集成的过程中进行数据转换，但这种转换的过程是非常复杂和难以管理的。传统的 OLAP 分析和商务智能工具大都面向结构化数据，而在大数据时代，对用户友好的、支持非结构化数据分析的商业软件将迎来广阔的市场空间。

1.5.3 处理速度快

大数据时代的数据产生速度非常快。在 Web 2.0 应用领域，1min 内，新浪可以产生 2 万条微博，Twitter 可以产生 10 万条推文，苹果商店可以产生下载 4.7 万次应用的数据，淘宝上可以卖出 6 万件商品，百度可以产生 90 万次搜索查询的数据。大名鼎鼎的大型强子对撞机（Large Hadron Collider，LHC）每秒大约产生 6 亿次的碰撞，每秒生成约 700MB 的数据，同时有成千上万台计算机在分析这些碰撞数据。

大数据时代的很多应用都需要基于快速生成的数据给出实时分析结果，用于指导生产和生活实践，因此，数据处理和分析的速度通常要达到秒级甚至毫秒级响应。这一点和传统的数据挖掘技术有着本质的区别，后者通常不要求给出实时分析结果。

1.5.4　价值密度低

大数据虽然看起来很"美"，但是，其数据价值密度远远低于传统关系数据库中的数据价值密度。在大数据时代，很多有价值的信息都是分散在海量数据中的。以小区监控摄像头为例，如果没有意外事件发生，连续不断产生的数据都是没有任何价值的。当发生偷盗等意外情况时，也只有记录了事件过程的那一小段视频有价值。但是，为了能够获得发生偷盗等意外情况时的那一段有价值的视频，我们不得不投入大量资金购买监控设备、网络设备、存储设备，耗费大量的电能和存储空间，来保存摄像头连续不断产生的监控数据。

如果这个实例还不够典型，那么我们可以想象另一个更大的场景。假设一个电子商务网站希望通过微博数据进行针对性营销，为了达到这个目的，就必须构建一个能存储和分析新浪微博数据的大数据平台，使之能够根据用户的微博内容进行有针对性的商品需求趋势预测。愿景很美好，但是现实代价很大，这可能需要耗费几百万元构建整个大数据团队和平台，而其最终带来的企业销售利润增加额可能会比投入的成本低许多。从这点来看，大数据的价值密度是较低的。

1.6　大数据的影响

大数据对科学研究、思维方式和社会发展都具有重要而深远的影响。在科学研究方面，大数据使人类的科学研究在经历了实验、理论、计算 3 种范式之后，迎来了第 4 种范式——数据；在社会发展方面，大数据决策逐渐成为一种新的决策方式，大数据应用有力地促进了信息技术与各行业的深度融合，大数据开发大大推动了新技术和新应用的不断涌现；在就业市场方面，大数据的兴起使数据科学家成为热门职业；在人才培养方面，大数据的兴起将在很大程度上改变中国高校信息技术相关专业的现有教学和科研体制。

1.6.1　大数据对科学研究的影响

大数据最根本的价值在于为人类提供了认识复杂系统的新思维和新手段。图灵奖获得者、著名数据库专家 Jim Gray 博士总结后发现，人类自古以来在科学研究上先后历经了实验科学、理论科学、计算科学和数据密集型科学 4 种范式，如图 1-5 所示。

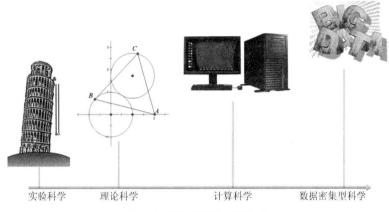

图 1-5　科学研究的 4 种范式

1. 第 1 种范式：实验科学

在最初的科学研究阶段，人类采用实验来解决一些科学问题，著名的比萨斜塔实验就是一个典型实例。1590 年，伽利略在比萨斜塔上做了"两个铁球同时落地"的实验，得出了重量不同的两个铁球同时下落的结论，从此推翻了亚里士多德"物体下落速度和重量成比例"的观点，纠正了这个持续了 1900 年之久的错误结论。

2. 第 2 种范式：理论科学

实验科学的研究会受到当时实验条件的限制，难以完成对自然现象更精确的理解。随着科学的进步，人类开始采用数学、几何、物理等理论构建问题模型，寻找解决方案。比如牛顿第一定律、牛顿第二定律、牛顿第三定律构成了牛顿经典力学体系，奠定了经典力学的概念基础，它的广泛传播和运用对人们的生活和思想产生了重大影响，在很大程度上推动了人类社会的发展。

3. 第 3 种范式：计算科学

1946 年，随着人类历史上第一台通用计算机 ENIAC（Electronic Numerical Integrator And Computer，电子数字积分计算机）的诞生，人类社会步入了计算机时代，科学研究也进入了一个以"计算"为中心的全新时期。在实际应用中，计算科学主要用于对各种科学问题进行计算机模拟和其他形式的计算。通过设计算法并编写相应程序输入计算机运行，人类可以借助计算机的高速运算能力去解决各种问题。计算机具有存储容量大、运算速度快、精度高、可重复执行等特点，是科学研究的利器，推动了人类社会的飞速发展。

4. 第 4 种范式：数据密集型科学

随着数据的不断累积，其宝贵价值日益得到体现。物联网和云计算的出现更促成了事物发展从量到质的转变，使人类社会开启了全新的大数据时代。如今，计算机不仅能进行模拟仿真，还能进行分析总结。在大数据环境下，一切将以数据为中心，从数据中发现问题、解决问题，真正体现数据的价值。大数据成为科学工作者的宝藏，从数据中可以挖掘未知模式和有价值的信息，服务于生产和生活，推动科技创新和社会进步。

虽然第 3 种范式和第 4 种范式都利用计算机来进行计算，但是，二者还是有本质的区别。在第 3 种范式中，一般是先提出可能的理论，再搜集数据，然后通过计算来验证；而对于第 4 种范式，是先有了大量已知的数据，然后通过计算得出之前未知的结论。

1.6.2　大数据对社会发展的影响

大数据将会对社会发展产生深远的影响，具体表现在以下几个方面。

1. 大数据决策成为一种新的决策方式

根据数据制定决策，并非大数据时代所特有。从 20 世纪 90 年代开始，大量数据仓库和商务智能工具就开始用于企业决策。发展到今天，数据仓库已经是一个集成的信息存储仓库，既具备批量和周期性的数据加载能力，也具备数据变化的实时探测、传播和加载能力，并能结合历史数据和实时数据实现查询分析和自动规则触发，从而提供战略决策（如宏观决策和长远规划等）和战术决策（如实时营销和个性化服务等）的双重支持。但是，数据仓库以关系数据库为基础，无论是在数据类型方面还是在数据量方面都存在较大的限制。现在，大数据决策可以面向类型繁多的、非结构化的海量数据进行决策分析，已经成为受到追捧的全新决策方式。比如，政府部门可以把大数据技术融入"舆情分析"，通过对论坛、博客、社区等多种来源的数据进行综合分析，弄清或测验信息中本质性的事实和趋势，揭示信息中含有的隐性情报内容，对事物发展做出准确预测，协助政府决策，以应对各种突发事件。

2. 大数据成为提升国家治理能力的新方法

大数据是提升国家治理能力的新方法，政府可以通过大数据揭示政治、经济、社会事务中传统技术难以展现的关联关系，并对事物的发展趋势做出准确预判，从而在复杂情况下做出合理、优化的决策；大数据是促进经济转型增长的新引擎，大数据与实体经济深度融合，将大幅推动传统产业提质增效，促进经济转型，催生新业态，同时大数据的采集、管理、交易、分析等也正在成为拥有巨大新兴市场的领域；大数据是提升社会公共服务能力的新手段，通过打通各政府、公共服务部门的数据，促进数据流转共享，将有效促进行政审批事务的简化，提高公共服务的效率，更好地服务人民，提升人民群众的获得感和幸福感。

3. 大数据应用促进信息技术与各行业的深度融合

有专家指出，大数据将会在未来 10 年改变几乎每一个行业的业务功能。对于互联网、银行、保险、交通、材料、能源、服务等行业，不断累积的大数据将加速推进这些行业与信息技术的深度融合，开拓行业发展的新方向。比如，大数据可以帮助快递公司选择运输成本最低的运输路线，协助投资者选择收益最大的股票投资组合，辅助零售商有效定位目标客户群体，帮助互联网公司实现广告精准投放，还可以让电力公司做好配送电计划、确保电网安全等。总之，大数据所触及的每个角落，我们的社会生产和生活都会因之发生巨大而深刻的变化。

4. 大数据开发推动新技术和新应用不断涌现

大数据的应用需求是大数据新技术开发的源泉。在各种应用需求的强烈驱动下，各种突破性的大数据技术将被不断提出并得到广泛应用，数据的能量也将不断得到释放。在不远的将来，原来那些依靠人类自身判断力的领域应用，将逐渐被各种基于大数据的应用所取代。比如，今天的汽车保险公司只能凭借少量的车主信息对客户进行简单的类别划分，并根据客户的汽车出险次数给予相应的保费优惠方案，客户选择哪家保险公司都没有太大差别。随着车联网的出现，"汽车大数据"将会深刻改变汽车保险业的商业模式。如果某家商业保险公司能够获取客户车辆的相关细节信息，并利用事先构建的数学模型对客户等级进行更加细致的判定，给予更加个性化的"一对一"优惠方案，那么，毫无疑问，这家保险公司将具备明显的市场竞争优势，获得更多客户的青睐。

1.6.3　大数据对就业市场的影响

大数据的兴起使数据科学家成为热门职业。2010 年，在高科技劳动力市场上还很难见到数据科学家的头衔，但此后，数据科学家逐渐成为市场上最热门的职位之一，具有广阔的发展前景，并代表着未来的发展方向。

互联网企业和零售、金融类企业都在积极争夺大数据人才，数据科学家成为大数据时代最紧缺的人才。国内有大数据专家估算过，目前国内的大数据人才缺口达到 130 万。以大数据应用较多的互联网金融为例，这一行业每年增速达到 4 倍，仅互联网金融需要的大数据人才就在迅速增长。

目前，中国用户还主要局限在结构化数据分析方面，尚未进入通过对半结构化和非结构化数据进行分析来捕捉新的市场空间的阶段。但是，大数据中包含了大量的非结构化数据，未来将会产生大量针对非结构化数据进行分析的市场需求，因此，未来中国市场对掌握大数据分析专业技能的数据科学家的需求会逐年递增。另外，随着数据科学家给企业所带来的商业价值的日益体现，市场对数据科学家的需求会日益增加。

大数据产业是战略新型产业和知识密集型产业，大数据企业对大数据高端人才和复合人才需求旺盛。各企业除了追求大数据人才数量之外，为提高自身技术壁垒和竞争实力，企业对大数据人才的质量提出了更高的期待，拥有数据架构、数据挖掘与分析、产品设计等专业技能的大数据人才备受企业关注，高层次大数据人才市场供不应求。企业调研结果显示，排名前十的大数据人才岗位的需求度为 31.1%～68.9%，其中大数据架构师成为大数据相关企业需求量最大的岗位，68.9%的企业需要这类人才；大数据工程师、数据产品经理、系统研发人员的需求企业数均超过一半。排名前十的其他岗位分别为数据分析师、应用开发人员、数据科学家、机器学习工程师、数据挖掘分析师、数据建模师。

1.6.4　大数据对人才培养的影响

大数据的兴起将在很大程度上改变中国高校信息技术相关专业的现有教学和科研体制。一方面，数据科学家是需要掌握统计学、数学、机器学习、可视化、编程等多方面知识的复合型人才。在中国高校现有的学科和专业设置中，上述专业知识分布在数学、统计学和计算机等多个学科中，通常任何一个学科都只能培养某个方向的专业人才，无法培养全面掌握数据科学相关知识的复合型人才。另一方面，数据科学家需要大数据应用实战环境，在真正的大数据环境中不断学习、实践并融会贯通，将自身专业背景与所在行业的业务需求进行深度融合，从数据中发现有价值的信息。但是，目前大多高校还不具备这种培养环境，不仅缺乏大规模的基础数据，也缺乏对领域业务需求的理解。鉴于上述两个原因，目前国内的数据科学家人才并不是由高校培养的，而主要是在企业实际应用环境中通过边工作边学习的方式不断成长起来的，其中，互联网领域集中了大多数的数据科学家人才。

未来 5~10 年，市场对数据科学家的需求会日益增加，不仅互联网行业需要数据科学家，类似金融、电信这样的传统行业在大数据项目中也需要数据科学家。由于高校目前尚未具备大量培养数据科学家的基础和能力，传统行业很可能会从互联网行业"挖墙脚"，来满足自身对数据分析人才的需求，继而造成用人成本高企，制约企业的成长壮大。因此，高校应该秉承"培养人才、服务社会"的理念，充分发挥科研和教学综合优势，培养一大批具备数据分析基础能力的数据科学家，有效填补数据科学家的市场缺口，为促进经济社会发展做出更大贡献。

近几年，国内很多高校开始设立大数据专业或者开设大数据课程，加快推进大数据人才培养体系的建立。2014 年，中国科学院大学开设首个"大数据技术与应用"专业方向，面向科研发展及产业实践，培养信息技术与行业需求结合的复合型大数据人才；2014 年，清华大学成立数据科学研究院，推出多学科交叉培养的大数据硕士项目；2015 年 10 月，复旦大学大数据学院成立，在数学、统计学、计算机、生命科学、医学、经济学、社会学、传播学等多学科交叉融合的基础上聚焦大数据学科建设，研究应用和复合型人才培养；2016 年 9 月，华东师范大学数据科学与工程学院成立，新设置的本科专业"数据科学与工程"是华东师范大学除"计算机科学与技术"和"软件工程"以外第 3 个与计算机相关的本科专业；厦门大学于 2013 年开始在研究生层面开设大数据课程，并建设了国内首个高校大数据课程公共服务平台，为全国高校开展大数据教学提供一站式免费服务；2016 年，北京大学、对外经济贸易大学、中南大学成为国内首批设立"数据科学与大数据技术专业"的高校。截至 2023 年，全国累计有 1000 余所高校设立大数据相关专业。教育部《普通高等学校本科专业备案和审批结果》数据显示，数据科学与大数据技术是 2016—2020 年高校新增数量最多的专业。2017—2020 年，大数据相关专业新增数量在新增专业数量排行榜中位居前列，数据科学、智能化应用等专业受到高校普遍重视。

高校培养数据科学家需要采取"两条腿"走路的策略，即"引进来"和"走出去"。所谓"引进来"，是指高校要加强与企业的紧密合作，从企业引进相关数据，为学生搭建起接近企业实际应用的、仿真的大数据实战环境，让学生有机会理解企业的业务需求和数据形式，为开展数据分析奠定基础；同时，高校应从企业引进具有丰富实战经验的高级人才，承担起数据科学家相关课程的教学任务，切实提高教学质量、水平和实用性。所谓"走出去"，是指积极鼓励和引导学生走出校园，进入互联网、金融、电信等行业中具备大数据应用环境的企业开展实践活动；同时努力加强产、学、研合作，创造条件让高校教师参与到企业大数据项目中，实现理论知识与实际应用的深层次融合，锻炼高校教师的大数据实战能力，为更好地培养数据科学家奠定基础。

在课程体系的设计上，高校应该打破学科界限，设置跨院系、跨学科的"组合课程"，由来自计算机、数学、统计学等不同院系的教师构建联合教学师资力量，多方合作，共同培养具备大数据分析基础能力的数据科学家，使其全面掌握包括数学、统计学、数据分析、商业分析和自然语言处理等在内的系统知识，具有独立获取知识的能力，并具有较强的实践能力和创新意识。

1.7　大数据的应用

大数据价值创造的关键在于大数据的应用。随着大数据技术的飞速发展，大数据应用已经融入各行各业，大数据应用的层次也在不断深化。

1.7.1　大数据在各个领域的应用

"数据，正在改变甚至颠覆我们所处的整个时代。"《大数据时代》一书的作者维克托·舍恩伯格教授发出如此感慨。发展到今天，大数据已经无处不在，包括制造、金融、汽车、互联网、餐饮、电信、能源、物流、城市管理、生物医学、体育和娱乐等在内的社会各行各业都已经融入了大数据的印迹。表 1-5 是大数据在各个领域的应用情况。

表 1-5　　　　　　　　　　　　　　大数据在各个领域的应用情况

领域	大数据的应用
制造	利用工业大数据提升制造业水平，包括产品故障诊断与预测、工艺流程分析、生产工艺改进、生产过程能耗优化、工业供应链分析与优化、生产计划与排程制定
金融	大数据在高频交易、社交情绪分析和信贷风险分析 3 大金融创新领域发挥着重要作用
汽车	利用大数据和物联网技术实现的无人驾驶汽车，在不远的未来将走进我们的日常生活
互联网	借助大数据技术可以分析客户行为，进行商品推荐和有针对性的广告投放
餐饮	利用大数据实现餐饮 O2O 模式，彻底改变传统餐饮的经营方式
电信	利用大数据技术实现客户离网分析，及时掌握客户的离网倾向，制定客户挽留措施
能源	随着智能电网的发展，电力公司掌握了海量的用户用电信息。利用大数据技术分析用户的用电模式，可以改进电网运行，合理地设计电力需求响应系统，确保电网运行安全
物流	利用大数据优化物流网络，提高物流效率，降低物流成本
城市管理	可以利用大数据实现智能交通、环保监测、城市规划和智能安防
生物医学	大数据可以帮助我们实现流行病预测、智慧医疗、健康管理，还可以帮助我们解读 DNA，了解更多的生命奥秘
体育和娱乐	大数据可以帮助我们训练球队、预测比赛结果以及决定投拍哪种题材的影视作品
安全	政府可以利用大数据技术构建起强大的国家安全保障体系，企业可以利用大数据抵御网络攻击
个人生活	大数据还可以应用于个人生活，利用与每个人相关联的"个人大数据"，分析个人的生活行为习惯，为其提供更加周到的个性化服务

就企业而言，其掌握的大数据是经济价值的源泉。最为常见的是，一些公司已经把商业活动的每一个环节都建立在数据收集、分析之上，尤其是在营销活动中。eBay 公司通过数据分析计算出广告中每一个关键字为公司带来的回报，以进行精准的定位营销，优化广告投放。2007 年以来，eBay 产品的广告费缩减了 99%，而顶级卖家的销售额在总销售额中占比上升至 32%。淘宝通过挖掘处理用户浏览页面和购买记录的数据，为用户提供个性化建议并推荐新的产品，以达到提高销

售额的目的。还有的企业利用大数据分析研判市场形势，部署经营战略，开发新的技术和产品，以期迅速占领市场制高点。大数据宛如一股"洪流"注入世界经济，成为全球各个经济领域的重要组成部分。

就政府而言，大数据的发展将会提高政府的科学决策水平，将政府传统的决策方式变为用数据说话。政府可以利用大数据分析社会、经济、人文生活等规律，为国家宏观调控、战略决策、产业布局等提供决策依据；通过大数据分析社会公众和企业的行为，可以增强政府的公共服务水平；采用大数据技术还可实现城市管理由粗放式向精细化转变，提高政府社会管理水平。在政治活动领域，大数据也翩然而至。美国大选期间，奥巴马团队创新性地将大数据应用到总统大选中。在锁定目标选民、筹集竞选经费、督促选民投票等各个环节，大数据都发挥了至关重要的作用，数据驱动的竞选决策曾帮助奥巴马成功当选美国总统。

在医疗领域，大数据也有不俗表现。医院通过分析监测器采集的数百万个新生儿重症监护病房的数据，可以从诸如体温升高、心率加快等因素中，研判新生儿是否存在感染潜在致命性或传染性疾病的可能性，以便为下一步做好预防和应对措施奠定基础。而这些早期的疾病症状，并不是经验丰富的医生通过巡视查房就可以发现的。华盛顿中心医院为减少患者感染率和再入院率，对病人多年来的匿名医疗记录，如检查、诊断、治疗资料、人口统计资料等进行了统计分析，发现对病人出院后进行心理治疗方面的医学干预可能会更有利于其身体健康。

此外，大数据也悄然地影响着绿茵场上强弱的较量。2014年巴西世界杯比赛中，大数据成为德国队夺冠的秘密武器。美国媒体评论称，"大数据"堪称德国队的"第十二人"。德国队不仅通过大数据来分析自己球员的特色和优势，优化团队配置，提升球队作战能力，还通过分析对手的技术数据，确定相应的战略战术，寻找在世界杯比赛中的制胜方式。总而言之，大数据的身影无处不在，时时刻刻地在影响和改变着我们的生活和我们理解世界的方式。

1.7.2　大数据应用的3个层次

按照数据开发应用深入程度的不同，可将众多的大数据应用分为3个层次。

①描述性分析应用：是指从大数据中总结、抽取相关的信息和知识，帮助人们分析事情的起因、经过，并呈现事物的发展历程。如美国的DOMO公司从其企业客户的各个信息系统中抽取、整合数据，再以统计图表等可视化形式将数据中蕴含的信息推送给不同岗位的业务人员和管理者，帮助其更好地了解企业现状，进而做出判断和决策。

②预测性分析应用：是指从大数据中分析事物之间的关联关系、发展模式等，并据此对事物发展的趋势进行预测。如微软公司纽约研究院的研究员大卫·罗斯柴尔德（David Rothschild）通过收集和分析赌博市场、证券交易所、社交媒体用户发布的帖子等大量公开数据建立预测模型，对多届奥斯卡奖项的归属进行预测。2014和2015年，他准确预测了奥斯卡共24个奖项中的21个。

③指导性分析应用：是指在前两个层次的基础上，分析不同决策将导致的后果，并对决策进行指导和优化。如无人驾驶汽车通过分析高精度地图数据和激光雷达、摄像头等传感器的海量实时感知数据，对车辆不同驾驶行为的后果进行预判，并据此指导车辆的自动驾驶。

当前，在大数据应用的实践中，描述性、预测性分析应用多，更深层次的指导性分析应用偏少。

一般而言，人们做出决策的流程通常包括认知现状、预测未来和选择策略这 3 个基本步骤，这些步骤也对应了上述大数据分析应用的 3 个不同层次。不同层次的应用意味着人类和计算机在决策流程中不同的分工和协作。例如，在第一层次的描述性分析应用中，计算机仅负责将与现状相关的信息和知识展现给人类专家，而对未来态势的判断及对最优策略的选择仍然由人类专家完成。应用层次越深，计算机承担的任务越多、越复杂，效率提升也越大，价值也就越大。然而，随着研究应用的不断深入，人们逐渐意识到前期在大数据分析应用中大放异彩的深度神经网络尚存在基础理论不完善、模型不具可解释性、鲁棒性较差等问题。因此，虽然应用层次最深的指导性分析应用当前已在人机博弈等非关键性领域取得了较好的应用效果，但是在自动驾驶、政府决策、军事指挥、医疗健康等应用价值更高且与人类生命、财产、发展和安全紧密关联的领域，要真正获得有效应用，仍面临一系列亟待解决的重大基础理论和核心技术挑战，大数据应用仍处于初级阶段。未来，随着应用领域的拓展、技术的提升、数据共享开放机制的完善以及产业生态的成熟，具有更大潜在价值的预测性和指导性分析应用将是发展的重点。

1.8　大数据产业

大数据产业是指一切与支撑大数据组织管理和价值发现相关的企业经济活动的集合。大数据产业包括 IT 基础设施层、数据源层、数据管理层、数据分析层、数据平台层和数据应用层，具体如表 1-6 所示。

表 1-6　　　　　　　　　　　　　大数据产业的各个层次及其包含内容

产业层次	包含内容
IT 基础设施层	包括提供硬件、软件、网络等基础设施以及提供咨询、规划和系统集成服务的企业，比如提供数据中心解决方案的 IBM、HP 和 Dell 等，提供存储解决方案的 EMC（Electronic Machine Corporation，易安信），提供虚拟化管理软件的微软、Citrix、SUN、Red Hat 等
数据源层	大数据生态圈里的数据提供者是生物（生物信息学领域的各类研究机构）大数据、交通（交通主管部门）大数据、医疗（各大医院、体检机构）大数据、政务（政府部门）大数据、电商（淘宝、天猫、苏宁云商、京东等）大数据、社交网络（微博、微信、抖音等）大数据、搜索引擎（百度、谷歌等）大数据等各种数据的来源
数据管理层	包括提供数据抽取、转换、存储和管理等服务的各类企业或产品，如分布式文件系统［Hadoop 的 HDFS（Hadoop Distributed File System，Hadoop 分布式文件系统）和谷歌的 GFS 等］、ETL 工具（Informatica、DataStage、Kettle 等）、数据库和数据仓库（Oracle、MySQL、SQL Server、HBase、GreenPlum 等）
数据分析层	包括提供分布式计算、数据挖掘、统计分析等服务的各类企业或产品，如分布式计算框架 MapReduce、统计分析软件 SPSS（Statistical Product and Service Solutions，统计产品与服务解决方案）和 SAS（Statistical Analysis System，统计分析系统）、数据挖掘工具 Weka、数据可视化工具 Tableau、商务智能（Business Intelligence，BI）工具 MicroStrategy、Cognos、BO（Business Objects，业务对象层）等

产业层次	包含内容
数据平台层	包括提供数据分享平台、数据分析平台、数据租售平台等服务的企业或产品，如阿里巴巴、谷歌、中国电信、百度等
数据应用层	提供智能交通、智慧医疗、智能物流、智能电网等行业应用的企业、机构或政府部门，如交通主管部门、各大医疗机构、菜鸟网络、国家电网等

目前，我国已形成中西部地区、环渤海地区、珠三角地区、长三角地区、东北地区5个大数据产业区。在政府管理、工业升级转型、金融创新、医疗保健等领域，大数据行业应用已逐步深入。一些地方政府也在积极尝试以大数据产业园为依托，加快发展本地的大数据产业。大数据产业园是大数据企业的孵化平台以及大数据企业走向产业化道路的集中区域。2015年，国家将大数据产业提升至重点战略地位。经过几年的迅猛发展，各地积极建设了一批大数据产业园，这些大数据产业园是重要的大数据产业集聚区和区域创新中心，为新经济、新动能的培养提供了优质土壤，支撑本地大数据产业高质量发展。从园区分布区域来看，中国大数据产业园发展水平与所在地区信息技术产业的发展水平直接相关。华东、中南地区的大数据产业园数量多，种类丰富，特别是湖南、河南均拥有十余个大数据产业园；华北、西南地区的大数据产业园数量相对较少；内蒙古、重庆和贵州作为国家大数据综合试验区，积极布局大数据产业园区；西北、东北地区在大数据园区建设方面发力不足，仍有较大的进步空间。其中，西北地区的甘肃与宁夏作为"东数西算"工程的国家枢纽节点，有望以数据流引领物资流、人才流、技术流、资金流在甘肃和宁夏集聚，带动该区域大数据产业园的建设和发展。从园区种类来看，一些地区立足错位发展，建设了一批特色突出的大数据产业园，健康医疗大数据产业园、地理空间大数据产业园、先进制造业大数据产业园等开始涌现，引领大数据产业园特色化创新发展，其中江苏、山东、安徽、福建等省份均建设了健康医疗大数据产业园。

经过多年的建设与发展，国内涌现出了一批具有代表性的大数据产业园区。例如，陕西省西咸新区沣西新城在信息产业园中规划了国内首家以大数据处理与服务为特色的产业园区，贵州贵阳市的贵安新区是南方数据中心核心区和全国大数据产业集聚区。贵安新区电子信息产业园是贵安新区发展大数据的重要载体，优先发展以大数据为重点的新一代电子信息产业技术。为解决人才难题，园区开设了华为大数据学院，实现企业化运营管理，为贵安新区培训、输送了大批大数据产业技能人才。再如，北京市中关村大数据产业园已经成为大数据产业的集聚区，构建了完善的大数据产业链，覆盖大数据产业的各个环节，在数据源、数据采集、数据处理、数据存储、数据分析、数据可视化、数据应用和数据安全等产业链的不同环节均有相应的企业在从事数据研究与市场开发；位于重庆市的仙桃数据谷主要布局大数据、人工智能、物联网等前沿产业，致力于打造具有国际影响力的中国大数据产业生态谷；位于盐城市的盐城大数据产业园是江苏省唯一一个省市合作建设的国家级大数据产业基地，已被纳入江苏省互联网经济、云计算和大数据产业发展的总体规划，是中韩产业园的重要组成部分；广东省佛山市南海区大数据产业园以"互联网+大数据+特色园区"为发展模式，积极引入大数据产业项目，承接北上广深大数据产业转移，培

育大数据孵化项目；位于福建省泉州市安溪县龙门镇的中国国际信息技术（福建）产业园（见图
1-6）是福建省第一个大数据产业园，致力于构建以国际最高等级第三方数据中心为核心、以信息
技术服务外包为主的绿色生态产业链，打造集数据中心、安全管理、云服务、电子商务、数字金
融、信息技术教育、国际交流、投融资环境等功能为一体，覆盖福建、辐射海西的国际一流高科
技信息技术产业园区。

图 1-6　中国国际信息技术（福建）产业园

1.9　大数据与数字经济

在信息化发展历程中，数字化、网络化和智能化是 3 条并行不悖的主线。数字化奠定基础，
实现数据资源的获取和积累；网络化构建平台，促进数据资源的流通和汇聚；智能化展现能力，
通过多源数据的融合分析呈现信息应用的类人智能，帮助人类更好地认知复杂事物和解决问题。
当前，我们正在进入以数据的深度挖掘和融合应用为主要特征的智能化阶段（信息化 3.0 阶段）。
信息化新阶段开启的一个重要标志是信息技术开始从作为助力经济发展的辅助工具向成为引领经
济发展的核心引擎转变，进而催生出一种新的经济范式——数字经济。大数据是信息技术发展的
必然产物，更是信息化进程的新阶段，其发展推动了数字经济的形成与繁荣。

1.9.1　数字经济

1. 数字经济概述

数字经济一词最早出现于 20 世纪 90 年代，因美国学者唐·泰普斯科特（Don Tapscott）1996
年出版的《数字经济：网络智能时代的前景与风险》一书而开始受到关注。该书描述了互联网将
如何改变世界各类事物的运行模式并引发若干新的经济形式和活动。2002 年，美国学者金范秀
（Beomsoo Kim）将数字经济定义为一种特殊的经济形态，其本质为"商品和服务以信息化形式进
行交易"。可以看出，这个词早期主要用于描述互联网对商业行为带来的影响。此外，当时的信息
技术对经济的影响尚未具备颠覆性，只是提质增效的助手工具，数字经济一词还属于未来学家关

注探讨的对象。

随着信息技术的不断发展与深度应用，社会经济的数字化程度不断提升。特别是随着大数据时代的到来，数字经济一词的内涵和外延发生了重要变化。当前广泛认可的数字经济定义源自 2016 年 9 月二十国集团领导人杭州峰会通过的《二十国集团数字经济发展与合作倡议》，即数字经济是指以使用数字化的知识和信息作为关键生产要素、以现代信息网络作为重要载体、以信息通信技术的有效使用作为效率提升和经济结构优化的重要推动力的一系列经济活动。

数字经济是继农业经济、工业经济之后的主要经济形态。从构成上看，农业经济属单层结构，以农业为主，配合以其他行业，以人力、畜力和自然力为动力，使用手工工具，以家庭为单位自给自足，社会分工不明显，行业间相对独立。工业经济是两层结构，即提供能源动力和行业制造设备的装备制造产业以及工业化后的各行各业，并形成分工合作的工业体系。数字经济则可分为 3 个层次：提供核心动能的信息技术及其装备产业、深度信息化的各行各业以及跨行业数据融合应用的数据增值产业。

通常把数字经济分为数字产业化和产业数字化两方面。数字产业化指将数字技术应用于传统产业中，从而实现产业的数字化转型和升级；产业数字化指以新一代信息技术为支撑，对传统产业及其产业链上下游的全要素进行数字化改造，通过与信息技术的深度融合实现赋值、赋能。从外延看，经济发展离不开社会发展，社会的数字化无疑是数字经济发展的土壤，数字政府、数字社会、数字治理体系建设等构成了数字经济发展的环境，同时，数字基础设施建设以及传统物理基础设施的数字化则奠定了数字经济发展的基础。

数字经济呈现 3 个重要特征：一是信息化引领。信息技术深度渗入各个行业，促成其数字化并积累大量数据资源，进而通过网络平台实现共享和汇聚，通过挖掘数据、萃取知识和凝练智慧，又使行业变得更加智能。二是开放化融合。通过数据的开放、共享与流动，促进组织内各部门间、价值链上各企业间甚至跨价值链跨行业的不同组织间开展大规模协作和跨界融合，实现价值链的优化与重组。三是泛在化普惠。无处不在的信息基础设施、按需服务的云模式和各种商贸、金融等服务平台降低了参与经济活动的门槛，使数字经济出现"人人参与、共建共享"的普惠格局。

2. 数字经济的发展趋势

数字经济的未来发展呈现如下趋势。

一是以互联网为核心的新一代信息技术正逐步演化为人类社会经济活动的基础设施，并将对原有的物理基础设施完成深度信息化改造和软件定义。在其支撑下，人类极大地突破了沟通和协作的时空约束，推动平台经济、共享经济等新经济模式快速发展。

二是各行业工业互联网的构建将促进各种业态围绕信息化主线深度协作、融合，在完成自身提升变革的同时，不断催生新的业态，并使一些传统业态走向消亡。

三是在信息化理念和政务大数据的支撑下，政府的综合管理服务能力和政务服务的便捷性持续提升，公众积极参与社会治理，形成共策共商共治的良好生态。

四是信息技术体系将完成蜕变升华式的重构，释放出远超当前的技术能力，从而使蕴含在大数据中的巨大价值得以充分释放，带来数字经济的爆发式增长。

3．各国的支持政策及发展现状

近年来，互联网、大数据、云计算、物联网、人工智能、区块链等技术加速创新，日益融入经济社会发展的各领域、全过程，各国竞相制定数字经济发展战略，出台鼓励政策，数字经济发展速度之快、辐射范围之广、影响程度之深前所未有，正在成为重组全球要素资源、重塑全球经济结构、改变全球竞争格局的关键力量。

美国是最早布局数字经济的国家，1998 年，美国商务部就发布了《浮现中的数字经济》系列报告，近年来又先后发布了美国数字经济议程、美国全球数字经济大战略等，将发展大数据和数字经济作为实现繁荣和保持竞争力的关键。欧盟 2014 年提出了数据价值链战略计划，推动围绕大数据的创新，培育数据生态系统；其后又推出了欧洲工业数字化战略、欧盟人工智能战略等规划；2021 年 3 月，欧盟发布《2030 数字化指南：实现数字十年的欧洲路径》纲要文件，涵盖了欧盟到 2030 年实现数字化转型的愿景、目标和途径。日本自 2013 年开始，每年制定科学技术创新综合战略，从智能化、系统化、全球化视角推动科技创新。俄罗斯 2017 年将数字经济列入《俄联邦 2018—2025 年主要战略发展方向目录》，并编制完成了俄联邦数字经济规划。

全球数字经济发展迅猛。据中国信息通信研究院数据，2020 年，发达国家的数字经济规模达到 24.4 万亿美元，占全球总量的 74.7%。发达国家数字经济占国内生产总值比重达 54.3%，远超发展中国家 27.6% 的水平。从增速看，发展中国家的数字经济同比名义增长 3.1%，略高于发达国家 3.0% 的增速。2020 年，全球 47 个国家的数字经济增加值规模达到 32.6 万亿美元，同比名义增长 3.0%。产业数字化仍然是数字经济发展的主引擎，占数字经济的 84.4%。从规模看，美国数字经济继续蝉联世界第一，2020 年规模接近 13.6 万亿美元。从占比看，德国、英国、美国的数字经济在国民经济中占据主导地位，占国内生产总值的比重超过 60%。从增速看，中国数字经济同比增长 9.6%，位居全球第一。

我国高度重视发展数字经济，已经将其上升为国家战略。2017 年 3 月 5 日，国务院总理在政府工作报告中指出，2017 年工作的重点任务之一是加快培育新兴产业，促进数字经济加快成长，让企业广泛受益，群众普遍受惠。这是数字经济首次被写入政府工作报告。党的十八届五中全会提出，实施网络强国战略和国家大数据战略，拓展网络经济空间，促进互联网和经济社会融合发展，支持基于互联网的各类创新；党的十九大提出，推动互联网、大数据、人工智能和实体经济深度融合，建设数字中国、智慧社会；党的十九届五中全会提出，发展数字经济，推进数字产业化和产业数字化，推动数字经济和实体经济深度融合，打造具有国际竞争力的数字产业集群。我国先后出台了《网络强国战略实施纲要》《数字经济发展战略纲要》，从国家层面部署推动数字经济发展。近年来，我国数字经济发展较快，成就显著。根据 2021 全球数字经济大会的数据，我国的数字经济规模已经连续多年位居世界第二。

4．发展数字经济的意义

发展数字经济意义重大，是把握新一轮科技革命和产业变革新机遇的战略选择。一是数字经济健康发展有利于推动构建新发展格局。构建新发展格局的重要任务是增强经济发展动能，畅通经济循环。数字技术、数字经济可以推动各类资源要素快捷流动，各类市场主体加速融合，帮助市场主体重构组织模式，实现跨界发展，打破时空限制，延伸产业链条，畅通国内外经济循环。二是数字经济健康发展有利于推动建设现代化经济体系。数据作为新型生产要素，对传统生产方式变革具有重大影响。数字经济具有高创新性、强渗透性、广覆盖性，不仅是新的经济增长点，而且是改造提升传统产业的支点，可以成为构建现代化经济体系的重要引擎。三是数字经济健康发展有利于推动构筑国家竞争新优势。当今时代，数字技术、数字经济是世界科技革命和产业变革的先机，是新一轮国际竞争的重点领域，我国一定要抓住先机，抢占未来发展制高点。

1.9.2 大数据与数字经济的紧密关系

当前，我国数字经济发展迅速，生态体系正加速形成，而大数据已成为数字经济这种全新经济形态的关键生产要素。通过数据资源的有效利用以及开放的数据生态体系，可以使数字价值充分释放，从而驱动传统产业的数字化转型升级和新业态的培育发展，提高传统产业的劳动生产率，培育新市场和产业新增长点，促进数字经济持续发展创新。

1. 大数据是数字经济的关键生产要素

随着信息通信技术的广泛运用以及新模式、新业态的不断涌现，人类的社会生产生活方式正在发生深刻的变革。数字经济作为一种全新的社会经济形态，正逐渐成为全球经济增长重要的驱动力。历史证明，每一次人类社会重大的经济形态变革，必然产生新的生产要素，形成先进生产力。如同农业时代以土地和劳动力、工业时代以资本为新的生产要素一样，数字经济作为继农业经济、工业经济之后的一种新兴经济社会发展形态，也将产生新的生产要素。

数字经济与农业经济、工业经济不同，它是以新一代信息技术为基础，以海量数据的互联和应用为核心，将数据资源融入产业创新和升级各个环节的新经济形态。一方面，信息技术与经济社会的交汇融合以及物联网产业的发展，引发数据迅猛增长，大数据已成为社会基础性战略资源，蕴藏着巨大潜力和能量；另一方面，数据资源与产业的交汇融合促使社会生产力发生新的飞跃，大数据成为驱动整个社会运行和经济发展的新兴生产要素，在生产过程中与劳动力、土地、资本等其他生产要素协同创造社会价值。相比其他生产要素，数据资源具有的可复制、可共享、无限增长和供给的禀赋打破了自然资源有限供给对增长的制约，为持续增长和永续发展提供了基础与可能，成为数字经济发展的关键生产要素和重要资源。

2. 大数据是发挥数据价值的使能因素

市场经济要求生产要素商品化，以商品形式在市场上通过交易实现流动和配置，从而形成各种生产要素市场。大数据作为数字经济的关键生产要素，构建数据要素市场是发挥市场在资源配置中的决定性作用的必要条件，是发展数字经济的必然要求。2015 年，《促进大数据发展行动纲要》明确提出"要引导培育大数据交易市场，开展面向应用的数据交易市场试点，探索开展大数据衍生产品交易，鼓励产业链各环节的市场主体进行数据交换和交易"。大数据发展将重点推进数据流通标准和数据交易体系建设，促进数据交易、共享、转移等环节的规范有序，为构建数据要素市场、实现数据要素的市场化和自由流动提供了可能，成为优化数据要素配置、发挥数据要素价值的关键影响因素。

大数据资源更深层次的处理和应用仍然需要使用大数据，通过大数据分析将数据转化为可用信息是数据作为关键生产要素实现价值创造的路径演进和必然结果。从构建要素市场、实现生产要素市场化流动到数据的清洗分析，数据要素的市场价值提升和自生价值创造无不需要大数据作为支撑，大数据成为发挥数据价值的使能因素。

3. 大数据是驱动数字经济创新发展的核心动能

推动大数据在社会经济各领域的广泛应用，加快传统产业数字化、智能化，催生数据驱动的新兴业态，能够为我国经济转型发展提供新动力。大数据是驱动数字经济创新发展的重要抓手和核心动能。

大数据驱动传统产业向数字化和智能化方向转型升级是数字经济推动效率提升和经济结构优化的重要抓手。大数据加速渗透和应用到社会经济的各个领域，通过与传统产业进行深度融合，提升传统产业的生产效率和自主创新能力，深刻变革传统产业的生产方式和管理、营销模式，驱动传统产业实现数字化转型。例如，电信、金融、交通等服务行业利用大数据探索客户细分、风险防控、信用评价等应用，加快业务创新和产业升级步伐；工业大数据贯穿于工业的设计、工艺、生产、管理、服务等各个环节，使工业系统具备描述、诊断、预测、决策、控制等智能化功能，推动工业走向智能化；利用大数据为农作物栽培、气候分析等农业生产决策提供有力依据，提高农业生产效率，推动农业向数据驱动的智慧生产方式转型。大数据为传统产业的创新转型、优化升级提供了重要支撑，引领和驱动传统产业实现数字化转型，推动传统经济模式向形态更高级、分工更优化、结构更合理的数字经济模式演进。

大数据推动不同产业之间的融合创新，催生新业态与新模式不断涌现，是数字经济创新驱动能力的重要体现。首先，大数据产业自身催生出数据交易、数据租赁服务、分析预测服务、决策外包服务等新兴产业业态，同时推动可穿戴设备等智能终端产品的升级，促进电子信息产业提速发展。其次，大数据与行业应用领域深度融合和创新，使传统产业在经营模式、盈利模式和服务模式等方面发生变革，涌现出互联网金融、共享单车等新平台、新模式和新业态。最后，基于大数据的创新创业日趋活跃，大数据技术、产业与服务成为社会资本投入的热点。大数据的共享开放成为促进"大众创业、万众创新"的新动力，由技术创新和技术驱动的经济创新是数字经济实现经济包容性增长和发展的关键驱动力。随着大数据技术被广泛接受和应用，新产业、新消费、新组织形态的诞生以及随之而来的创业创新浪潮、产业转型升级、就业结构改善、经济提质增效，正是数字经济的内在要求及创新驱动能力的重要体现。

1.10　高校的大数据专业

在大数据蓬勃发展的大背景下，市场上的大数据人才缺口不断扩大。高校作为人才培养基地，顺应市场需求，培养更多的、高质量的、适应经济和社会发展的数据科学复合型人才是义不容辞的责任。高校需要及时培养出理论型、实践型、应用型的大数据人才，为数据科学研究和大数据应用贡献力量。为满足社会对大数据人才的需求，斯坦福大学、加州大学伯克利分校、密歇根大学等世界著名大学纷纷建立数据科学研究中心并设置大数据专业。在我国，大数据专业也已经成为一个热门的新工科专业。目前，国内高校开设的大数据专业主要包括本科院校设立的"数据科学与大数据技术"专业和高职院校设立的"大数据技术与应用"专业。截至 2022 年，全国已经有1000 余所高校设立了大数据专业。

本节简要介绍大数据专业的人才培养目标、毕业生就业岗位、大数据专业知识体系、大数据专业课程体系和大数据专业的编程语言。

1.10.1 大数据专业概述

1. 大数据专业的人才培养目标

大数据专业致力于培养符合国家战略和大数据产业发展需求，具备较好的数据素养和数理基础、扎实的编程基础和大数据基础知识与技能，熟练掌握大数据采集、预处理、存储、处理、分析、应用技术，能够运用大数据思维、模型和工具解决实际问题的高级复合型人才。大数据专业的毕业生能在互联网企业、金融机构、科研院所、高等院校等从事大数据分析、挖掘、处理、服务、应用和研究工作，亦可从事各行业大数据系统的集成、设计、开发、管理、维护等工作，还可在高等院校和科研院所的相关交叉学科深造。

2. 毕业生就业岗位

如图 1-7 所示，大数据专业的毕业生就业岗位包括两大类：应用类和系统类。其中，应用类岗位包括大数据分析师、业务数据分析师、大数据建模师、大数据算法师等具体岗位；系统类岗位包括大数据开发工程师、大数据架构师、数据库管理员和大数据运维工程师等具体岗位。

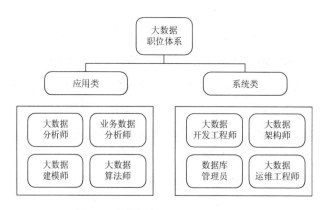

图 1-7　大数据专业的毕业生就业岗位

大数据分析师的主要工作职责是基于业务问题，选择最合适的数据分析和数据挖掘方法，提取数据中的业务信息，从而支撑业务决策。大数据分析师需要熟悉数据分析或挖掘过程，掌握数据分析或挖掘方法，理解数据分析模型，熟练操作数据分析工具（如 Excel、SPSS、SAS 等）。市场对大数据分析师的能力要求比较全面，不管是业务逻辑，还是分析方法、模型、可视化，都要求全面掌握。此外，大数据分析师还需要掌握较多的数学和统计学知识。

业务数据分析师侧重于商业理解，要求能够将业务问题和商业问题转化为大数据的问题，并将分析结果从业务层面进行解读，从而形成业务建议和业务策略。业务数据分析师需要熟悉业务逻辑和业务模型，掌握数据分析思路，能用数据可视化的方式对数据进行解读。

大数据建模师侧重于数据建模，能够围绕业务问题构建合适的数据分析框架和分析模型，对业务问题进行分解，从而达到定性或定量来描述业务的目的。大数据建模师需要熟悉数据建模、模型评估、模型优化、模型应用等。

大数据算法师侧重于数据模型的实现算法研究、设计与实现，为达到分析目的，需对实现算法进行分析、选择与优化，确保实现性能及效果。一般情况下，大数据算法师往往和大数据建模师在一起工作。

大数据开发工程师负责大数据系统的开发工作，能够运用编程语言进行应用程序的开发、测试和维护，实现产品功能。大数据开发工程师需要熟练掌握编程语言，如 Java、R、Python 等。

大数据架构师负责大数据系统的平台架构设计和平台构建，需要熟悉 Hadoop、HBase、Storm、Spark、Flink、Hive 等以及整个生态系统的组件，具备平台级开发和架构设计能力。

数据库管理员侧重于数据库或数据仓库的设计、开发、管理和优化，监控数据库的性能，实现故障检测和排除，工作内容主要包括数据采集、数据库架构设计、空间和容量规划、性能优化等。

大数据运维工程师侧重于大数据平台的运维管理，包括系统运维规划、系统监控、系统优化等，保障大数据平台服务的稳定性和可用性。大数据运维工程师需要掌握平台各组件的安装、配置与调试，具备良好的系统性能优化及故障排除能力。

1.10.2　大数据专业体系

1. 大数据专业知识体系

从学科角度来说，大数据可以理解为跨多学科的，从数据中获取知识的科学方法、技术和系统的集合。大数据专业知识体系涵盖计算机、数学、统计学等多个学科，结合诸多领域的理论和技术，包括应用数学、统计学、模式识别、机器学习、人工智能、深度学习、数据可视化、数据挖掘、数据仓库、分布式计算、云计算、系统架构设计等。

典型的大数据分析过程包括数据采集与预处理、数据存储与管理、数据处理与分析、数据可视化等，如图 1-8 所示。因此，大数据专业知识体系涵盖了数据采集与预处理技术、数据存储与管理技术、数据处理与分析技术、数据可视化技术等。同时，在分析过程中，相关人员需要对商业领域的业务知识有一定的理解。

图 1-8　典型的大数据分析过程

2. 大数据专业课程体系

大数据专业课程体系涵盖通识教育课、学科基础课、专业基础课、专业核心课和专业课，具体如下。

①通识教育课：思政类课程、军体类课程、外语课、创新创业课等。

②学科基础课：高等数学、线性代数、概率论与数理统计等。

③专业基础课：程序设计、计算机系统基础及组成原理、离散数学、计算机网络、算法与数据结构、数据库系统、操作系统、软件工程等。

④专业核心课：大数据导论、网络爬虫与数据采集、数据清洗、NoSQL 数据库、数据可视化、分布式并行编程、机器学习等。

⑤专业课：云计算、数据安全、数据仓库、数据挖掘等。

1.10.3　大数据专业的编程语言

大数据专业可以选择的编程语言比较丰富，包括 C、C++、Java、Python、Scala 和 R 等。

1. C

C 是一种面向过程的计算机编程语言，与 C++、Java 等面向对象的编程语言有所不同。C 的设计目标是提供一种能以简易方式编译/处理低级存储器、仅产生少量机器码以及不需要任何运行环境支持便能运行的编程语言。C 描述问题比汇编语言迅速，工作量小，可读性好，易于调试、修改和移植,而代码质量与汇编语言相当。C 一般只比汇编语言代码生成的目标程序效率低 10%～20%，因此可以用 C 编写系统软件。C 在一些编程语言排行榜中长期排在第一的位置。

C 具有很多优点，主要如下。

①C 具有现代高级程序设计语言的基本语法特征，并且是编写操作系统的首选语言，与计算机硬件打交道时灵巧且高效。目前几乎所有的操作系统（如 Windows、UNIX 和 Linux 等）均是用 C 编写的。

②常用的面向对象的程序设计语言（如 C++和 Java），其基本语法都源于 C。C 甚至是其他编程语言的母语言，比如 Java。

③C 简洁紧凑，灵活方便。C 一共只有 32 个关键字，9 种控制语句；程序书写自由，主要用小写字母表示。它把高级语言的基本结构和语句与低级语言的实用性结合了起来。

C 一般作为学习计算机程序设计语言的入门语言。

2. C++

C++是 C 的继承，是一种以 C 为基础发展而来的、面向对象的高级程序设计语言。它既可以进行 C 的过程化程序设计，又可以进行以继承和多态为特点的面向对象的程序设计。C++不仅拥有计算机高效运行的实用性特征，还致力于提高大规模程序的编程质量与程序设计语言的问题描述能力。

C++的主要优点如下。

①实现了面向对象的程序设计，处理和运行速度非常快，大部分的游戏软件都是用 C++编

写的。

②语言非常灵活，功能非常强大。

③非常严谨、精确和数理化，标准定义很细致。

④语言的语法思路层次分明。

大数据领域的不少产品都是使用 C++开发的（即产品本身是用 C++编写的），包括一些 NoSQL 数据库（ScyllaDB、MongoDB、Aerospike、Kudu、SequoiaDB）、数据仓库 Impala、实时流计算框架 Hurricane 和 Heron、资源调度框架 Mesos 等。

但是，谈到大数据开发语言时，C++要明显逊色于 Java，很多大数据应用程序（比如 Hadoop 程序等）都是使用 Java 开发的，而不是使用 C++。

3. Java

Java 是目前最热门的编程语言之一，在一些编程语言排行榜中长期排在前 3 名。虽然 Java 没有和 R、Python 一样好的可视化功能，也不是统计建模的最佳工具，但是，如果需要建立一个庞大的应用系统，那么 Java 通常是较为理想的选择。由于 Java 具有简单、面向对象、分布式、鲁棒性、安全、体系结构中立、可移植、高性能、多线程以及动态性等诸多优良特性，因此被大量应用于企业大型系统开发中。企业对于 Java 人才的需求一直比较大。

Java 与大数据的联系较为紧密，在大数据领域有着广泛的应用，是大数据应用程序开发的常用语言。例如，大数据领域热门的处理框架 Hadoop 和 Flink 等都是采用 Java 开发的，编写 Hadoop 应用程序时也首选 Java。目前热门的分布式计算框架 Spark 也支持采用 Java 编写应用程序。

4. Python

Python 是目前国内外很多大学里流行的入门语言，学习门槛低，简单易用。开发人员可以使用 Python 来构建桌面应用程序和 Web 应用程序。此外，Python 在学术界备受欢迎，常被用于科学计算、数据分析和生物信息学等领域。Python 是最近几年发展最为迅速的编程语言，在一些编程语言排行榜中甚至已经进入了前 3 名。

Python 的主要优点如下。

①可以使用多种执行方式。Python 可以直接在命令行执行相关命令，也可以用函数的方式执行相关命令，还可以用面向对象的方式执行相关命令。

②语法简洁，且强制缩格，程序具有很好的可读性。

③跨平台。Python 支持多种操作系统或开发平台，如 Windows、Linux、macOS、Solaris 等。

④语言灵活。Python 既支持面向过程，又支持面向对象，这使其编程更加灵活。

⑤丰富的第三方库。Python 有丰富且强大的库，而且由于 Python 的开源特性，第三方库非常多，如 Web 开发、爬虫、科学计算等。

在数据分析领域，Python 是广受欢迎的编程语言，网络数据采集（比如网络爬虫）、数据清洗、数据分析与挖掘、数据可视化等环节通常都使用 Python 编写程序。

5. Scala

Scala 是一门类似 Java 的多范式语言，它整合了面向对象编程和函数式编程的最佳特性，具有诸多优点，主要包括以下几个方面。

①具备强大的并发性，支持函数式编程，可以更好地支持分布式系统。

②兼容 Java，可以与 Java 互操作。

③代码简洁优雅。

④支持高效的交互式编程。

⑤是 Spark 的开发语言。

Spark 是当前热门的大数据处理技术。开发 Spark 应用程序时，首选编程语言是 Scala，因为 Spark 框架自身就是使用 Scala 开发的。用 Scala 编写 Spark 应用程序，可以获得最高的性能。Spark 的流行也迅速提升了 Scala 的影响力。流计算框架 Flink 的部分模块也是使用 Scala 开发的，Flink 应用程序也可以使用 Scala 编写。

6. R

R 是专门为统计和数据分析开发的语言，具有数据建模、统计分析和可视化等功能，简单易上手。R 主要具有如下优点。

（1）免费开源。R 的源代码可以自由下载使用，已编译的可执行文件版本也有可以下载的。

（2）简单易学。虽然 R 与其他程序设计语言相比结构相对松散，使用变量前不需要明确定义变量类型等，但仍然保留了程序设计语言的基础逻辑与自然的语言风格。

（3）几乎兼容全部操作系统或开发平台。R 支持 macOS、Linux、Windows，甚至可以在 iOS 设备上编辑和运行 R 程序，还可以在 iPhone 等移动设备上安装 R 程序。

（4）多领域的统计资源。学者和大数据分析师开发了很多 R 包，涉及统计的各个方面，资源很丰富。

（5）出色的图形统计功能。除了可以绘制基本统计直方图、折线图外，使用 R 还可以绘制一些高级的图形，这是 SPSS 这类软件所不能匹敌的。

总体而言，R 和 Python 都是比较流行的数据分析语言。相对而言，数学和统计学领域的工作者更多使用 R，而计算机领域的工作者更多使用 Python。大数据处理框架 Spark 也提供了对 R 的支持。

1.11　本章小结

人类已经步入大数据时代，我们的生活被数据所"环绕"，并因数据而发生了深刻的改变。作为大数据时代的公民，我们应该接近数据，了解数据，并利用好数据。因此，本章首先从数据入手，讲解了数据的概念、类型、组织形式、使用、价值等内容；然后把视角切入到大数据时代，介绍了大数据时代到来的背景及其发展历程；接下来讨论了大数据的"4V"特性以及大数据对科学研究、社会发展、就业市场和人才培养的影响，并简要介绍了大数据在不同领域的应用以及大数据产业；最后对高校大数据专业的建设做了简要探讨。

1.12　习题

1. 请阐述数据的基本类型。

2. 请阐述数商的概念以及数商的 10 大原则。

3. 请阐述把数据变得可用需要经过哪几个步骤。

4. 请阐述人类 IT 发展史上 3 次信息化浪潮的发生时间、标志及其解决的问题。

5. 请阐述信息科技是如何为大数据时代的到来提供技术支撑的。

6. 请阐述人类社会的数据产生方式大致经历了哪 3 个阶段。

7. 请阐述大数据发展的 3 个重要阶段。

8. 请阐述大数据的 "4V" 特性。

9. 请阐述大数据对科学研究的影响。

10. 请举例说明大数据的应用。

11. 请阐述高校大数据专业的知识体系。

第2章
大数据与其他新兴技术的关系

云计算、大数据和物联网被称为第三次信息化浪潮的"三朵浪花"。云计算彻底颠覆了人类社会获取IT资源的方式，大大减少了企业部署IT系统的成本，有效降低了企业的信息化门槛；大数据为企业提供了海量数据的存储和计算能力，帮助企业从大量数据中挖掘有价值的信息，服务于企业的生产决策；物联网以万物互联为终极目标，把传感器、控制器、机器、人员和物等通过新的方式连在一起，形成人与物、物与物相连，实现信息化和远程管理控制。与此同时，人工智能、区块链和元宇宙的发展热潮一浪高过一浪。人工智能作为21世纪科技发展的最新成就和智能革命，深刻揭示了科技发展对人类社会带来的巨大影响；区块链作为数字时代的底层技术，具有去中心化、开放性、自治性、匿名性、可编程和可追溯6大特征，这6大特征使区块链具备了革命性、颠覆性技术的特质；元宇宙促进了信息科学、量子科学、数学和生命科学等学科的融合与互动，创新了科学范式，推动了传统的哲学、社会学甚至人文科学体系的突破。

大数据与云计算、物联网、人工智能、区块链、元宇宙之间存在着千丝万缕的联系。为了更好地理解六者之间的紧密关系，本章将首先介绍云计算和物联网，分析大数据与云计算、物联网的关系；然后介绍人工智能，并梳理大数据与人工智能的关系；接下来介绍区块链，并阐述大数据与区块链的关系；最后介绍元宇宙，并阐述大数据与元宇宙的关系。

2.1　云计算

本节介绍云计算的概念、服务模式和类型、云计算数据中心、云计算的应用和产业。

2.1.1　云计算的概念

1. 云计算概述

云计算实现了通过网络提供可伸缩的、廉价的分布式计算能力，用户只要在具备网络接入条件的地方，就可以随时随地获得所需的各种IT资源。云计算代表了以虚拟化技术为核心、以低成本为目标、动态可扩展的网络应用基础设施，目前已经得到广泛应用。

2006年，Amazon公司推出了早期的云计算产品Amazon网络服务（Amazon Web Service，

AWS）。尽管 AWS 的名字中并没有出现云计算 3 个字，但是其产品形态本质上就是云计算。目前，云计算已经有十几年的发展历史，但是，对于云计算的准确含义，在社会公众层面仍然存在很多误解。

云计算是一种全新的技术，包含虚拟化、分布式存储、分布式计算、多租户等关键技术。但是，如果从技术角度去理解，我们往往无法抓住云计算的本质。要想准确理解云计算，就需要从商业模式的角度切入。本质上，云计算代表了一种全新的获取 IT 资源的商业模式，这种模式的出现完全颠覆了人类社会获取 IT 资源的方式。因此，我们可以从商业模式的角度给云计算下一个定义。所谓的"云计算"，是指通过网络，以服务的方式为千家万户提供非常廉价的 IT 资源的技术。这里的千家万户包含政府、企业和个人用户等。

2. 云计算的内涵

为了更好地理解云计算的内涵，这里给出一个形象的类比。实际上，IT 资源获取方式的变革所走过的道路和水资源获取方式的变革所走过的道路是基本类似的。如果我们能够理解水资源的获取方式是如何变革的，就很容易理解什么是云计算。

（1）水资源获取方式的变革

在人类历史上，为了获得水资源，我们经历了两种典型的商业模式，即挖井取水和自来水。下面分析这两种模式的优缺点。

如图 2-1 所示，挖井取水主要有以下几个缺点。

①初期成本高，周期长。为了喝到水，就需要挖一口井，不仅需要投入几万元的成本，还需要等待半个月到 1 个月才能喝到水。

②后期需要自己维护。在水井的使用过程中，可能出现井壁坍塌、水质变坏、打水的水桶损坏等各种问题。这些都要靠用户自己去维护，成本较高。

图 2-1 挖井取水

③供水量有限。一口井每天的来水量是有限的，只能满足少量家庭的用水需求。要让一口井供应整个城市，显然是不可能的。

后来自来水出现了（见图 2-2），它彻底颠覆了人类社会获取水资源的方式。自来水的背后包含很多技术，比如管网铺设技术、水质净化技术和高压供水技术等。但是，从技术的角度，我们是无法抓住自来水的本质的。要想准确把握自来水的本质，必须从商业模式的角度切入。从商业模式的角度来说，自来水代表了一种全新的获取水资源的商业模式。有了自来水，家家户户不再需要去挖井，只需要购买自来水公司的水资源服务。也就是说，我们通过购买服务的方式来获得水资源。

自来水这种商业模式具有很多优点，主要包括以下几点。

①初期零成本，瞬时可获得。当我们要喝水时，不需要先去挖一口井。只要拧开水龙头，水马上就来了。

（a）清水池 （b）水龙头

图 2-2　自来水

②后期免维护，使用成本低。用户只需要使用自来水，不需要维护自来水的相关设施，比如格栅堵塞、自来水管道爆裂、水质变差等，这些都由自来水公司负责解决，和用户无关。另外，与投入几万元挖井相比，自来水的使用价格极其低廉，采用按量计费的方式收取水费，如 1t 水收取 5 元，2t 水收取 10 元。

③在供水量方面予取予求。只要用户交得起水费，想要多少水，都可以获得持续的供给。

（2）IT 资源获取方式的变革

在对挖井取水和自来水做了上述的优缺点比较以后，我们就很容易理解云计算的内涵了。从商业模式的角度而言，本质上，云计算就是和自来水几乎一模一样的新的商业模式。云计算的出现彻底颠覆了人类社会获得 IT 资源的方式，这里的 IT 资源包括 CPU 的处理能力、磁盘的存储空间、网络带宽、系统、软件等。在传统方式下，企业通过自建机房的方式获得 IT 资源。而在云计算方式下，企业不需要自建机房，只要接入网络，就可以从云端租用各种 IT 资源，如图 2-3 所示。

（a）传统方式：自建机房

（b）云计算方式：企业从云端租用各种IT资源

图 2-3　获得 IT 资源的两种方式

传统的 IT 资源获取方式的主要缺点和挖井取水的缺点基本一样，具体如下。

①初期成本高，周期长。以 100MB 的磁盘空间为例，在云计算诞生之前，当一个企业需要获得 100MB 的磁盘空间时，需要建机房、买设备、聘请 IT 员工。这种做法本质上和"为了喝水而去挖一口井"是一样的，不仅需要投入较高的成本，还需要经过一段时间的购买、安装和调试设备后才能使用。

②后期需要自己维护，使用成本高。机房的服务器发生故障、软件发生错误等问题都需要企业自己去解决。为此，企业还需要为维护机房的 IT 员工支付费用。

③IT 资源供应量有限。企业的机房建设完成后，配置的 IT 资源是固定的。比如，配置了 1000MB 的磁盘空间，那么每天最多只能用到 1000MB。如果要使用更多的磁盘空间，就需要额外购买、

安装和调试。

云计算的主要优点和自来水的优点基本一样，具体如下。

①初期零成本，瞬时可获得。当用户需要 100MB 的磁盘空间时，不需要去自建机房、买设备。只要连接到云端，就可以瞬时获得 100MB 的磁盘空间。

②后期免维护，使用成本低。用户只需要使用云计算服务商提供的 IT 资源服务，不需要负责云计算设施的维护，如数据中心设施更换、系统维护升级、软件更新等，这些都是云计算服务商负责的工作，和用户无关。另外，与投入十几万元建设机房相比，云计算的使用价格极其低廉，采用按量计费的方式收取费用，如 1GB 的磁盘空间每年收取 2 元，2GB 的磁盘空间每年收取 4 元。

③在供应 IT 资源量方面予取予求。只要用户交得起租金，想要使用多少 IT 资源，阿里巴巴、百度、腾讯等云计算服务商都可以为用户持续提供。

2.1.2　云计算的服务模式和类型

如图 2-4 所示，云计算包括 3 种典型的服务模式：基础设施即服务（Infrastructure as a Service，IaaS）、平台即服务（Platform as a Service，PaaS）和软件即服务（Software as a Service，SaaS）。

云计算包括公有云、私有云和混合云 3 种类型。公有云面向所有用户提供服务，只要是注册付费的用户都可以使用，比如 AWS。私有云只为特定用户提供服务，比如大型企业出于安全考虑自建的云计算环境，

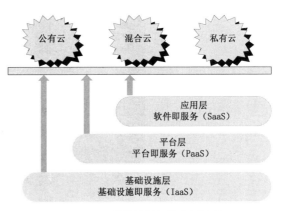

图 2-4　云计算的服务模式和类型

只为企业内部提供服务。混合云综合了公有云和私有云的特点。这是因为，对于一些企业而言，一方面出于安全考虑需要把数据放在私有云中，另一方面希望可以获得公有云的计算资源。为了获得最佳的效果，就可以把公有云和私有云进行混合搭配使用。

2.1.3　云计算数据中心

当我们使用云计算服务商提供的云存储服务、把数据保存在云端时，最终数据会被存放在哪里呢？云端只是一个形象的说法，实际上数据并不会在天上的云朵里，而是必须"落地"。所谓"落地"，就是说这些云端的数据实际上是被保存在全国各地修建的大大小小的数据中心里。

图 2-5 所示的云计算数据中心包含一整套复杂的设施，包括刀片服务器、宽带网络、环境控制设备、监控设备以及各种安全装置等。数据中心是云计算的重要载体，为云计算提供计算、存储、带宽等各种资源，为各种平台和应用提供运行支撑环境。数据中心里的 CPU、内存、磁盘、带宽等 IT 资源汇集成一个庞大的 IT 资源池，然后通过计算机网络分发给千家万户。前面说过，云计算与自来水在商业模式方面是类似的。实际上，云计算数据中心的功能相当于自来水厂的功

能，数据中心里的庞大 IT 资源池就相当于自来水厂的清水池。自来水厂将处理后的清水储存在清水池中，再通过自来水管道网络分发给千家万户；而云计算通过数据中心把庞大的 IT 资源汇聚在一起，再通过计算机网络分发给千家万户。

图 2-5　云计算数据中心

　　Google、微软、IBM、HP、Dell 等国际 IT 巨头纷纷投入巨资在全球范围内大量修建数据中心，旨在掌握云计算发展的主导权。我国政府和企业也都在加大力度建设云计算数据中心。内蒙古提出了西数东输发展战略，即把本地数据中心的数据通过网络提供给其他省份的用户使用。福建省泉州市安溪县的中国国际信息技术（福建）产业园的数据中心是福建省重点建设的两大数据中心之一，由 HP 承建，拥有 5000 台刀片服务器，是亚洲规模最大的云渲染平台。阿里巴巴在甘肃省玉门市建设的数据中心是中国第一个绿色环保的数据中心，电力全部来自风力，用祁连山融化的雪水降低数据中心产生的热量。贵州被公认为中国南方最适合建设数据中心的地方，目前，中国移动、联通、电信三大运营商都将其南方的数据中心建在贵州。

　　2022 年 2 月，我国东数西算战略正式启动，将在京津冀、长三角、粤港澳大湾区、成渝、内蒙古、贵州、甘肃、宁夏等 8 地启动建设国家算力枢纽节点，并规划了 10 个国家数据中心集群。东数西算中的"数"是指数据，"算"是指算力，即对数据的处理能力。东数西算通过构建数据中心、云计算、大数据一体化的新型算力网络体系，将东部算力需求有序引导到西部，优化数据中心的建设布局，促进东西部协同联动。为什么要实施东数西算呢？这是因为，目前我国数据中心大多分布在东部地区，由于土地、能源等资源日趋紧张，在东部大规模发展数据中心难以为继。而我国西部地区资源充裕，特别是可再生资源丰富，具备发展数据中心、承接东部算力需求的潜力。实施东数西算以后，西部数据中心主要用于处理后台加工、离线分析、存储备份等对网络要求不高的业务，东部枢纽则主要处理工业互联网、金融证券、灾害预警、远程医疗、视频通话、人工智能推理等对网络要求较高的业务。东数西算项目是促进算力、数据流通及激活数字经济活力的重要手段。

2.1.4　云计算的应用和产业

1. 云计算的应用

云计算在电子政务、教育、企业、医疗等领域的应用不断深化，对提高政府服务水平、促进产业转型升级和培育发展新兴产业等都起到了关键的作用。例如，在政务云上可以部署公共安全管理、容灾备份、城市管理、应急管理、智能交通、社会保障等应用；通过集约化建设、管理和运行，可以实现信息资源整合和政务资源共享，推动政务管理创新，加快向服务型政府转型。教育云可以有效整合幼儿教育、中小学教育、高等教育以及继续教育等优质教育资源，逐步实现教育信息共享、教育资源共享及教育资源深度挖掘等目标。中小企业云能够让企业以低廉的成本建立财务、供应链、客户关系等管理应用系统，大大降低企业的信息化门槛，迅速提升企业的信息化水平，增强企业的市场竞争力。医疗云可以推动医院与医院、医院与社区、医院与家庭之间的服务共享，并形成一套全新的医疗健康服务系统，从而有效地提高医疗保健的质量。

2. 云计算产业

云计算产业作为战略性新兴产业，近些年得到了迅速的发展，形成了成熟的产业链结构（见图 2-6），产业链涵盖硬件与设备制造、基础设施运营、软件与解决方案供应商、基础设施即服务、平台即服务、软件即服务、终端设备、云计算交付/咨询/认证、云安全等环节。

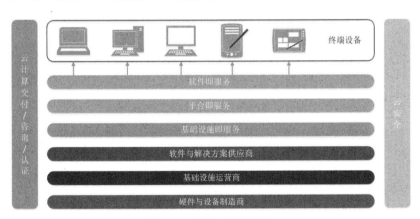

图 2-6　云计算产业链结构

绝大部分传统硬件与设备制造商都已经在某种形式上支持虚拟化和云计算，主要包括 Intel、AMD、Cisco、SUN 等；基础设施运营商包括数据中心运营商、网络运营商、移动通信运营商等；软件与解决方案供应商主要以虚拟化管理软件为主，包括 IBM、Microsoft、Citrix、SUN、Red Hat 等；基础设施即服务将基础设施（计算和存储等资源）作为服务出租，向客户出租服务器、存储和网络设备、带宽等基础设施资源，厂商主要包括 Amazon、Rackspace、Gogrid、Grid Player 等；

平台即服务把平台（包括应用设计、应用开发、应用测试、应用托管等）作为服务出租，厂商主要包括 Google、Microsoft、新浪、阿里巴巴等；软件即服务则把软件作为服务出租，向用户提供各种应用，厂商主要包括 Salesforce、Google 等；云计算交付/咨询/认证包括三大交付以及咨询认证服务商，这些服务商已经支持绝大多数形式的云计算咨询及认证服务，主要包括 IBM、Microsoft、Oracle、Citrix 等；云安全旨在为各类云用户提供高可信的安全保障，厂商主要包括 IBM、OpenStack 等。

2.2　物联网

物联网是新一代信息技术的重要组成部分，具有广泛的用途，同时它和云计算、大数据有着千丝万缕的联系。下面介绍物联网的概念、关键技术、应用和产业链。

2.2.1　物联网的概念

物联网是物物相连的互联网，是互联网的延伸，它利用局部网络或互联网等技术把传感器、控制器、机器、人员或物等通过新的方式连在一起，形成人与物、物与物相连，实现信息化和远程管理控制。

从技术架构上来看，物联网可分为 4 个层次（见图 2-7）：感知层、网络层、处理层和应用层。

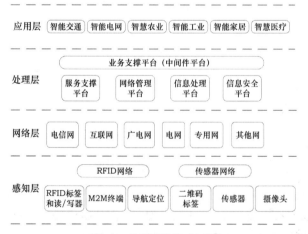

图 2-7　物联网的技术架构

物联网各个层次的具体功能如表 2-1 所示。

表 2-1　　　　　　　　　　　物联网各个层次的具体功能

层次	具体功能
感知层	如果把物联网系统比喻为人体，那么感知层就好比人体的末梢神经，可以感知物理世界，采集来自物理世界的各种信息。感知层包含大量的传感器，如温度传感器、湿度传感器、应力传感器、加速度传感器、重力传感器、气体浓度传感器、土壤盐分传感器、二维码标签、射频识别（Radio Frequency Identification，RFID）标签和读/写器、摄像头、GPS（Global Positioning System，全球定位系统）设备等

层次	具体功能
网络层	相当于人体的神经中枢，起到信息传输的作用。网络层包含各种类型的网络，如电信网、互联网、广电网、电网、专用网、其他网
处理层	相当于人体的大脑，起到存储和处理的作用，包括服务支撑、网络管理、信息处理和信息安全平台
应用层	直接面向用户，满足各种应用需求，如智能交通、智慧农业、智慧医疗、智能工业等

这里给出一个简单的智能公交实例来加深读者对物联网概念的理解。目前，很多城市居民的手机中都安装了掌上公交 App，可以用手机随时随地查询每辆公交车的当前位置信息，这就是一种非常典型的物联网应用。在掌上公交 App 中，每辆公交车都安装了 GPS 设备和 4G/5G 网络传输模块。在车辆行驶过程中，GPS 设备会实时采集公交车的当前位置信息，并通过车上的 4G/5G 网络传输模块发送给车辆附近的移动通信基站；经由电信运营商的 4G/5G 移动通信网络传送到智能公交指挥调度中心的数据处理平台，平台再把公交车位置数据发送给智能手机用户，用户的掌上公交 App 就会显示公交车的当前位置信息。这个应用实现了物与物的相连，即把公交车和手机这两个物体连接在一起，让手机可以实时获得公交车的位置信息。进一步讲，这个应用实际上也实现了物和人的连接，让手机用户可以实时获得公交车的位置信息。这里，安装在公交车上的 GPS 设备属于物联网的感知层，安装在公交车上的 4G/5G 网络传输模块以及电信运营商的 4G/5G 移动通信网络属于物联网的网络层，智能公交指挥调度中心的数据处理平台属于物联网的处理层，智能手机上安装的掌上公交 App 属于物联网的应用层。

2.2.2　物联网的关键技术

物联网是物与物相连的网络，通过为物体加装二维码、RFID 标签、传感器等，就可以实现物体身份的唯一标识和各种信息的采集，再结合各种类型的网络连接，就可以实现人和物、物和物之间的信息交换。因此，物联网中的关键技术包括识别和感知技术（二维码、RFID 标签、传感器等）、网络与通信技术、数据挖掘与融合技术等。

（1）识别和感知技术

二维码是物联网中一种很重要的识别和感知技术，是在条形码基础上扩展出来的条码技术。二维码包括堆叠式/行排式二维码和矩阵式二维码，后者较为常见。如图 2-8 所示，矩阵式二维码在一个矩形空间中通过黑、白像素在矩阵中的不同分布位置进行编码。在矩阵的相应元素位置上，点

图 2-8　矩阵式二维码

（方点、圆点或其他形状）出现表示二进制的"1"，点不出现表示二进制的"0"，点的排列组合确定了矩阵式二维码所代表的意义。二维码具有信息容量大、编码范围广、容错能力强、译码可靠性高、成本低、易制作等良好特性，已经得到了广泛的应用。

RFID 技术用于对静止或移动物体的无接触自动识别，具有全天候、无接触、可同时实现多个物体自动识别等特点。RFID 技术在生产和生活中得到了广泛的应用，大大推动了物联网的发

展。我们平时使用的公交卡、门禁卡、校园卡等都嵌入了 RFID 芯片，可以实现迅速、便捷的数据交换。从结构上讲，RFID 可看作一种简单的无线通信系统，由 RFID 读/写器和 RFID 标签两个部分组成。RFID 标签由天线、耦合元件、芯片组成，是一个能够传输信息、回复信息的电子模块；RFID 读/写器由天线、耦合元件、芯片组成，用来读取（有时也可以写入）RFID 标签中的信息。RFID 使用 RFID 读/写器及可附着于目标物的 RFID 标签，利用频率信号将信息由 RFID 标签传送至 RFID 读/写器。如图 2-9 所示，市民持有的公交卡就是一个 RFID 标签，公交车上安装的刷卡设备就是 RFID 读/写器。当我们执行刷卡动作时，就完成了一次 RFID 标签和 RFID 读/写器之间的非接触式数据交换。

（a）公交卡正面　　　　　　　　　　　（b）RFID 芯片

图 2-9　采用 RFID 芯片的公交卡

传感器是一种能感受规定的被测量并按照一定的规律（数学函数法则）转换成可用输出信号的器件或装置，通常具有微型化、数字化、智能化、网络化等特点。人类需要借助于耳朵、鼻子、眼睛等感觉器官感受外部物理世界，类似地，物联网也需要借助于传感器实现对物理世界的感知。物联网中常见的传感器类型有光敏传感器、声敏传感器、气敏传感器、压敏传感器、温度传感器、流体传感器等，可以用来模仿人类的视觉、听觉、嗅觉、味觉和触觉。图 2-10 列出了几个不同类型的传感器。

（a）温湿度传感器　　（b）液位开关传感器　　（c）耐高温光电开关　　（d）高压调压阀

图 2-10　几个不同类型的传感器

（2）网络与通信技术

物联网中的网络与通信技术包括短距离无线通信技术和远程通信技术。短距离无线通信技术包括 Zigbee、NFC、蓝牙、Wi-Fi、RFID 等；远程通信技术包括互联网、2G/3G/4G 移动通信网络、卫星通信网络等。

（3）数据挖掘与融合技术

物联网中存在各种异构网络和不同类型的系统，产生了大量不同来源、不同类型的数据。对于如此大量的不同类型的数据，如何实现有效整合、处理和挖掘，是物联网处理层需要解决的关键技术问题。今天，云计算和大数据技术的出现为物联网数据存储、处理和分析提供了强大的技术支撑，海量物联网数据可以借助庞大的云计算基础设施实现廉价存储，利用大数据技术实现快速处理和分析，满足各种实际应用需求。

2.2.3　物联网的应用

物联网已经广泛应用于智能交通、智慧医疗、智能家居、环保监测、智能安防、智能物流、智能电网、智慧农业、智能工业等领域，对国民经济与社会发展起到了重要的推动作用。

①智能交通。利用 RFID、摄像头、线圈、导航设备等构建的智能交通系统可以让人们随时随地通过智能手机、大屏幕、电子站牌等了解城市各条道路的交通状况、所有停车场的车位情况、每辆公交车的当前位置等信息，合理安排行程，提高出行效率。

②智慧医疗。医生利用平板电脑、智能手机等移动设备，通过无线网络可以随时连接访问各种诊疗数据库，实时掌握每个病人的各项生理指标，科学、合理地制定诊疗方案，甚至可以进行远程诊疗。

③智能家居。利用物联网技术可提升家居安全性、便利性、舒适性、艺术性，并创建环保节能的居住环境。比如，人们可以在工作单位通过智能手机远程开启家里的电饭煲、空调、门锁、监控、窗帘和电灯等，家里的窗帘和电灯也可以根据时间和光线变化自动开启和关闭。

④环保监测。可以在重点区域放置监控摄像头或水质土壤成分检测仪器，相关数据可以实时传输到监控中心，出现问题时及时发出警报。

⑤智能安防。采用红外线、监控摄像头、RFID 等物联网设备可实现在小区出入口智能识别和控制、意外情况自动识别和报警、安保巡逻智能化管理等功能。

⑥智能物流。利用集成智能化技术使物流系统能模仿人的智能，具有思维、感知、学习、推理判断和自行解决物流中某些问题（如选择最佳行车路线、最佳包裹装车方案）的能力，从而实现物流资源的优化调度和有效配置，提升物流系统的效率。

⑦智能电网。智能电表不仅可以免去抄表工的大量工作，还可以实时获得用户用电信息，提前预测用电高峰期和低谷期，为合理设计电力需求响应系统提供依据。

⑧智慧农业。利用温度传感器、湿度传感器和光线传感器可实时获得种植大棚内的农作物生长环境信息，远程控制大棚遮光板、通风口、喷水口的开启和关闭，让农作物始终处于最适合生长的环境，提高农作物的产量和品质。

⑨智能工业。将具有环境感知能力的各类终端、基于泛在技术的计算模式、移动通信技术等不断融入工业生产的各个环节，可大幅提高制造效率，改善产品质量，降低产品成本和资源消耗，将传统工业提升到智能化的新阶段。

2.2.4 物联网产业链

如图 2-11 所示，完整的物联网产业链主要包括核心感应器件提供商、感知层末端设备提供商、网络运营商、软件与行业解决方案提供商、系统集成商、运营及服务提供商等，具体说明如下。

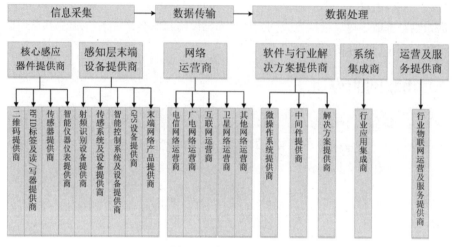

图 2-11 物联网产业链

①核心感应器件提供商：提供二维码、RFID 标签及读/写器、传感器、智能仪器仪表等物联网核心感应器件。

②感知层末端设备提供商：提供射频识别设备、传感系统及设备、智能控制系统及设备、GPS设备、末端网络产品等。

③网络运营商：包括电信网络运营商、广电网络运营商、互联网运营商、卫星网络运营商和其他网络运营商等。

④软件与行业解决方案提供商：提供微操作系统、中间件、解决方案等。

⑤系统集成商：提供行业应用集成服务。

⑥运营及服务提供商：提供行业物联网运营及服务。

2.3 大数据与云计算、物联网的关系

大数据、云计算和物联网代表了 IT 领域最新的技术发展趋势，三者既有区别又有联系。云计算最初主要包含两类含义：一类是以 Google 的 GFS 和 MapReduce 为代表的大规模分布式并行计算技术；另一类是以 Amazon 的虚拟机和对象存储为代表的按需租用的商业模式。但是，随着大数据概念的提出，云计算中的分布式计算技术开始更多地被列入大数据技术，而人们提到云计算时，更多时候指的是底层基础 IT 资源的整合优化以及以服务的方式提供 IT 资源的商业模式（如IaaS、PaaS、SaaS）。从云计算和大数据概念的诞生到现在，二者之间的关系非常微妙，既密不可

分，又千差万别。因此，我们不能把云计算和大数据割裂开来作为截然不同的两类技术来看待。此外，物联网也是和云计算、大数据相伴相生的技术。下面总结一下三者之间的联系与区别，如图 2-12 所示。

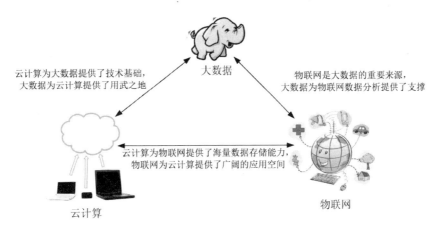

图 2-12　大数据、云计算和物联网三者之间的联系与区别

第一，大数据、云计算和物联网的区别。大数据侧重于对海量数据的存储、处理与分析，从海量数据中发现价值，服务于生产和生活；云计算旨在整合和优化各种 IT 资源并通过网络以服务的方式廉价地提供给用户；物联网的发展目标是实现物物相连，应用创新是物联网发展的核心。

第二，大数据、云计算和物联网的联系。从整体上看，大数据、云计算和物联网这三者是相辅相成的。大数据根植于云计算，大数据分析的很多技术都来自云计算，云计算的分布式数据存储和管理系统（包括分布式文件系统和分布式数据库系统）提供了海量数据的存储和管理能力，分布式并行处理框架 MapReduce 提供了海量数据的分析能力。没有云计算作为支撑，大数据分析就无从谈起。反之，大数据为云计算提供了用武之地，没有大数据这个"练兵场"，云计算再先进，也不能发挥它的应用价值。物联网的传感器源源不断产生的大量数据构成了大数据的重要数据来源。没有物联网的飞速发展，就不会有数据产生方式的变革（即由人工产生阶段转向自动产生阶段），大数据时代也不会这么快就到来。同时，物联网需要借助于云计算和大数据实现物联网大数据的存储、分析和处理。

可以说，云计算、大数据和物联网三者已经彼此渗透、相互融合，在很多应用场合都可以同时看到三者的身影。未来，三者会继续相互促进、相互影响，更好地服务于社会生产和生活的各个领域。

2.4　人工智能

近些年来科技发展非常迅速，人类由信息时代迅速进入了智能时代，人工智能技术成了未来时代的主题。本节介绍人工智能的概念、关键技术、应用、人工智能产业以及大数据与人工智能的关系。

2.4.1　人工智能的概念

人工智能（Artificial Intelligence，AI）是研究、开发用于模拟、延伸和扩展人的智能的理论、方法、技术及应用系统的一门新的技术科学。

人工智能是计算机科学的一个分支，它探索人类智能的本质，并生产出一种新的、能以与人类智能相似的方式做出反应的智能机器。该领域的研究包括机器人、语音识别、图像识别、自然语言处理和专家系统等。人工智能从诞生以来，理论和技术日益成熟，应用领域不断扩大。可以设想，未来应用了人工智能的科技产品将会是人类智慧的"容器"。人工智能不是人的智能，但能像人那样思考，也可能超过人的智能。

人工智能是一门极富挑战性的学科，属于自然科学和社会科学的交叉学科，涉及哲学、认知科学、数学、神经生理学、心理学、计算机科学和信息论、控制论、不定性论等。从事这项研究的人员必须懂得计算机科学、心理学和哲学等知识。总的来说，人工智能研究的一个主要目标是使机器能够胜任一些通常需要人类智能才能完成的复杂工作。

2.4.2　人工智能的关键技术

人工智能包含机器学习、知识图谱、自然语言处理、人机交互、计算机视觉、生物特征识别、AR/VR 等 7 项关键技术。

1. 机器学习

机器学习（Machine Learning，ML）是一门涉及统计学、系统辨识、逼近理论、神经网络、优化理论、计算机科学、脑科学等诸多领域的交叉学科，研究计算机怎样模拟或实现人类的学习行为，以获取新的知识或技能。重新组织已有的知识使之不断改善自身的性能是人工智能技术的核心。基于数据的机器学习是现代智能技术中的重要方法之一，主要研究从观测数据（样本）中寻找规律，并利用这些规律对未来数据或无法观测的数据进行预测。

机器学习强调 3 个关键词：算法、经验、性能。机器学习的处理过程如图 2-13 所示。机器学习在数据的基础上通过算法构建出模型并对模型进行评估。评估的性能如果达到要求，就用该模型来测试其他数据；如果达不到要求，就调整算法来重新建立模型，再次进行评估。如此循环往复，最终获得满意的模型。机

图 2-13　机器学习的处理过程

器学习的技术和方法已经被成功应用到多个领域，比如个性推荐、金融反欺诈、语音识别、自然语言处理和机器翻译、模式识别、智能控制等系统。

现在非常热门的深度学习（Deep Learning，DL）是机器学习的子类。它的灵感源于人类大脑的工作方式，是利用深度神经网络来解决特征表达的一种学习过程。深度神经网络本身并非一个全新的概念，可理解为包含多个隐含层的神经网络结构。为了提高深度神经网络的训练效果，人

们对神经元的连接方法和激活函数等方面做出了调整。深度学习的目的在于建立能模拟人脑进行分析学习的神经网络，模仿人脑的机制来解释数据，如文本、图像、声音等。

2. 知识图谱

知识图谱（Knowledge Graph，KG）又称为科学知识图谱，在图书情报界称为知识域可视化或知识领域映射地图，是显示知识发展进程与结构关系的一系列各种不同的图形。知识图谱用可视化技术描述知识资源及其载体，挖掘、分析、构建、绘制和显示知识及它们之间的相互联系。

现实世界中的很多场景非常适合用知识图谱来表达。比如，如图 2-14 所示，在一个社交网络知识图谱里，我们既可以有人的实体，也可以包含公司实体；人和人之间可以是朋友关系，也可以是同事关系；人和公司之间可以是现任职或者曾任职关系。类似地，一个风控知识图谱可以包含电话、公司等实体，电话和电话之间可以是通话关系，而且每个公司通常会有固定电话。

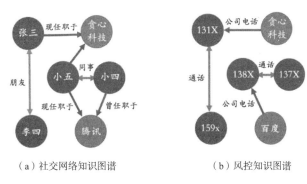

（a）社交网络知识图谱　　　　　（b）风控知识图谱

图 2-14　知识图谱案例

知识图谱可用于反欺诈、不一致性验证等公共安全保障领域，需要用到异常分析、静态分析、动态分析等数据挖掘方法。特别地，知识图谱在搜索引擎、可视化展示和精准营销方面有很大的优势，已成为业界的热门工具。但是，知识图谱的发展还有很大的挑战，如数据的噪声问题，即数据本身有错误或者数据存在冗余。随着知识图谱应用的不断深入，还有一系列关键技术需要突破。

3. 自然语言处理

自然语言处理是计算机科学领域与人工智能领域中的一个重要方向，它研究能使人与计算机之间用自然语言进行有效沟通的各种理论和方法。自然语言处理是一门融语言学、计算机科学、数学于一体的科学。因此，这一方向的研究将涉及自然语言，即人们日常使用的语言。虽然它与语言学的研究有着密切的联系，但有重要的区别。自然语言处理并不是一般地研究自然语言，而是研制能有效地实现自然语言通信的计算机系统，特别是软件系统。

自然语言处理的应用包罗万象，例如机器翻译、手写体和印刷体字符识别、语音识别、信息检索、信息抽取与过滤、文本分类与聚类、舆情分析和观点挖掘等，它涉及与语言处理相关的数据挖掘、机器学习、知识获取、知识工程、人工智能研究和与语言计算相关的语言学研究等。

ChatGPT 是由 OpenAI 开发的一个自然语言处理模型，它使用了最先进的技术和算法，包括深度学习、神经网络和自然语言处理等，被广泛用于智能对话和文本生成等领域。它的用户设计界面简单，人们只需要注册登录便可以与之对话，其回复内容与人类的语言风格十分相似。

ChatGPT 在智能客服、智能助手、虚拟人物等领域都有广泛的应用前景，可以大大提升用户体验和交互效率。除了上述应用领域，ChatGPT 还可以在其他方面发挥重要作用。例如，在自然语言生成领域，ChatGPT 可以用于自动生成各种文本，如新闻报道、小说、诗歌等；在语言翻译领域，ChatGPT 可以根据源语言自动生成目标语言，具有很大的潜力；在语音合成领域，ChatGPT 也可以结合语音合成技术，实现更加自然流畅的语音交互。

文心一言（英文名 ERNIE Bot）是百度公司研发的、具有类似 ChatGPT 功能的产品，能够与人进行对话互动、问题回答、创作协助，高效便捷地帮助人们获取信息、知识和灵感。

4. 人机交互

人机交互是一门研究系统与用户之间交互关系的学科。系统可以是各种各样的机器，也可以是计算机化的系统和软件。人机交互界面通常是指用户可见的部分，用户通过人机交互界面与系统进行交流和操作。人机交互是与认知心理学、人机工程学、多媒体技术、虚拟现实技术等密切相关的综合学科。传统的人与计算机之间的信息交换主要依靠交互设备进行，主要包括键盘、鼠标、操纵杆、数据服装、眼动跟踪器、位置跟踪器、数据手套、压力笔等输入设备，以及打印机、绘图仪、显示器、头盔式显示器、音箱等输出设备。人机交互技术除了传统的基本交互和图形交互外，还包括语音交互、情感交互、体感交互及脑机交互等。

人机交互具有广泛的应用场景。比如，日本建成了一栋可应用人机交互技术的住宅，如图 2-15 所示。人们可以通过该装置，用意念就能自由操控家用电器。该住宅主要是为残障人群、老年群体设计的。用户头部戴的是采用人机交互技术的特殊装置，该装置通过读取用户脑部血流的变化和脑波变化数据实现无线通信，连接网络的计算机通过识别装置发来的无线信号向机器传输指令。目前此装置判断的准确率达 70%～80%，且从人的意识出现开始，最短 6.5s 内机器就可进行识别。

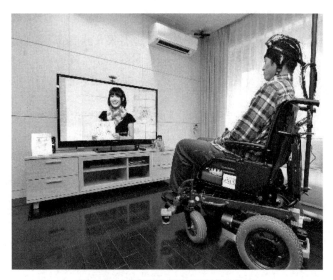

图 2-15　可应用人机交互技术的住宅

5. 计算机视觉

计算机视觉是一门研究如何使机器学会"看"的科学。更进一步地说，计算机视觉是指用摄像机和计算机代替人眼对目标进行识别、跟踪和测量，并进一步进行图形处理，使其成为更适合人眼观察或传送给仪器检测的图像。图 2-16 展示了依靠计算机视觉技术自动识别室内物体和人的场景。计算机视觉是工程领域和科学领域一个富有挑战性的重要研究课题。计算机视觉是一门综合性的学科，它已经吸引了来自各个学科的研究者参加到对它的研究之中，其中包括计算机科学和工程、信号与处理、物理学、应用数学和统计学、神经生理学和认知科学等。根据解决问题的不同，计算机视觉可分为计算成像学、图像理解、三维视觉、动态视觉和视频编解码 5 大类。

图 2-16　依靠计算机视觉技术自动识别室内物体和人

计算机视觉研究领域已经衍生出一大批快速成长的、有实际作用的应用。下面列举几个常见的应用。

①人脸识别：Snapchat 使用人脸检测算法来识别人脸。

②图像检索：Google Images 使用基于内容的查询来搜索相关图片，分析查询图像中的内容并根据最佳匹配内容返回结果。

③游戏和控制：使用立体视觉较为成功的游戏应用产品是 Microsoft Kinect。

④监测：用于监测可疑行为的监控摄像头遍布于各大公共场所。

⑤智能汽车：计算机视觉是检测交通标志、灯光和其他视觉特征的主要技术。

6. 生物特征识别

在如今的信息化时代，如何准确鉴定一个人的身份、保护信息安全已成为一个必须解决的关键社会问题。传统的身份证由于易伪造和丢失越来越难以满足社会的需求，目前最为便捷与安全的解决方案无疑就是生物特征识别技术。它不但简洁快速，而且利用它进行身份的认定安全、可靠、准确。同时，采用生物特征识别技术更易于将计算机和安全、监控、管理系统进行整合，实现自动化管理。由于该技术具有广阔的应用前景、巨大的社会效益和经济效益，已引起各国的广泛关注和高度重视。生物特征识别技术涉及的内容十分广泛，包括指纹、掌纹、人脸（见图 2-17）、虹膜、指静脉、声纹、步态等多种生物特征，其识别过程涉及图像处理、计算机视觉、语音识别、机器学习等多项技术。目前生物特征识别作为重要的智能化身份认证技术，在金融、公共安全、教育、交通等领域得到了广泛的应用。

7. VR/AR

虚拟现实（Virtual Reality，VR）/增强现实（Augmented Reality，AR）是以计算机为核心的新型视听技术。VR/AR 结合相关科学技术，在一定范围内生成与真实环境在视觉、听觉、触觉等方面高度近似的数字化环境。用户借助必要的装备与数字化环境中的对象进行交互，相互影响，获得近似真实环境的感受和体验。例如，采用虚拟现实技术的虚拟弓箭如图 2-18 所示，它综合运用了显示设备、跟踪定位设备、触力觉交互设备、数据获取设备、专用芯片等。

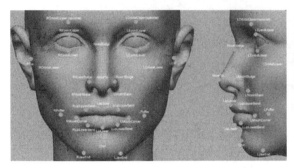

图 2-17　人脸识别技术　　　　　　　　　　图 2-18　虚拟弓箭

再如，Google 推出了一款被内嵌在虚拟现实头显 HTC Vive 中的画图应用——Tilt Brush，用户通过 Tilt Brush 就可利用虚拟现实技术在三维空间里绘画，如图 2-19 所示。

图 2-19　通过 Tilt Brush 绘画

2.4.3　人工智能的应用

人工智能与行业领域的深度融合将改变甚至重新塑造传统行业。人工智能已经被广泛应用于制造、家居、金融、交通、安防、医疗、物流、零售等各个领域，对人类社会的生产和生活产生了深远的影响。

1. 智能制造

智能制造（Intelligent Manufacturing，IM）是一种由智能机器和人类共同组成的人机一体化智能系统，它能在制造过程中进行分析、推理、判断、构思和决策等智能活动。智能制造车间如

图 2-20 所示，它通过人与智能机器的合作，扩大、延伸和部分地取代人类在制造过程中的脑力劳动。它把制造自动化的概念更新并扩展为柔性化、智能化和高度集成化。

图 2-20　智能制造车间

智能制造对人工智能的需求主要表现在以下 3 个方面：一是智能装备，包括自动识别设备、人机交互系统、工业机器人以及数控机床等具体设备，涉及跨媒体分析推理、自然语言处理、虚拟现实智能建模及自主无人系统等关键技术；二是智能工厂，包括智能设计、智能生产、智能管理以及集成优化等具体内容，涉及跨媒体分析推理、大数据智能、机器学习等关键技术；三是智能服务，包括大规模个性化定制、远程运维以及预测性维护等具体服务模式，涉及跨媒体分析推理、自然语言处理、大数据智能、高级机器学习等关键技术。

2. 智能家居

智能家居通过物联网技术将家中的各种设备（如音视频设备、照明系统、窗帘控制、空调控制、安防系统、数字影院系统、影音服务器、影柜系统、网络家电等）和网络相连接，提供家电控制、照明控制、电话远程控制、室内外遥控、防盗报警、环境监测、暖通控制、红外转发及可编程定时控制等多种功能，如图 2-21 所示。与普通家居相比，智能家居不仅具有传统的居住功能，兼备建筑、网络通信、信息家电、设备自动化，还提供全方位的信息交互功能，甚至可以节约各种能源的使用费用。例如，借助智能语音技术，用户可以应用自然语言实现对家居系统各设备的操控，如开关窗帘（窗户）、操控家用电器和照明系统、打扫卫生等操作；借助机器学习技术，智能电视可以从用户看电视的历史数据中分析其兴趣和爱好，并将相关的节目推荐给用户；借助声纹识别、脸部识别、指纹识别等技术进行开锁等；借助大数据技术可以使智能家电实现对自身状态及环境的自我感知，具有故障诊断能力；通过收集产品的运行数据及时发现产品异常，主动提供服务，降低故障率；此外，还可以通过大数据分析、远程监控和诊断快速发现问题、解决问题及提高效率。

3. 智能金融

智能金融即人工智能与金融的全面融合，以人工智能、大数据、云计算、区块链等高新科技为核心要素，全面赋能金融机构，提升金融机构的服务效率，拓展金融服务的广度和深度，使全社会都能获得平等、高效、专业的金融服务，实现金融服务的智能化、个性化、定制化。人工智能技术在金融业中可以用于客户服务、风险防控和监督，支持授信、各类金融交易和金融分析中的决策，能大幅改变金融业的现有格局，金融服务将会更加个性化与智能化。智能金融对于金融机构的业务部门来说，可以帮助争取客户，精准服务客户，提高效率；对于金融机构的风险控制部门来说，可以提高风险控制，增加安全性；对于用户来说，可以实现资产优化配置，体验到金融机构更加完美的服务。人工智能在金融领域的应用如下。

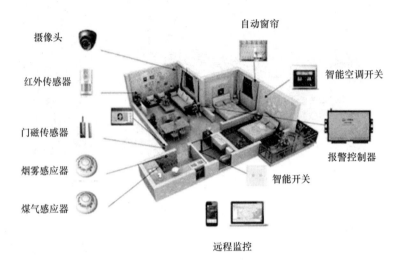

图 2-21　智能家居示意图

①智能获取客户：依托大数据对金融用户进行画像，通过需求响应模型极大地提升获取客户的效率。

②身份识别：以人工智能为内核，通过人脸识别、声纹识别、指静脉识别等生物特征识别手段，再加上针对各类票据、身份证、银行卡等的 OCR（Optical Character Recognition，光学字符识别）等技术手段，对用户身份进行验证，大幅降低核验成本，有助于提高安全性。

③大数据风控：通过大数据、算力、算法的结合，搭建反欺诈、信用风险等模型，多维度控制金融机构的信用风险和操作风险，同时避免资产损失。

④智能投资顾问：基于大数据和算法能力对用户与资产信息进行标签化，精准匹配用户与资产。

⑤智能客服：基于自然语言处理能力和语音识别能力拓展客服领域的深度和广度，大幅降低服务成本，提升服务体验。

⑥金融云：依托云计算能力的金融科技可为金融机构提供更安全高效的全套金融解决方案。

4. 智能交通

智能交通系统（Intelligent Transportation System，ITS）是未来交通系统的发展方向，它将先进的信息技术、数据通信传输技术、电子传感技术、控制技术及计算机技术等有效地集成并运用于整个地面交通管理系统，从而建立起一种在大范围内、全方位发挥作用的、实时、准确、高效的综合交通运输管理系统。

例如，通过交通信息采集系统采集道路中的车辆流量、行车速度等信息，如图 2-22 所示，由信息分析处理系统将信息处理后形成实时路况；决策系统据此调整道路的红绿灯时长、可变车道或潮汐车道的通行方向等，同时通过信息发布系统将实时路况推送到导航软件和广播中，让人们合理规划行驶路线。再如，通过电子不停车收费系统（Electronic Toll Collection，ETC）对通过 ETC 入口站的车辆身份等信息进行自动采集、处理、收费和放行，可有效提高通行能力，简化收费管理，降低环境污染。

图 2-22　智能采集交通信息

5. 智能安防

随着科学技术的发展和 21 世纪信息技术的腾飞，智能安防技术已迈入一个全新的阶段，智能安防技术与计算机之间的界限正在逐步消失。安防的重要性毋庸置疑。没有安防技术，社会的安定就会无法保证，世界科学技术的发展就会受到影响。

物联网技术的普及和应用使城市的安防从过去简单的安全防护系统向城市综合化体系演变。城市的安防项目涉及众多领域，包括街道社区、楼宇建筑、银行邮局、道路监控、机动车辆、警务人员、移动物体、船只等。特别是重要场所，如机场、码头、水电气厂、桥梁大坝、河道、地铁等场所，引入物联网技术后，可以通过无线移动、跟踪定位等手段建立全方位的立体防护。智能安防是兼顾了城市管理系统、环保监测系统、交通管理系统、应急指挥系统等应用的综合体系。特别是车联网兴起后，在公共交通管理、车辆事故处理、车辆偷盗防范上可以更加快捷准确地进行跟踪定位，还可以随时随地通过车辆获取更加精准的灾难事故信息、道路流量信息、车辆位置信息、公共设施安全信息、气象信息等。

6. 智慧医疗

智慧医疗是指利用人工智能、云计算、大数据、物联网等先进技术对医疗行业进行全面的信息化改造，实现医疗资源的优化配置、医疗服务的智能化升级、医疗质量的提升等目标的一种医疗模式。近几年，智慧医疗在辅助诊疗、疾病预测、医疗影像辅助诊断、药物开发等方面发挥了重要作用。在不久的将来，医疗行业将融入更多人工智能、传感技术等高科技，使医疗服务走向真正意义的智能化，推动医疗行业的繁荣发展。

在中国新医改的大背景下，智慧医疗正在走进寻常百姓的生活。随着人均寿命的延长、出生率的下降和人们对健康的关注，人们对医疗系统提出了更高的要求，对远程医疗、电子医疗（E-health）等系统和平台的需要也日益迫切。借助于物联网/云计算技术、人工智能的专家系统、嵌入式系统的智能化设备可以构建起完善的物联网医疗体系，使全民平等地享受顶级的医疗服务，解决或减少医疗资源缺乏导致的看病难、医患关系紧张、事故频发等现象。

7. 智能物流

传统物流企业在利用条形码、RFID 技术、传感器、GPS 等优化改善运输、仓储、配送、装卸等物流业基本活动的同时，也在尝试使用智能搜索、推理规划、计算机视觉以及智能机器人等技术，实现货物运输过程的自动化运作和高效率优化管理，提高物流效率。例如，在仓储环节可利用智能物流通过分析大量历史库存数据建立相关预测模型，实现物流库存商品的动态调整。智能物流也可以用于商品配送规划，实现物流供给与需求匹配、物流资源优化与配置等。例如，京东自主研发的无人仓库如图 2-23 所示，采用大量智能物流机器人进行协同与配合，通过人工智能、深度学习、图像智能识别、大数据应用等技术，让工业机器人可以进行自主判断，完成各种复杂的任务，在商品分拣、运输、出库等环节实现自动化，大大减少了订单出库时间，使物流仓库的储存密度、搬运速度、拣选精度均有大幅提升。

8. 智能零售

人工智能在零售领域的应用已经十分广泛，无人超市（见图 2-24）、智能供应链、客流统计等都是热门的方向。比如，将人工智能技术应用于客流统计，通过人脸识别及统计功能，门店可以根据性别、年龄、表情、新老顾客、滞留时长等维度建立到店用户画像，为调整运营策略提供数据基础，帮助门店运营从匹配真实到店用户的角度提升转换率。

图 2-23　京东自主研发的无人仓库　　　图 2-24　无人超市

2.4.4　人工智能产业

人工智能的核心产业包括智能基础设施建设、智能信息和数据、智能技术服务、智能产品 4 个方面。

1. 智能基础设施建设

智能基础设施建设可为人工智能产业提供计算能力的支撑，包括智能传感器、智能芯片、分布式计算框架等，是人工智能产业发展的重要保障。

（1）智能芯片

在大数据时代，数据规模急剧膨胀，人工智能对计算性能的要求不断提高。同时，受限于技术，传统处理器性能的提升遭遇了天花板，无法继续按照摩尔定律保持增长，因此，发展下一代智能芯片势在必行。未来的智能芯片主要往两个方向发展：一是模仿人类大脑结构的芯片，二是量子芯片。

（2）智能传感器

智能传感器是具有信息处理功能的传感器。智能传感器带有微处理器，具有采集、处理、交换信息的能力，是传感器集成化与微处理器相结合的产物。与一般传感器相比，智能传感器具有以下 3 个优点：通过软件技术可实现高精度的信息采集，而且成本低；具有一定的编程自动化能力；功能多样化。随着人工智能应用领域的不断拓展，市场对传感器的需求将不断增多，未来，高灵敏度、高精度、高可靠性、微型化、集成化将成为智能传感器发展的重要趋势。

（3）分布式计算框架

面对海量的数据处理、复杂的知识推理，常规的单机计算模式已经不能支撑，分布式计算的兴起成为必然。目前流行的分布式计算框架包括 Hadoop、Spark、Storm、Flink 等。

2. 智能信息和数据

信息和数据是人工智能创造价值的关键要素之一。得益于庞大的人口和产业基数，我国在数据方面具有天然的优势，并且在数据的采集、存储、处理和分析等领域产生了众多的企业。目前，人工智能数据采集、存储、处理和分析等领域的企业主要有两种：一种是数据集提供商，主要业务是为不同领域的需求方提供机器学习等技术所需要的数据集；另一种是综合性厂商，这类企业自身拥有获取数据的途径，可以对采集到的数据进行存储、处理和分析，并把分析结果提供给需求方使用。

3. 智能技术服务

智能技术服务主要关注如何构建人工智能技术平台及对外提供人工智能相关的服务。提供此类服务的厂商在人工智能产业链中处于关键位置，它们依托基础设施和大量的数据，为各类人工智能的应用提供关键性的技术平台、解决方案和服务。目前，从提供服务的类型来看，提供技术的服务厂商包括以下 3 类。

①提供人工智能的技术平台和算法模型：为用户提供人工智能技术平台和算法模型，用户可以在平台上通过一系列的算法模型进行应用开发。

②提供人工智能的整体解决方案：把多种人工智能算法模型和软、硬件环境集成到解决方案中，从而帮助用户解决特定的行业问题。

③提供人工智能在线服务：依托其已有的云计算和大数据应用的用户资源，聚集用户的需求和行业属性，为客户提供多类型的人工智能服务。

4. 智能产品

智能产品是指将人工智能领域的技术成果集成化、产品化。人工智能分类及典型产品示例如表 2-2 所示。

表 2-2   人工智能分类及典型产品示例

分类		典型产品示例
智能机器人	工业机器人	焊接机器人、喷涂机器人、搬运机器人、加工机器人、装配机器人、清洁机器人以及其他工业机器人
	个人/家用服务机器人	家政服务机器人、教育娱乐服务机器人、养老助残服务机器人、个人运输服务机器人、安防监控服务机器人
	公共服务机器人	酒店服务机器人、银行服务机器人、场馆服务机器人、餐饮服务机器人
	特种机器人	特种极限机器人、康复辅助机器人、农业（包括农林牧副渔）机器人、水下机器人、军用和警用机器人、电力机器人、石油化工机器人、矿业机器人、建筑机器人、物流机器人、安防机器人、清洁机器人、医疗服务机器人
智能运载工具	自动驾驶汽车	
	无人机	无人直升机、固定翼无人机、多旋翼飞行器、无人飞艇、无人伞翼机
	无人船	
智能终端	智能手机	
	车载智能终端	
	可穿戴终端	智能手表、智能耳机、智能眼镜
自然语言处理	机器翻译系统	
	机器阅读理解系统	
	问答系统	
	智能搜索系统	
计算机视觉	图像分析仪、视频监控系统	
生物特征识别	指纹识别系统	
	人脸识别系统	
	虹膜识别系统	
	指静脉识别系统	
	DNA、步态、掌纹、声纹等其他生物特征识别系统	
VR/AR	PC 端 VR、一体机 VR、移动端头显	
人机交互	语音交互产品	个人助理
		语音助手
		智能客服
	情感交互产品	
	体感交互产品	
	脑机交互产品	

随着制造强国、网络强国、数字中国建设进程的加快，制造、家居、金融、交通、安防、医疗、物流等领域对人工智能技术和产品的需求将进一步释放，相关智能产品的种类和形态也将越来越丰富。

2.4.5　大数据与人工智能的关系

人工智能和大数据都是当前的热门技术。人工智能的发展要早于大数据，人工智能在 20 世纪 50 年代就已经开始发展，而大数据的概念直到 2010 年左右才形成。人工智能受到国人关注要远早于大数据，且受到长期、广泛的关注。2016 年 AlphaGo 的发布和 2022 年 ChatGPT 的发布，一次又一次把人工智能推向新的巅峰。

人工智能和大数据是紧密相关的两种技术，二者既有联系，又有区别。

1. 人工智能与大数据的联系

一方面，人工智能需要数据来建立其智能，特别是机器学习。例如，机器学习图像识别应用程序需要查看数以万计的飞机图像，以了解飞机的构成，以便将来能够识别出它们。人工智能应用的数据越多，获得的结果就越准确。过去，由于处理器速度慢、数据量小，人工智能无法发挥其优势。今天，大数据为人工智能提供了海量的数据，使人工智能技术有了长足的发展。甚至可以说，没有大数据就没有人工智能。

另一方面，大数据技术为人工智能提供了强大的存储能力和计算能力。过去，人工智能算法都依赖于单机存储和单机算法。而在大数据时代，面对海量的数据，传统的单机存储和单机算法都已经无能为力。

2. 人工智能与大数据的区别

人工智能与大数据存在着明显的区别。人工智能是一种计算形式，它允许计算机执行认知功能，如对输入做出反应等，类似于人类的做法。而大数据是一种传统计算，它不会根据结果采取行动，只是寻找结果。

另外，二者要达成的目标和实现目标的手段不同。大数据的主要目的是通过数据的对比分析来掌握和推演出更优的方案。以视频推送为例，我们之所以会接收到不同的推送内容，是因为大数据根据我们日常观看的内容综合考虑了我们的观看习惯，推断出哪些内容更符合我们的兴趣和爱好，并将其推送给我们。而人工智能的开发是为了辅助或代替我们更快、更好地完成某些任务或进行某些决定。不管是汽车自动驾驶、自我软件调整，还是医学样本的检查工作，人工智能都是在人类之前完成相同的任务，但区别在于其速度更快、错误更少。它能通过机器学习的方法掌握我们日常进行的重复性事项，并以其计算机的处理优势来高效地达成目标。

2.5　区块链

技术发展日新月异，行业创新层出不穷。继大数据、云计算、物联网、人工智能等新兴技术之后，区块链技术在全球范围内掀起了新一轮的研究与应用热潮。区块链的出现实现了从传递信息的"信息互联网"向传递价值的"价值互联网"的转变，提供了一种新的信用创造机制。区块链开创了一种在不可信的竞争环境中低成本建立信任的新型计算范式和协作模式，凭借其独有的信任建立机制实现了穿透式监管和信任逐级传递。区块链源于加密数字货币，目前正在向垂直领域延伸，蕴含着巨大的变革潜力，有望成为数字经济信息基础设施的重要组件，改变诸多行业的发展图景。

本节从比特币开始介绍区块链的原理、定义、应用以及大数据与区块链的关系。

2.5.1 比特币概述

需要说明的是，央行禁止金融机构为比特币交易提供服务。区块链受到广泛关注与比特币的风靡密切相关。事实上，区块链技术仅是比特币的底层技术，在比特币通行很久之后，人们才把它从比特币中抽象地提炼出来。从某种角度来看，可以认为比特币是区块链最早的应用。

关于区块链的故事，要追溯到比特币的诞生。2008 年 10 月 31 日，至今匿名的神秘极客、比特币的创造者——中本聪，向一个密码学邮件列表的所有成员发送了一封电子邮件，标题为"比特币：点对点电子现金论文"。在邮件中，他附上了论文《比特币：一种点对点式的电子现金系统》的链接。中本聪在 2008 年发表的这篇论文可能是互联网发展史上最重要的论文之一，其他重要论文包括：美国计算机科学家约瑟夫·卡尔·罗内特·利克莱德写的开启互联网前身阿帕网的《计算机作为一种通信设备》（1968 年）、英国计算机科学家蒂姆·伯纳斯·李写的万维网（World Wide Web，WWW）协议建议书《信息管理：一个建议》（1989 年）、谷歌联合创始人谢尔盖·布林与拉里·佩奇写的搜索引擎论文（1998 年）等。2009 年 1 月 3 日，在位于芬兰赫尔辛基的服务器上，中本聪挖出了第一个比特币区块，即所谓的比特币"创世区块"。由此，比特币正式诞生。

比特币与传统货币是完全不同的。传统货币的发行权掌握在国家手中。比特币这个电子现金系统是同时去中介化和去中心化的。所谓的去中介化是指个人与个人之间的电子现金无须可信第三方中介的介入，电子现金的货币发行也不需要一个中心化机构，而是由代码与社区共识来完成。有了比特币以后，就无须中心化平台作信任的桥梁，区块链将全网的参与者作为交易的监督者，交易双方可以在无须建立信任关系的前提下完成交易，实现价值的转移。如果说互联网 TCP（Transmission Control Protocol，传输控制协议）/IP（Internet Protocol，互联网协议）协议簇是信息的高速公路，那么区块链的诞生则意味着货币高速公路的第一次建设已经初步形成。

2.5.2 区块链的原理

1. 记账

比特币和区块链是同时诞生的。比特币背后的技术被单独剥离出来，称为区块链。那么，区块链是如何运作的呢？这里需要从记账开始讲起。

货币最重要的用途就是交易，交易会产生记录，就需要记账。如表 2-3 所示，这个账本就记录了很多条交易。比如，编号为 501 的记录表示王小明给陈云转了 20 元，编号为 502 的记录表示张一山给刘大虎转了 80 元，编号为 505 的记录表示央行发行了 1000 元。

表 2-3　　　　　　　　　　　　　　　某账本

编号	转账人	收款人	金额/元
……	……	……	……

续表

编号	转账人	收款人	金额/元
501	王小明	陈云	20
502	张一山	刘大虎	80
503	林彤文	司马鹰松	500
504	李文全	赵明亮	180
505		央行	1000
506	央行	某某	1000
……	……	……	……

从数据的结构来说，每次转账其实就是一条数据记录，我们把这种方式叫作记账。账本一般由某个机构负责维护，因此这种记账方式叫中心化记账。法币是由我们信任的中心化机构（政府、银行）进行记账的。几乎所有的银行都用中心化记账方式维护巨大的数据库，这个数据库中保留我们所有的记录。

中心化记账有很多好处，比如数据是唯一的，不容易出错。你如果足够信任它，转账效率特别高，在同一个数据库里，瞬间就可以完成转账。但是，我们的信任可能会被辜负，因为可能会存在中介系统瘫痪、中介违约、中介欺瞒甚至中介要赖等风险。

2. 防篡改

为了避免以上问题，是否有一种货币可以不用中心化机构来记账呢？这也是比特币发行的初衷。不由传统的可信中介机构记账，那么由谁来记账呢？怎样保证新的记账者不会篡改交易记录呢？黑客攻击、篡改交易记录怎么办？这就是比特币要解决的第一个问题：防篡改。

（1）哈希函数

为了实现防篡改，就需要引入哈希函数。哈希函数的作用是将任意长度的字符串转变成固定长度的输出（如 256 位），输出的值就被称为哈希值。哈希函数有很多，比特币使用的是 SHA-256。哈希函数必须满足一个要求，就是计算过程不能太复杂，用现代计算机去计算要能很快得到结果。

比如，在图 2-25 中，输入字符串是"把厦门大学建设成高水平研究型大学"时，经过哈希函数转换以后输出是"EFC15…8FBF5"；当输入字符串是"把厦门大学建设成高水平研究型大学！"时，经过哈希函数转换以后输出是"17846…6DC3A"。可以看出，只要输入字符串发生微小变化，哈希函数的输出就会完全不同。

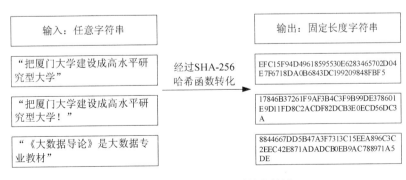

图 2-25　使用哈希函数转换的结果

哈希函数有以下两个非常重要的特性。

①第 1 个特性：很难找到两个不同的 x 和 y，使 $h(x)=h(y)$。也就是说，通过两个不同的输入很难找到对应的、相同的输出。

②第 2 个特性：根据已知的输出很难找到对应的输入。

这里重点看一下第 1 个特性。输入字符串是一个任意长度的字符串，是一个无限空间；而哈希函数的输出是固定长度的字符串，是一个有限的空间。从无限空间映射到有限空间，肯定存在多对一的情况，所以，肯定会存在两个不同输入对应于同一个输出的情况。也就是说，肯定存在两个不同的 x 和 y，使 $h(x)=h(y)$。虽然这种情况在理论上是存在的，但是实际上不知道用什么方法可以找到。因为这里面没有任何规律可言，可能需要用计算机把所有可能的字符串都遍历一遍。但是，即使用目前最强大的超级计算机去遍历，也几乎要花费无穷无尽的时间才能找到这样一个字符串。现在计算机找不到，那么，将来计算机发展了，是不是可以很容易找到呢？未必。因为虽然计算机变得更强大了，但只要增加哈希函数输出值的长度，寻找可能的输入就依然会很困难。

（2）区块链

了解了哈希函数以后，现在就来看一下什么是区块链。

前面已经介绍过，所有的交易记录都被记录在一个账本中。这个账本非常大，我们可以把这个大账本切分成很多个区块进行存储，每个区块记录一段时间（如 10min）内的交易，区块与区块之间就会形成继承关系。以图 2-26 为例，区块 1 是区块 2 的父区块，区块 2 是区块 3 的父区块，区块 3 是区块 4 的父区块，……以此类推。每个区块内记录的交易条数可能是不同的，因为每10min 生成一个区块，如果 10min 内发生的交易次数较多，则这个区块记录的交易条数就较多。

图 2-26　把一个大账本切分成很多个区块

然后在每个区块上增加区块头，在区块头中记录父区块的哈希值。通过在每个区块中存储父区块的哈希值，就可以把所有区块按照顺序组织起来，形成区块链。如图 2-27 所示，区块 45 包含一个区块头和一些交易记录，这些实际上都是一些文本。我们将这些文本内容打包之后计算得到一个哈希值，这个哈希值就是区块 45 的哈希值，然后把这个哈希值记录在区块 46 的区块头里面。每个区块都如此操作，这样就将所有区块按照顺序连接了起来，最终形成了一条链，就叫区块链。

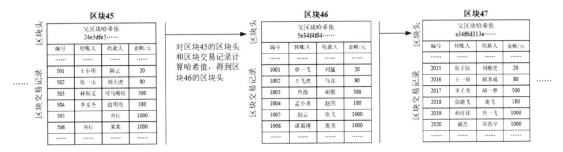

图 2-27　区块链示意图

（3）防篡改原理

那么，区块链是如何防止交易记录被篡改的呢？

假设我们修改了区块 45 的一些内容，当有其他人来检查的时候，他很容易就可以发现区块 46 中记录的关于区块 45 的哈希值，与最新计算得到的区块 45 的哈希值不一样了。由此，他就可以知道区块 45 已经被篡改过。假设篡改区块 45 的人的权限很大，他不仅把区块 45 的内容篡改了，还同时把区块 46 中的区块头的内容也篡改了，那么我们也能够发现篡改信息的行为。因为区块 46 的头部被篡改了以后，重新计算得到的区块 46 的哈希值就和保存在区块 47 头部的哈希值不同了。假设这个篡改的人很厉害，他不仅篡改了区块 45，也篡改了区块 46 和区块 47 的头部，并且一直篡改下去，一直篡改到最后一个区块，也就是最新的一个区块，那么也依然能够发现他的篡改行为。因为他只有获得最新区块的写入权，才可以做到这一点。而要想获得最新区块的写入权（也就是记账权），他就必须控制网络中至少 51% 的算力。但是通过硬件和电力控制算力的成本十分高昂。比如，以 2017 年 11 月 16 日的价格计算，对比特币网络进行 51% 攻击，每天的成本包含大约 31.4 亿美元的硬件成本和 560 万美元的电力成本。

因此，我们可以说，区块链能够保证里面记录的信息和当时发生的时候一模一样，中间没有发生篡改。

3. 交易方式

现在介绍一下在比特币的世界中如何进行交易。

（1）地址和私钥

进行交易需要账号和密码，分别对应地址和私钥。在比特币中，私钥是一串 256 位的二进制数字。获取私钥不需要申请，甚至不需要计算机，可以自己抛 256 次硬币来生成。地址由私钥转换而成，但是根据地址不能反推出私钥。地址即身份，代表了比特币世界的 ID。一个地址（私钥）产生以后，只有进入区块链账本才会被大家知道。

为了方便理解，可以将比特币与银行卡进行对比。如图 2-28 所示，比特币世界中的地址就相当于现实世界中的银行卡号，比特币世界中的私钥就相当于现实世界中的银行卡密码。但是它们之间还是有一些区别的，具体如下。

图 2-28　银行卡和比特币的对比

①银行卡密码可以修改，而私钥一旦生成就无法修改。

②银行卡需要申请，而地址和私钥自己就可以生成。

③银行卡实行实名制，而地址和密钥是匿名的。

④个人申请银行卡有限制，但是地址和私钥可以无限生成。

这里需要重点强调的是，在比特币世界中，私钥就是一切。首先你的地址是由私钥产生的，你的地址上有多少钱，别人都是知道的，因为这些账本都是公开的。然后，只要有人知道你的私钥，他就可以发起一笔交易，把你的钱转到他自己的账户上。所以，你一旦丢失了私钥，就丢失了一切。它与银行卡不同，对于银行卡而言，如果别人只是知道了你银行卡的密码是没有用的，还要知道你的卡号，而且你还可以挂失银行卡。所以，如何保管你的私钥是一个很有讲究的问题，很多人都因为丢失了私钥而造成了很大的损失。

（2）添加交易记录

现在假设张三已经有了地址和私钥，想要转给李四 10 个币，如何将这条交易记录添加到区块链中呢？

在把一条交易记录添加到区块链之前，首先需要确认交易记录的真实性，这时就需要用到数字签名技术。如图 2-29 所示，张三调用签名函数 Sign() 对本次转账进行签名，然后其他人通过验证函数 Verify() 来验证签名的真实与否。也就是说，张三通过签名函数 Sign() 使用自己的私钥对本次交易进行签名，任何人都可以通过验证函数 Verify() 来验证此次签名是否由持有张三私钥的张三本人发出（而不是其他人冒用张三的名义），若是就返回 True，否则返回 False。Sign() 和 Verify() 由密码学保证不被破解。

签名函数Sign(张三的私钥，转账信息：张三转10个币给李四) = 本次转账签名

验证函数Verify(张三的地址，转账信息：张三转10个币给李四，本次转账签名) = True

图 2-29　签名函数和验证函数

签名函数的执行都是自动的，并不需要我们手动去处理。比如我们安装了比特币钱包 App，它就会帮我们去做这样的事情，因为钱包 App 知道我们的私钥。所以，我们只要告诉这个 App 我想转 10 个币给李四，那么钱包 App 就会帮我们自动生成这次转账的信息和签名，然后向全网发布，等待其他人使用 Verify() 函数来验证。

4. 去中心化记账

一条交易记录的真实性得到确认以后，接下来的问题是由谁负责记账呢？也就是说，由谁负责把这条交易添加到区块链中呢？

首先，我们会想到由银行、政府或第三方某机构等负责记账，也就是采用中心化方式来记账。

然而，历史上所有由中心化机构进行记账的"加密数字货币"尝试都失败了。因为中心化记账的缺点很多，主要如下。

①拒绝服务攻击：对于一些特定的地址，记账机构可能会拒绝为之提供记录服务。

②厌倦后停止服务：如果记账机构没有从记账中获得收益，时间长了就会停止服务。

③中心化机构易被攻击：比如服务器遭到破坏和网络攻击等。

正是因为中心化记账会存在很多问题，因此比特币需要解决第 2 个问题：去中心化记账。

（1）去中心化记账

在比特币区块链中，为了实现去中心化采用的方式是：人人都可以记账，每个人都可以保留完整账本。任何人都可以下载开源程序，加入 P2P 网络监听全世界发送的交易，成为记账节点参与记账。当 P2P 网络中的某个节点接收到一条交易记录时，它会传播给相邻的节点，然后相邻的节点再传播给其他相邻的节点。通过这样一个 P2P 网络，这个数据会瞬间传遍全球。

采用去中心化记账以后，具体的分布式记账流程如下。

①某人发起一笔交易后向全网广播。

②每个记账节点持续监听、传播全网的交易；收到一笔新交易并验证其准确性以后，将其放入交易池，并继续向其他节点传播。

③因为网络传播，同一时间、不同记账节点的交易池不一定相同。

④每隔 10min 从所有记账节点当中按照某种方式抽取一个节点，将其交易池作为下一个区块，并向全网广播。

⑤其他节点根据最新区块中的交易删除自己交易池中已经记录的交易，继续记账，并等待下一次被选中。

（2）记账权的分配

在上述分布式记账的步骤中，还有一个很重要的问题就是如何分配记账权。比特币区块链中采用工作量证明（Proof of Work，PoW）机制来分配记账权，记账节点通过计算数学题来争夺记账权，如图 2-30 所示。

> 找到某随机数，使以下不等式成立
> SHA-256 哈希函数（随机数，父区块哈希值，交易池中的交易）＜某一指定值

图 2-30　PoW 机制的数学原理

计算图 2-30 中的这个数学公式，除了从 0 开始遍历随机数碰运气以外，没有其他办法。解题的过程又叫"挖矿"，记账节点被称为"矿工"。谁先解对，谁就获得记账权。某记账节点率先找到解，就向全网公布；其他节点验证无误之后，将该区块列入区块链，重新开始下一轮计算。这种机制被称为 PoW。

总而言之，比特币的全貌就是：采用区块链（数据结构+哈希函数），保证账本不能被篡改；采用数字签名技术，保证只有自己才能够使用自己的账户；采用 P2P 网络和 PoW 共识机制，保证去中心化的运作方式。

2.5.3　区块链的定义和应用

1. 区块链的定义

前面以比特币为例对区块链原理做了基本介绍，现在就可以来讲解区块链的定义。区块链是利用块链式数据结构来验证与存储数据、利用分布式节点共识算法来生成和更新数据、利用密码学的方式保证数据传输和访问安全的一种全新的分布式基础架构与计算范式。

区块链的三要素是交易、区块和链。

①交易：是一次操作，它会导致账本状态的一次改变，如添加一条记录。

②区块：一个区块记录了一段时间内发生的交易和状态结果，是对当前账本状态的一次共识。

③链：由一个个区块按照发生顺序串联而成，是整个状态变化的日志记录。

可以看出，区块链的本质就是分布式账本，是一种数据库。区块链用哈希算法实现信息不可篡改，用公钥、私钥来标识身份，以去中心化和去中介化的方式来集体维护一个可靠数据库。

2. 区块链的应用

从科技层面来看，区块链涉及数学、密码学、互联网和计算机编程等很多科学技术问题。从应用视角来看，简单来说，区块链是一个分布式的共享账本和数据库，具有去中心化、不可篡改、全程留痕、可以追溯、集体维护、公开透明等特点。这些特点保证了区块链的"诚实"与"透明"，为区块链创造信任奠定了坚实的基础。而区块链丰富的应用场景基本上都基于区块链能够解决信息不对称的问题，实现多个主体之间的协作信任与一致行动。

总体而言，区块链在各个领域的主要应用如下。

（1）金融领域

区块链在国际汇兑、信用证明、股权登记和证券交易等金融领域有着潜在的巨大应用价值。将区块链技术应用在金融领域，能够省去第三方中介环节，实现点对点的直接对接，从而在大大降低成本的同时快速完成交易支付。以跨境支付为例，跨境支付涉及多个币种，存在汇率问题，流程烦琐，结算周期长。传统跨境支付基本都是非实时的，银行日终进行交易的批量处理，通常一笔交易需要 24h 以上才能完成。某些银行的跨境支付看起来是实时的，但实际上是收款银行基于汇款银行的信用做了一定额度的垫付，在日终再进行资金清算和对账，业务处理速度慢。接入区块链技术后，通过公钥、私钥技术保证数据的可靠性，再通过加密技术和去中心化达到数据不可篡改的目的，最后通过 P2P 技术，实现点对点的结算，去除了传统中心转发，提高了效率，降低了成本。

（2）物流领域

区块链可以和物流领域实现天然的结合。通过区块链可以降低物流成本，追溯物品的生产和运送过程，并提高供应链管理的效率。区块链没有中心化节点，各节点是平等的，掌握单个节点无法篡改数据；区块链天生的开放、透明特性使任何人都可以公开查询，伪造数据被发现的概率大增；区块链数据的不可篡改性也保证了已销售的产品信息已永久记录，别有用心者无法通过简单复制防伪信息蒙混过关，实现二次销售。物流链的所有节点上区块链后，商品从生产商到消费者手里的每一步都有迹可循，形成完整的链条。商品缺失的环节越多，其是伪劣产品的概率越大。

（3）物联网领域

当区块链技术被应用于物联网时，智能设备将以开放的方式接入物联网中，设备与设备之间以分布形式的网络相连接。在这个组织中，不再需要一个集中的服务器充当消息中介的角色。具体来说，以区块链技术为基础的物联网组织架构的意义在于：物联网中数以亿计的智能设备之间可以建立低成本、点对点的直接沟通桥梁，整个沟通过程无须建立在设备之间相互信任的基础上。

（4）版权保护

传统的版权保护方式存在两个缺点：第一，流程复杂，登记时间长，费用高；第二，个人或中心化的机构存在篡改数据的可能，公信力难以得到保证。采用区块链技术以后，可以大大简化流程，无论是登记还是查询都非常方便，无须再奔走于各个部门。另外，区块链的去中心化存储特性可以保证没有一家机构可以任意篡改数据。

（5）教育行业

在教育行业，学生身份认证、学历认证、个人档案、学术经历和教育资源等都能够与区块链紧密结合。比如，将学生的个人档案、成绩、学历等重要信息放在区块链上，防止信息丢失和他人恶意篡改。这样一来，招聘企业就能够真实地得到学生的个人档案，有效避免了应聘者学历造假等问题。

（6）数字政务

区块链可以让数据跑起来，大大精简办事流程。区块链的分布式技术可以让政府部门集中到一条链上，将所有办事流程交给智能合约。办事人只要在一个部门使用身份认证和电子签章，智能合约就可以自动处理并流转，顺序完成后续所有审批和签章。

（7）公益和慈善

区块链的不可篡改性适合用在社会公益场景。公益流程中的相关信息，如捐赠项目、募集明细、资金流向、受助人反馈等信息，均可以存放在一条特定的区块链上，透明、公开，并通过公示达成社会监督的目的。

（8）实体资产

实体资产往往难以分割，不便于流通，且流通难以监控，存在洗钱等风险。利用区块链技术实现资产数字化后，所有资产交易记录公开、透明，永久存储，可追溯，符合监管需求。

（9）社交

区块链应用于社交领域的核心价值是让用户自己控制数据，杜绝隐私泄露。区块链技术在社交领域的应用目的就是让社交网络的控制权从中心化的公司转向个人，实现中心化向去中心化的转变，让数据的控制权牢牢掌握在用户自己手里。

2.5.4　大数据与区块链的关系

区块链和大数据都是新一代信息技术，二者既有区别，又存在着紧密的联系。

1. 大数据与区块链的区别

大数据与区块链的区别主要表现在以下几个方面。

（1）数据量

区块链技术是分布式数据存储、点对点传输、共识机制、加密算法等计算机技术的新型应用模式。区块链处理的数据量小，具有细致的处理方式；而大数据管理的是海量数据，要求广度和数量，处理方式上会更粗糙。

（2）数据类型

区块链是结构定义严谨的块，是通过指针组成的链，是典型的结构化数据；而大数据需要处理的更多的是非结构化数据。

（3）独立性

区块链系统为保证安全性，信息是相对独立的；而大数据的重点是信息的整合分析。

（4）直接性

区块链是一个分布式账本，本质上就是一个数据库；而大数据是对数据的深度分析和挖掘，是一种间接的数据。

（5）CAP 理论

C（Consistency）代表一致性，是指任何一个读操作总是能够读到之前完成的写操作的结果。也就是说，在分布式环境中，多点的数据是一致的。A（Availability）代表可用性，是指快速获取数据，可以在确定的时间内返回操作结果。P（Tolerance of Network Partition）代表分区容忍性，是指当出现网络分区情况（即系统中的一部分节点无法和其他节点进行通信）时，分离的系统也能够正常运行。CAP 理论告诉我们，一个分布式系统不可能同时满足一致性、可用性和分区容忍性这 3 个需求，最多只能同时满足其中 2 个，正所谓鱼和熊掌不可兼得。大数据通常选择实现 AP，区块链则选择实现 CP。

（6）基础网络

大数据底层的基础设施通常是计算机集群，而区块链的基础设施通常是 P2P 网络。

（7）价值来源

对于大数据而言，数据是信息，需要从数据中提炼得到价值；而对于区块链而言，数据是资产，是价值的传承。

（8）计算模式

大数据是把一件事情分给多个人做。比如，在 MapReduce 计算框架中，一个大型任务会被分解成很多个子任务，分配给很多个节点同时去计算。而区块链是让多个人重复做一件事情，比如 P2P 网络中的很多个节点同时记录一笔交易。

2. 大数据与区块链的联系

区块链的可信任性、安全性和不可篡改性正在让更多数据被释放出来，会对大数据产生深远的影响。

（1）区块链使大数据极大降低信用成本

人类社会未来的信用资源从何而来？其实正迅速发展的互联网和金融行业已经告诉了我们，信用资源会在很大程度上来自大数据。理论上，通过大数据挖掘建立每个人的信用资源是很容易的事，但是现实并非如此。关键问题就在于现在的大数据并没有基于区块链存在，这些大的互联网公司几乎都是各自垄断，导致了数据孤岛现象。在经济全球化、数据全球化的时代，如果大数据仅掌握在互联网公司，全球的市场信用体系是不能去中心化的。如果使用区块链技术对数据文件加密，直接在区块链上做交易，那么我们的交易数据将来可以完全存储在区块链上，成为我们个人的"信用之云"。这也是未来全球信用体系构建的基础。

（2）区块链是构建大数据时代的信任基石

区块链因其去中心化、不可篡改的特性可以极大地降低信用成本，实现大数据的安全存储。将数据放在区块链上，可以解放出更多数据，使数据可以真正流通起来。基于区块链技术的数据库应用平台不仅可以保障数据的真实、安全、可信，而且如果数据遭到破坏，可以通过区块链技术的数据库应用平台灾备中间件进行迅速恢复。

（3）区块链是促进大数据价值流通的管道

流通可使大数据发挥出更大的价值。类似资产交易管理系统的区块链应用可以将大数据作为数字资产进行流通，实现大数据在更加广泛领域的应用及变现，充分发挥大数据的经济价值。数据的看过、复制即被拥有等特征曾经严重阻碍数据流通，但是基于去中心化的区块链能够规避数据被任意复制的风险，保障数据拥有者的合法权益。此外，区块链还提供了可追溯路径，能有效破解数据的确权难题。有了区块链提供安全保障，大数据将更加活跃。

2.6　元宇宙

元宇宙（Metaverse）是人类运用数字技术构建的、由现实世界映射或超越现实世界、可与现实世界交互的虚拟世界，是一种具备新型社会体系的数字生活空间。近几年，元宇宙成为互联网界最炙手可热的概念。本节介绍元宇宙的概念、基本特征、核心技术以及大数据与元宇宙的关系。

2.6.1　元宇宙的概念

2021 年被称为元宇宙元年。这一年 3 月，首个将元宇宙概念写进招股书的企业 Roblox 登陆美国纽交所，上市首日市值突破 400 亿美元。随后，国内各大互联网公司（如腾讯、字节跳动）争相布局元宇宙业务，元宇宙概念一片火热。

元宇宙这个概念最早出自美国科幻小说家尼尔·斯蒂芬森在 1992 年出版的科幻小说《雪崩》。在这个科幻小说中，尼尔·斯蒂芬森虚构出一个和社会紧密联系的三维数字空间，这个空间和现实世界平行。后来的电影《黑客帝国》《头号玩家》就是元宇宙的概念。

元宇宙是一个映射现实世界的虚拟平行世界，通过具象化的 3D 表现方式，给人们提供一种沉浸式、真实感的数字虚拟世界体验。同时，元宇宙也是一个通过传感器、VR、5G 等革命技术将网络的价值利用到最优，并使虚拟平行世界和物理真实世界实现交叉与互佐赋能，从而形成交叉世界，以此从不同层面提升我们的生活、商业、娱乐的质量和体验。

在元宇宙这个虚拟的世界中，用户可以感受不一样的人生，体验和现实世界完全不同的生活，做自己想做的任何事情；元宇宙能够带给用户更加真实的感受，就好像置身于虚拟的世界中，甚至于无法区分什么是真实的世界，什么是虚拟的世界。元宇宙以 AR 为驱动力，每位用户控制一个角色或虚拟化身。例如，你可以在虚拟办公室中使用 Oculus VR 耳机参加混合现实会议；完成工作后畅玩基于区块链的游戏放松身心，然后在元宇宙中全面管理加密货币投资组合。

元宇宙不同于虚拟空间和虚拟经济。在元宇宙里有一个始终在线的实时世界，有无限量的人们可以同时参与其中；有完整运行的经济，跨越实体和数字世界。元宇宙将创造一个虚拟的平行世界，就像我们手机的延伸，所有的内容都可以虚拟 3D 化，买衣服（皮肤）、建房子、旅游……艺术家更是可以解放大脑，随心所欲地创造。

元宇宙是数字社会发展的必然。从数字世界发展的维度看，元宇宙并非一蹴而就，过去智能终端的普及，电商、短视频、游戏等应用的兴起，5G 半导体基础设施的完善，共享经济的萌芽，都是元宇宙到来的前奏。严格来说，元宇宙这个词更多只是一个商业符号，它本身并没有什么新的技术，而是集成了一大批现有技术，其中包括 5G、云计算、大数据、人工智能、虚拟现实、区块链、数字货币、物联网、人机交互等。

虽然元宇宙的发展还有许多问题，但也因此形成颠覆性创新的机遇。无论企业、高校，还是科研机构，都应当共同努力，协同创新，数字世界的演进将由三者共同创造。

2.6.2　元宇宙的基本特征

元宇宙具有以下 7 个基本特征。

（1）自主管理身份

身份是交互中识别不同个体差异的标志和象征，是构建社会秩序和结构的基础。一个个体的身份决定了他可以与其他对象完成的交互类型，同时也决定了他不能完成的交互类型。物理世界中如此，数字世界也是如此。在物理世界中，如果一个人的身份可以被随意更改甚至删除，那么他的生活可能会遇到很多困难。而在数字世界中，一个个体的数字身份一旦被删除，那么这个个体在数字世界中就不再存在了。

（2）数字资产产权

一个个体一旦在数字世界中有了可以自己掌控的数字身份，那么随之而来的需求就是对自己所拥有的数字资产进行保护。随着数字资产产权的明确，每个人基于自己的数字身份拥有自己的数字资产，数字经济的活力会被进一步激发，实现跨越式发展。但是，由于数据本身的特性，数字世界中产权的实现相较物理世界更为困难。

（3）元宇宙管控权

元宇宙的管控权对于元宇宙建设至关重要，它在一定程度上决定着数字资产的产权能否被有效保护。元宇宙不应该被少部分人的意愿左右，更应该代表广大参与者的集体利益，元宇宙的管控权应是元宇宙所有参与者所共有的。建设者、创作者、投资者、使用者等都是元宇宙的主人翁，所有参与者的合理权益都应该被尊重。理想状态是采用全过程人民民主形态，逐渐形成完整的元宇宙制度程序和参与实践，保证人们在元宇宙中广泛深入参与的权利。

（4）去中心化

上述 3 个元宇宙的基本特征有一个共同的逻辑基础——去中心化，即不由单个实体拥有或运营。根据 Web 2.0 的经验，中心化的平台往往一开始通过开放、友好、包容的态度吸引使用者、创作者，但随着发展的持续，平台往往会逐渐在用户的信任和既得利益中迷失，逐渐展现出封闭、狭隘、苛刻的特点。中心化的平台也更有可能被小部分人为个人利益所挟持，逐渐成为巨型的中间商，主动构建数据孤岛，形成数据寡头。去中心化的系统可以在元宇宙参与者之间形成更公平、更多样化的交互场景。

（5）开放和开源

元宇宙的开放性应当体现为所有组件灵活的相互适配性。每个特定功能的组件只需要被编写一次，之后就可以像积木一样，可以简单地重复使用，组合搭建作品或开发更复杂的功能模块。这种相互之间的适配性可以充分利用数据要素的可复制性，减少重复劳动，解放生产力。为了互联互通、相互适配，元宇宙必须具备体系化、高质量的开放技术架构和完备的交互标准。开源就是让代码可以自由地开放和修改。无论开放程度和种类如何，开源对于元宇宙而言都是至关重要的。

（6）社会沉浸

元宇宙真正需要的是更广泛意义上的沉浸感，即让参与者享受到基于元宇宙构筑的虚拟空间的独特魅力。这种沉浸感我们在疫情中已有所体验：孩子线上学习、在线沟通；脑力劳动者线上办公、音视频开会、远程协作……虽然目前这些交互普遍是物理世界在数字世界的映射，但它们也仍是我们在元宇宙中交互的有效手段。同时，随着自主管理身份和数字资产产权以及元宇宙管控权等特征的发展，元宇宙中将会出现其所特有的行为与活动，形成创新的相互关系与业务逻辑，丰富数字世界的内涵。人们将以更新颖的方式在元宇宙中学习、工作、休闲，如同今天人们逐渐适应上网课、开网络会议、网上买菜一样。

（7）与现实世界同步互通

元宇宙本身不但要有完善的社会经济系统，还得与现实世界能够互通。比如我们在虚拟世界中通过劳动或者投资挣到的钱，要能在现实世界中花才行，或者说我们在虚拟世界中挣到的钱就是现实世界中的钱。反之亦然，我们在现实世界中的支付手段，比如微信、支付宝、数字人民币等都可以在元宇宙中直接使用。同样在虚拟世界中，领导给你开了一个视频会议，然后给你布置了任务，你回到现实世界来，也必须认真去完成才行。因为元宇宙的目标是给人类一个平行于现实世界的数字化生存空间，而不是一个完全虚幻的世界。虚拟并不等于虚幻，否则它就真成游戏了。

2.6.3　元宇宙的核心技术

元宇宙包括以下 7 大核心技术。

（1）区块链技术

对于元宇宙，区块链技术极其重要，它是元宇宙的重要底层技术和元宇宙的最基础保障。例如，在现实世界中，同样的两个文件很难区分谁是复制品，区块链技术完美地解决了这个问题。区块链具有防篡改和可追溯的特性，天生具备了防复制的特点。区块链还为元宇宙带来去中心化的支撑，为元宇宙提供数据去中心化、存储-计算-网络传输去中心化、规则公开、资产等支持。

（2）人机交互技术

人机交互技术为元宇宙提供了虚拟现实沉浸式体验阶梯，例如 VR、AR、MR（Mixed Reality）、全息影像技术、脑机交互技术及传感技术等。在这个世界里，内容可以由用户自己输入，带来了无限可能。

（3）网络通信及算力技术

元宇宙会产生巨大的数据吞吐，为了同时满足高吞吐和低延时的要求，就必须使用高性能通信技术。5G 具有高网速、低延迟、高可靠、低功率、海量连接等特性。5G 时代的到来将为元宇宙提供通信技术支撑。此外，正处于起步阶段的元宇宙若想实现沉浸式、低延迟、高分辨等功能，提供用户易于访问、零宕机的良好用户体验，离不开现实世界中算力基础设施的支撑。因此，云计算是元宇宙的重要支撑技术之一。元宇宙的发展需要大规模的计算和存储能力，需要大量的数据交互。真实世界的计算、存储能力直接决定了元宇宙的规模和完整性。

（4）物联网技术

物联网是新一代信息技术的重要组成部分，是物物相连的互联网。物联网是真实世界与虚拟元宇宙的链接，是元宇宙沉浸感体验的关键所在。物联网的首要条件是设备能够接入互联网，实现信息的交互。无线模组是实现设备联网的关键环节。

（5）数字孪生技术

数字孪生是充分利用物理模型、传感器更新、运行历史等数据，集成多学科、多物理量、多尺度、多概率的仿真过程，在虚拟空间中完成映射，从而反映相对应的实体装备的全生命周期过程。数字孪生是一种超越现实的概念，可以被视为一个或多个重要的、彼此依赖的装备系统的数字映射系统。

（6）人工智能技术

人工智能技术是使计算机来模拟人的某些思维过程和智能行为，如学习、推理、思考、规划等。元宇宙主要用到人工智能中的计算机视觉、机器学习、自然语言处理、智能语音等技术。

（7）大数据技术

元宇宙一旦开发应用，将产生海量数据，给现实世界带来巨大的数据处理压力。因此，大数据处理技术是顺利实现元宇宙的关键技术之一。

总体而言，元宇宙与各种技术之间的关系是：元宇宙基于区块链技术构建经济体系，基于人机交互技术实现沉浸式体验，基于网络和云计算技术构建智能连接、深度连接、全息连接、泛在连接、计算力即服务等基础设施，基于物联网建立起真实世界与虚拟元宇宙的链接，基于数字孪生技术生成真实世界的镜像，基于人工智能技术进行多场景深度学习，基于大数据技术完成海量数据处理。

2.6.4　大数据与元宇宙的关系

大数据与元宇宙具有紧密的关系，主要体现在以下 3 个方面。

（1）元宇宙实质上是以数据方式存在的

在元宇宙中，数据是必不可少的。元宇宙作为一个虚拟世界，其数字化程度远远高于现实世界，经由数字化技术勾勒出来的空间结构、场景、主体等实质上是以数据方式存在的。在技术层面上，元宇宙可以被视为大数据和信息技术的集成机制或融合载体，不同技术与硬件在元宇宙的"境界"中组合、自循环、不断迭代。

（2）大数据技术为元宇宙提供了数据存储支撑

元宇宙是一个需要大量数据和服务器容量的虚拟 3D 环境。但是，通过中央服务器进行控制会产生昂贵的成本，目前最适合元宇宙的数据存储技术无疑是分布式存储。所有数据由各个节点维护和管理，可以降低集中存储带来的数据丢失、篡改或数据泄露的风险，且可以满足元宇宙对海量数据存储的高要求。

（3）大数据技术为元宇宙提供了数据处理支撑

元宇宙的沉浸感、随时随地特性对实时数据处理提出了很高的要求。只有这样，才能支撑逼真的感官体验和大规模用户同时在线的需求，提升元宇宙的可进入性和沉浸感。大数据技术中的分布式计算技术可以为元宇宙提供实时数据处理的强力支撑。

2.7　本章小结

大数据、云计算、物联网、人工智能、区块链和元宇宙代表了人类 IT 的最新发展趋势，深刻影响着我们的生产和生活。6 大技术中，人工智能具有较长的发展历史，在 20 世纪五六十年代就已经被提出，并在 2016 年左右迎来了又一次发展高潮；云计算、物联网和大数据在 2010 年左右迎来了一次大发展，目前正在各大领域不断深化应用；区块链在 2019 年迅速崛起，引起广泛关注，其应用领域正在不断拓展；元宇宙在 2021 年迅速走红，对这个领域的研究和应用也在不断深化。本章对云计算、物联网、人工智能、区块链和元宇宙做了简要的介绍，并梳理了大数据与这 5 种技术的紧密关系。相信 6 大技术的融合发展、相互助力，一定会给人类社会带来更多的新变化。

2.8　习题

1. 请阐述云计算的概念。

2. 请阐述云计算的服务模式和类型。

3. 什么是数据中心？数据中心在云计算中有什么作用？

4. 请举例说明云计算的典型应用。

5. 请阐述物联网的概念和物联网各个层次的功能。

6. 请阐述物联网的关键技术。

7. 请阐述大数据与云计算、物联网的相互关系。

8. 请阐述人工智能的概念。

9. 请阐述人工智能的关键技术。

10. 请阐述人工智能与大数据的关系。

11. 请阐述区块链的概念以及区块链和比特币的关系。

12. 请阐述区块链是如何解决防篡改问题的。

13. 请阐述区块链和大数据的关系。

14. 请阐述元宇宙的概念。

15. 请阐述元宇宙的基本特征。

16. 请阐述元宇宙的核心技术。

17. 请阐述大数据与元宇宙的关系。

第3章
大数据基础知识

　　大数据专业旨在培养具有较高数据素养的综合型人才。数据素养是指数据工作者在数据的采集与预处理、存储与管理、处理与分析、共享与协同创新利用等方面的能力，以及数据工作者在数据的生产、管理和发布过程中的道德行为规范。数据素养与信息素养有着密切的关系，信息素养通常被定义为"发现、查找、评价信息并有效利用信息以解决所遇问题的能力"，数据素养是信息素养在大数据时代的延伸，也是在大数据时代的新环境下对当代大学生提出的新要求。对大学生进行数据素养教育可以有效提升大学生的数据意识、数据思维和数据能力，使其在大数据时代获得更好的生存和发展空间。数据素养的教育内容包括技术性内容和非技术性内容。技术性内容包括各种数据采集、存储、处理、分析、可视化的技术和工具；非技术性内容包括大量的大数据基础知识，如大数据安全、大数据思维和大数据伦理等。

　　本章介绍与培养大数据人才的数据素养息息相关的一系列大数据基础知识，包括大数据安全、大数据思维、大数据伦理、数据共享、数据开放、大数据交易等。

3.1　大数据安全

　　在大数据时代，数据的安全问题愈发凸显。大数据因其蕴藏的巨大价值和集中化的存储管理模式成为网络攻击的重点目标，针对大数据的勒索攻击和数据泄露问题日益严重，全球范围内大数据安全事件频发。大数据呈现在人类面前的是一幅让人喜忧参半的未来图景：可喜之处在于它开拓了一片广阔的天地，带来了生活、工作与思维的大变革；忧虑之处在于它使我们面临更多的风险和挑战。大数据安全问题是人类社会在信息化发展过程中无法回避的问题，它将网络空间与现实社会连接得更紧密，使传统安全与非传统安全熔于一炉，不仅可能给个人和企业带来威胁，甚至还可能危及和影响社会安定、国家安全。

　　本节首先介绍传统数据安全，并指出大数据安全与传统数据安全的不同以及大数据时代数据安全面临的挑战；然后讨论大数据安全问题、大数据面临的安全威胁和不同形式的大数据安全风险，并给出相关的典型案例。

3.1.1 传统数据安全

数据作为一种资源，具有普遍性、共享性、增值性、可处理性和多效用性的特点，对人类具有特别重要的意义。数据安全的实质就是保护信息系统或信息网络中的数据资源免受各种类型的威胁、干扰和破坏，即保证数据的安全性。

传统数据安全面临的威胁主要包括以下 3 个方面。

（1）计算机病毒

计算机病毒能影响计算机软件、硬件的正常运行，破坏数据的正确与完整，甚至导致系统崩溃等严重的后果，特别是一些盗取各类数据信息的木马病毒等。目前杀毒软件普及较广（比如免费的 360 杀毒软件），计算机病毒造成的数据信息安全隐患得到了很大程度的缓解。

（2）黑客攻击

计算机入侵、账号泄露、资料丢失、网页被黑等也是企业信息安全管理中经常遇到的问题。黑客攻击往往具有明确的目标。当黑客要攻击一个目标时，通常首先收集被攻击方的有关信息，分析被攻击方可能存在的漏洞；然后建立模拟环境，进行模拟攻击，测试对方可能的反应；最后利用工具进行扫描，通过已知的漏洞实施攻击。攻击成功后就可以读取邮件，搜索和盗窃文件，毁坏重要数据，破坏整个系统的信息，造成不堪设想的后果。

（3）数据信息存储介质的损坏

在物理介质层次上对存储和传输的信息进行安全保护是信息安全的基本保障。物理安全隐患大致包括 3 个方面：一是自然灾害（如地震、洪水、雷电等）、物理损坏（如硬盘损坏、设备使用到期、外力损坏等）和设备故障（如停电断电等）；二是电磁辐射、信息泄露、痕迹泄露（如口令、密钥等保管不善）；三是操作失误（如删除文件、格式化硬盘、拆除线路）、发生意外、人员疏漏等。

3.1.2 大数据安全与传统数据安全的不同

回顾过去，不难发现传统数据安全是以防火墙、杀毒软件和入侵检测等"老三样"为代表的安全产品体系为基础的。传统数据安全防护的关键是把好门，这就好比古代战争的打法，在国与国、城与城之间的边界区域建立一些防御工事，安全区域在以护城河、城墙为安全壁垒的区域内；外敌入侵会很"配合"地选择同样的防御线路进行攻击，需要攻克守方事先建好的层层壁垒，才能最终拿下城池。其全程主要用力点是放在客观存在的物理边界上的，防火墙、杀毒软件、IDS（Intrusion Detection System，入侵检测系统）、IPS（Intrusion Prevention System，入侵防御系统）、DLP（Data Loss Prevention，数据丢失预防）、WAF（Web Application Firewall，Web 应用防护系统）、EPP（Endpoint Protection Platform，端点防护平台）等设备的功能亦如此。而观当下，云计算、移动互联网、物联网、大数据等新技术蓬勃发展，数据高效共享、远程访问、云端共享的使用日益广泛，原有的安全边界被打破了，这意味着传统边界式防护失效和无边界时代的来临。

传统的信息安全理论重点关注数据作为资料的保密性、完整性和可用性（即"三性"）等静态安全特性，其受到的主要威胁在于数据泄露、篡改、灭失所导致的"三性"破坏。随着信息化和信息技术的进一步发展，信息社会从小数据时代进入更高级的形态——大数据时代。在此阶段，通过共享、交易等流通方式，数据质量和价值得到了更大程度的实现和提升，数据动态利用逐渐走向常态化、多元化。相较于传统数据安全，大数据安全表现出以下不同之处。

（1）大数据成为网络攻击的显著目标

在网络空间中，数据越多，受到的关注也越高，因此，大数据是更容易被发现的大目标。一方面，大数据对于潜在的攻击者具有较大的吸引力，因为大数据不仅量大，而且包含了大量复杂和敏感的数据；另一方面，当数据在一个地方大量聚集以后，安全屏障一旦被攻破，攻击者就能一次性获得较大的收益。

（2）大数据加大了隐私泄露风险

从大数据技术角度看，Hadoop 等大数据平台对数据的聚合增加了数据泄露的风险。Hadoop 作为一个分布式系统架构，具有海量的数据存储能力，存储的数据量可以达到 PB 量级。一旦数据保护机制被突破，将给企业带来不可估量的损失。对于这些大数据平台，企业必须实施严格的安全访问机制和数据保护机制。同样，目前被企业广泛推崇的 NoSQL 数据库（非关系数据库）由于发展历史较短，还没有形成一整套完备的安全防护机制。因此，相对于传统的关系数据库而言，NoSQL 数据库具有更高的安全风险。比如，MongoDB 作为一款具有代表性的 NoSQL 数据库产品，就发生过被黑客攻击导致数据库泄露的情况。另外，NoSQL 数据库会对来自不同系统、不同应用程序及不同活动的数据进行关联，也加大了隐私泄露的风险。

（3）大数据技术被应用到攻击手段中

大数据为企业带来商业价值的同时，也可能被黑客利用来攻击企业，给企业造成损失。为了实现更加精准的攻击，黑客可能会收集各种各样的信息，如社交网络、邮件、微博、电话和家庭住址等，这些海量数据为黑客发起攻击提供了更多的机会。

（4）大数据成为高级可持续攻击的载体

在大数据时代，黑客往往会隐藏自己的攻击行为，依靠传统的安全防护机制很难监测到。因为传统的安全检测机制一般是基于单个时间点进行的基于威胁特征的实时匹配检测，而高级可持续威胁（Advanced Persistent Threat，APT）是一个实施过程，并不具备能够被实时检测出来的明显特征，因而无法被实时检测。

3.1.3　大数据时代数据安全面临的挑战

在大数据时代，数据的产生、流通和应用变得空前密集。分布式计算存储架构、数据深度挖掘及可视化等新型技术、需求和应用场景大大提升了数据资源的存储规模和处理能力，也给安全防护工作带来了巨大的挑战。

首先，系统安全边界模糊且引入了更多未知漏洞，分布式节点之间和大数据相关组件之间的通信安全薄弱性明显。

其次，分布式数据资源池汇集了大量用户数据，用户数据隔离困难。

再次，各方对数据资源的存储与使用的需求持续猛增，数据被广泛收集并共享开放，多方数据汇聚后的分析利用价值被越来越重视，甚至已成为许多组织或单位的核心资产。随之而来的安全防护及个人信息保护需求愈发突出。

最后，数字化生活、智慧城市、工业大数据等新技术、新业务、新领域创造出了多样的数据应用场景，使数据安全防护的实际情境更为复杂多变，如何保护数据的机密性、完整性、可用性、可信性、安全性等问题更加突出和关键。

3.1.4 大数据安全问题分类

现在，大众已改变对大数据安全的传统认知，大数据安全不再仅是个人和企业需要重视的问题，更是会直接影响社会稳定和国家政治安全。总体来讲，从静态安全到动态安全的转变使数据安全不再只需确保数据本身的保密性、完整性和可用性，更承载着个人、企业、国家等多方主体的利益诉求，涉及个人权益保障、企业知识产权保护、市场秩序维持、产业健康生态建立、社会公共安全乃至国家安全维护等诸多问题。

1. 隐私和个人信息安全问题

传统的隐私是隐蔽、不公开的私事，实际上是个人的秘密。大数据时代的隐私与传统的隐私不同，其内容更多，分为个人信息、个人事务、个人领域，即隐私是一种与公共利益、群体利益无关，当事人不愿他人知道或他人不便知道的个人信息，当事人不愿他人干涉或他人不便干涉的个人事务，以及当事人不愿他人侵入或他人不便侵入的个人领域。隐私是客观存在的个人自然权利。在大数据时代，个人身份、健康状况、个人信用和财产状况以及自己和恋人的亲密过程是隐私，使用的设备、位置信息、电子邮件是隐私，网页浏览历史、App 的使用信息、在网上参加的活动、发表及阅读的帖子也是隐私。

大数据的价值并不单纯地源于它的一次用途，而更多地源于其二次利用。在大数据时代，无论是个人日常购物消费等琐碎小事，还是读书、买房、生儿育女等人生大事，都会在各式各样的数据系统中留下数据脚印。就单个系统而言，这些细小数据可能无关痛痒。但一旦将它们通过自动化技术整合后，就会逐渐还原和预测个人生活的轨迹和全貌，使个人隐私无所遁形。

哈佛大学研究显示，只要知道一个人的年龄、性别和邮编，就可以在公开的数据库中识别出此人 87% 的数据。以前，一般只有政府机构才能掌握个人数据，而如今许多企业、社会组织也拥有海量数据，甚至在某些方面超过政府机构。这些海量数据的汇集使敏感数据暴露的可能性加大，对大数据的收集、处理、保存不当更会加大数据泄露的风险。

人类进入大数据时代以来，数据泄露事件时有发生。2011 年 4 月，全球最大的互联网娱乐社区之一、日本的索尼 Playstation Network 遭受黑客攻击，导致约 770 万用户数据外泄，引发了新媒体传输的信用危机；2012 年 6 月，商务社交网站 LinkedIn 约 650 万用户的密码遭泄露，被发布在俄罗斯一家黑客网站上；2013 年 6 月，IBM 公司发布的《数据泄露年度成本研究报告》显示，2013 年平均每起数据泄露事件的成本较 2012 年上升了 15%，达 350 万美元（约 2160 万元）；2013 年 9 月，欧盟官员在第四届欧洲数据保护年会上表示，92% 的欧洲人认为智能手机的应用未经允许就收集个人数据，89%的欧洲智能手机机主的个人数据被非法收集；2014 年 1 月，澳大利亚政府网站约 60 万份个人信息遭泄露；2014 年 1 月，德国约 1600 万网络用户的邮箱信息被盗；2014 年 3 月，韩国电信约 1200 万用户信息遭泄露；2014 年 5 月，美国《消费者报告》称，2013 年 1/7 的美国人曾被告知个人信息遭泄露，约 1120 万美国人曾遭遇了电子邮件钓鱼欺诈，约 29%美国网民的家用计算机感染了恶意软件；2014 年 8 月，美国霍尔德网络公司称，俄罗斯黑客从美国大企业和世界各地其他企业盗取了约 12 亿组互联网用户信息。国内情况也不乐观，数据泄露事件屡有发生。

金雅拓（Gemalto）公司发布的《2017 数据泄露水平指数报告》显示，2017 年上半年全球范围内的数据泄露总量约为 19 亿条，超过 2016 年全年总量（14 亿条），比 2016 年下半年增长了约 160%，数据泄露的数目呈逐年上升的趋势。仅 2017 年，全球就发生了多起影响重大的数据泄露事件，美国共和党下属数据分析公司、征信机构先后发生大规模用户数据泄露事件，影响人数均达到亿级规模。2017 年 11 月，美国五角大楼由于 AWS S3 配置错误，意外暴露了美国国防部的分类数据库，其中包含美国当局在全球社交媒体平台中收集到的约 18 亿用户的个人信息；2017 年 11 月，两名黑客通过外部代码托管网站 GitHub 获得了 Uber 工程师在 AWS 上的账号和密码，从而盗取了约 5000 万名乘客的姓名、电子邮件和电话号码以及约 60 万名美国司机的姓名和驾照号码。

2．企业数据安全问题

迈进大数据时代，企业信息安全面临多重挑战。企业在获得大数据时代信息价值增益的同时，其风险也在不断地累积，大数据安全方面的挑战日益增大。黑客窃密与病毒木马会入侵企业信息系统，大数据在云系统中进行上传、下载、交换的同时极易成为黑客的攻击对象。而大数据一旦被入侵并产生泄密，就会对企业的品牌、信誉、研发、销售等多方面造成严重冲击以及难以估量的损失。通常，那些对大数据分析有较高要求的领域会面临更多的挑战，例如电子商务、金融领域、天气预报、复杂网络计算和广域网感知等。任何一个误导目标信息提取和检索的攻击都是有效攻击，因为这些攻击会对厂商的大数据安全分析产生误导，导致其分析偏离正确的检测方向。应对这些攻击需要我们集合大量数据，进行关联分析才能够知道其攻击意图。大数据安全是与大数据业务相对应的，传统时代的安全防护思路难以奏效，并且成本过高。无论是从防范黑客对数据的恶意攻击，还是从对内部数据的安全管控角度出发，为了保障企业信息安全，迫切需要一种更为有效的方法对企业大数据的安全性进行有效管理。

3．国家安全问题

大数据作为一种社会资源，不仅给互联网领域带来了变革，同时也给全球的政治、经济、军事、文化、生态等带来了影响，已经成为衡量综合国力的重要标准。大数据事关国家主权和安全，必须加以高度重视。

（1）大数据已成为国家之间博弈的新战场

大数据意味着海量的数据，也意味着更复杂、更敏感的数据，特别是关系国家安全和利益的数据，如国防建设数据、军事数据、外交数据等，极易成为网络攻击的目标。一旦机密情报被窃取或泄露，就会影响整个国家的安全。

维基解密（WikiLeaks）网站泄露美国军方机密，影响深远，令美国政府愤慨。美国国家安全顾问和白宫发言人强烈谴责维基解密的行为危害了其国家安全，置美军及盟友的安全于不顾。举世瞩目的"棱镜门"更是昭示着国家安全面临着大数据的严酷挑战。在大数据时代，数据安全问题的严重性愈发凸显，几乎已超过其他传统安全问题。

此外，对于数据的跨国流通，若没有掌握数据主权，势必影响国家主权。因为发达国家的跨国公司或政府机构，凭借其高科技优势通过各种渠道收集、分析、存储及传输数据的能力强于发展中国家。若发展中国家向外国政府或企业购买其所需数据，只要卖方有所保留（如重要的数据故意不提供），其在数据不完整的情形下就无法做出正确的形势研判，经济上的竞争力势必大打折扣，经济发展的自主权也会受到侵犯。无限制的数据跨国流通，尤其是当一国经济、政治方面的数据均由他国收集、分析进而控制的时候，数据输出国会以其特有的价值观等对所收集的数据加以分析研判，无形中会主导数据输入国的价值观及世界观，对该国文化主权造成威胁。此外，对数据跨国流通不加限制还会导致国内大数据产业仰他人鼻息求生，无法自立自足，从而丧失本国的数据主权，危及国家安全。

因此，大数据安全已经作为非传统安全因素受到各国的重视。大数据重新定义了大国博弈的空间，国家强弱不仅以政治、经济、军事实力为着眼点，数据主权同样决定国家的命运。目前，电子政务、社交媒体等已经扎根于人们的生活方式、思维方式中，各个行业的有序运转已经离不开大数据，此时，数据一旦失守，将会给国家带来不可估量的损失。

（2）自媒体平台成为影响国家意识形态安全的重要因素

自媒体又称公民媒体或个人媒体，是指私人化、平民化、普泛化、自主化的传播者，以现代化、电子化的手段向不特定的大多数或者特定的单个人传递规范性及非规范性信息的新媒体的总称。我国自媒体平台包括微博、微信、抖音、百度贴吧、BBS（Bulletin Board System，网络论坛）等。大数据时代的到来重塑了媒体的表达方式，传统媒体不再一枝独秀，自媒体迅速崛起，每个人都是自由发声的独立媒体，都有在网络平台发表自己观点的权利。但是，自媒体的发展良莠不齐，一些自媒体平台上低劣文章层出不穷，一些自媒体甚至为了追求点击率不惜突破道德底线发布虚假信息，使受众群体难以分辨真伪，冲击了主流发布的权威性。网络舆情是人民参政议政、舆论监督的重要反映，但是网络的通达性使其容易受到境外敌对势力的利用和渗透，成为民粹的传播渠道，削弱国家主流意识形态的传播，对国家的主权安全、意识形态安全和政治制度安全都会产生很大影响。

3.1.5 大数据面临的具体安全威胁

在大数据环境下，各行业和领域的安全需求正在发生改变，从数据采集、数据整合、数据提炼、数据挖掘到数据发布，这一流程已经形成新的完整链条。随着数据的进一步集中和数据量的增大，对产业链中的数据进行安全防护变得更加困难。同时，数据的分布式、协作式、开放式处理也加大了数据泄露的风险，在大数据的应用过程中，如何确保用户及自身信息资源不被泄露将在很长一段时间内成为企业重点考虑的问题。然而，现有的信息安全手段已不能满足大数据时代的信息安全要求，安全威胁将逐渐成为制约大数据技术发展的瓶颈。

1. 大数据基础设施面临的安全威胁

大数据基础设施包括存储设备、运算设备、一体机和其他基础软件（如虚拟化软件）等。为了支持大数据的应用，需要创建支持大数据环境的基础设施。例如，需要高速的网络来收集各种数据源，需要大规模的存储设备对海量数据进行存储，还需要各种服务器和计算设备对数据进行分析与应用，并且这些基础设施带有虚拟化和分布式性质等特点。大数据基础设施给用户带来各种大数据新应用的同时，也会遭受到安全威胁。

（1）非授权访问

非授权访问是指没有预先经过同意就使用网络或计算机资源。例如，有意避开系统访问控制机制对网络设备及资源进行非正常使用，或擅自扩大使用权限越权访问信息。非授权访问的主要形式有假冒身份攻击、非法用户进入网络系统进行违法操作以及合法用户以未授权方式进行操作等。

（2）信息泄露或丢失

信息泄露或丢失是指数据在传输中泄露或丢失（例如利用电磁泄漏或搭线窃听方式截获机密信息，或通过对信息流向、流量、通信频度和长度等参数的分析窃取有用信息等）、在存储介质中丢失或泄露以及黑客通过建立隐蔽隧道窃取敏感信息等。

（3）数据完整性遭到破坏

大数据采用的分布式和虚拟化架构意味着比传统的基础设施有更多的数据传输，大量数据在一个共享的系统里被集成和复制。当加密强度不够的数据在传输时，攻击者能通过嗅探、中间人攻击、重放攻击来窃取或篡改数据。

（4）拒绝服务攻击

拒绝服务攻击是指通过对网络服务系统的不断干扰改变其正常的作业流程，或执行无关程序导致系统响应迟缓，影响合法用户的正常使用，甚至使合法用户遭到排斥，不能得到相应的服务。

（5）网络病毒传播

网络病毒传播是指通过信息网络传播计算机病毒。针对虚拟化技术的安全漏洞攻击是指黑客可利用虚拟机管理系统自身的漏洞，入侵到宿主机或同一宿主机上的其他虚拟机。

2. 大数据存储面临的安全威胁

在大数据存储环节，安全威胁的来源有外部因素、内部因素、数据库系统安全等。外部因素包括黑客脱库、数据库后门、挖矿木马、数据库勒索、恶意篡改等；内部因素包括内部人员窃取、不同利益方对数据的超权限使用、弱口令配置、离线暴力破解、错误配置等；数据库系统安全包括数据库软件漏洞和应用程序逻辑漏洞，如 SQL 注入、提权、缓冲区溢出。此外，存储设备丢失等也会导致安全威胁产生。

3. 大数据网络面临安全威胁

互联网及移动互联网的快速发展不断地改变人们的工作、生活方式，同时也带来了严重的安全威胁。网络面临的风险可分为广度风险和深度风险。广度风险是指安全问题随网络节点数量的增加呈指数级上升。深度风险是指传统攻击依然存在且手段多样；APT 攻击逐渐增多且造成的损失不断增大；攻击者的工具和手段呈现平台化、集成化和自动化的特点，具有更强的隐蔽性、更长的攻击与潜伏时间、更加明确和特定的攻击目标。结合广度风险与深度风险，大规模网络主要面临的问题包括：安全数据规模巨大，安全事件难以发现，安全的整体状况无法描述，安全态势难以感知等。

网络安全是大数据安全防护的重要内容，现有的安全机制不足以支撑大数据环境下的网络安全防护。一方面，大数据时代的信息爆炸导致来自网络的非法入侵次数急剧增长，网络防御形势十分严峻；另一方面，由于攻击技术的不断成熟，现在的网络攻击手段越来越难以辨识，给现有的数据防护机制带来了巨大的压力。因此对于大型网络，在网络安全层面除了访问控制、入侵检测、身份识别等基础防御手段，还需要管理人员能够及时感知网络中的异常事件与整体安全态势，从成千上万的安全事件和日志中找到最有价值、最需要处理和解决的安全问题，从而保障网络的安全状态。

3.1.6　典型案例

本小节给出一些大数据安全方面的典型案例，包括棱镜门事件、维基解密、手机 App 过度采集个人信息、免费 Wi-Fi 窃取用户信息、收集个人隐私信息的探针盒子、健身软件泄露美军机密、基因信息出境引发国家安全问题等。

1. "棱镜门"事件

2013 年 6 月，前美国中央情报局技术分析员爱德华·斯诺登将美国国家安全局（National Security Agency，NSA）关于"棱镜计划"的秘密文档披露给了《卫报》和《华盛顿邮报》，引起世界关注。

"棱镜计划"是一项由美国国家安全局自 2007 年起开始实施的绝密电子监听计划，该计划的正式代号为 US-984XN。在该计划中，美国国家安全局和联邦调查局利用平台及技术上的优势，开展全球范围内的监听活动。众所周知，全世界管理互联网的根服务器共有 13 台，包括 1 台主根服务器和 12 台辅根服务器，其中 1 台主根服务器和 9 台辅根服务器在美国本部，美国有最大的管理权限，所以可以直接进入相关网际公司的核心服务器里拿到数据、获得情报，对全世界重点地区、部门、公司甚至个人进行布控，监控范围包括信息发布、电邮、即时聊天消息、音视频、图片、备份数据、文件传输、视频会议、登录和离线时间、社交网络资料的细节、部门和个人的联系方式与行动。其中包括两个秘密监视项目，一是监视、监听民众电话的通话记录，二是监视民众的网络活动。

通过"棱镜计划"，美国国家安全局甚至可以实时全球监控一个人正在进行的网络搜索内容，可以收集大量个人网上痕迹，如聊天记录、登录日志、备份文件、数据传输、语音通信、个人社交信息等，一天可以获得 50 亿人次的通话记录。美国国家安全局全方位、高强度监控全球互联网与电信业务的"棱镜计划"彰显了美国凭借平台及科技优势独霸网络世界的野心。"棱镜门"事件使网络信息安全受到前所未有的关注，并将深刻影响网络时代的国家战略与规划。

2. 维基解密

维基解密是一个国际性非营利媒体组织，专门公开匿名来源的网络泄露文档。澳大利亚人朱利安·保罗·阿桑奇通常被视为维基解密的创建者、主编和总监。网站成立于 2006 年 12 月，由阳光媒体（The Sunshine Press）运作。成立一年后，网站宣称其文档数据库内的文档已增至 120 多万份。维基解密的目标是发挥最大的政治影响力，其大量发布机密文件的做法使其饱受争议。支持者认为维基解密捍卫了民主和新闻自由，而反对者则认为大量机密文件的泄露威胁了相关国家的国家安全，并影响国际外交。2010 年 3 月，一份由美国军方反谍报机构在 2008 年制作的军方机密报告称，维基解密网站的行为已经对美国军方机构的情报安全和运作安全构成了严重的威胁。这份机密报告称该网站上泄露的一些机密可能会"影响美国军方在国内和海外的运作安全"。

3. 手机 App 过度采集个人信息

个人信息买卖已形成一条规模大、链条长、利益大的产业链，这条产业链结构完整，分工细化，个人信息被明码标价。个人信息泄露的一条主要途径就是经营者未经本人同意暗自收集个人信息，然后出售或者非法向他人提供个人信息。在我们的日常生活中，部分手机 App 往往会私自窃密。例如，部分记账理财 App 会留存消费者的个人网银登录账号、密码等信息，并通过模仿消费者登录网银的方式获取账户交易明细等信息。有的 App 在提供服务时会采取特殊方式来获得用户授权，这本质上仍属"未经同意"。例如，在用户协议中，将"同意"选项设置为较小字体，且已经预先勾选，导致部分消费者在未知情况下进行授权。手机 App 过度采集个人信息呈现普遍趋势，最突出的是在非必要的情况下获取位置信息和访问联系人权限。比如，像天气预报、手电筒这类功能单一的手机 App，在安装协议中也提出要读取通讯录，这与《全国人民代表大会常务委员会关于加强网络信息保护的决定》明确规定的手机 App 在获取用户信息时要坚持"必要"原则相悖。面对一些存在"过分"权限要求的 App，很多时候，用户只能被迫选择接受，因为不接受就无法使用 App。

某些测试小程序（见图 3-1）也可能在窃取用户个人信息。众多网友在授权登录测试页面时，微信号、QQ 号、姓名、生日、手机号等很多个人信息都会被测试程序获得，这些信息很可能被用作商业途径，对网友的切身利益造成损失。同时，不法分子还设计了更加隐蔽的个人信息获取方式，比如制作多种测试小程序在社交平台进行分发，有的测试小程序负责收集参与测试用户的个人喜好，有些负责收集用户的收入水平，有些负责收集用户的朋友关系。这样，虽然用户参与某个测试只是提供了部分个人信息，但是当用户参与了多个测试以后，不法分子就可以获得用户较为全面的个人信息。

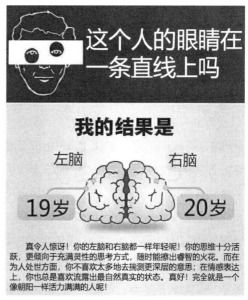

图 3-1　某测试小程序

4. 免费 Wi-Fi 窃取用户信息

Wi-Fi 是人们对无线网络技术的简称。作为应用最广泛的无线网络技术，Wi-Fi 能够将其覆盖区域内的笔记本电脑、手机以及平板电脑等设备与互联网高速连接，随时随地上网冲浪。随着智能手机和平板电脑的普及，这项免费便捷的无线网络技术越来越受到人们的欢迎。免费的 Wi-Fi 已经成为宾馆、酒店、咖啡厅、餐厅以及各色商铺的标准配置，免费 Wi-Fi 的标志在城市里几乎随处可见。许多年轻人无论走到哪里，总是喜欢先搜寻一下无线网络，"有免费 Wi-Fi 吗？密码是多少？"也成为他们消费时向商家询问最多的问题。不过，在免费上网的背后，其实也存在着不小的信息安全风险，或许一不小心就落入了黑客们设计的 Wi-Fi 陷阱之中。

曾经有黑客在某网络论坛发帖称，只需要一台电脑、一套无线网络设备和一个网络包分析软件，他就能轻松搭建出一个不设密码的 Wi-Fi。而其他用户一旦用移动设备连接上这个 Wi-Fi，之后使用手机浏览器登录电子邮箱、网络论坛等账号时，他就能很快分析出该用户的各种密码，进而窃取用户的私密信息，甚至利用用户的 QQ、微博、微信等通信工具发布广告或诈骗信息。整个过程非常简单，黑客往往几分钟内就能得手。而这种说法也在专业实验中被多次证实。

随着 Wi-Fi 运用的普及，除了黑客之外，许多商家也在 Wi-Fi 这一平台上打起了自己的算盘。例如，通过 Wi-Fi 后台记录上网者的手机号等联系信息，可以更加有针对性地投放广告短信，达到精准营销、招揽顾客的目的。许多顾客在使用 Wi-Fi 之后会收到大量的广告短信，甚至自己的手机号码也会被当作信息进行多次买卖。

5. 收集个人信息的探针盒子

近年来，收集个人信息的设备大量涌现，探针盒子就是其中一种。当用户手机的无线局域网处于打开状态时，会向周围发出寻找无线网络的信号；探针盒子发现这个信号后，就能迅速识别出用户手机的 MAC（Media Access Control，媒体存取控制）地址；将其转换成 IMEI（International Mobile Equipment Identity，国际移动设备识别码）后再转换成手机号码，然后向用户发送定向广告。一些公司将这种小盒子放在商场、超市、便利店、写字楼等地，在用户毫不知情的情况下搜集个人信息，甚至包括婚姻状况、受教育程度、收入、兴趣爱好等。

6. 健身软件泄露美军机密

美国一款健身应用软件将用户的锻炼数据公布在网络上，涉嫌泄露美国涉密军事信息。涉事软件名为 Strava，是一款集健身和社交功能于一体的应用。用户可以将自己的运动时间、成绩、轨迹等信息通过网络上传至应用服务器，与他人分享。2018 年 11 月，斯特拉瓦将其所有用户的数据做成热力图公布在网络上，意在展示用户的运动地点以及最受欢迎的跑步或骑行路线。然而，由于不少美军现役军人使用这款应用，许多美军基地的地理位置也在热力图上清晰地显现出来，大量军事基地方位遭曝光，引发各界关注。斯特拉瓦网站上公布的热力图显示，在叙利亚、吉布提等欠发达地区有不少远离城市的亮点。媒体表示在这些地区，亮点几乎都来自外国军事基地，其中许多是美军基地，甚至是秘密基地。此外，不少士兵经常围着一些特定建筑或者路线慢跑，间接暴露了基地规模以及建筑物分布。

3.2　大数据思维

在大数据时代，数据就是一座"金矿"，而思维是打开矿山大门的钥匙。只有建立符合大数据时代发展的思维，才能最大限度地挖掘大数据的潜在价值。所以，大数据的发展不仅取决于大数据资源的扩展，还取决于大数据技术的应用，更取决于大数据思维的形成。只有具有大数据思维，才能更好地运用大数据资源和大数据技术。也就是说，大数据发展必须是数据、技术、思维 3 大要素的联动。

本节首先介绍传统的思维方式，并指出大数据时代需要新的思维方式；然后介绍大数据思维方式，包括全样而非抽样、效率而非精确、相关而非因果、以数据为中心、"我为人人，人人为我"等；最后给出运用大数据思维的具体实例。

3.2.1　传统的思维方式

机械思维可以追溯到古希腊的思辨思想和逻辑推理学，最有代表性的是欧几里得的几何学和托勒密的地心说。

不论是经济学家，还是之前的托勒密、牛顿等人，他们都遵循机械思维。如果把他们的方法论做一个简单的概括，其核心思想有如下两点：①要有一个简单的元模型（这个模型可能是假设出来的），并用这个元模型构建复杂的模型；②整个模型要和历史数据相吻合。这在今天的动态规划管理学上还被广泛使用，其核心思想和托勒密的方法论是一致的。

后来人们将牛顿的方法论概括为机械思维，其核心思想可以概括成以下 3 点。

第一，世界变化的规律是确定的，这一点从托勒密到牛顿都认可。

第二，因为有确定性做保障，所以规律不仅可以被认识，而且可以用简单的公式或者语言描述清楚。在牛顿之前，这一点大部分人并不认可，而是简单地把规律归结为神的作用。

第三，这些规律应该是放之四海而皆准的，可以应用到各种未知领域指导实践。这种认识是在牛顿之后才有的。

这些其实是机械思维中积极的部分。机械思维更广泛的影响是作为一种准则指导人们的行为，其核心思想可以概括成确定性（或者可预测性）和因果关系。在牛顿经典力学体系中，可以把所有天体的运动规律用几个定律讲清楚，并且应用到任何场合都是正确的，这就是确定性。类似地，当我们给物体施加一个外力时，它就会获得一个加速度，而加速度的大小取决于外力和物体本身的质量，这是一种因果关系。没有这些确定性和因果关系，我们就无法认识世界。

3.2.2　大数据时代需要新的思维方式

人类社会的进步在很大程度上得益于机械思维，但是到了信息时代，它的局限性越来越明显。首先，并非所有的规律都可以用简单的原理来描述；其次，像过去那样找到因果关系已经变得非常困难，因为简单的因果关系都已经被发现了，剩下那些没有被发现的因果关系具有很强的隐蔽性，发现难度很高。另外，随着人类对世界认识得越来越清楚，人们发现世界本身存在着很大的不确定性，并非如过去想象的那样一切都是可以确定的。因此，在现代社会里，人们开始考虑在承认不确定性的情况下如何取得科学上的突破或者把事情做得更好，这也就导致一种新的方法论诞生。

不确定性在我们生活的世界里无处不在。我们经常可以看到这样一种怪现象，很多时候专家们对未来各种趋势的预测是错的，这在金融领域尤其常见。如果读者有心统计一些经济学家们对未来的预测，就会发现它们基本上是对错各一半。这并不是因为他们缺乏专业知识，而是由于不确定性是这个世界的重要特征，以至于我们按照传统的方法——机械论，很难做出准确的预测。

世界的不确定性来自两方面。首先是当我们对这个世界的方方面面了解得越来越细致之后，会发现影响世界的变量其实非常多，已经无法通过简单的办法或者公式算出结果，因此我们宁愿采用一些针对随机事件的方法来处理它们，人为地把它们归为不确定的一类。不确定性的第二个因素来自客观世界本身，它是宇宙的一个特性。在宏观世界里，行星围绕恒星运动的速度和位置是可以计算的，很准确的，从而可以画出它的运动轨迹。可是在微观世界里，电子在围绕原子核做高速运动时，我们不可能同时准确地测出它在某一时刻的位置和运动速度，当然也就不能描绘它的运动轨迹了。科学家们只能用一种密度模型来描述电子的运动。在这个模型里，密度大的地方表明电子在那里出现的机会多，反之则表明电子出现的机会少。

世界的不确定性折射出在信息时代的方法论：获得更多的信息，有助于消除不确定性。因此，谁掌握了信息，谁就能获取财富。这就如同在工业时代，谁掌握了资本谁就能获取财富一样。

当然，用不确定性这种眼光看待世界，再用信息消除不确定性，不仅能够赚钱，而且能够把很多智能型的问题转化成信息处理的问题。具体而言，就是利用信息来消除不确定性的问题。比如下象棋，每一种情况都有几种可能，却难以决定最终的选择，这就是不确定性的表现。再比如要识别一个人脸的图像，实际上可以看成从有限种可能性中挑出一种，因为全世界的人数是有限的，这也就把识别问题变成了消除不确定性的问题。

数据学家认为，世界的本质是数据，万事万物都可以看作可以理解的数据流，这为我们认识和改造世界提供了一个从未有过的视角和世界观。人类正在不断地通过采集、量化、计算、分析各种事物，来重新解释和定义这个世界，并通过数据来消除不确定性，对未来加以预测。现实生活中，为了适应大数据时代的需要，我们不得不转变思维方式，努力把身边的事物量化，以数据的形式对待，这是实现大数据时代思维方式转变的核心。

现在的数据量相比过去大了很多，量变带来了质变，人们的思维方式、做事情的方法就应该和以往有所不同。这其实是帮助我们理解大数据概念的一把钥匙。在有大数据之前，计算机并不擅长解决需要人类智能来解决的问题，但是今天这些问题换个思路就可以解决了，其核心就是变智能问题为数据问题。由此，全世界开始了新的一轮技术革命——智能革命。

在方法论的层面，大数据是一种全新的思维方式。按照大数据的思维方式，我们做事情的方式与方法需要从根本上改变。

3.2.3　大数据思维方式

大数据不仅是一次技术革命，也是一次思维革命。从理论上说，相对于人类有限的数据采集和分析能力，自然界和人类社会存在的数据是无限的。以有限对无限，如何才能慧眼识珠，找到我们所需的数据，无疑需要一种思维的指引。因此，就像经典力学和相对论的诞生改变了人们的思维模式一样，大数据也在潜移默化地改变人们的思想。

维克托·迈尔·舍恩伯格在《大数据时代：生活、工作与思维的大变革》一书中明确指出，大数据时代最大的转变就是思维方式的 3 种转变：全样而非抽样、效率而非精确、相关而非因果。此外，人类研究和解决问题的思维方式正在朝着"以数据为中心"和"我为人人，人人为我"的方式转变。

1. 全样而非抽样

过去，由于数据采集、数据存储和处理能力的限制，在科学分析中通常采用抽样的方法，即从全集数据中抽取一部分样本数据，通过对样本数据的分析，来推断全集数据的总体特征。抽样的基本要求是要保证所抽取的样品单位对全部样品具有充分的代表性。抽样的目的是根据被抽取样品单位的分析、研究结果来估计和推断全部样品的特性，这是科学实验、质量检验、社会调查普遍采用的一种经济有效的工作和研究方法。通常，样本数据规模要比全集数据小很多，因此可以在可控的代价内实现数据分析的目的。比如，假设要计算洞庭湖中银鱼的数量，我们可以事先给 10000 条银鱼打上特定记号，并将这些鱼均匀地投放到洞庭湖中，过一段时间进行捕捞；如果在捕捞上来的 10000 条银鱼中发现其中 4 条银鱼有特定记号，那么我们可以得出结论，洞庭湖大概有 2500 万条银鱼。

抽样分析方法有优点也有缺点。抽样保证了在客观条件达不到的情况下可能得出一个相对靠谱的结论，让研究有的放矢。但是抽样分析的结果具有不稳定性。比如，在上面的洞庭湖银鱼的数量分析中，有可能今天捕捞到的银鱼中存在 4 条打了特定记号的银鱼，明天去捕捞有可能存在 400 条打了特定记号的银鱼，这给分析结果带来了很大的不稳定性。

现在，我们已经迎来大数据时代，大数据技术的核心就是海量数据的实时采集、存储和处理。感应器、手机导航、网站点击和微博等能够收集大量数据，分布式文件系统和分布式数据库技术提供了理论上近乎无限的数据存储空间，分布式并行编程框架 MapReduce 提供了强大的海量数据并行处理能力。有了大数据技术的支持，科学分析完全可以直接针对全集数据而不是抽样数据，并且可以在短时间内得到分析结果，速度之快超乎我们的想象。比如谷歌的 Dremel 可以在 2～3s 内完成 PB 量级数据的查询。

2. 效率而非精确

过去，我们在科学分析中采用抽样分析方法，就必须追求分析方法的精确性。因为抽样分析只是针对部分样本的分析，其分析结果被应用到全集数据以后误差会被放大。这就意味着抽样分析的微小误差被放大到全集数据以后可能会变成一个很大的误差，导致出现失之毫厘，谬以千里的现象。因此，为了保证误差被放大到全集数据时仍然处于可以接受的范围，就必须确保抽样分析结果的精确性。正是由于这个原因，传统的数据分析方法往往更加注重提高算法的精确性，其次才是提高算法效率。现在，大数据时代采用全样分析而不是抽样分析，全样分析结果就不存在误差被放大的问题，因此追求高精确性已经不是其首要目标。大数据时代的数据分析具有秒级响应的特征，要求在几秒内就给出针对海量数据的实时分析结果，否则就会丧失数据的价值。因此，数据分析的效率成为关注的核心。

比如，用户在天猫或京东等电子商务网站进行网购时，用户的点击流数据会被实时发送到后端的大数据分析平台进行处理；平台会根据用户的特征找到与其购物兴趣匹配的其他用户群体，然后把其他用户群体曾经买过的商品、而该用户还未买过的相关商品推荐给该用户。很显然，这个过程的时效性很强，需要秒级响应。如果要过一段时间才给出推荐结果，很可能用户已经离开网站了，推荐结果就变得没有意义。所以，在这种应用场景当中，效率是被关注的重点，分析结果的精确度只要达到一定程度即可，不需要一味苛求更高的准确率。

此外，在大数据时代，我们能够更加"容忍"不精确的数据。传统的样本分析师们很难容忍错误数据的存在，因为他们一生都在研究如何避免错误数据出现。在收集样本的时候，统计学家会用一整套的策略来减少错误发生的概率。在结果公布之前，他们也会测试样本是否存在潜在的系统性偏差。这些策略包括根据协议或通过受过专门训练的专家来采集样本。但是，即使只是少量的数据，这些规避错误的策略实施起来还是耗费巨大。尤其是当我们收集所有数据的时候，这种策略就更行不通了——不仅因为耗费巨大，还因为在大规模数据的基础上保持数据收集标准的一致性不太现实。我们现在拥有各种各样、参差不齐的海量数据，很少有数据完全符合预先设定的数据条件，因此，我们必须要能够容忍不精确数据的存在。

大数据时代要求我们重新审视精确性的优劣。如果将传统的思维模式运用于数字化、网络化的 21 世纪，就会错过重要的信息。执迷于精确性是信息缺乏时代和模拟时代的产物。在那个信息贫乏的时代，任意一个数据点的测量情况都对结果至关重要，所以需要确保每个数据的精确性，才不会导致分析结果的偏差。而在今天的大数据时代，在数据量足够多的情况下，这些不精确数据会被淹没在大数据的海洋里，它们的存在并不会影响数据分析的结果和其带来的价值。

3. 相关而非因果

过去，数据分析的目的有两方面：一方面是解释事物背后的发展机理。比如，一个大型超市在某个地区的连锁店在某个时期内净利润下降很多，这就需要 IT 部门对相关销售数据进行详细分析，找出产生该问题的原因。另一方面是预测未来可能发生的事件。比如实时分析微博数据，当发现人们对雾霾的讨论明显增加时，就可以建议销售部门增加口罩的进货量。因为人们关注雾霾的一个直接结果是会想到购买一个口罩来保护自己的身体。不管是哪个目的，其实都反映了一种因果关系。但是在大数据时代，因果关系不再那么重要，人们转而追求相关性而非因果性。比如，我们在淘宝购买了一个汽车防盗锁后，淘宝还会自动提示与购买相同物品的其他客户还购买了汽车坐垫。也就是说，淘宝只会告诉我们购买汽车防盗锁和购买汽车坐垫之间存在相关性，但是并不会告诉我们为什么其他客户购买了汽车防盗锁以后还会购买汽车坐垫。

在无法确定因果关系时，数据为我们提供了解决问题的新方法。数据中包含的信息会帮助我们消除不确定性，而数据之间的相关性在某种程度上可以取代原来的因果关系，帮助我们得到我们想要知道的答案，这就是大数据思维的核心。从因果关系到相关性，这个过程并不是抽象的，而是已经有了一整套的方法能够让人们从数据中寻找相关性，最后去解决各种各样的难题。

4. 以数据为中心

在科学研究领域，在很长一段时期内，无论是从事语音识别、机器翻译、图像识别的学者，还是从事自然语言理解的学者，都分成了界限明确的两派：一派坚持采用传统的人工智能方法解决问题，简单来讲就是模仿人；而另一派倡导采用数据驱动方法。这两派在不同的领域力量不一样，在语音识别和自然语言理解领域，提倡采用数据驱动的这一派较快地占了上风；而在图像识别和机器翻译领域，在较长时间里，提倡采用数据驱动这一派处于下风。其中主要的原因是：在图像识别和机器翻译领域，过去的数据量非常少，而这种数据的积累非常困难。图像识别领域以前一直非常缺乏数据，在互联网出现之前，没有一个实验室有上百万张图片。在机器翻译领域，所需要的数据除了一般的文本数据，还需要大量的双语（甚至是多语种）对照数据。而在互联网出现之前，难以找到类似的数据。

由于数据量有限，在最初的机器翻译领域，较多的学者采用人工智能的方法。计算机研发人员将语法规则和双语词典结合在一起。1954 年，IBM 以计算机中的 250 个词语和 6 条语法规则为基础，将 60 个俄语词组翻译成了英语，结果振奋人心。事实证明，机器翻译最初的成功误导了人们。1966 年，一群从事机器翻译的研究人员意识到，翻译比他们想象的更困难，他们不得不承认他们的失败。机器翻译不能只是让计算机熟悉常用规则，还必须教会计算机处理特殊的语言情况。毕竟，翻译不仅是记忆和复述，也涉及选词，而明确地教会计算机这些是非常不现实的。20 世纪 80 年代后期，IBM 的研发人员提出了一个新的想法。与单纯教给计算机语言规则和词汇相比，他们试图让计算机自己估算一个词或一个词组适合用来翻译另一种语言中的一个词和词组的可能性，然后决定某个词和词组在另一种语言中的对等词和词组。20 世纪 90 年代，IBM 的 Candide 项目花费了大概 10 年的时间，将大约 300 万句的加拿大议会资料译成了英语和法语并出版。由于是官方文件，翻译的标准非常高。用那个时候的标准来看，数据量非常庞大。机器学习从诞生之日起就巧妙地把翻译挑战变成了一个数学问题，而这似乎很有效！机器翻译在短时间内就有了很大的突破。

20 世纪 90 年代互联网兴起之后，由于数据的获取变得非常容易，可用的数据量愈加庞大，因此从 1994—2004 年的 10 年里，机器翻译的准确性提高了 1 倍，其中 20% 左右的贡献来自方法的改进，80% 左右的贡献则来自数据量的提升。虽然每一年计算机在解决各种智能问题上的进步幅度并不大，但是十几年量的积累最终促成了质变。

数据驱动方法从 20 世纪 70 年代开始起步，在 20 世纪八九十年代得到缓慢但稳步的发展。进入 21 世纪后，可用的数据量剧增，数据驱动方法的优势越来越明显，最终完成了从量变到质变的飞跃。如今很多需要类似人类智能才能做的事情计算机已经可以胜任了，这都得益于数据量的增加。

全世界各个领域的数据不断向外扩展，渐渐形成了另外一个特点，那就是很多数据开始出现交叉，各个维度的数据由点和线渐渐连成了网，或者说数据之间的关联性极大地增强。在这样的背景下，大数据出现了，以数据为中心来思考和解决问题这一方式的优势逐渐得到显现。

5. "我为人人，人人为我"

"我为人人，人人为我"是大数据思维的又一体现，城市的智能交通管理便是体现该思维的一个例子。在智能手机和智能汽车（特斯拉等）出现之前，世界上很多大城市虽然都有交通管理（或者控制）中心，但是它们得到的交通路况信息最快也有 20min 的滞后。如果没有能够实时监控海量交通信息的工具，一个城市即使部署再多的采样观察点，再频繁地报告各种交通事故和拥堵的情况，整体交通路况信息的实时性也不会有很大提高。

能够定位的智能手机出现后，这种情况得到了根本的改变。由于智能手机足够普及并且大部分用户共享了他们的实时位置信息（符合大数据的完备性），使做地图服务的公司，比如 Google 或者百度，有可能实时得到任何一个人口密度较大的城市的人员流动信息，并且根据其流动的速度和所在的位置区分步行的人群和行进的汽车。

由于收集信息的公司和提供地图服务的公司是一家，因此从数据采集、数据处理到信息发布，中间的延时微乎其微，提供的交通路况信息要及时得多。使用过 Google 地图服务或者百度地图服务的人，对比智能手机出现前，都很明显地感到了其中的差别。当然，更及时的信息可以通过分析历史数据来预测。一些科研小组和公司的研发部门已经开始利用一个城市交通状况的历史数据，结合实时数据预测一段时间以内（比如 1h）该城市各条道路可能出现的交通状况，并且帮助出行者规划最好的出行路线。

上面的实例很好地阐释了大数据时代"我为人人，人人为我"的全新理念和思维。每个使用导航软件的智能手机用户，一方面将自己的实时位置信息共享给导航软件公司（比如百度地图），使导航软件公司可以从大量用户那里获得实时的交通路况大数据；另一方面，每个用户又在享受导航软件公司提供的基于交通大数据的实时导航服务。

3.2.4 运用大数据思维方式的具体实例

为了进一步强化对大数据思维方式的理解，这里给出大数据思维方式及其代表性实例，如表 3-1 所示。

表 3-1　　　　　　　　　　　大数据思维方式及其代表性实例

思维方式	具体实例
全样而非抽样	商品比价网站
效率而非精确	Google 翻译
相关而非因果	啤酒与尿布、零售商 Target 基于大数据的商品营销、吸烟有害身体健康的法律诉讼、基于大数据的药品研发
以数据为中心	基于大数据的 Google 广告，搜索引擎点击模型，基于大模型、大数据和大算力的 ChatGPT
"我为人人，人人为我"	迪士尼乐园的 MagicBand 手环

1. 商品比价网站

美国有一家创新网站，它可以预测产品的价格趋势，帮助用户进行购买决策，告诉用户什么时候买什么产品以及什么时候买最便宜。这家公司背后的驱动力就是大数据。他们在全球各大网站上搜集数以十亿计的数据，然后帮助数以万计的用户省钱，为他们的采购找到最好的时间，提高生产率，降低交易成本，为终端用户带去更多价值。

在这类模式下，尽管一些零售商的利润会受到挤压，但从商业本质上来讲，这类模式可以把钱更多地放回到用户的口袋里，让购物变得更理性。这是依靠大数据催生出的一项全新产业。这家为数以万计的用户省钱的公司后来被 eBay 高价收购。

2. 啤酒与尿布

啤酒与尿布的故事和全球最大的零售商沃尔玛有关。沃尔玛的工作人员在按周期统计产品的销售信息时，发现了一个非常奇怪的现象：每到周末的时候，超市里啤酒和尿布的销量就会突然增加。为了搞清楚其中的原因，他们派出工作人员进行调查。通过观察和走访后，他们了解到，在美国有孩子的家庭中，太太经常嘱咐丈夫下班后要为孩子买尿布，而丈夫们在买完尿布以后顺手带回了自己爱喝的啤酒（休息时喝酒是很多男人的习惯），因此，周末时啤酒和尿布销量一起增加，如图 3-2 所示。弄明白原因后，沃尔玛打破常规，尝试将啤酒和尿布摆在一起，结果使啤酒和尿布的销量双双激增，为公司带来了巨大的利润。通过这个故事我们可以看出，本来尿布与啤酒是两个风马牛不相及的东西，但如果关联在一起，销量就增加了。

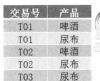

交易号	产品
T01	啤酒
T01	尿布
T02	啤酒
T02	尿布
T03	尿布

图 3-2　在超市里啤酒与尿布常常被一起购买

3. 零售商 Target 基于大数据的商品营销

美国人爱逛的超市除了大家熟悉的沃尔玛，还有美国第三大零售商 Target。有这样一个真实的故事：一天，一名美国男子闯入他家附近的 Target，抗议说超市竟然给他 17 岁的女儿发婴儿尿布和童车的优惠券，这是赤裸裸的侮辱，他要起诉超市。店铺经理立刻跑出来承认错误。一脸懵懂的经理也不知道发生了什么事。一个月以后这位父亲又跑来道歉，这个时候他才知道他女儿的确怀孕了，而且 Target 比他早知道了足足一个月，那么 Target 是怎么知道的呢（这个女孩也没有买过任何母婴用品啊）？原来这就是神秘的大数据起的作用。Target 做了什么呢？它从数据仓库中挖掘出了 25 项与怀孕高度相关的商品，制作了一个怀孕预测指数，根据指数能够在很小的误差范围内预测顾客有没有怀孕。实际上这个女孩只是买了一些没有味道的湿纸巾和一些补镁的药品，就被 Target 锁定为怀孕者了。

4. 吸烟有害身体健康的法律诉讼

过去，由于数据量有限，而且常常不是多维度的，数据之间的相关性很难找得到。即使偶尔找到了，人们也未必接受，因为这和传统观念不一样。20 世纪 90 年代中期，在美国和加拿大，围绕香烟是否对人体有害这件事情的一系列诉讼上，如何判定吸烟有害是这些案子的关键。采用因果关系判定还是采用相关性判定决定了那些诉讼案的判决结果。

在今天的人看来，吸烟对人体有害，这是板上钉钉的事实，如图 3-3 所示。比如美国外科协会的一份研究报告显示，吸烟男性肺癌的发病率是不吸烟男性的 23 倍，吸烟女性肺癌的发病率则是不吸烟女性的 13 倍。这从统计学上讲早已经不是偶然的随机事件了，而是存在必然的联系。但是，就是这样看似如山的铁证依然不足以判定烟草公司有罪，因为他们认为吸烟和肺癌没有因果关系。烟草公司可以找出很多理由来辩解，比如说一些人之所以要吸烟，是因为身体里有某部分基因缺陷或者身体缺乏某种物质；而导致肺癌的是这种基因缺陷或者缺乏某种物质，而非烟草中的某些物质。从法律上讲，烟草公司的解释很站得住脚，美国的法庭又是采用无罪推定原则，因此单纯靠发病率高这一点是无法判定烟草公司有罪的。这就导致了在历史上很长一段时间里，美国各个州政府的检察官在对烟草公司提起诉讼后，双方经过很长时间的法庭调查和交锋，最后结果都是不了了之。其根本原因是提起诉讼的一方（州检察官和受害人）拿不出足够充分的证据，而烟草公司又有足够的钱请到很好的律师为他们进行辩护。

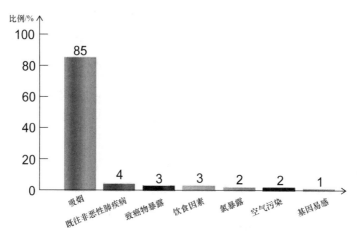

图 3-3　易导致肺癌的危险因素

这种情况直到 20 世纪 90 年代中期美国历史上的那次世纪大诉讼才得到改变。1994 年，密西西比州的总检察长麦克·摩尔又一次提起了对菲利普·莫里斯等烟草公司的集体诉讼。随后，美国 40 多个州加入了这场有史以来最大的诉讼行动。在诉讼开始以前，双方都清楚官司的胜负其实取决于各州的检察官们能否收集到让人信服的证据来证明是吸烟而不是其他原因导致了很多疾病（比如肺癌）更高的发病率。

我们在前面讲了，单纯讲吸烟者比不吸烟者肺癌的发病率高是没有用的，因为得肺癌可能是由其他更直接的因素引起的。要说明吸烟的危害，最好能找到吸烟和得病的因果关系，但是这件事情短时间内又做不到。因此，诉讼方只能退而求其次，他们必须能够提供在（烟草公司所说的）其他因素都被排除的情况下，吸烟者发病的比例依然比不吸烟者要高很多的证据。这件事做起来远比想象的困难。虽然当时全世界的人口多达 60 亿，吸烟者的人数也很多，得各种与吸烟有关疾病的人也不少。但是在以移民为主的美国，尤其是大城市里，人们彼此之间基因的差异相对较大，生活习惯和收入也千差万别，即使调查了大量吸烟和不吸烟的样本，能够进行比对的、各方面条件都很相似的样本并不多。不过在 20 世纪 90 年代的那次世纪大诉讼中，各州的检察长下定决心要打赢官司，而不再是不了了之。为此他们聘请了包括约翰斯·霍普金斯大学在内的很多大学的顶级专家作为诉讼方的顾问，其中既包括医学家，也包括公共卫生专家。这些专家们为了收集证据，派出工作人员到世界各地，尤其是第三世界国家的农村地区去收集对比数据。在这样的地区，由于族群相对单一（可以排除基因等先天的因素），收入和生活习惯相差较小（可以排除后天的因素），有可能找到足够多的可对比的样本来说明吸烟的危害。

各州检察官们和专家们经过 3 年多的努力，最终让烟草公司低头了。1997 年，烟草公司和各州达成和解，同意赔偿 3655 亿美元。在这场历史性胜利的背后，靠的并非检察官们找到了吸烟对人体有害的因果关系的证据，而依然是采用了统计上强相关性的证据，只是这一次的证据能够让陪审团和法官信服。在这场马拉松式的诉讼过程中，其实人们的思维方式已经从接受因果关系转到接受强相关性上来了。

如果在法律上都能够被作为证据接受，那么把相关性的结果应用到其他领域更是顺理成章的事情。

5. 基于大数据的药品研发

通过因果分析找到答案，进而研制出治疗某种疾病的药物，是传统的药物研制方式。青霉素的发明过程就非常具有代表性。在 19 世纪中期，匈牙利产科医师塞梅尔魏斯·伊格纳兹·菲利普、法国微生物学家路易斯·巴斯德等人发现细菌会导致很多疾病，因此人们很容易想到杀死细菌就能治好疾病，这就是因果关系。不过，后来英国细菌学家、生物化学家、微生物学家亚历山大·弗莱明等人发现，把消毒剂涂抹在伤员伤口上并不管用，得寻找能够从人体内杀菌的物质。最终在 1928 年，弗莱明发现了青霉素，但是他不知道青霉素杀菌的原理。而牛津大学的科学家恩斯特·伯利斯·柴恩和爱德华·亚伯拉罕发现是青霉素中的一种物质——青霉烷——能够破坏细菌的细胞壁，才算搞清楚青霉素有效的原因，青霉素治疗疾病的因果关系才算完全找到，这时已经是 1943 年，离塞梅尔魏斯发现细菌致病已经过去了近一个世纪。两年之后，英国女科学家多罗西·克劳福特·霍奇金搞清楚了青霉烷的分子结构，并因此获得了诺贝尔奖。到了 1957 年，终于可以人工合成青霉素了。当然，搞清楚青霉烷的分子结构有利于人类通过改进它来发明新的抗生素，亚伯拉罕就因此而发明了头孢类抗生素。

在整个青霉素的发现和其他抗生素的发明过程中，人类不断地分析原因，然后寻找答案（结果）。当然，通过这种因果关系找到的答案非常让人信服。

其他新药的研制过程和青霉素很类似，科学家们通常需要分析疾病产生的原因，寻找能够消除这些"原因"的物质，然后合成新药。这是一个非常漫长的过程，而且费用非常高。七八年前，研制一种处方药需要花费 10 年以上的时间，投入 10 亿美元的科研经费，如今，时间和费用成本都进一步提高。一些专家，比如斯坦福大学医学院院长劳埃德·迈纳教授估计研制一种处方药需要 20 年的时间和 20 亿美元的投入。这也就不奇怪为什么有效的新药价格都非常昂贵，因为如果不能在专利有效期内赚回 20 亿美元的成本，就不可能有公司愿意投资研制新药。

按照因果关系，研制一种新药需要如此长的时间、如此高的成本，这显然不是患者可以等待和负担的，也不是医生、科学家、制药公司想要的。但是过去没有办法，大家只能这么做。

如今，有了大数据，寻找特效药的方法就和过去有所不同了。美国一共只有 5000 多种处方药，人类会得的疾病大约有一万种。如果将每一种药和每一种疾病进行配对，就会发现一些意外的惊喜。比如斯坦福大学医学院发现，原来用于治疗心脏病的某种药物对治疗某种胃病特别有效。当然，为了证实这一点需要做相应的临床试验，但是通过这样的方式找到治疗胃病的药只需要花费

3 年时间，成本也只有 1 亿美元。这种方法实际上依靠的并非因果关系，而是一种强相关性，即 A 药对 B 病有效。至于为什么有效，接下来 3 年的研究工作实际上就是在反过来寻找原因。这种先有结果再反推原因的做法和过去通过因果关系推导出结果的做法截然相反。无疑，这样的做法会比较快，当然前提是有足够多的数据支持。

6. 基于大数据的 Google 广告

下面介绍一个 Google 广告的例子，它告诉我们 Google 是怎么利用数据提升广告效果的。Google 的关键词广告系统 AdWords 不仅是世界上最赚钱的产品，对广告商来说也是广告效果最好的平台。Google 是怎么兼顾自己和广告商的利益的呢？它巧妙地利用数据来形成双赢甚至多赢的格局，做法是收集大量的数据然后利用这些数据。比如说它掌握了广告被点击的数据，那么它在展示广告的时候，如果一个广告很少被点击，Google 就会尽量少地展示这个广告。带来的结果是什么？对广告商来说省钱了，因为我们不用花钱在无用的广告上面；对 Google 来说，不展示这些广告那就可以把有限而宝贵的搜索流量留给那些可能被点击的广告，从而增加自己的收入；对用户来说，我们也不会看到自己不想看并且跟自己没关系的广告，从而提升了用户的体验。这就是用数据来获得智能。

7. 搜索引擎点击模型

各个搜索引擎都有一个度量用户点击数据和搜索结果相关性的模型，通常被称为点击模型。随着数据量的积累，点击模型对搜索结果排名的预测越来越准确，它的重要性也越来越凸显。今天，点击模型在搜索排序中占 70%～80%的权重，也就是说搜索算法中其他所有的因素加起来都不如它重要。换句话说，在今天的搜索引擎中，因果关系已经没有数据的相关性重要了。

当然，点击模型的准确性取决于数据量的大小。对于常见的搜索，比如"虚拟现实"，积累足够多的用户点击数据并不需要太长的时间。但是，对于那些不太常见的搜索（通常也被称为长尾搜索），比如"毕加索早期作品介绍"，需要很长的时间才能收集到足够多的数据来训练模型。一个搜索引擎使用的时间越长，数据积累就越充分，对于这些长尾搜索就做得越准确。Microsoft 的搜索引擎在很长的时间里敌不过 Google 的主要原因并不在算法本身，而是因为缺乏数据。同样的道理，在中国，搜狗等小规模的搜索引擎相对百度最大的劣势也在数据量上。

当整个搜索行业都意识到点击数据的重要性后，这个市场的竞争就从技术竞争变成了数据竞争。这时，各公司的商业策略和产品策略都围绕着获取数据、建立相关性而开展。后进入搜索市场的公司要想不坐以待毙，唯一的办法就是快速获得数据。

比如 Microsoft 通过接手雅虎的搜索业务，将必应的搜索量从原来 Google（Microsoft 和 Google 的搜索引擎标志见图 3-4）的 10%左右陡然提升到 Google 的 20%～30%，点击模型准确了许多，搜索质量迅速提高。但是做到这一点还是不够的，因此一些公司想出了更激进的办法，通过搜索条（Toolbar）、浏览器甚至输入法来收集用户的点击行为。这种办法的好处在于它不仅可以收集到用户使用该公司搜索引擎本身的点击数据，而且能收集用户使用其他搜索引擎的数据，比如 Microsoft 通过浏览器收集用户使用 Google 搜索时的点击情况。

必应bing　Google

Microsoft　　　　　　　　　　　Google

图 3-4　Microsoft 和 Google 的搜索引擎标志

这样一来，如果一家公司能够在浏览器市场占据很大的份额，即使它的搜索量很小，也能收集大量的数据。有了这些数据，尤其是用户在更好的搜索引擎上的点击数据，搜索引擎公司就可以快速改进长尾搜索的质量。当然，也有人诟病必应的这种做法是抄袭 Google 的搜索结果。其实它并没有直接抄，而是用 Google 的数据改进自己的点击模型。这种事情在中国市场上也是一样，因此，搜索质量的竞争就成了浏览器或者其他客户端软件市场占有率的竞争。虽然在外人看来这些互联网公司竞争的是技术，但更准确地讲它们竞争的是数据。

8. 迪士尼乐园的 MagicBand 手环

美国迪士尼公司投资 10 亿美元进行线下顾客跟踪和数据采集，开发出迪士尼乐园 MagicBand 手环，如图 3-5 所示。表面上看，MagicBand 就像用户已经习惯佩戴的普通健康追踪器。实质上，MagicBand 是由一排射频识别芯片和无线电频率发射器来发射信号的，信号可全方位覆盖 40in（1219.2cm）范围，就像

图 3-5　迪士尼乐园的 MagicBand 手环

无线电话一样。游客在入园时佩戴上带有位置采集功能的手环，园方可以通过定位系统了解不同区域游客的分布情况，并将这一信息告诉游客，方便游客选择最佳游玩路线。此外，用户还可以使用移动订餐功能，通过手环的定位，送餐人员能够将快餐快速送到用户手中。这样利用大数据不仅提升了用户体验，也有助于疏导园内的人流。而采集得到的顾客数据可以用于精准营销。这是一切皆可测的例子，线下活动也可以被测量。

9. 大数据的简单算法比小数据的复杂算法更有效

大数据在多大程度上优于算法这个问题，在自然语言处理上表现得很明显（这是关于计算机如何学习和领悟我们在日常生活中使用语言的学科方向）。2000 年，微软研究中心的米歇尔·班科和埃里克·比尔一直在寻求改进 Word 程序中语法检查的方法。但是他们不能确定努力改进现有的算法、研发新的方法还是添加更加细腻精致的特点哪一种更有效。所以，在实施这些措施之前，他们决定在现有的算法中添加更多的数据，看看会有什么变化。很多对计算机学习算法的研究都建立在百万字左右的语料库基础上。最后，他们决定在 4 种常见的算法中逐渐添加数据，先是 1000 万条，再到 1 亿条，最后到 10 亿条。

结果有点令人吃惊。他们发现，随着数据的增多，4 种算法的表现都大幅提升了。当数据只

有 500 万的时候，有一种简单的算法表现得很差；但数据达 10 亿的时候，它变成了表现最好的，准确率从原来的 75% 提高到了 95% 以上。与之相反，在少量数据情况下运行得最好的算法，当加入更多的数据时也会像其他的算法一样有所提高，却变成了在大量数据条件下运行得最不好的算法，准确率从 86% 提高到了 94%。

后来，班科和比尔在他们发表的研究论文中写道："如此一来，我们得重新衡量一下，更多的人力、物力是应该消耗在算法发展上，还是在语料库发展上。"

所以，数据多比少好，更多数据比算法系统更智能还要重要。因此，大数据的简单算法比小数据的复杂算法更有效。

10. Google 翻译

2006 年，Google 公司开始涉足机器翻译。这被当作实现"收集全世界的数据资源，并让人人都可享受这些资源"这个目标的一个步骤。Google 翻译开始利用一个更大更繁杂的数据库，也就是全球的互联网，而不再只利用两种语言之间的文本翻译。Google 翻译系统为了训练计算机，会吸收它能找到的所有翻译。它会从各种各样语言的公司网站上去寻找联合国和欧洲委员会这些国际组织发布的官方文件和报告的译本。它甚至会吸收速读项目中的书籍翻译。Google 的翻译系统不会像 Candide 一样只是仔细地翻译 300 万句话，它会掌握用不同语言翻译的质量参差不齐的数十亿页文档。不考虑翻译质量的话，上万亿的语料库就相当于 950 亿句英语。尽管其输入源很混乱，但较其他翻译系统而言，Google 的翻译质量相对而言还是最好的，而且可翻译的内容更多。到 2012 年年中，Google 数据库涵盖了 60 多种语言，甚至能够接受 14 种语言的语音输入，并有很流利的对等翻译。之所以能做到这些，是因为它将语言视为能够判别可能性的数据，而不是语言本身。

Google 的翻译之所以更好，并不是因为它拥有一个更好的算法机制，而是因为 Google 翻译增加了各种各样的数据。从 Google 的例子来看，它之所以能获得更好的翻译效果，是因为它接受了有错误的数据，不再只接受精确的数据。2006 年，Google 发布的上万亿的语料库就是来自互联网的一些"废弃内容"。这就是训练集，可以正确地推算出英语词汇搭配在一起的可能性。

20 世纪 60 年代，拥有百万英语单词的语料库——布朗语料库，算得上机器翻译领域的开创者，而如今 Google 的这个语料库则是一个质的突破，它使用庞大的数据库，使自然语言处理这一方向取得了飞跃式的发展。从某种意义上来说，Google 的语料库是布朗语料库的一个退步。因为 Google 语料库的内容来自未经过滤的网页内容，所以会包含一些不完整的句子，一些含有拼写错误、语法错误以及其他各种错误的句子。况且，它也没有详细的人工纠错后的注解。但是，Google 语料库的规模是布朗语料库的好几百万倍，这样的优势几乎完全压倒了缺点，所以才获得了更好的翻译效果。

11. 基于大模型、大数据和大算力的 ChatGPT

ChatGPT 是美国 OpenAI 研发的聊天机器人程序，于 2022 年 11 月 30 日发布。ChatGPT 是人工智能技术驱动的自然语言处理工具，它能够通过理解和学习人类的语言来进行对话，还能根据聊天的上下文进行互动，真正像人类一样来聊天交流，甚至能完成撰写邮件、视频脚本、文案以及写代码、写论文翻译等任务。ChatGPT 是一个靠大算力、高成本用大规模的数据"喂"出来的 AI 模型。在算法层面，ChatGPT 的基础是世界上最强大的 LLM（Large Language Models，大语言模型）之一——GPT-4，同时引入了基于人类反馈的强化学习方法，提高了对话的质量。AI 的训练和使用也需要强大的算力支持。ChatGPT 的训练是在微软云上进行的，在全球云计算市场，微软云的市场份额排名第二。高水平、高市场份额再加上芯片技术的高速发展，都为 ChatGPT 的横空出世奠定了坚实的算力基础。除了算法和算力，AI 大模型的进步迭代需要大量的数据进行训练，通常需要万亿级别的语料，ChatGPT 的训练语料含有约 3000 亿个词元，其中 60% 来自 2016—2019 年的 Common Crawl 数据集，22% 来自 Reddit 链接，16% 来自各种书籍，3% 来自维基百科。2023 年发布的 GPT-4，其训练参数量已经达到了惊人的 1.6 万亿个，大量的数据被反复"喂"给 ChatGPT。

3.3　大数据伦理

大数据不仅大大扩展了信息量，改变了社会，也深刻改变了人们的思维方式和行为。但是也应看到，技术是把双刃剑，大数据一方面为人们的生活提供了诸多便利和无限可能，另一方面大数据在产生、存储、传播和使用过程中，可能引发伦理失范问题。因此，在当今的大数据时代，新技术在发挥巨大能量的同时，也带来了负面效应，比如个人信息被无形滥用、生活隐私被窥探利用以及信息垄断挑战公平等，由此引发的社会问题层出不穷，影响日趋增大，对当代社会秩序与人伦规范形成了严重冲击。我们必须高度重视这些新的伦理问题，并积极寻找行之有效的方案对策，努力引导技术为人类更好地谋福祉。

本节首先介绍大数据伦理的概念，然后给出大数据伦理的典型案例，最后指出大数据的伦理问题。

3.3.1　大数据伦理的概念

在西方文化中，伦理一词可追溯到希腊文 ethos，该词具有风俗、习性、品性等含义。在中国文化中，伦理一词最早出现于《乐纪·乐本》："乐者，通伦理者也。"我国古代思想家们都对伦理学十分重视，三纲五常就是基于伦理学产生的。最开始对伦理学的应用主要体现在对家庭长幼辈分的界定，后又延伸至社会关系的界定。

伦理与道德的概念不同。哲学家认为伦理是规则和道理，即人作为总体，在社会中的一般行为规则和行事原则，强调人与人之间、人与社会之间的关系；而道德是指人格修养、个人道德和行为规范、社会道德，即人作为个体在自身精神世界中的心理活动准绳，强调人与自然、人与自我、人与内心的关系。道德的内涵包含了伦理的内涵，伦理是个人道德意识的外延和对外行为表现。伦理是客观法，具有律他性，道德则是主观法，具有律己性；伦理要求人们的行为基本符合社会规范，道德则是对人们行为境界的描述；伦理义务对社会成员的道德约束具有双向性、相互性特征。

这里所讨论的伦理是指一系列指导行为的观念，是从概念角度上对道德现象的哲学思考。它不仅包含人与人、人与社会和人与自然之间关系处理中的行为规范，而且蕴涵着依照一定原则来规范行为的深刻道理。现代伦理已然不再是简单的对传统道德法则的本质功能体现，它已经延伸至不同的领域，因而也愈发具有针对性，引申出了环境伦理、科技伦理等不同层面的内容。

科技伦理是指科学技术创新与运用活动中的道德标准和行为准则，是一种观念与概念上的道德哲学思考。它规定了科学技术共同体应遵守的价值观、行为规范和社会责任范畴。人类科学技术的不断进步带来了一些新的科技伦理问题，因此，只有不断丰富科技伦理这一基本概念的内涵，才能有效应对和处理新的伦理问题，提高科学技术行为的合法性和正当性，确保科学技术能够真正做到为人类谋福祉。

这里的大数据伦理问题就属于科技伦理的范畴，指的是由于大数据技术的产生和使用而引发的社会问题，是集体和人与人之间关系的行为准则问题。作为一种新的技术，大数据技术像其他所有技术一样，其本身是无所谓好坏的，而它的善与恶全然在于大数据技术的使用者，在于其想要通过大数据技术达到的目的。一般而言，使用大数据技术的个人、公司都有着不同的目的和动机，由此导致大数据技术的应用产生积极影响和消极影响。

3.3.2　大数据伦理的典型案例

下面介绍一些大数据伦理问题的典型案例，包括某网撞库事件、大数据杀熟、隐性偏差问题、信息茧房问题、人脸数据滥用和大数据算法歧视问题。

1. 某网撞库事件

所谓撞库，是指黑客通过收集互联网已泄露的用户名和密码信息生成对应的字典表，尝试批量登录其他网站后得到一系列可以登录的账号。很多用户在不同网站使用的是相同的账号，因此黑客可以通过用户在 A 网站的账户尝试登录 B 网站，这就可以理解为撞库攻击。也就是说，撞库简单的理解就是黑客"凑巧"获取到了一些用户的数据（用户名和密码），再将这些数据应用到其他网站的登录系统中。

某年，某票务网站因账号信息被窃取，间接导致全国多地用户受骗。不法分子冒充某网工作人员，以误操作、解绑为由诱导某网用户进行银行卡操作，骗取用户资金。据报道，在这次事件中，造成经济损失的用户为 39 人，总金额达 147 万元。

2. 大数据杀熟

2018 年 2 月 28 日，《科技日报》报道了一位网友自述被大数据杀熟的经历。据了解，他经常通过某旅行服务网站订一个出差常住的酒店，长年价格在 380～400 元。偶然一次，他通过前台了解到淡季的价格在 300 元上下。他用朋友的账号查询后发现果然是 300 元，但用自己的账号去查，还是 380 元。

从此，"大数据杀熟"这个词正式进入社会公众的视野。所谓的大数据杀熟，是指同样的商品或服务，老客户看到的价格反而比新客户要贵出许多。实际上，这一现象已经持续多年。有数据显示，国外一些网站早就有之。在我国，有媒体对 2008 名受访者进行的一项调查显示，51.3%的受访者遇到过互联网企业利用大数据杀熟的情况。调查发现，在机票、酒店、电影、电商、出行等多个价格有波动的平台都存在类似情况，且在线旅游平台较为普遍。

大数据杀熟总是处于隐蔽状态，多数消费者是在不知情的情况下被溢价了。大数据杀熟实际上是对特定消费者的价格歧视。与其称这种现象为杀熟，不如说是杀对价格不敏感的人。而是谁帮企业找到那些对价格不敏感的人群呢？是大数据。

3. 隐性偏差问题

大数据时代，不可避免地会出现隐性偏差问题。美国波士顿市政府曾推出一款手机 App，鼓励市民通过 App 向政府报告路面坑洼情况，借此加快路面维修进展。但该款 App 却因为老年人使用智能手机的比率偏低，导致政府收集到的数据多为年轻人反馈数据，所以导致老年人步行受阻的一些小型坑洼长期得不到及时处理。

很显然，在这个例子中，具备智能手机使用能力的群体相对于不会使用智能手机的群体而言具有明显的比较优势，他们可以及时把自己群体的诉求表达出来，获得关注和解决，而后者的诉求则无法及时得到响应。

4. 信息茧房问题

日常生活中的很多决策都需要我们综合多方面的信息去做判断。如果对世界的认识存在偏差，做出的决策肯定会有错误。也就是说，如果我们只是看某一方面的信息，对另一方面的信息视而不见，或者永远怀着怀疑、批判的眼光去看与自己观点不同的信息，那么，我们就有可能做出偏颇的决策。

现在的互联网，基于大数据和人工智能的推荐应用越来越多，越来越深入。每一个应用软件的背后几乎都有一个庞大的团队，时时刻刻在研究我们的兴趣爱好，然后推荐我们喜欢的信息来迎合我们的需求。久而久之，我们一直被"喂食着"经过智能化筛选后的信息，就会导致我们被封闭在一个信息茧房里面，看不见外面丰富多彩的世界。

我们日常生活中使用的一些手机 App 就是典型的代表。例如某信息 App 是一款基于数据挖掘的推荐引擎产品，它为用户推荐有价值的、个性化的信息，提供连接人与信息的新型服务。该信息 App 的本质是依靠数据挖掘提供个性化、有价值的信息。用户在该信息 App 产生阅读记录以后，该信息 App 就会根据用户的喜好不断推荐用户喜欢的内容供用户观看，对用户不喜欢的内容进行高效的屏蔽，用户永远看不到他不感兴趣的内容。于是，在该信息 App 中，我们的视野就永远被局限在一个非常狭小的范围内，我们关注的那一方面内容就成了一个信息茧房，把我们严严实实地包裹在里面，对于外面的一切，我们一无所知。时间一长，该信息 App 不仅在取悦用户，同时也在"驯化"用户。起初用户是主人，到了后来就变成了"奴隶"。

实际上，在 2016 年的美国总统大选中，很多美国人就尝到了信息茧房的苦果。当时，在选举结果揭晓之前，美国东部的教授、学生、金融界人士和西部的演艺界、互联网界、科技界人士，基本上都认为希拉里稳赢，在他们看来，特朗普没有任何胜算。希拉里的拥趸们早早就准备好了庆祝希拉里获胜的庆典和物品，就等着投票结果出来。教授和学生们在教室里集体观看电视直播，等着最后的狂欢。但是，选举结果却完全出乎这些东西部精英们的意料，因为特朗普最终胜出当选了总统。他们无论如何也无法搞懂，根据他们平时所接触到的信息来判断，几乎身边的所有人都喜欢希拉里，为什么赢的却是特朗普呢？这个问题的答案就在于，这些精英们被关在了一个信息茧房里，因为他们喜欢希拉里，所以各种网络应用都会为他们推荐各种各样支持希拉里的文章，自动屏蔽那些支持特朗普的文章。他们全都坚定地认为大部分人都支持希拉里，只有极少数人会支持特朗普。可是，事实的真相完全不是这样。根据美国总统大选期间的统计数字，特朗普的支持者数量远远超过这些东西部精英们的想象，只不过这些精英们生活在一个信息茧房中，看不见特朗普支持者的存在。比如，有一篇名为《我为什么要投票给特朗普》的文章在网络上被分享超过150万次，可是很多东西部精英们居然没有听说过这篇文章。所以，生活在大数据时代，我们一定要高度警惕不要让自己落入信息茧房之中，不要让自己成为井底之蛙，否则永远只会看到自己头顶的一片天空。

5. 人脸数据滥用

当前，我国的人脸识别技术正在迅猛发展。据测算，近几年我国人脸识别的市场规模以年均50%的速度增长。然而，人脸具有独特性、直接识别性、方便性、不可更改性、变化性、易采集性、不可匿名性、多维性等特征，这就决定了人脸识别技术具有特殊性和复杂性。人脸信息一旦被非法窃用，无法更改或替换，极可能引发科技伦理、公共安全和法律等众多方面的风险，危及公众人身与财产安全。2021年，央视"3·15"晚会的第一弹就剑指人脸识别被商家滥用。央视调查报道中发现，滥用人脸识别、标注线下门店顾客、帮助零售企业进行客户管理已经成为庞大的生态。每个人的生物隐私信息被滥用，堪比十年前手机号被贩卖的乱象。"3·15"晚会暴露出触目惊心的隐私失序，有些大品牌在零售店中安装了连接人脸识别与客户关系管理（Customer Relationship Management，CRM）软件的客户管理体系，能够对进店用户打上标签并进行精准识别，而在这一过程中根本没有征得用户的同意。

为了应对日益突出的人脸数据被滥用的问题，国家相关部门也出台了配套的法律。2021年7月28日，最高人民法院召开新闻发布会，发布了《最高人民法院关于审理使用人脸识别技术处理个人信息相关民事案件适用法律若干问题的规定》，对人脸数据提供了司法保护，其中明确规定人脸信息属于敏感个人信息中的生物识别信息，对人脸信息的采集、使用必须依法征得个人同意。在告知同意上有必要设定较高标准，以确保个人在充分知情的前提下，合理考虑对自己权益的后果而作出同意。2021年11月1日起施行的《中华人民共和国个人信息保护法》也针对滥用人脸识别技术做出了明确规定，在公共场所安装图像采集、个人身份识别设备应设置显著的提示标识，所收集的个人图像、身份识别信息只能用于维护公共安全的目的。

6. 大数据算法歧视问题

随着数据挖掘算法的广泛应用，还出现了另一个突出的问题，即算法输出结果可能具有不公正性，甚至歧视性。2018年，某电子竞技俱乐部夺冠的喜讯让互联网沸腾。该战队老板随即在某社交平台抽奖，随机抽取113位用户，给每人发放1万元现金作为奖励。可是抽奖结果令人惊奇，获奖名单包含 112 位女性获奖者和 1 名男性获奖者，女性获奖者数量是男性的 112 倍。然而，官方数据显示，在本次抽奖中，所有参与用户的男女比例是 1∶1.2，性别比并不存在悬殊差异。于是，不少网友开始质疑该社交平台的抽奖算法，甚至有用户主动测试抽奖算法，设置获奖人数大于参与人数，发现依然有大量用户无法获奖。这些无法获奖的用户很有可能已经被抽奖算法判断为机器人，在未来的任何抽奖活动中都可能没有中奖机会，因而引起网友们纷纷测算自己是否为垃圾用户。该社交平台算法事件一时间闹得满城风雨。其实，这并非人们第一次质疑算法背后的公正性。近几年，众多科技公司的算法都被检测出带有歧视性。比如，在搜索平台中，男性会比女性有更多的机会看到高薪招聘信息，某公司的人工智能聊天机器人出乎意料地被"教"成了一个集性别歧视、种族歧视等于一身的"不良少女"……这些事件都曾引发人们的广泛关注。

3.3.3 大数据的伦理问题

大数据的伦理问题主要包括隐私泄露问题、数据安全问题、数字鸿沟问题、数据独裁问题、数据垄断问题、数据的真实可靠问题、人的主体地位问题等。

1. 隐私泄露问题

隐私伦理是指人们在社会环境中处理各种隐私问题的原则和规范的、系统化的道德思考。在对隐私的伦理辩护上，中西方是有所差异的。西方学者从功利论、义务论和德性论 3 种不同的伦理学说中寻求理论支撑，中国则强调隐私问题实质上是个人权利问题。但由于中国历史上偏重于整体利益的文化传统的深远影响，个人权利往往在某种程度上被边缘化甚至被忽视。

大数据时代是一个技术、信息、网络交互运作发展的时代，在现实与虚拟世界的二元转换过程中，不同的伦理感知使隐私伦理的维护处于尴尬的境地。大数据时代下的隐私与传统隐私的最大区别在于隐私的数据化，即隐私主要以个人数据的形式出现。且在大数据时代，个人数据随时随地可被收集，它的有效保护面临着巨大的挑战。

进入大数据时代，就进入了一张巨大且隐形的监控网中，我们时刻都处于"第三只眼"的监视之下，并留下一条永远存在的数据足迹。利用现代智能技术，可以在无人的状态下每天 24 小时全自动、全覆盖地全程监控人们的一举一动。在大数据时代，我们的一切都被智能设备时时刻刻紧盯着、跟踪着。出行，上网，走过的每一寸土地，打开的每一个网页，都留下了你的痕迹，让人真正感受到被天罗地网所包围，一切思想和行为都暴露在"第三只眼"的眼皮底下。令人震惊的美国"棱镜门"事件是最典型的"第三只眼"的代表。美国政府利用其先进的信息技术对诸多国家的首脑、政府官员和个人进行了监控，收集了包罗万象的海量数据，并从这些海量数据中挖掘出其所需要的各种信息。

大数据监控具有以下特点：一是具有隐蔽性。部署在各个角落的摄像头、传感器以及其他智能设备时时刻刻都在自动跟踪采集人类的活动数据，完全实现了没有监控者在场即可完成监控行为，所有的数据都被自动记录，自动传输给数据使用者。这种监控的隐蔽性使被监控人毫无察觉，这样就使公众降低了对监控的一般防备心理和抵触心理。二是全局性。各种智能设备不间断地采集人们的活动数据，这与以往的人为监视有着本质区别。

除了被这些设计好的智能设备采集数据，人们在日常生活中，也会无意中留下很多不同的数据。例如，我们每天使用网络搜索引擎（百度和 Google 等）查找信息，只要输入了搜索关键词，搜索引擎就会记录下我们的搜索痕迹，并被永久保存。一旦搜索引擎收集了某个用户输入的足够数量的搜索关键词之后，搜索引擎就可以精确地刻画出该用户的数字肖像，从中了解该用户的个人真实情况、政治面貌、健康状况、工作性质、业余爱好等，而且完全可以通过大量的搜索关键词来识别出用户的真实身份，或者分析判定用户到底是一个什么样的人。再如，在购物平台购物时，我们做出的每一次鼠标点击动作都会被网站记录，而这些数据会被用来评测我们的个人喜好，从而为我们推荐可能感兴趣的其他商品，为企业带来更多的商业价值。我们在社交平台发布的每条信息和聊天记录都会被永久保存下来。这些数据有些是被系统强行记录的，有些是我们自己主动留下的。

在大数据时代，社会中的每一个公民都处在这样一种大数据的全景监控之下，无论是否有所察觉，个体的隐私都将无所遁形。上述这些被记录的人类行为的数据可以被视为个人的数据痕迹。大数据时代的数据痕迹和传统的物理痕迹有着很大的区别。传统的物理痕迹，比如雕像、石刻、录音带、绘画等，都可以被物理消除，彻底从这个世界上消失。但是，数据痕迹往往永远无法彻底消除，会被永久保留记录。而这些关于个人的数据痕迹很容易被滥用，导致个人隐私泄露，给个人带来无法挽回的损失甚至伤害。

这些直接被采集的数据已经涉及个人的很多隐私。此外，针对这些数据的二次使用，还会给个体造成更多的隐私被侵犯问题。首先，通过数据挖掘技术可以从数据中发现更多隐含的价值信息。这种对大数据的二次利用消解了在积极隐私中个体对个人信息数据的控制能力，从而产生了新的隐私问题。其次，通过数据预测可以预测个体未来的隐私。马克尔·杜甘在《赤裸裸的人——大数据，隐私和窥探》一书中提到，未来利用大数据分析技术能够预测个体未来的健康状况、信用偿还能力等个体隐私数据。这些个体隐私数据对于一些商业机构制定差异化销售策略很有帮助。比如，保险机构可以根据个体的身体情况及其未来患有重大疾病的概率信息来调整保险方案，甚至决定是否为个体提供保险服务；金融机构则能通过分析个体偿还能力来决定为其提供贷款的额度；国家安全部门甚至能够利用大数据预测出个体潜在的犯罪概率，从而对该类人群进行管控。可以说，我们在欢呼大数据带来各种便利的同时，也能深刻体会到各种危机的存在，让我们感受最为直接而深刻的就是隐私受到了难以想象的威胁。大数据时代的到来为隐私的泄露打开了方便之门，美国迈阿密大学法学院教授迈克尔·鲁姆金在《隐私的消逝》一文中这样说道："你根本没隐私，隐私已经死亡。"

康德哲学认为，当个体隐私得不到尊重的时候，个体的自由就将受到迫害。而人类的自由意志与尊严是人类个体的基本道德权利，因此，大数据时代对隐私的侵犯，也是对基本人权的侵犯。

2. 数据安全问题

个人所产生的数据包括主动产生的数据和被动留下的数据，其删除权、存储权、使用权、知情权等本属于个人可以自主行驶的权利，但在很多情况下难以得到保障。一些信息技术本身就存在安全漏洞，可能导致数据泄露、伪造、失真等问题，影响数据安全。

在数据安全上，不论是打车应用 Uber，还是美国信用服务公司 Equifax，都曾爆出用户数据遭到窃取的事件，给不少用户造成了难以挽回的损失。此外，智能手机是当今泄露用户数据的重要途径。现在很多 App 都在暗地里收集用户信息。不管是用户存储在手机中的文字信息和图片，还是短信记录（内容）、通话记录（内容），都可以被监控和监听。手机里安装的 App 越多，数据安全风险就越高。

随着物联网的发展，各种各样的智能家电和高科技电子产品都逐渐走进了我们的家庭生活，并且通过物联网实现了互联互通。比如，我们在办公室就可以远程操控家里的摄像头、空调、门锁、电饭煲等。这些物联网化的智能家居产品为我们的生活增添了很多乐趣，提供了各种便利，营造出了更加舒适温馨的生活氛围。但是，部分智能家居产品存在安全问题也是不争的事实，使用户的数据安全面临极大的风险，容易造成用户隐私的泄露。比如，部分网络摄像头产品被黑客攻破，黑客可以远程随意查看相关用户的网络摄像头的视频内容。

3. 数字鸿沟问题

数字鸿沟（Digital Divide）是 1995 年美国国家电信和信息管理局（National Telecommunications and Information Administration，NTIA）发布的《被互联网遗忘的角落——一项关于美国城乡信息穷人的调查报告》最早提出的。数字鸿沟总是指向信息时代的不公平，尤其在信息基础设施、信息工具以及信息的获取与使用等领域，或者可以认为是信息时代的马太效应，即先进技术的成果不能被人公正分享，于是造成富者越富、穷者越穷的情况。

虽然大数据时代的到来给我们的生产、生活、学习与工作带来了颠覆性的变革，但是数字鸿沟并没有因为大数据技术的诞生而趋向弥合。一方面，大数据技术的基础设施并没有在全国范围内全面普及，更没有在世界范围内全面普及，往往是城市优于农村，经济发达地区优于经济欠发达地区，富国优于穷国。另一方面，即使在大数据技术设施比较完备的地方，也并不是所有的个体都能充分地掌握和运用大数据技术，个体之间也存在着严重的差异。

数字鸿沟正在不断地扩大，大数据技术让不同国家、不同地区、不同阶层的人们深深地感受到了不平等。2017 年年末的互联网普及率调查报告显示，加拿大的互联网普及率为 94.70%，而印度的互联网普及率为 28.30%，埃塞俄比亚的互联网普及率为 4.40%，尼日尔的互联网普及率为 2.40%，全球平均水平仅为 47%。大数据技术深刻依赖于底层的互联网技术，因此，互联网普及率的不均衡所带来的直接结果就是数据资源接受的不均衡，互联网普及率高的地方能够充分利用大数据资源来改善生产和生活，而普及率低的地方则无法做到这一点。在某种程度上，这也是一个国家能够富强的关键，特别是在大数据时代的今天。在我国，东中西部地区、城乡之间等都可以明显感受到数字鸿沟的存在。

数字鸿沟是一个涉及公平公正的问题。在大数据时代，每一个人原则上都可以由一连串的数字符号来表示。从某种程度上来说，数字化的存在就是人的存在。因此，数字信息对于人来说就成了一个非常重要的存在。每一个人都希望能够享受大数据技术所带来的福利，而不仅是某些国家、公司或者个人垄断大数据技术的相关福利。如果只有少部分人能够较好地占有并较完整地利用大数据信息，而另外一部分人却难以接受和利用大数据资源，就会造成数据占有的不公平。而数据占有的程度不同又会产生信息红利分配不公平等问题，加剧群体差异和社会矛盾。因此，必须思考解决数字鸿沟这一伦理问题，实现均衡而又充分的发展。

4. 数据独裁问题

所谓的数据独裁，是指在大数据时代，由于数据量的爆炸式增长，导致做出判断和选择的难度陡增，迫使人们必须完全依赖数据的预测和结论才能做出最终的决策。从某个角度来讲，就是让数据统治人类，使人类彻底走向唯数据主义。在大数据时代，在大数据技术的助力之下，人工智能获得了长足的发展，机器学习和数据挖掘的分析能力越来越强大，预测越来越精准。比如，电子商务领域通过挖掘个人数据给个体提供精准推荐服务，政府通过个人数据分析制定切合社会形势的公共卫生政策，医院借助医学大数据提供个性化医疗。对功利性的追求驱使人们越来越依赖数据来规范和指导"理智行为"，此时不再是主体想把自身塑造成什么样的人，而是客观的数据显示主体是什么样的人，并在此基础上来规范和设计。数据不仅成为衡量一切价值的标准，而且从根本上决定了人的认知和选择的范围，于是人的自主性开始丧失。更重要的是，这种方法把数学算法运用到海量的数据上来预测事情发生的可能性，是用计算机系统取代人类的判断决策，导致人被数据分析和算法完全量化，变成了数据人。但是，并不是任何领域都适用于通过数据来判断和得出结论。过度依赖相关性，盲目崇拜数据信息，而没有经过科学的、理性的思考，可能会带来巨大的损失。因此，唯数据主义的绝对化必然导致数据独裁。在这种数据主导人们思维的情况下，最终将导致人类思维被空心化，进而导致创新意识的丧失，还可能使人们丧失人的自主意识、反思和批判能力，最终沦为数据的奴隶。

5. 数据垄断问题

进入21世纪以后，我国的信息技术水平得到了快速的提升，因此在市场经济的发展过程中，数据成为可在市场中交易的财产。数据这一生产要素与其他生产要素具有很大区别，这使得因数据而产生的市场力量与传统市场力量也具有很大区别。比如，数据要发挥最大作用，必须越多越好。因此，企业掌握的数据量越多，越有利于发挥数据的作用，也越有利于最大化消费者福利和社会福利。同样，企业如果横跨多个领域，并将这些领域的数据打通，使数据在多个领域共享，那么数据的效用也将更大化发挥。这也是大型互联网公司能够不断进行生态化扩张的原因。从这个角度来说，企业掌握更多的数据对消费者和社会来说在效率上是有利的。但是有些企业为了获取更高的经济利益，故意不进行数据信息共享，而将所有的数据信息掌握在自己的手中，进行大数据的垄断。随着当前大数据信息资源利用率的不断提升，当前市场运行过程中开始出现越来越多的大数据垄断情形。这不仅会对市场的正常运行造成影响，还会导致信息资源的浪费。

因数据而产生的垄断问题至少包括以下几类：一是数据可能造成进入壁垒或扩张壁垒，二是拥有大数据形成市场支配地位并滥用，三是因数据产品而形成市场支配地位并滥用，四是涉及数据方面的垄断协议，五是数据资产的并购。

一旦大数据企业形成数据垄断，就会出现消费者在日常生活中被迫接受服务及提供个人信息的情况。比如，很多时候在使用一些软件之前，都有一条要选择同意提供个人信息的选项。如果不进行选择，就无法使用。这样的数据垄断行为也对用户的个人利益造成了损害。

6. 数据的真实可靠问题

如何防范数据失信或失真是大数据时代遭遇的基准层面的伦理挑战。比如，在基于大数据的精准医疗领域，建立在数字化人体基础上的医疗技术实践，其本身就预设了一条不可突破的道德底线——数据是真实可靠的。由于人体及其健康状态以数字化的形式被记录、存储和传播，因此形成了与实体人相对应的镜像人或数字人。失信或失真的数据导致被预设为可信的精准医疗变得不可信。例如，如果有人担心个人健康数据或基因数据对个人职业生涯和未来生活造成不利影响，当有条件采取隐瞒、不提供或提供虚假数据来欺骗数据系统时，这种情况就可能出现，进而导致电子病历、医疗信息系统以及个人健康档案的数据不准确。

7. 人的主体地位问题

当前，数据的采集、传输、存储和处理技术不断推陈出新。传感器、无线射频识别标签、摄像头等物联网设备及智能可穿戴设备等可以采集所有人或物关于运动、温度、声音等方面的数据，人与物都被转化为数据；智能芯片实现了数据采集与管理的智能化，一切事物都可映射为数据；网络自动记录和保存个人上网浏览、交流讨论、网上购物、视频点播等一切网上行为，形成个人活动的数据轨迹。在万物皆数据的环境下，人的主体地位受到了前所未有的冲击，因为人本身也可数据化。数据是实现资源高效配置的有效手段，人们根据数据运营一切，因此我们需要把一切事物都转化为可以被描述、注释、区别并量化的数据。正如舍恩伯格所说："只要一点想象，万千事物就能转化为数据形式，并一直带给我们惊喜。"整个世界，包括人在内，正在成为一大堆数据的集合，可以被测量和优化。于是在一切皆数据的条件下，人的主体地位逐渐消失。

实际上，每个人都是独立且独一无二的个体，都有仅属于自己的外在特征和内在精神世界，不同的场合有不同的身份，扮演不同的角色。我们从事什么职业、有什么生活习惯，都是我们自己生活的一部分，我们也许是变化莫测的，有着真正属于自己的、多样的生活方式。而在大数据环境中，个体被数字化。当我们想快速去了解一个人的时候，不是通过和他交流相处，而是直接通过数据信息直观了解他的个人信息，从而对他的身份情况、相貌特征单方面下了简单的字面定义，比如通过主体的网上购物信息、爱好、交通信息、消费水平等来定义主体的基本信息。这就导致他真实的内心世界无法被洞察，人格魅力被埋没。简而言之，在这种情形下，主体身份是大数据塑造的，是异化的。主体远离了自己本真的存在，被遮蔽而失去了自己的个性，失去了自由，就意味着被异化了。此外，通过大数据搜集到主体的基本信息以后，还可以有针对性地向主体推送广告。如果主体常收到类似有针对性的广告，这并不是巧合。长此以往，主体的生活选择被固化，对自己生活圈世界以外的事物一无所知，大数据把主体塑造成了一个固化的对象，缩小了主体的表征。这是一种对主体的不尊重、不公正，大大限制了主体在他人心中的具体形象，且影响主体的认知。总体而言，互联网的使用在悄悄地对人们的生活习惯和行为活动进行塑造，而人们对这种塑造所带来的伦理问题还没有充分的自觉。

3.4　数据共享

大数据可以是观察人类社会的显微镜、透视镜、望远镜，可以跟踪处理社会发展中不易被察觉的细节信息，可以通过数据融合拷问数据背后的本质信息，更可以为科学决策提供参考信息，而大数据发挥这些功能的前提是要有大量的数据。大海之浩瀚，在于汇集了千万条江河；大数据之大，在于众多小数据的汇聚。但是，出于各种各样的原因，在政府和企业中存在着大量的数据孤岛，不同部门之间的数据无法共通，形成数据断头路，导致数据无法汇聚，最终无法形成大数据的合力。

本节首先介绍数据孤岛问题，然后给出数据孤岛问题产生的原因和消除数据孤岛的重要意义，最后介绍实现数据共享所面临的挑战和推进数据共享开放的举措，并给出了相关的数据共享案例。

3.4.1　数据孤岛问题

随着大数据产业的发展，政府、企业和其他主体掌握着大量的数据资源，然而由于缺乏数据共享交换协同机制，数据孤岛问题逐渐显现。所谓数据孤岛，简单来说，就是在政府和企业里，各个部门各自存储数据，部门之间的数据无法共通，导致这些数据像一个个孤岛一样缺乏关联性，没有办法充分利用数据、发挥数据的最大价值。

1. 政府的数据孤岛问题

政府掌握着大量的数据资源，拥有其他社会主体不可比拟的数据资源优势。然而，目前一些地方数据共通、共享与共用还存在较大的障碍，数据孤岛现象较为普遍。由于各政府部门建设数据库所采用的技术、平台及网络标准不统一，导致政府职能部门之间难以实现数据对接与共享。

以某省2017年数据为例，经调研发现，截至2017年年底，全省87个省直部门有6988类数据资源、62332项信息项，居全国各省（区、市）首位。但是，各部门提出的共享需求仅3649类，省级编目共享仅477类，数据资源的应用、服务水平仍较低。大量数据资源毫无关联地沉淀在各部门的信息系统中，未进行统一开发利用，难以发挥利民惠民、支撑政府决策的作用，成为政府治理能力现代化建设中的短板。部门的数据平台建设存在各类系统条块分割以及纵向、横向重复建设的问题。纵向上各级垂直管理部门建设的政府信息系统形成数据烟囱，横向上部门间各业务条块自建系统形成数据孤岛，政府公共信息资源的存储彼此独立、管理分散。统计发现，该省有37个网络孤岛、44个机房孤岛和4000多类数据孤岛。这些数据的来源多，但缺少统一数据标准，各标准间存在差异与冲突，缺少兼容，整合治理成本偏高。再加上各部门协同性不够，阻碍了数据开放共享。

由此可以看出，作为政府最重要资产之一的政务数据，因为数据量太大、太散、难以有效融合等问题，严重影响了数据价值的发挥，大大浪费了各地政府部门在信息化系统建设方面的大量投入。

2. 企业的数据孤岛问题

当前，企业信息化建设突飞猛进，企业管理职能精细划分，信息系统围绕不同的管理阶段和管理职能展开，如客户管理系统、生产系统、销售系统、采购系统、订单系统、仓储系统和财务系统等，所有数据被封存在各系统中，让完整的业务链上孤岛林立，信息的共享、反馈难，数据孤岛问题是企业信息化建设中的最大难题。在企业内部如果数据不能互通共享，那么销售部门制定销售计划时不考虑车间的生产能力，车间生产不考虑市场的消化能力，采购部门也不依据车间的计划而自作主张盲目采购，市场部门不根据市场趋势盲目制定营销计划，研发部门不根据用户需求盲目设计产品。最后的结果只有一个，即造成库房库存大量积压或者造成严重的断货事故。在这种情况下，企业里面的各个部门就是一个个数据孤岛。

3.4.2　数据孤岛问题产生的原因

1. 政府数据孤岛的产生原因

政府数据无法共通、不能共享，原因是多方面的。有些政府部门错误地将数据资源等同于一般资源，热衷于搜集，但不愿共享；有些部门只盯着自己的数据服务系统，结果因为数据标准、系统接口等技术原因，无法与外单位、外部门共通；还有些地方对大数据缺乏顶层设计，导致各条线、各部门一直按照传统方式运作，缺乏技术和有效机制进行变通，数据无法流动。还有的情况是出于工作机密、商业机密的原因。

2. 企业数据孤岛的产生原因

企业数据孤岛包括两种类型，即企业之间的数据孤岛和企业内部的数据孤岛。不同企业属于不同的经营主体，有着各自的利益，彼此之间数据不共享，产生企业之间的数据孤岛，这种是比较普遍的情况。而企业内部往往也存在大量数据孤岛，这些数据孤岛的形成主要有两个方面的原因。

（1）以功能为标准的部门划分导致数据孤岛。企业各部门之间相对独立，数据各自保管存储，对数据的认知角度也截然不同，最终导致数据之间难以互通，形成孤岛。因此，集团化的企业更容易产生数据孤岛的现象。面对这种情况，企业需要采用制定数据规范、定义数据标准的方式，规范不同部门对数据的认知。

（2）不同类型、不同版本的信息化管理系统导致数据孤岛。在企业内部（见图 3-6），人事部门用 OA 系统，生产部门用 ERP 系统，销售部门用 CRM 系统，甚至一个人事部门使用一家考勤软件的同时使用另一家的报销软件，后果就是同一个企业的数据互通越来越难。

图 3-6　企业内部的数据孤岛

3.4.3　消除数据孤岛的重要意义

1. 对政府的意义

加强政府数据共享开放和大数据服务能力，促进跨领域、跨部门合作，推进数据信息交换，打破部门壁垒，遏制数据孤岛和重复建设，有助于提高行政效率，转变思维观念，推动传统的职能型政府转型为服务型智慧政府。政府数据共享的重要意义表现在以下两个方面。

（1）有助于提升资源利用率

共享开放政府部门的内部数据，可以消灭传统信息化平台建设中的数据孤岛问题。通过共享开放平台整合人口基础信息资源库、法人基础信息资源库、地理空间信息资源库、电子证照信息资源库 4 大基础库，以及整合产业经济、平台等主题库，为平台的各类应用及各委办局的应用提供基础数据资源，可以实现资源整合，提升数据资源的利用率。

（2）有助于推动政府转型

政府数字化转型的本质是基于数据共享的业务再造，没有数据共享，就没有数字政府。美国政府的共享平台原则是提倡降低成本，共享数据；英国政府提倡更好地利用数据，开放共享数据；澳大利亚政府在数字化转型中提出基于共享线上服务设计方法和线上服务系统的数据共享；我国政府发布了《国务院办公厅关于印发政务信息系统整合共享实施方案的通知》等政策文件，大力推动政务数据共享。综上可知，数据共享是各国政府都极其重视的事情，是数字化转型的核心。我国政府数字化转型应当坚持全局数据共享原则，充分发挥政府的数据价值。

2. 对企业的意义

企业数据共享的重要意义表现在以下两个方面。

首先，打通企业内部的数据孤岛，实现所有系统数据互通共享，对建立企业自身的大数据平台和企业信息化建设都有重大意义。在数据量突飞猛涨的进程当中，企业信息化将企业的生产、销售、客户、订单等业务过程数字化并实现彼此互联互通，通过各种信息系统网络加工生成新的信息资源，提供给企业管理者和决策者洞察和分析，以便做出有利于生产要素组合优化的决策，使企业能够合理配置资源，实现企业利益最大化。

其次，打通企业之间的数据孤岛，实现不同企业的数据共享，有利于企业获得更好的经营发展能力。信息经济学认为，信息的增多可以增强做出正确选择的能力，从而提高经济效率，更好体现信息的价值。但是，每个企业自身的数据资源是有限的，在行为理性的假设前提下，企业要追求效用最大化，就需要考虑扩充自己的数据资源。企业有两种方式可以获得外部的数据资源，一是收集互联网数据，二是与其他企业共享数据。

3.4.4　实现数据共享所面临的挑战

1. 在政府层面的挑战

政府作为政务信息的采集者、管理者和拥有者，相对于其他社会组织而言，具有不可比拟的信息优势。政府掌握着国家绝大多数的数据，是最大的数据拥有者。但由于信息技术、条块分割的体制等限制，政府部门之间的数据孤岛问题长期存在，相互之间的数据难以实现互通共享，导致目前政府掌握的数据大都处于割裂和休眠状态，政府数据共享始终处于较低的水平。我国政府数据开放目前主要面临以下 4 个方面的挑战。

（1）不愿共享开放

政府部门长期以来各自为政，在数据开放和共享方面缺乏动力。同时，与其他部门共享数据或向公众开放数据需要投入大量人力物力进行维护，这就使得在多数情况下，政府部门对于数据共享和开放的态度是消极的、被动的。

（2）不敢共享开放

由于相关制度、法律法规以及标准尚未完善，政府部门往往不清楚哪些数据可以跨部门共享和向公众开放，相关人员担心政务数据共享开放会引起信息安全问题，担心数据泄密和失控，对数据共享开放怀有恐惧感，不敢把自己掌握的数据资源向他人共享开放。政府数据不该共享开放而共享开放，或者不该大范围共享开放而大范围共享开放可能会带来巨大的损失，甚至可能会危及国家安全，而其中的风险责任又往往难以确定，导致政府部门对共享开放数据既敏感又谨慎。

（3）不会共享开放

一方面，目前我国尚未出台相关法律对数据共享开放的原则、数据格式、质量标准、可用性、互操作性等做出规范要求，政府部门和公共机构的数据共享开放能力有限，大数据作为基础性战略资源的开发和价值释放有待提高。另一方面，各政府部门的数据开放共享在技术层面具有局限性。由于缺乏公共平台，政府数据的开放共享往往依赖于各部门主导的信息系统，而这些系统在前期设计时往往对开放共享考虑不足，因此实现信息开放共享的技术难度较高。

（4）数据中心共享开放的作用不强

在我国大数据产业发展迅猛的当下，大数据产业也存在资源开放共享程度低、数据价值难以被有效挖掘利用、安全性有待加强等问题。伴随着大数据热潮，我国投建了大量数据中心，很多中心因为缺乏运营经验发挥作用有限，而数据中心依然在越来越多的城市建设起来。

2. 在企业层面的挑战

在企业层面，消除数据孤岛、实现数据整合的挑战主要来自以下 3 个方面。

（1）系统孤岛挑战

企业内部系统多，系统间数据没有打通，消费者信息存储碎片化，没有完整的消费者视图，很难进行跨渠道消费者的洞察和管理。

（2）组织架构挑战

不同业务部门负责不同的系统，如何在一致的利益下搭建统一的消费者数据管理平台，挑战巨大。另外，不同的部门在自己掌控的渠道去面对消费者时通常只考虑自己的需求，而不会站在全盘触点的角度去考虑进行何种互动最合适。

（3）数据合作挑战

在国内，消费者数据都在互联网巨头公司手里，且数据交易市场尚不规范，企业缺少外部数据补充。如何联合外部各类数据拥有者，结合内部数据拼接完整的消费者画像是必经之路。

3.4.5 推进数据共享开放的举措

1. 在政府层面的举措

政府部门应积极开放政府的数据资源，提高政府职能部门之间和具有不同创新资源的主体之间的数据共享广度，促进区域内形成数据共享池；要改变政府职能部门的数据孤岛现象，立足于数据资源的共享互换，设定相对明确的数据标准，实现部门之间的数据对接与共享，推进制度创新方面的系统集成化，为科技创新提供必要条件；同时，要促进准确及时的数据信息传递，提高部门条线管理，实现一站式企业网上办事和政府服务项目一网通办的网络信息功能，提高数据质量的可靠性、稳定性与权威性，增加相关信息平台的使用覆盖面，让现存数据连起来、用起来。

具体而言，政府要进一步加强不同政府信息平台的部门连接性和数据反应能力的全面性，要使不同省区市之间的数据实现对接与共享，解决数据画地为牢的问题，实现数据共享共用。通过数据共享共用，打破地区、行业、部门和区域的条块分割状况，提高数据资源利用率，提高生产效率，更好地推进制度创新与科技创新。同时，通过政府数据的跨部门流动和互通，促进政府数据关联分析能力的有效发挥，建立"用数据说话、用数据决策、用数据管理、用数据创新"的政府管理机制，实现基于数据的科学分析和科学决策，构建适应信息时代的国家治理体系，推进国家治理能力现代化。

目前，各地政府不同程度地制定了数据共享交换办法，明确了政府数据共享的类型、范围、共享义务主体、共享权利主体、共享责任和共享绩效考核评估办法。各级政府部门依据政府数据共享办法制定了本部门政府数据共享的具体目录，依据政府数据共享目录向其他政府部门提供政府数据共享服务；同时明确了政府数据共享使用的方式，按照全公开使用、半公开使用、不公开使用等不同等级，界定对政府数据共享使用的数据公开范围，并规定了政府数据共享使用人的义务和责任。

各级政府在地方大数据规划中也对数据共享交换计划进行了明确规定，如明确了政府数据共享的年度目标、双年度目标和中长期目标，确定了各政府部门为实现政府数据共享达标所应采取的具体措施和工作安排，明确了政府数据共享的具体程序和工作流程，以及政府数据共享的负责人员、责任部门和责任追究办法。

为推动政府信息共享交换工作的落实，多数地方政府制定了政府数据共享绩效考核管理办法，建立了政府数据共享评估指标体系，对各级政府部门提供政府数据共享服务的情况进行评估考核；同时依托政府数据共享平台的统计和反馈功能，自动、逐项评价共享数据的数量、质量、类型和使用程序等情况；此外，许多地方政府还引入了第三方等级评估机构，对各级政府部门的政府数据共享计划及其执行情况进行评估评级，将评估评级结果纳入政府部门信息化工作考核报告，与电子政府项目立项申报关联起来，严格执行激励约束措施，推动共享数据滚动更新，提高共享数据质量，确保政府数据共享取得实效。

2. 在企业层面的举措

在企业层面推进数据共享开放的举措主要有以下两种。

（1）在企业内部破除数据孤岛，推进数据融合。对企业而言，信息系统的实施建立在完善的基础数据之上，信息系统的成功运行则基于对基础数据的科学管理。要想打破数据孤岛，必须对现有系统进行全面的升级和改造。而企业数据处理的准确性、及时性和可靠性是以各业务环节数据的完整和准确为基础的，所以必须选择一个系统化的、严密的集成系统，能够将企业各渠道的数据信息综合到一个平台上，供企业管理者和决策者分析利用，为企业创造价值效益。

（2）在不同企业之间成立企业数据共享联盟。成立企业数据共享联盟，建立联盟大数据信息库，汇集来自各行业企业和政府的数据资源，促进碎片数据资源进行有效的融合，并指导和带动联盟跨界数据资源的合理、有序分享和开发利用。

3.4.6　数据共享案例

本小节给出几个数据共享带来商业价值和社会价值的具体案例，包括菜鸟物流、政府一站式服务平台 i 厦门以及"浙江省打通政府数据，让群众最多跑一次"的实践。

1. 案例 1：菜鸟物流

2013 年，阿里巴巴联合多方力量联手共建中国智能物流骨干网（又称菜鸟），计划用 8～10 年的时间建立一个能支撑日均 300 亿元（年度约 10 万亿元）网络零售额的智能物流骨干网络，支持数千万家新型企业发展，让全中国任何一个地区做到 24 小时内送货必达。

目前，阿里巴巴旗下的天猫超市，其华北仓的辐射范围涵盖了北京、天津等地区，这些地区约 90% 的包裹可以实现次日达。那么菜鸟在整个流程中承担了什么作用呢？总体而言，它会对后台电商和物流数据进行整合、分析和挖掘，比如根据既往的销售数据来分析预测下一个时期内商品的备货量、给予仓储管理商相关商品的陈列建议以及检测并分析包裹自下单到配送再到签收完成后整个流转轨迹和链路合理性等。

菜鸟核心作用的发挥关键在于其对多方物流数据的有效整合。也就是说，参与菜鸟的相关物流企业都会把自己企业内部的物流数据（主要是包裹轨迹数据）共享出来，由菜鸟平台对电商和物流数据进行统一整合分析。截至目前，淘宝上相关的多家快递公司的前台数据系统已经全部实现和菜鸟对接。这意味着菜鸟拥有了一张全国性快递监控网络。打个比方，原来淘宝上的各家快递公司每家都在着力于建立自己的网络，而基于这个网络各家也只能知道自己的情况。现在有了菜鸟的统筹，所有快递公司的信息能够统一起来，能看到全国大盘的情况。菜鸟平台就相当于中枢协调机构，每个包裹、每家快递从仓库发货就开始接入，揽收、中转、派送信息一目了然，整个轨迹都可以显示，这有利于菜鸟从全局层面帮助快递公司进行运力的统筹调配和规划。

菜鸟的物流预警雷达正是基于这些共享数据诞生的。2014 年"双 11"当天，阿里巴巴总部一面巨型显示屏吸引了众多关注的目光。这是一面综合物流信息的显示屏，上面汇集了淘宝相关多家快递公司的所有包裹轨迹数据。如果一条路线出现拥堵提示，菜鸟就能发现到底是谁堵在哪里了，然后给其他快递公司进行预先提示，提供新的路径建议，这就能化解较大的拥堵风险，避免爆仓。有一个形象的比喻可以用来形容菜鸟的作用：之前物流公司不掌握淘宝商家动态，导致包裹挤在几个重要的货物发散地出不来，就如几个小孩子一起从瓶子里同时拉不同颜色彩球的游戏一样，谁都想赶紧拉出来，结果都挤在瓶口了，大家都拉不出来彩球。现在物流企业有了阿里巴巴基于大数据技术提供的商家销售预测等方面的信息，能及时调配各家物流公司的配送比率与速度，红球、蓝球、绿球……就一个个有序地出来了，大大提高了运营速度。

2. 案例2：政府一站式平台——i厦门

数字化转型已是社会发展的必然趋势。除了传统企业，政府同样面临着数字化升级的挑战。2016年，80%以上的信息数据资源掌握在各级政府部门手中。如今随着各级政府积极推动公共数据资源的共享与开放，激活政府数据资产、打破数据孤岛，通过大数据的政用、商用、民用真正实现百姓、企业、政府的三方共赢，已经成为政府信息化转型的重要目标。厦门市在政府数据共享与开放方面已经走出了一条独具特色的道路，成为全国的一个重要典型。

厦门信息化经过多年的发展，通过打通数据孤岛，破除数据烟囱，建成了全市统一的电子政务网络和集中共享的政务信息资源库（包括市民库、法人库、地理库、证照库），成为厦门领先于国内大多数城市且引以为豪的信息化基础设施。近几年，厦门以信息惠民为目标，按照服务集成的思路，致力推进集约化、协同化、一站式信息平台的建设（见图3-7），相继建成i厦门一站式惠民服务平台、社区网格化服务管理信息平台和多规合一业务协同平台。

图3-7　厦门政务共享协同平台

（1）i厦门一站式惠民服务平台——服务融合

该平台通过开放政府数据服务，整合孤立、分散的公共服务资源，逐步实现公共服务事项和社会信息服务的全人群覆盖、全天候受理和一站式办理。目前，i 厦门平台可提供政务、生活、健康、教育、文化、交通、社保、沟通等两百余项在线服务。2015 年 1 月，该平台在第五届中国智慧城市大会上获"最佳政务平台实践奖"。其中，于 2015 年 4 月上线运行的外来员工随迁子女积分入学系统通过实时调用公安、人社、工商、计生等多部门的数据信息，实现了入学积分的自动计算，减少了申请者来回跑路、政府窗口人满为患、相同信息多次录入的现象，最大限度地方便了办事百姓。另外，生育险在线领取系统通过打通公安、卫生、计生、社保、财政、银行等多部门业务系统，实现了准生证、出生证、住院记录、社保缴交记录等多种信息的跨部门查询，方便产妇在家领取生育保险。

（2）社区网格化服务管理信息平台——业务集成

如图 3-8 所示，平台按照横向到边、纵向到底的建设思路，一方面横向整合共享了公安、计生、人社、卫生、民政等跨部门的信息数据，另一方面纵向搭建了连通市、区、街（镇）、村（居）的市、区两级共享平台，实现了条块信息系统的互联互通、信息共享和业务协同。系统通过打通部门间的行政壁垒，以服务基层、服务公众、服务社会为目标，理顺了社区治理关系，实现了厦门基础社会治理的体制创新，成为厦门信息化推进服务型政府建设的新模式。

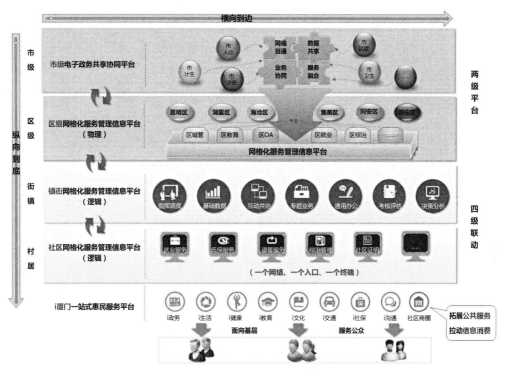

图 3-8　社区网格化服务管理信息平台

（3）多规合一业务协同平台——业务协同

2014 年 9 月，厦门作为国家四部委多规合一的试点城市先行先试，按照实施美丽厦门战略规划的一个战略，形成全市统一空间规划的一张蓝图，搭建起信息共享和管理的一个平台，合成了建设项目统一受理和审批的一张表。基于地理空间信息等海量大数据支撑的厦门多规合一工作形成了可复制、可推广的模式，不仅为解决规划冲突、转变政府职能铺平了道路，还为新型城镇化建设探索出了新路，更成为厦门构建城市治理体系和推进治理能力现代化的生动实践。

3. 案例3：浙江打通政府数据，让群众最多跑一次

政府数据的整合、开放共享可以为群众提供个性化、高效便捷的服务，政府部门的流程再造可以实现跨部门、跨系统、跨地域、跨层级的高效协同，推动实现政府数字化转型。"最多跑一次"是政府数字化转型过程中优化服务的很好诠释。要想实现最多跑一次，就要让群众少跑腿、让数据多跑路，这是我国新一轮行政体制改革的一大亮点。而要实现让数据多跑路，就必须让数据有路可走，因此必须打通不同部门的数据，消除数据断头路，实现数据在各部门之间的互联互通。打通不同部门的数据以后，我们普通公民去政务服务中心办事，只要填一张表，输入姓名、身份证号以后，各种相关信息都可以自动获取，就不用我们到这个部门窗口填一个表，到那个部门窗口又填一张表。

近些年，浙江省加快推进互联网+政务服务实践。互联网+政务服务实践是什么？一句话就是打通政府部门数据，促进数据共享，实现最多跑一次，让群众和企业到政府办事少跑甚至不跑，基于数据共享实现减材料、减环节、减时间，真正做到少跑、不跑。最多跑一次有可能是群众不跑，工作人员在跑。如果能够实现数据共享，那么最多跑一次就真的是群众和工作人员都不跑，而是让数据跑起来。为此，浙江省还专门成立了最多跑一次改革办公室（见图3-9），获得了众多网友点赞。

下面给出浙江省在这方面的几个实际发生的真实场景。

在社会参保单位办理参保登记时，以前这件事

图3-9　浙江省最多跑一次改革办公室

情办理要交6份材料，现在只要交1份材料，即单位社会保险登记表，其他的材料呢？通过数据共享获得，不再需要当事人提交了。同时数据共享也缩短了该事件的办理时间，原来办理时间按天计算，现在则按分钟计算。

在外省就读学生学籍转入方面，让转学过程实现最多跑一次。浙江是小省，地域小，资源少，但是浙江是人口流入大省，居全国省市前三，外来人口子女转学一次性转学成功率只有50%多一点，为什么？主要原因在于信息没有办法核验，需要父母来回在学籍转出地和转入地奔波，转入时家长提交的学生信息当地的教育部门没有办法核实，所以这个信息需要在两个地域之间不断地进行同步。现在，浙江省让教育部门跟公安部的人口库数据打通，以便核验学生身份信息；然后和教育部学籍中心的数据打通，以共享除了身份之外的所有学籍信息。通过这种方式大大缩减了转学的时间，本来要来回奔波几天核实的信息，现在按秒核实。这个案例虽然很简单，却每年实实在在核实了10万份转学学生的数据，避免了父母在转出地和转入地之间来回奔波。

3.5　数据开放

随着大数据的发展和智慧服务型政府的创建，数据作为最重要的基石和原料，正在得到各利益相关者的普遍重视，政府数据的资源优势和应用市场的优势日益凸显，政府数据资源的共享与开放已成为世界各国政府的共识。政府数据是指由政府或政府所属机构产生的或委托产生的数据与信息，政府数据开放强调政府原始数据的开放。与传统的政府信息公开相比，政府数据开放更利于公众监督政府决策的合理性与决策依据，提升政府的管理水平和透明度，也有利于政府积累的大量数据资源可以被更好地再利用，以促进经济、社会的发展。

本节首先介绍政府开放数据的理论基础，然后指出政府信息公开与政府数据开放的联系与区别，以及政府数据开放的重要意义。

3.5.1　政府开放数据的理论基础

政府开放数据的理论基础主要包括数据资产理论、数据权理论和开放政府理论。

1. 数据资产理论

2004 年，一个阵亡的美军士兵的父亲请求雅虎公司告知其儿子的雅虎账号和密码，以便获取儿子在雅虎账号中留下的文字、照片、E-mail 等数据，寄托对儿子的思念。雅虎公司以隐私协议为由拒绝了该请求，这位父亲无奈之下将雅虎公司告上法庭。这个事件引起了公众对个人数据财产、数据遗产的高度关注，可以说是一个历史性事件。

现在，我们身处大数据时代，数据已经被当作一种重要的战略资源，也可以成为一种资产。2002 年，由英国标准协会制定的信息安全管理体系标准 BS7799 中指出，数据是一种资产，像其他重要的业务资产一样，对组织具有价值，因此需要妥善保护。2012 年，瑞士达沃斯经济论坛的一份报告指出："数据已经成为一种同货币和黄金一样的新型经济资产类别。"2013 年发布的《英国数据能力发展战略规划》和 2014 年 5 月美国发布的《大数据：抓住机遇，保存价值》(即《美国大数据白皮书》)均使用了数据资产的表述。

数据资产是无形资产的延伸，是主要以知识形态存在的重要经济资源，是为其所有者或合法使用者提供某种权利、优势和效益的固定资产。数据资产的通用属性包括：①数据资产是供不同用户使用的资源，不具有实物形态，不能脱离物质载体但独立于物质载体；②数据资产具有归属权和责任；③数据资产具有共享性，可由多个主体共同拥有；④数据资产在可确认的时间内或作为可确认事件的结果而产生或存在，同时也应该在可确认的时间内作为可确认事件的结果而被破坏或终止；⑤数据资产有效期不确定，会受技术和市场的影响；⑥数据资产具有价值和使用价值，通过数据资产产生的价值应大于其生产、维护的成本，且具有外部性，不仅给直接消费者和生产者带来收益和成本，还给其他人带来收益和成本；⑦数据资产是有生命周期的。

数据资产的类型有很多，常见的数据资产包括书面技术新材料、数据与文档、技术软件、物理资产（主要指通信协议类）、员工与客户（包括竞争对手）、企业形象和声誉以及服务等。同其他资产一样，数据资产也是企业价值创造的工具和资本。随着网络技术的发展以及信息的广泛传播和使用，人们渐渐认识到数据的重要性和巨大价值。尤其在大数据环境下，数据已经渗透到各个行业，已经成为政府和企业的重要资产。作为现代企业和政府，拥有数据的规模、活性以及收集、运用数据的能力将决定企业和政府的核心竞争力。

与数据资产相关的概念包括数字资产和信息资产，这三者是从不同层面看待数据的。其中，信息资产对应着数据的信息属性，数字资产对应着数据的物理属性，数据资产对应着数据的存在。另外，资产与资源、资本等术语紧密关联，于是就有了信息资产、信息资源、信息资本、数据资产、数据资源、数据资本、数字资产、数字资源、数字资本等比较接近的概念。在很多场合下，这些概念会被相互替代地使用。

政府数据资产是数据资产的一个重要类别。在全球范围内，政府数据资产的管理和价值发挥开始受到广泛重视。2013 年，美国时任总统奥巴马发表的《开放数据政策——将信息作为资产管理》的备忘录中指出，信息是国家的宝贵资源，也是联邦政府及其合作伙伴、公众的战略资产。这份备忘录成为美国政府数据资产管理的纲领性文件。随着大数据价值的逐步显现，越来越多的国家把大数据作为重要的资本看待。如美国联邦政府就认为"数据是一项有价值的国家资本，应对公众开放，而不是把其禁锢在政府体制内"。在我国，最早开始使用"政府数据资产"这一表述的是于 2017 年 7 月 10 日正式发布实施的《贵州省政府数据资产管理登记暂行办法》。该办法规定，政府数据资产是指由政务服务实施机构建设、管理、使用的各类业务应用系统，以及利用业务应用系统依法依规直接或间接采集、使用、产生、管理的，具有经济、社会等方面价值，权属明晰、可量化、可控制、可交换的非涉密政府数据。

政府数据资产具有与政府职能相结合的突出特征，包括：①具有经济效益和社会效益的双重价值；②权属更为明晰，主要是涉及政府机构自身、法人和个人的各类数据；③可根据应用需求对各种格式和类型的政府数据资产进行量化处理；④政府机构依其职能可通过多种有效手段和机制，对其加以合理、及时的管控；⑤可在全社会领域范围内进行跨行业、跨组织、跨系统的数据交换和传输。另外，成为政府数据资产的数据，对涉及国家机密、商业机密和个人隐私的内容，需要加强审核和脱敏处理，以确保在充分发挥政府数据资产社会公益价值的同时，不损害国家安全、企业利益和个人的合法权益。

政府数据资产包含多种不同类型，依据政府数据资产的产生方式，可将其划分为 5 个类别：①政府才有权利采集的政府数据资产，如资源类、税收类和财政类等领域的政府数据资产；②政府才有可能汇总或获取的数据资产，如农业总产值、工业总产值等政府数据资产；③由政府管理或主导的活动产生的数据资产，如城市基建、交通基建、医院、教育师资等领域的数据资产；④政府监管职责所拥有的数据资产，如人口普查、金融监管、食品药品管理等领域的数据资产；⑤由政府提供服务所产生的消费和档案数据，如社保、水电和公安等领域的数据资产。

2. 数据权理论

数据权的概念发起于英国，认为数据权是信息社会的一项基本公民权利，让政府所拥有的数据集能够被公众申请和使用，并且按照标准公布数据。因此，早期的数据权理念强调的是公民利用信息的权利。数据开放运动的兴起推动了世界各国建设数据网、保障公民应用数据权利的数据民主浪潮。

但是，随着数据的进一步开放，大型网络公司对历史文献资料的数据化、商业集团对客户资料的搜集、政府部门对个人信息的调查与掌握、社会化媒体对社会交往的渗透与呈现使国家和政府加强了对数据主权的关注，并将其纳入数据主权的范畴。数据主权源于信息主权。信息主权是国家主权在信息活动中的体现，国家对政权管辖地域内任何信息的制造、传播、交易活动以及相关的组织和制度拥有最高权力。因为数据主权中的数据指的是原始数据，所以数据的外延要大于信息主权的概念。鉴于数据的重要性，各国都在积极加强数据的安全和对其进行的保护。

数据权包括两个方面：数据主权和数据权利。数据主权的主体是国家，是一个国家独立自主对本国数据进行管理和利用的权利。目前，大数据已经成为全球高科技竞争的前沿领域，以美国、日本等国为代表的全球发达国家已经制定了以大数据为核心的新一轮信息战略。一国所拥有数据的规模、活性和解释、运用数据的能力以及从大型复杂的数字、数据集中提取知识和观点的能力将成为国家的核心竞争力。国家数据主权——即对数据的占有和控制——将成为继边防、海防、空防之后另一个大国博弈的空间。数据权利的主体是公民，是相对公民数据采集义务而形成的对数据利用的权利，这种对数据的利用是建立在数据主权之下的。只有在数据主权法定框架下，公民才可自由行使数据权利。

公民的数据权利是一项新兴的基本人权，它是信息时代的产物，是公民个人的基本权利。公民数据权的保护不仅具有正当合理性，而且其作为一种人权来保障已经成为世界性趋势。2010 年 5 月，戴维·卡梅伦领导的保守党在英国大选中获胜，他在出任首相后提出了数据权的概念。卡梅伦认为数据权是信息时代每一位公民拥有的一项基本权利，并郑重承诺要在全社会普及数据权。不久，英国女王在议会发表演讲，强调政府要全面保障公众的数据权。2011 年 4 月，英国劳工部、商业部宣布了一个旨在推动全民数据权的新项目——我的数据，提出了一个响亮的口号——你的数据，你可以做主！近年来，我国逐渐开始重视对客户数据所有权的保护。2015 年 7 月 22 日，阿里云在分享日发起数据保护倡议，提出"数据是客户资产，云计算平台不得移作他用"。这份公开倡议书中明确指出，运行在云计算平台上的开发者、公司、政府、社会机构的数据，所有权绝对属于客户，云计算平台不得将这些数据移作他用。平台方有责任和义务帮助客户保障其数据的私密性、完整性和可用性。这是中国云计算服务商首次定义行业标准，针对用户普遍关注的数据安全问题进行了清晰的界定。

3. 开放政府理论

20 世纪 70 年代，西方世界掀起了新公共管理运动。这场世界性的运动涉及政府的各个方面，包括政府的管理、技术、程序和过程等。学者们也从不同的角度反思政府，提出了多种政府理论，如有限政府理论、无缝隙政府理论、责任政府理论、服务型政府理论等。随着政府改革实践的不断深入，越来越多的学者和政府深刻意识到，要实现政府的各种改革目标，首先要实现开放政府。

开放政府最早出现在 20 世纪 50 年代信息自由立法的介绍当中。1957 年，帕克（Park）在其论文《开放政府原则：依据宪法的知情权》中首次提出开放政府理念，该论文的核心内容是关于信息自由方面的。帕克认为公众使用政府信息应该是常态，并且如果没有特殊情况都应该允许使用。在当时的背景下，帕克的观点引起了一场关于开放政府和需要政府将信息的提供作为默认状态的辩论，尤其是关于问责理念的认识。1966 年美国政府通过了信息自由法案之后，开放政府的理论就很少有人问津了。

随着很多国家对信息法案的修订，尤其在 2009 年奥巴马政府公布了《开放政府指令》后，开放政府的理论又被重新提起。2009 年 1 月 21 日，在关于政府透明和开放化的备忘录上，时任美国总统奥巴马指示美国行政管理和预算局局长发布了一份《开放政府指令》，开放政府由此提出。奥巴马政府认为，开放政府是前所未有的透明政府，是能为公众信任、使公众积极参与和协作的开放系统，其中，开放是民主的良药，能提高政府的效率并保障决策的有效性。开放政府的提出得到了包括我国在内的很多国家学者的认同。国内有学者认为，美国的开放政府启示我国在电子政府发展过程中，要强化政府的服务意识，以用户为中心，关注用户体验，围绕政府的职责与任务，形成与企业、公众良好的互动，促进数据开发与应用共享，同时需要重视资源整合，提供整体解决方案，开展一站式服务。

当然，奥巴马政府所指的开放政府和帕克当时所指的开放政府有很大的差别。奥巴马政府所提出的开放政府是在大数据环境下，将政府的开放与信息技术结合起来，并且在原有"透明政府"的基础上，增加促进政府创新、合作、参与、有效率和灵活性等因素，进一步丰富开放政府的内涵。

自 2009 年开放政府理念被重新提起后，世界各国都在努力使用信息技术革新政府，并在 2011 年成立了开放政府联盟。开放政府联盟的主要目标是：联盟的国家和政府要为促进透明、赋权公民、反腐败和利用新的技术加强治理付诸行动和努力。在其纲领性文件《开放政府宣言》中，该组织的第一承诺就是：向本国社会公开更多的信息。宣言中还特别强调："要用系统的方法来收集、公开关于各种公共服务、公共活动的数据，这种公开不仅要及时主动，还要使用可供重复使用的格式。"随着政府开放数据运动的不断发展，越来越多的国家加入开放政府的组织当中。

近年来，随着大数据的发展和智慧服务型政府的创建，数据作为最重要的基石和原料正在得到各利益相关者的普遍重视，政府数据的资源优势和应用市场优势日益凸显，政府数据资源的共享与开放已成为世界各国政府的共识。自 2009 年开始，以美国、英国、加拿大、法国等为代表的发达国家相继加入政府数据开放运动并积极推动政府数据开放；2011 年以来，以巴西、印度、中国等为代表的发展中国家也陆续加入；2012 年 6 月，以上海市政府数据服务网的上线为标志，我国也开始了政府数据开放的实践。截至 2018 年，全球已有 139 个国家提供了政府数据开放平台或目录，我国已有 46 个地市级以上政府提供了数据开放平台。

3.5.2　政府信息公开与政府数据开放的联系与区别

政府信息公开与政府数据开放是一对既相互区别又相互联系的概念。数据是没有经过任何加工与解读的原始记录，没有明确的含义，而信息是经过加工处理被赋予一定含义的数据。政府信息公开主要是实现公众对政府信息的查阅和理解，从而监督政府和参与决策。政府数据开放是以开放型政府、服务型政府和智慧型政府为目标的开放政府运动的必然产物。2009 年，奥巴马签署的《透明和开放政府备忘录》确定了透明、参与和协作三大原则，这就决定了政府数据开放超越了对公众知情权的满足而上升至鼓励社会力量的参与和协作，推进政府数据的增值开发与协作创新。政府信息公开主要是为了满足公众的知情权而出现的，信息公开既可以理解为一项制度，又可以理解为一种行为。作为一项制度，主要是指国家和地方制定并用于规范和调整信息公开活动的法规规定；作为一种行为，主要是指掌握信息的主体，即行政机关、单位向不特定的社会对象发布信息，或者向特定的对象提供所掌握的信息的活动。政府数据开放是政府信息公开的自然延伸，它将开放对象延伸至原始数据的粒度。政府数据开放强调的是数据的再利用，公众可以分享数据、利用数据创造经济和社会价值，并且可以根据对数据的分析判断政府的决策是否合理。政府信息公开更侧重通过报纸、互联网、电视等媒体发布与公众相关的信息，更强调程序公开，正义公开仍是难点，比如对数据的可视化处理、简单的归纳统计以及无法进行再次利用的信息产品和服务等。而政府数据开放更侧重数据的利用层面和公有属性，更强调数据开放的格式、数据更新的频率、数据的全面性、API（Application Programming Interface，应用程序接口）调用次数、数据下载次数、数据目录总量、数据集总量等指标，当然也包含了政府在透明性、公众参与性方面的价值追求。

3.5.3　政府数据开放的重要意义

生产资料是劳动者进行生产时所需要使用的资源或工具。如果说土地是农业生产中最重要的生产资料，机器是工业社会最重要的生产资料，那么信息社会最重要的生产资料就是数据。因此，数据已经成为当今社会一种独立的生产要素。2012 年世界经济论坛曾指出，大数据是新财富，价值堪比石油。全球管理咨询公司麦肯锡认为大数据是下一个创新、竞争和生产力提高的前沿，数据就是生产资料。

大数据作为无形的生产资料，它的合理共享和利用将会创造出巨大的财富。但是，大数据的一个显著特征就是价值密度很低。也就是说，在大量的数据里面，真正有价值的数据可能只是很小的一部分。为了充分发挥大数据的价值，就需要更多的参与方从这些"垃圾"里找出有价值的东西。所以，政府开放数据可以让社会中更多的人或企业从大数据中"挖掘金矿"。

世界银行 2012 年发表的《如何认识开放政府数据提高政府的责任感》报告认为：政府开放数据是开放数据的一部分，是指政府所产生、收集和拥有的数据，在知识共享许可下发布，允许共享、分发、修改，甚至对其进行商业使用的具有正当归属的数据。政府开放数据不仅有利于促进透明政府的建设，在经济发展、社会治理等方面同样具有重要的意义。

1. 政府开放数据有利于促进开放透明政府的形成

政府开放数据是更高层次的政府信息公开，而政府信息公开也将推动政府民主法治进程。知情权是公民的基本权利之一，也是民主政府建设的前提。1789 年，法国政府颁布《人权宣言》，其中就规定了公众有权知晓政府工作。随着政府民主进程的推进，政府事务不断增加，涉及民生的公共活动也不断增多。随着互联网的快速发展，一方面政府能方便快捷地了解、掌握各种公共和个人信息，另一方面公众提出了更多了解、监督政府公共活动的新需求，政府信息公开的程度也成了判断政府法治程度的依据。很多国家出台了信息公开制度并实施，比如美国出台了《信息自由法》。近年来，我国也越来越重视政府信息公开，2007 年我国颁布《中华人民共和国政府信息公开条例》，确立了对公民知情权的法律保障。

如果说政府信息公开还处于起步阶段，那么政府开放数据则是更高层次的政务公开。原始数据的开放是政府信息资源开放和利用的本质要求，因为原始数据经不同的分析处理可得到不同的价值。在大数据时代，原始数据的价值更加丰富。

数据是政府手中的重要资源，政府开放数据的范围、程度、速度都代表着政府开放的程度。一般来说，政府开放数据的范围越广、程度越深、速度越快，就越有助于提高政府的公信力，增加政府的权威，提高公众参与公共事务的程度。政府开放数据在政治上最大的意义就是促进政府开放透明。因此，在大数据的环境下，政府有必要通过完善政府信息公开制度来进一步扩大数据开放的范围，从而保障公民的知情权。

2. 政府开放数据有利于创新创业和经济增长

政府开放数据对经济的促进作用明显，企业可以从数据中挖掘对企业自身发展有价值的信息，提升竞争力。随着大数据时代的到来，美国政府通过政府开放数据取得了巨大的经济效果。例如，美国是气象灾害频发的国家，为减少气象灾害带来的严重损失，2014 年 3 月，美国白宫宣布美国国家海洋大气局、美国国家航空航天局、美国地质调查局以及其他联邦机构进行合作，将各自所拥有的气象数据发布在美国政府数据网上。除了基本的气象数据之外，各机构还在美国政府数据网站上提供了若干工具和资源来帮助参与者更好地发掘数据背后的价值。美国政府希望通过这项数据开放计划让更多的社会机构和研究团体参与到气候研究中来，进而减少极端天气带来的损失。随后，与气象相关的企业服务应运而生，包括各种气象播报、气象顾问、气象保险等，形成了一个新的产业链，创造出了极高的经济价值。又如，美国政府向社会开放了原先用于军事的 GPS，随后美国乃至世界各国都利用这个系统开发、创新了很多产品，包括飞机导航系统以及目前非常流行的基于位置的移动互联网服务，不仅带来了经济效益，还增加了就业岗位。

政府数据的再利用在欧洲也创造出了很高的经济价值。2010 年欧盟公布的数据显示，欧洲利用政府公开的数据创造出的价值达到 320 亿欧元，同时带来了更多的商业和就业机会。英国国家健康服务机构收集和开放了很多医疗机构的数据，让公众了解相关信息，获得最佳服务，同时公众反馈的很多建议也提高了医疗机构的效率。

3. 政府开放数据有利于社会治理创新

在传统的以政府为中心的社会管理体制下，政府数据的流通渠道并不畅通，民众与政府之间存在信息壁垒，导致民众不了解行政程序，无法监督行政行为，利益诉求也无法表达，更谈不上参与社会治理。

政府数据的开放不仅打破了政府部门对数据的垄断，促进了数据价值最大限度的发挥，同时构建起了政府同市场、社会、公众之间互动的平台。数据分享和大数据技术应用不仅可以有效推动政府各部门在公共活动中实现协同治理，提高政府决策的水平，也能够充分调动各方的积极性来完成社会事务，实现社会治理机制的创新，给公众的生活带来便利，比如缓解交通压力、保障食品安全、解决环境污染等。

在创新社会治理方面，欧洲很多城市已经从政府数据开放中受益。比如欧洲一些政府向社会开放交通流量数据，公众可以凭借这些数据选择最佳驾车路径，回避高峰路段，极大地改善了交通拥堵的状况。当然，在这个方面，美国政府依然走在世界的前列。美国政府开放数据后，美国出现了很多的 App，其中一个名为 RAIDSOnline 的 App 就很受美国公众的欢迎。该应用通过对政府开放数据进行分析，告知公众在哪些区域容易出现抢劫、盗窃等犯罪行为，公众根据这些信息可以提前做好预防或者减少在这些区域的活动，这明显降低了犯罪率，增加了社会的安全性。又如美国交通部开放全美航班数据，有程序员利用这些数据开发了航班延误时间的分析系统，并向全社会免费开放，任何人都可以通过它查询分析全国各次航班的延误率和机场等候时间，为人们出行节省了时间，创造了极大的社会效益。

3.6　大数据交易

数据是继土地、劳动力、资本、技术之后的第 5 种生产要素。随着云计算和大数据的快速发展，全球掀起了新的大数据产业浪潮，人类正从 IT 时代迅速向 DT（Digital Technology，数字技术）时代迈进，数据资源的价值也进一步得到提升。数据的流动和共享是大数据产业发展的基础，大数据交易作为一种以大数据为交易标的的商业交换行为，能够提升大数据的流通率，增加大数据的价值。随着大数据产业的快速发展，大数据交易市场成为一个快速崛起的新兴市场。与此同时，随着数据的资源价值逐渐得到认可，数据交易的市场需求不断增加。

本节首先介绍大数据交易、大数据交易的发展现状，然后讨论大数据交易平台，包括交易平台的类型、数据来源、产品类型、产品涉及的主要领域、交易规则、运营模式以及代表性的大数据交易平台。

3.6.1　大数据交易概述

大数据交易应当是买卖数据的活动，是以货币为交易媒介获取数据这种商品的过程，具有 3 种特征：一是标的物受到严格的限制，只有经过处理之后的数据才能交易；二是涉及的主体众多，包括数据提供方、数据购买方、数据平台等；三是交易过程烦琐，涉及大数据的多个产业链，如数据源的获取、数据安全的保障、数据的后续利用等。

目前进行数据交易的形式有以下几种。

①大数据交易公司：包括两种类型，一类是大数据交易公司主要作为数据提供方向买家出售

数据；另一类是为用户直接出售个人数据提供场所的公司。

②数据交易所：以电子交易为主要形式，面向全国提供数据交易服务。比如贵阳大数据交易所、长江大数据交易中心（武汉）、上海数据交易中心、浙江大数据交易中心等。

③API模式：向用户提供接口，允许其对平台的数据进行访问，而不是直接将数据传输给用户。

④其他：如中国知网、北大法宝等，通过收取费用向用户提供各种文章、裁判文书等内容。这类主体并非严格意义上的数据交易主体，但是其出售的商品属于现在数据平台所交易的部分数据。

大数据交易是大数据产业生态系统中的重要一环，与大数据交易相关的环节包括数据源、大数据硬件层、大数据技术层、大数据应用层、大数据衍生层等，如图3-10所示。其中，数据源是数据交易的起点，也是数据交易的基础；大数据硬件层包括一系列保障大数据产业运行的硬件设备，是数据交易的支撑；大数据技术层为

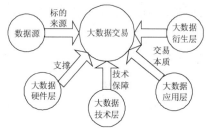

图3-10 与大数据交易相关的环节

数据交易提供必要的技术手段，包括数据采集、存储管理、处理分析、可视化等；大数据应用层是大数据价值的体现，有助于实现数据价值的最大化；大数据衍生层是基于大数据分析和应用而衍生出来的各种新业态，如互联网基金、互联网理财、大数据咨询和大数据金融等。

3.6.2 大数据交易的发展现状

数据交易由来已久，并不是最近几年才出现的新型交易方式。早期交易的数据主要是个人信息，包括网购类、银行类、医疗类、通信类、考试类、邮递类信息等。进入大数据时代以后，大数据资源愈加丰富，从电信、金融、社保、房地产、医疗、政务、交通、物流、征信体系等部门，到电力、石化、气象、教育、制造等传统行业，再到电子商务平台、社交网站等，覆盖领域广泛。图3-11展示了大数据市场概貌。庞大的大数据资源为大数据交易的兴起奠定了坚实的基础。此外，在政策层面，我国政府十分重视大数据交易的发展，2015年，国务院出台的《促进大数据发展行动纲要》明确提出要"引导培育大数据交易市场，开展面向应用的数据交易市场试点，探索开展大数据衍生品交易，鼓励产业链各环节的市场主体进行数据交换和交易，促进数据资源流通，建立健全大数据交易机制和定价机制，规范交易行为"；2021年7月发布的《深圳经济特区数据条例》肯定了市场主体对合法处理形成的数据产品和服务享有的使用权、收益权和处分权，强调充分发挥数据交易所的积极作用；2021年11月通过的《上海市数据条例》积极探索数据确权问题，明确了数据同时具有人格权益和财产权益双重属性，提出建立数据资产评估、数据生产要素统计核算和数据交易服务体系等；为了促进数据交易的发展，2021年10月发布的《广东省公共数据管理办法》在国内首次明确了数据交易的标的，并强调政府应通过数据交易平台加强对数据交易的监管。近年来，在国家及地方政府相关政策的积极推动与扶持下，全国各地陆续设立大数据交易平台，在探索大数据交易进程中取得了良好效果。

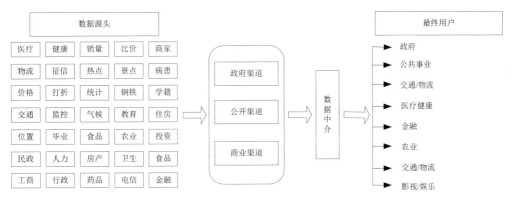

图 3-11　大数据市场概貌

在政策的引导下，2014 年以来，国内不仅出现了数据堂、京东万象、中关村数海、浪潮卓数、聚合数据等一批数据交易平台，各地方政府也成立了混合所有制形式的数据交易机构，包括贵阳大数据交易所、上海数据交易中心、长江大数据交易中心（武汉）、浙江大数据交易中心、北京国际大数据交易所、北部湾大数据交易中心、湖南大数据交易所、北方大数据交易中心等，如表 3-2 所示。2021 年 7 月，上海数据交易中心携手天津、内蒙古、浙江、安徽、山东等 13 个省（区、市）数据交易机构共同成立全国数据交易联盟，共同推动数据要素市场的建设和发展，推动更大范围、更深层次的数据定价和数据确权。大数据交易所的繁荣发展一定程度上也体现出我国大数据行业整体的快速发展。全国其他地区的大数据交易规模增长和变现能力的提升也呈现出良好的态势。由此可以预见，随着中国大数据交易的进一步发展，大数据产业将成为未来提振中国经济发展的支柱产业，并将持续推动中国从数据大国向数据强国转变。

表 3-2　　　　　　　　　　　　　　中国大数据交易平台

序号	名称	成立时间
1	中关村数海大数据交易平台	2014 年 1 月
2	北京大数据交易服务平台	2014 年 12 月
3	贵阳大数据交易所	2015 年 4 月
4	武汉长江大数据交易中心	2015 年 7 月
5	武汉东湖大数据交易中心	2015 年 7 月
6	西咸新区大数据交易所	2015 年 8 月
7	重庆大数据交易市场	2015 年 11 月
8	华东江苏大数据交易中心	2015 年 11 月
9	华中大数据交易平台	2015 年 11 月
10	河北京津冀大数据交易中心	2015 年 12 月
11	哈尔滨数据交易中心	2016 年 1 月
12	上海数据交易中心	2016 年 4 月
13	广州数据交易平台	2016 年 6 月
14	钱塘大数据交易中心	2016 年 7 月

续表

序号	名称	成立时间
15	浙江大数据交易中心	2016 年 9 月
16	中原大数据交易平台	2017 年 2 月
17	青岛大数据交易中心	2017 年 2 月
18	潍坊大数据交易中心	2017 年 4 月
19	山东省新动能大数据交易中心	2017 年 6 月
20	山东省先行大数据交易中心	2017 年 6 月
21	河南平原大数据交易中心	2017 年 11 月
22	吉林省东北亚大数据交易服务中心	2018 年 1 月
23	山西数据交易服务平台	2020 年 7 月
24	北部湾大数据交易中心	2020 年 8 月
25	北京国际大数据交易所	2021 年 3 月
26	上海数据交易所	2021 年 11 月
27	北方大数据交易中心	2021 年 11 月
28	湖南大数据交易所	2022 年 1 月

伴随着大数据交易组织机构数量的迅猛增加，各大交易机构的服务体系也在不断完善，一些交易机构已经制定大数据交易相关标准及规范，为会员提供完善的数据确权、数据定价、数据交易、结算、交付等服务支撑体系，在很大程度上促进了中国大数据交易从分散化、无序化向平台化、规范化的转变。

3.6.3 大数据交易平台

大数据交易平台是有效推动大数据流通、充分发挥大数据价值的基础与核心，它使得数据资源可以在不同组织之间流动，从而让单个组织能够获得更多、更全面的数据。这样不仅有助于提高数据资源的利用效率，也有助于其通过数据分析发现更多的潜在规律，从而对内提高自身的效率，对外促进整个社会的进步。

本小节介绍交易平台的类型、数据来源、产品类型、涉及的主要领域、交易规则、运营模式以及具有代表性的大数据交易平台。

1. 交易平台的类型

大数据交易平台主要包括综合数据服务平台和第三方数据交易平台两种。综合数据服务平台为用户提供定制化的数据服务，由于涉及数据的处理加工，因此该类型平台的业务相对复杂，国内大数据交易平台大多属于这种类型。而第三方数据交易平台的业务相对简单明确，主要负责对交易过程的监管，通常可以提供数据出售、数据购买、数据供应方查询以及数据需求发布等服务。

此外，从大数据交易平台的建设与运营主体的角度来说，目前的大数据交易平台还可以划分为 3 种类型：政府主导的大数据交易平台、企业以市场需求为导向建立的大数据交易平台、产业联盟性质的大数据交易平台。其中，产业联盟性质的大数据交易平台（如中关村大数据产业联盟、中国大数据产业联盟、上海大数据产业联盟）侧重于数据的共享，而不是数据的交易。

2. 交易平台的数据来源

交易平台的数据来源主要包括政府公开数据、企业内部数据、数据供应方数据、网页爬虫数据等。

①政府公开数据：政府数据资源开放共享是世界各国实施大数据发展战略的重要举措。政府作为公共数据的核心生产者和拥有者，汇集了最具挖掘价值的数据资源。加快政府数据开放共享，释放政府数据和机构数据的价值，对大数据交易市场的繁荣将起到重要作用。

②企业内部数据：企业在生产经营过程中积累了海量的数据，包括产品数据、设备数据、研发数据、供应链数据、运营数据、管理数据、销售数据、消费者数据等，这些数据经过处理加工以后是具有重要商业价值的数据源。

③数据供应方数据：该类型的数据一般由数据供应方在数据交易平台上根据交易平台的规则和流程提供自己所拥有的数据。

④网页爬虫数据：通过相关技术手段从全球范围内的互联网网页爬取的数据。

多种数据来源渠道可以使得交易平台的数据更加丰富，但是同时增加了数据监管难度。在 IT 飞速发展的时代，信息收集变得更加容易，信息滥用、个人数据倒卖情况屡见不鲜，因此，在数据来源广泛的情况下，更要加强对交易平台的安全监管。

3. 交易平台的产品类型

不同的交易平台会根据自己的目标和定位提供不同的产品类型，用户可以根据自己的个性化需求合理地选择交易平台。交易产品的类型主要有以下几种：API、数据包、云服务、解决方案、数据定制服务以及数据产品。

①API。API 是应用程序接口，数据供应方对外提供数据访问接口，数据需求方直接通过调用接口来获得所需的数据。

②数据包。数据包的数据既可以是未经处理的原始数据，也可以是经过加工处理以后的数据。

③云服务。云服务是在云计算不断发展的背景下产生的，通常通过互联网来提供实时的、动态的资源。

④解决方案。平台可在特定的情景下利用已有的数据为需求方提供处理问题的方案，比如数据分析报告等。

⑤数据定制服务。在某些情况下，数据需求方的个性化数据需求很可能无法直接得到满足。这时就可以向交易平台提出自己的明确需求，交易平台围绕需求去采集、处理得到相应的数据，提供给需求方。

⑥数据产品。数据产品主要是指针对数据的应用，比如进行数据采集的系统、软件等。

4. 交易产品涉及的主要领域

国内外大数据交易产品涉及的主要领域包括政府、经济、教育、环境、法律、医疗、人文、地理、交通、通信、人工智能、商业、农业、工业等。了解交易产品涉及的主要领域有助于用户根据自己的个性化需求有针对性地选择合适的交易平台。国内外交易产品基本上都涉及多个领域，平台提供的多领域数据可以较好满足目前广泛存在的用户对跨学科、跨领域数据的需求。

5．平台的交易规则

平台的交易规则是交易平台中用户的行为规范，是安全有效进行交易的保障，也是大数据交易平台对各个用户进行监管的法律依据。由于大数据这种商品的特殊性，对大数据交易过程监管的难度更高，这对交易规则的制定提出了更高的要求。

相对于国外的数据交易公司来说，国内的数据交易平台大多发布了成系统的总体规则，规定更详细，在很多方面也更严格。如《中关村数海大数据交易平台规则》《贵阳大数据交易所 702 公约》《上海数据交易中心数据交易规则》等，以条文的形式对整个平台的运营体系、遵守原则都进行了详细规定，明确了交易主体、交易对象、交易资格、交易品种、交易格式、数据定价、交易融合和交易确权等内容。随着我国数据流通行业的发展，部分企业已经推出了跨企业的数据交易规则或自律准则。可以说，目前我国建立广泛的数据流通行业自律公约的时机已经相对成熟，行业内部各企业对数据交易自律性协议的需求呼之欲出。

6．交易平台的运营模式

大数据交易平台的运营模式主要包括两种：一种是兼具中介和数据处理加工功能的交易平台，如贵阳大数据交易所，如图 3-12 所示，平台既提供数据交易中介的服务，也提供数据的存储、处理加工和分析服务；另一种是只具备中介功能的交易平台，如中关村数海大数据交易平台，如图 3-13 所示，平台仅提供纯粹的数据交易中介服务，并不提供数据存储和数据分析等服务。

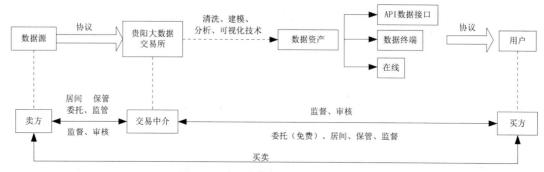

图 3-12　贵阳大数据交易所的运营模式

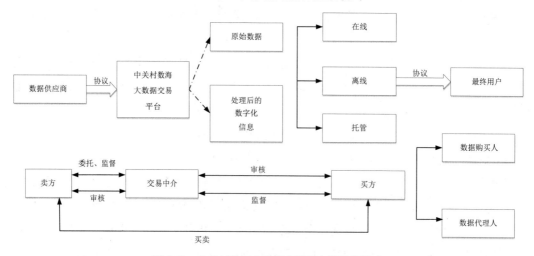

图 3-13　中关村数海大数据交易平台的运营模式

对于兼具中介和数据处理加工功能的交易平台而言，其优势是参与主体多为政府机构或行业巨头，数据量大，性价比高，可信度强，平台具有对数据交易的审核和监管职责，提高了数据的安全性；其劣势是在某些参与主体的数据专业性较强或为跨行业领域，导致平台大数据分析结果的作用显得过于微弱。

对于只具备中介功能的交易平台而言，其优势是完全依托于市场经济大环境，无主体资格限制，准入门槛较低，有助于调动各方参与者的积极性；其劣势是平台仅作为交易渠道，对数据买方的需求与数据卖方的情况几乎无了解，交易效率低，不利于大数据交易的有效进行。

7. 代表性的大数据交易平台

（1）贵阳大数据交易所

全球第一家大数据交易所——贵阳大数据交易所——于 2014 年 12 月 31 日诞生于贵阳，并于 2015 年 4 月 14 日正式挂牌运营。截至 2018 年 3 月，交易所已发展 2000 多家会员，可交易数据产品 4000 余个，可交易数据总量超过 150PB。泰康人寿、宝钢集团、阿里巴巴旗下的天弘基金、中信银行总行、海尔集团、腾讯、京东、中国联通、华为神州数码、软通动力、初灵信息、中茵股份、生意宝等企业都已经成为交易所会员。贵阳大数据交易所通过自主开发的大数据交易系统，采用线上与线下相结合的方式撮合会员进行大数据交易，促进数据的流通融合。同时，贵阳大数据交易所定期对数据供需双方进行评估，规范数据交易行为，维护数据交易市场的秩序，保护数据交易各方的合法权益，面向社会提供完整的数据交易、结算、交付等综合配套服务，以及大数据清洗建模分析服务、大数据定向采购服务、大数据平台技术开发等增值服务。

（2）上海数据交易中心

2016 年 4 月 1 日，上海数据交易中心启动。作为上海市大数据发展"交易机构+创新基地+产业基金+发展联盟+研究中心"五位一体规划布局内的重要功能性机构，上海数据交易中心突出面向应用、合规透明、数控分离、实时互联、生态共赢五大特点，承担着促进商业数据流通、跨区域的机构合作和数据互联、政府数据与商业数据融合应用等工作职能。为完善与统一数据交易市场，2016 年 9 月 7 日，上海数据交易中心经过对数据交易的大量研究与实践探索，发布了《数据互联规则》，明确了数据交易对象和适用范围。

（3）华东江苏大数据交易中心

作为国家信息消费和智慧城市试点市，盐城已成为江苏数据资源的快速聚集地，数据采集、存储、应用等环节后发赶超态势明显。2015 年 12 月 16 日，华东江苏大数据交易中心平台在盐城上线运营，这是国家批准设立的、华东地区首家也是唯一的一家跨区域、标准化、综合性的大数据交易平台。华东江苏大数据交易中心以"大数据+产业+金融"为业务发展模式，将分散在各个信息孤岛的数据汇聚后通过关联、交叉、分析、挖掘，为全社会提供数据应用服务。同时，该中心基于数据金融资产证券化方向提供数据资产的典当、融资、抵押、贷款等多种业务模式，为政府、机构、企业以及个人等各类经济主体盘活数据存量资源提供全面的综合解决方案。

（4）浙江大数据交易中心

作为世界互联网大会永久会址所在地，2016 年 9 月 26 日，浙江大数据交易中心在乌镇上线，并迎来了首笔数据服务交易。浙江大数据交易中心由浙报传媒、百分点信息科技、浙商资本共同投资设立，主要通过数据产品、数据接口、数据包资产评估、交易供需匹配、交易平台提供来完成数据交易服务，同时以数据加工、整合、脱敏、模型构建等服务提供额外的配套数据增值支持。浙江大数据交易中心的强大之处在于其突出的数据整合、融合、加工处理能力，这是该中心独特又难以复制的竞争力。

（5）北京国际大数据交易所

北京国际大数据交易所成立于2021年3月，提出了构建"数据可用不可见、数据可控可计量"的新型数据交易体系，研发上线了基于隐私计算、区块链及智能合约、数据确权标识、测试沙盒等技术打造的数据交易平台IDeX系统，并推出了保障数据交易真实和可追溯的数字交易合约。

3.7 大数据治理

大数据的潘多拉魔盒已经打开，社交网站、电商巨头、电信运营商乃至金融、医疗、教育等行业都纷纷加入大数据的淘金热潮。如何将海量数据应用于决策、营销和产品创新，如何利用大数据平台优化产品、流程和服务，如何利用大数据更科学地制定公共政策、实现社会治理，所有这一切，都离不开大数据治理。可以说，大数据时代给数据治理带来了新的机遇和挑战。一方面，数据科学研究的兴起为数据治理提供了新的研究范式，使得数据治理的视角、过程和方法都发生了显著的变化；另一方面，随着组织业务的增长，海量、多源、异构的数据对数据的管理、存储和应用均提出了新的要求。因此，顺应时代发展趋势，构建起完整的数据治理体系，提供全面的数据治理保障，从而充分发挥数据资产的价值，更好地支持数据治理的应用实践，成为学术界、业界和政界共同关注的焦点问题。

本节首先讨论数据治理的必要性、数据治理的基本概念及其与数据管理的关系、大数据治理的基本概念、大数据治理与数据治理的关系、大数据治理的重要意义和作用，然后介绍大数据治理要素和治理原则，最后阐述大数据治理的范围。

3.7.1 概述

大数据治理包含很多相关概念，概念之间存在比较复杂的关系。本小节将对大数据治理的重点概念进行逐一介绍、比较和分析，并介绍大数据治理的重要意义和作用。

1. 数据治理的必要性

企业的信息系统建设记载着企业规模和信息技术的发展轨迹，普遍存在各系统间数据标准和规范不同、信息相互不通等问题，致使系统的协同性等问题越来越显著。

①系统建设缺少统一规划，各自为政，导致存在数据孤岛问题；在主要业务数据方面无法实现有序集中整合，从而无法保证业务数据的完整性和正确性。

②缺乏统一的数据规范和数据模型，导致组织内对数据的描述和理解存在不一致的情况。

③缺少完备的数据管理职能体系，对于一些重点领域的管理（比如元数据、主数据、数据质量等）没有明确职责，不能保障数据标准和规范的有效执行以及数据质量的有效控制。

④在数据更新、维护、备份、销毁等数据全生命周期管理方面缺乏相关的机制。

数据治理成为解决以上瓶颈的有效手段，为多源、异构、跨界数据应用夯实了基础。数据治理有助于实现数据资产管理活动始终处于规范、有序、可控的状态，通过多重机制保障基于数据的相关决策是科学的、有效的、前瞻的，以实现资产价值最大化，提升组织的竞争力。

2. 数据治理的基本概念

治理（Governance）来源于拉丁文和希腊语中的掌舵一词，是指政府控制、引导和操纵的行动或方式，经常在国家公共事务相关的情景下与统治（Government）一词交叉使用。随着对治理概念的不断挖掘，目前比较主流的观点认为治理是一个采取联合行动的过程，它强调协调，而不是控制。

数据治理是组织中涉及数据使用的一整套管理行为。关于数据治理的定义尚未形成一个统一的标准。在当前已有的定义中，以 DAMA（the Global Data Management Community，国际数据管理协会）、DGI（the Data Governance Institute，国际数据治理研究所）、IBM DGC（Data Governance Council，数据治理委员会）等机构提出的定义最具有代表性和权威性，详见表 3-3。

表 3-3　　　　　　　　　　　　　数据治理的代表性定义

机构	定义
DAMA	数据治理是指对数据资产管理行使权力和控制活动（计划、监督和执行）的集合
DGI	数据治理是包含信息相关过程的决策权及责任制的体系，根据基于共识的模型执行，描述谁在何时、何种情况下采取什么样的行动、使用什么样的方法
IBM DGC	数据治理是针对数据管理的质量控制规范，它将严密性和纪律性植入企业的数据管理、利用、优化和保护过程中

上述定义较为概括和抽象。为了方便理解，这里从以下 4 个方面来解释数据治理的概念。

①明确数据治理的目标。这里的目标是指在管理数据资产的过程中确保数据的相关决策始终是正确、及时、有效和前瞻性的，确保数据管理活动始终处于规范、有序和可控的状态，确保数据资产得到正确有效的管理，并最终实现数据资产价值的最大化。

②理解数据治理的职能。从决策的角度来看，数据治理的职能是决定如何做决定，因此，数据治理必须回答决策过程中所遇到的问题，即为什么、什么时间、在哪些领域、由谁做决策以及应该做哪些决策；从具体活动的角度来看，数据治理的职能是评估、指导和监督，即评估数据利益相关者的需求、条件和选择，以达成一致的数据获取和管理目标，通过优先排序和决策机制来设定数据管理职能的发展方向，然后根据方向和目标来监督数据资产的绩效与是否合规。

③把握数据治理的核心。数据治理关注的焦点问题是通过何种机制才能确保所做决策的正确性。决策权分配和职责分工就是确保做出正确有效决策的核心机制，因而也就成为数据治理的核心。

④抓住数据治理的本质。对机构的数据管理和利用进行评估、指导和监督，通过提供不断创新的数据服务为其创造价值，这是数据治理的本质，如图 3-14 所示。

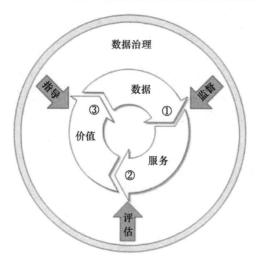

图 3-14　数据治理的本质

3. 数据治理与数据管理的关系

数据治理和数据管理这两个概念比较容易发生混淆，要想正确理解数据治理，必须厘清二者的关系。实际上，治理和管理是完全不同的活动：治理负责对管理活动进行评估、指导和监督，而管理根据治理所做的决策来具体计划、建设和运营。治理的重点在于设计一种制度架构，以达到相关利益主体之间的权利、责任和利益的相互制衡，实现效率和公平的合理统一，因此，理性的治理主体通常追求治理效率。而管理则更加关注经营权的分配，强调的是在治理架构下，通过计划、组织、控制、指挥和协同等职能来实现目标，理性的管理主体追求经营效率。从上述论述可以看出，数据治理对数据管理负有领导职能，即指导如何正确履行数据管理职能。

数据治理主要聚焦于宏观层面，它通过明确战略方针、组织架构、政策、过程并制定相关规则和规范，来评估、指导和监督数据管理活动的执行，如图 3-15 所示。相对而言，数据管理会显得更加微观和具体，它负责采相应的行动，即通过计划、建设、运营和监控相关方针、活动和项目，来实现数据治理所做的决策，并把执行结果反馈给数据治理。

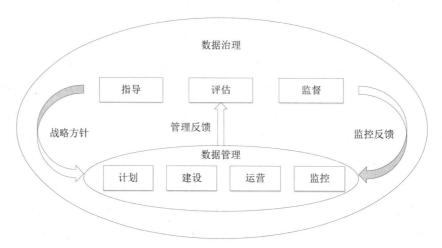

图 3-15　数据治理与数据管理的关系

4．大数据治理的基本概念

大数据治理的概念内涵可以从宏观层、中观层以及微观层 3 个不同的层次来解析，如图 3-16 所示。宏观层重点在于构建概念体系和体系框架，中观层主要关注构建管理机制、信息治理计划和数据全面质量管理的部署，微观层主要关注管理策略和过程、方法、技术工具。各个层次之间相互影响，相互作用，宏观层负责提供顶层设计的原则，中观层负责提供实施方案制定的规则，微观层负责提供落地实践的规范。

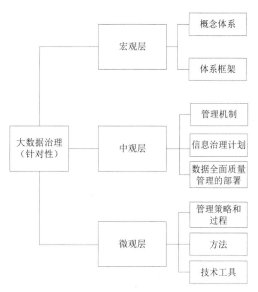

图 3-16　大数据治理的 3 个层次

（1）宏观层

在宏观层，大数据治理的概念包括两个方面：概念体系和体系框架。

①概念体系包括明确目标、权力层次、治理对象以及解决问题 4 个方面。

第一，大数据治理的目标是关注大数据的价值实现和风险管控，建立大数据治理体系的作用是控制期望行为的发生在可控的风险范围内，实现大数据价值的最大化。价值实现强调大数据治理必须能够带来收益，比如提升效率、效益、效果和效能；风险管控强调有效的大数据治理有助于避免决策失误和经济损失。大数据治理需要在价值实现与风险管控二者之间寻找一个均衡点。

第二，大数据治理是为了实现大数据的价值。大数据的资产和权属属性需要被发挥出来，具体表现为占有、使用、收益和处置 4 种权属。占有权是对资源实际掌握和控制的权能；使用权是按照资源的性能和用途对其加以利用，以满足生产、生活需要的权能；收益权是收取由资源产生的新增经济价值的权能；处置权是依法对资源进行处置，从而决定资源命运的权能。这 4 种权能既可以与所有权同属一人，也可以与所有权相分离。与其他资源相比，大数据资源 4 种权属的分离现象非常明显。

第三，大数据治理的对象需要大数据治理的要素来保证，即决策机制、激励约束机制和监督机制。决策的相关事项包括有哪些决策、谁有权力进行决策、如何保证做出"好"的决策、如何对决策进行监督和追责。为了制定科学合理的决策，需要细致完善的决策机制；为了保证决策代表利益相关者的整体利益，需要激励与约束机制；为了对决策结果进行监督，需要监督机制。

第四，大数据治理在可持续治理体系下明确了权属关系，需要设计与决策相关的治理活动来解决一系列问题，比如是什么决策、为什么要做这种决策、如何做好这种决策以及如何对这种决策进行有效监控。

②体系框架是实现大数据治理及进行大数据管理、利用、评估、指导和监督的一整套解决方案，其构成要素包括制定战略方针、建立组织架构和明确职责分工等。

（2）中观层

在中观层，大数据治理的概念表现在 3 个层面。

①第一个层面是管理机制。大数据治理在很大程度上是一种组织行为，完善的管理机制可以作为数据治理的行动依据和指导方针，为实现"用数据说话、用数据决策、用数据管理、用数据创新"提供一套规范管理的路径。

②第二个层面是信息治理计划，包括新兴的管理方法、技术、流程和实践，能够促成对大量的、有隐私的、有成本效益的结构化和非结构化数据的快速发现，并对其进行收集、运行、分析、存储和可保护性的处理。

③第三个层面是数据全面质量管理的部署。大数据治理的全面质量管理包括数据的可获得性、可用性、完整性和安全性的全生命周期和全面质量管理，尤其关注使用数据时的安全性和数据完整性。

（3）微观层

在微观层，大数据治理的概念包括 3 个层面。

①第一个层面是具体的、经济有效的管理策略和过程，包括组织结构上的实践、操作上的实践和相关的实践。组织结构上的实践主要是识别出数据拥有者及其角色和责任；操作上的实践主要是组织执行数据治理的手段；相关的实践主要指改善政策有效性和用户需求之间的联系。

②第二个层面是大数据治理是使用传统的数据质量维度的方法来测评数据质量和数据的可用性，这些维度包括精确性、完整性、一致性、实效性、单值性。

③第三个层面是技术工具应用的大数据治理行为，涉及 5 个重要因素，包括以关注人为基础的治理理念、以政府为主体的治理主体、以多种数据为客体的治理客体、以法律和计算机等软硬件为主的治理工具、以对大数据价值为主要发掘对象的治理目标。

5. 大数据治理与数据治理的关系

大数据治理不是一个横空出世的概念，它是在传统的数据治理基础上提出的适应大数据时代的产物。由于大数据治理是基于数据治理衍生出的概念，因此二者存在着千丝万缕的联系，我们可以基于数据治理的概念，从阐述两者之间的区别和联系的角度来理解大数据治理的概念。

与传统数据相比，大数据的"4V"特征（数据量大、数据类型繁多、价值密度低和处理速度快）导致大数据治理范围更广，层次更高，需要资源投入更多，从而导致在目的、权力层次等方面与数据治理有一定程度的区别，但是在治理对象、解决的实际问题等治理问题的核心维度上有一定的相似性。因此，下面主要从大数据治理的目的、权力层次、对象和解决的实际问题 4 个方面对大数据治理和数据治理的概念进行比较，如表 3-4 所示。

表 3-4　　　　　　　　　　大数据治理与数据治理的概念内涵比较

概念维度	大数据治理的概念内涵	数据治理的概念内涵
目的	鼓励价值实现和风险管控期望行为的发生，更强调价值实现和风险管控	鼓励价值实现和风险管控期望行为的发生，更强调效率提升
权力层次	企业外部的大数据治理强调所有权分配，企业内部的大数据治理强调经营权分配	强调企业内部的经营权分配

概念维度	大数据治理的概念内涵	数据治理的概念内涵
对象	权责安排，即决策权归属和责任担当	权责安排，即决策权归属和责任担当
解决实际问题	有哪些决策，由谁来做决策，如何做出决策，如何对决策进行监控	有哪些决策，由谁来做决策，如何做出决策，如何对决策进行监控

总体而言，大数据治理与数据治理的联系与区别如下。

（1）目的相同

大数据治理和数据治理的目的都是鼓励期望行为发生，具体而言就是价值实现和风险管控，即如何从大数据中挖掘出更多有价值的信息，如何保证大数据使用的合规性，以及如何保证在大数据开发利用过程中不泄露用户隐私。在共同的目的下，数据治理和大数据治理还存在细微的差别。由于大数据具有多源数据融合的特性，数据源既包括企业内部的数据，也包括企业外部的数据，由此带来了较大的安全和隐私风险。此外，需要企业进行大量投入才能满足对异构、实时和海量数据的处理需求，这也造成了大数据治理更强调价值实现。与此相对，数据治理通常发生在企业内部，很难衡量其经济价值和经济效益，因此更强调内部效率提升；而且由于数据主要是内部数据，因而引发的安全和隐私风险较小。因此，大数据治理更强调价值实现和风险管控，而数据治理更强调效率提升。

（2）权力层次不同

大数据治理涉及企业内外部数据的融合，旨在利用企业外部数据来提升企业价值，因此会涉及所有权分配问题，具体包括占有、使用、收益和处置 4 种权能在不同的利益相关者之间的分配。而数据治理的重点在于企业内部的数据融合，主要关注经营权分配问题。因此，大数据治理强调所有权和经营权，而数据治理主要关注经营权。

（3）对象相同

二者都关注决策权分配，即决策权归属和责任担当。权利和责任匹配是在权责分配的过程中必须实现的一个原则，即具有决策权的主体也必须承担相应的责任。大数据治理模式也存在多样性，不同类型的企业、不同时期的企业、不同产业的企业，其治理模式都可能不一样，但是无论何种治理模式，保证企业中行为人（包括管理者和普通员工）责、权、利的对应是衡量治理绩效的重要标准。

（4）解决的实际问题相同

围绕着决策权归属和责任担当产生了 4 个需要解决的实际问题：为了保证有效地管理和使用大数据，应该做出哪些范围的决策；由谁/哪些人决策；如何做出决策；如何监控这些决策。大数据治理和数据治理都面临着相同的问题，但是由于大数据独有的特性，导致在解决这些问题的时候，大数据治理更复杂，因为大数据治理涉及的范围更广，技术更复杂，投入更大。

6. 大数据治理的重要意义和作用

大数据时代，数据已经成为机构最为宝贵的资产。然而，目前机构的数据管理水平总体较为低下，普遍存在着重采集轻管理、重规模轻质量、重利用轻安全的现象，在服务创新、数据质量、安全合规、隐私保护等方面面临着越来越严峻的挑战。

由于数据治理对于数据管理具有指导意义，因此，当一个机构在数据治理层面出现混乱或者缺失时，往往也会同时导致其在数据管理方面出现问题。如果机构内部缺少完善的数据治理计划、一致的数据治理规范、统一的数据治理过程以及跨部门的协同合作，那么数据管理的业务流程可能会变得重复和紊乱，从而导致安全风险的上升和数据质量的下降。有效的数据治理则可通过改进决策、缩减成本、降低风险和提高安全合规等方式，最终实现服务创新和价值创造。数据治理的重要作用可以概括为以下4点。

①促进服务创新和价值创造。有效的数据治理能够通过优化和提升数据的架构、质量、标准、安全等技术指标显著推动数据的服务创新，进而创造出更多更广泛的价值。

②提升数据管理和决策水平。科学的数据治理框架可以协调不同部门的目标和利益，为不同的业务系统提供融合、可信的数据，进而产生与业务目标相一致的科学决策。

③提高数据质量，增强数据可信度，降低成本。当企业内部的数据管理有规可依、有据可循时，就可以产生高质量的数据，增强数据可信度，同时降低数据的成本。

④提高合规监管和安全控制，降低风险。数据治理工作的开展可以促进机构内部加强合作，约束各个部门在跨业务和跨职能部门的应用中采用一致的数据标准，为合规监管创造统一的处理和分析环境，从而降低因不遵守法规、规范和标准所带来的风险。

3.7.2　大数据治理要素和治理原则

1. 大数据治理要素

治理的重要内涵之一就是决策，大数据治理要素描述了大数据治理应重点关注的领域，即大数据治理应该在哪些领域做出决策。按照不同领域在经营管理中的作用，可以把大数据治理要素分为四大类，如图3-17所示，分别是目标要素、促成要素、核心要素和支持要素，具体如下。

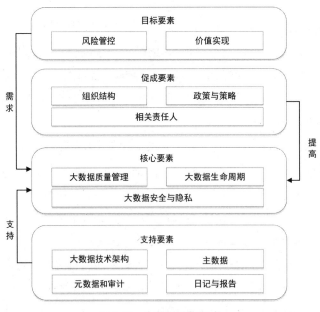

图3-17　大数据治理要素

①目标要素：是大数据治理的预期成果，提出了大数据治理的需求。大数据治理是价值实现和风险管控的平衡，因此，大数据治理的主要目标是通过特定的机制设计实现价值、管控风险。

②促成要素：是影响大数据治理成效的直接决定因素，比较重要的促成要素包括组织结构、战略和政策、大数据相关责任人。

③核心要素：是大数据治理需要重点关注的要素，也是影响大数据治理绩效的重要因素，包括大数据质量管理、大数据生命周期、大数据安全与隐私。

④支持要素：是实现大数据治理的基础和必要条件，包括大数据技术架构、主数据、元数据和审计、日志与报告。

2. 大数据治理原则

大数据治理原则是指大数据治理所遵循的指导性法则，对大数据治理实践起着指导作用。只有将原则融入实践过程中，才能实现数据治理的战略和目标。提高大数据运用能力可以有效增强政府服务和监管的有效性。为了高效采集、有效整合、充分运用庞大的数据，可以遵循以下 5 项大数据治理的基本原则。

（1）有效性原则

有效性原则体现了大数据治理过程中数据的标准、质量、价值、管控的有效性、高效性。在大数据治理过程中，需要数据处理准确度高，理解上不存在歧义；遵循有效性原则，选择有用数据，淘汰无用数据；识别出有代表性的本质数据；去除细枝末节或无意义的非本质数据。这种有效性原则在大数据的收集、挖掘、算法和实施中具有重要作用。运用有效性原则能够获取可靠数据，降低数据规模，提高数据抽象程度，提升数据挖掘的效率，使之在实际工作中可以根据需要选用具体的分析数据和合适的处理方法，以使操作简单、简捷、简约和高效。具体来说，当一位认知主体面对收集到的大量数据和一些非结构化的数据对象，如文档、图片、饰品等物件时，不仅需要掌握大数据管理、大数据集成的技术和方法，遵循有效性原则和数据集成原则，学会数据的归档、分析、建模和元数据管理，还需要在大量数据激增的过程中学会选择、评估和发现某些潜在的本质性变化，包括对新课题、新项目的兴趣开发。

（2）价值化原则

价值化原则是指在大数据治理过程中以数据资产为价值核心，最大化大数据平台的数据价值。数据本身并不产生价值，但是从庞杂的数据背后挖掘、分析用户的行为习惯和喜好，找出更符合用户口味的产品和服务，并结合用户需求有针对性地调整和优化自身，这具有很大的价值。大数据在各个行业的应用都是通过大数据技术来获知事物发展的真相，最终利用这个真相来更加合理地配置资源。而要实现大数据的核心价值，需要 3 个重要的步骤：第 1 步是通过众包的形式收集数据，第 2 步是通过大数据的技术途径进行全面的数据挖掘，第 3 步是利用分析结果进行资源优化配置。

（3）统一性原则

统一性原则是指在数据标准管理组织架构的推动和指导下，遵循协商一致制定的数据标准规范，借助标准化管控流程来实施数据统一性的原则。如今，大数据和云计算已经成为社会发展动力中新一轮的创新平台，基于大数据系统做出一个数据产品需要数据采集、存储和计算等多个步骤，整个流程很长。经过统一规范后，通过标准配置能够大大缩短数据采集的整个流程。数据治理遵循统一性原则，能够节约很大的成本和时间，同时形成规范，这对于数据治理具有重要的意义与作用。

（4）开放性原则

在大数据和云计算模式下，要以开放的理念确立信息公开的政策思想，运用开放、透明、发展、共享的信息资源管理理念对数据进行处理，提高数据治理的透明度，不让海量的数据信息在封闭的环境中沉睡。需要认识到不能以信息安全为理由使很多数据处于沉睡状态，而不开放性地处理数据。组织需要对信息数据进行自由共享，向公众开放非竞争性数据，安全合理地共享数据，并使数据之间形成关联，形成一个良好的数据标准和强有力的数据保护框架，使数据高效、安全地共享和关联，在保护公民个人自由的同时促进经济的增长。

（5）安全性原则

大数据治理的安全性原则体现了安全的重要性、必要性，遵循该原则需要保障大数据平台的数据安全和大数据治理过程中数据的安全可控。大数据的安全性直接关系到大数据业务能否全面推广，大数据治理过程在利用大数据优势的基础上要明确其安全性，从技术层面到管理层面采用多种策略，提升大数据本身及其平台的安全性。在大数据时代，业务数据和安全需求相结合才能够有效提高企业的安全防护水平。大数据的汇集不可避免地加大了用户隐私数据信息泄露的风险。由于数据中包含大量的用户信息，使得对大数据的开发利用很容易侵犯公民的隐私，恶意利用公民隐私的技术门槛大大降低。在大数据应用环境下，数据呈现动态特征，面对数据库中属性和表现形式的不断随机变化，基于静态数据集的传统数据隐私保护技术面临挑战。各领域对于用户隐私保护有多方面的要求和特点，数据之间存在复杂的关联性和敏感性，而大部分现有的隐私保护模型和算法都仅针对传统的关系数据，不能直接将其移植到大数据应用中。

传统数据安全往往是围绕数据生命周期（即数据的产生、存储、使用和销毁）部署的。随着大数据应用的增多，数据的拥有者和管理者相分离，原来的数据生命周期逐渐变成数据的产生、传输、存储和使用。由于大数据的规模没有上限，且许多数据的生命周期极为短暂，因此，传统安全产品要想继续发挥作用，需要随时关注大数据存储和处理的动态化、并行化特征，动态跟踪数据边界，管理对数据的操作行为。

大数据安全不同于关系数据安全，大数据无论是在数据体量、结构类型、处理速度、价值密度方面，还是在数据存储、查询模式、分析应用上都与关系数据有着显著差异。为解决大数据自身的安全问题，需要重新设计和构建大数据安全架构和开放数据服务，从网络安全、数据安全、灾难备份、安全风险管理、安全运营管理、安全事件管理、安全治理等各个角度考虑，部署整体的安全解决方案，以保障大数据计算过程、数据形态、应用价值的安全。

3.7.3　大数据治理的范围

大数据蕴含价值的逐步释放使其成为 IT 信息产业中最具潜力的蓝海。大数据正以一种革命风暴的姿态闯入人们的视野，其技术和市场在快速发展，从而使大数据治理的范围变成不可忽略的因素。

大数据治理范围着重描述了大数据治理的关键领域。大数据治理的关键领域包括大数据生命周期、大数据架构（大数据来源、大数据存储、大数据分析、大数据应用和服务）、大数据安全与隐私、数据质量、大数据服务创新。

1. 大数据生命周期

大数据生命周期是指数据产生、获取到销毁的全过程。传统数据生命周期管理的重点在于节省成本和保存管理。而在大数据时代，数据生命周期管理的重点则发生了翻天覆地的变化，更注重在成本可控的情况下有效地管理并使用大数据，从而创造出更大的价值。

大数据生命周期管理主要包括以下部分：数据捕获、数据维护、数据合成、数据利用、数据发布、数据归档、数据清除等。

①数据捕获：创建尚不存在或者虽然存在但并没有被采集的数据，主要包括 3 个方面的数据来源，即数据采集、数据输入、数据接收。

②数据维护：数据内容（无错漏、无冗余、无有害数据）、数据更新、数据逻辑一致性等方面的维护。

③数据合成：利用其他已经存在的数据作为输入，经过逻辑转换生成新的数据。例如我们已知计算公式：净销售额=销售总额–税收，如果知道销售总额和税收，就可以计算出净销售额。

④数据利用：在企业中如何使用数据，把数据本身当作企业的一个产品或者服务进行运行和管理。

⑤数据发布：在数据使用过程中，可能由于业务的需要将数据从企业内部发送到企业外部。

⑥数据归档：将不再经常使用的数据移到一个单独的存储设备上进行长期保存，对涉及的数据进行离线存储，以备非常规查询等。

⑦数据清除：在企业中清除数据的每一份拷贝。

2. 大数据架构

大数据架构是指大数据在 IT 环境中进行存储、使用及管理的逻辑或者物理架构。它由大数据架构师或者设计师在实现一个大数据解决方案的物理实施之前创建，从逻辑上定义了大数据关于其存储方案、核心组件的使用、信息流的管理、安全措施等的解决方案。建立大数据架构通常需要以业务需求和大数据性能需求为前提。

大数据架构主要包含 4 个层次：大数据来源、大数据存储、大数据分析、大数据应用和服务。

①大数据来源：此层负责收集可用于分析的数据，包括结构化、半结构化和非结构化的数据，以提供解决业务问题所需的信息基础。此层是进行大数据分析的前提。

②大数据存储：主要定义了大数据的存储设施以及存储方案，以进一步进行数据分析处理。通常这一层提供多个数据存储选项，比如分布式文件存储、云、结构化数据源、NoSQL（非关系数据库）等。此层是大数据架构的基础。

③大数据分析：提供大数据分析的工具以及分析需求，从数据中提取关键信息是大数据架构

的核心。分析的要素主要包含元数据、数据仓库。

④大数据应用和服务：提供大数据可视化、交易、共享等，供组织内的各个用户和组织外部的实体（比如客户、供应商、合作伙伴和提供商）使用，是大数据价值的最终体现。

3. 大数据安全与隐私

在大数据时代，数据的收集与保护成为竞争的着力点。从个人隐私安全层面看，大数据将大众带入开放、透明时代，若对数据安全保护不力，将引发不可估量的问题。解决传统网络安全的基本思想是划分边界，在每个边界设立网关设备和网络流量设备，用守住边界的办法来解决安全问题。但随着移动互联网、云服务的出现，网络边界实际上已经消亡了。因此，在开放大数据共享的同时，也带来了对数据安全的隐忧。大数据安全是"互联网+"时代的核心挑战，安全问题具有线上和线下融合在一起的特征。

大数据的隐私管理方法如下。

①定义和发现敏感的大数据，并在元数据库中将敏感大数据进行标记和分类。

②在收集、存储和使用个人数据时，需要严格执行所在地关于隐私方面的法律法规；制定合理的数据保留、处理政策，吸纳公司法律顾问和首席隐私官的建议。

③在存储和使用过程中对敏感大数据进行加密和反识别处理。

④加强对系统特权用户的管理，防止特权用户访问敏感大数据。

⑤在数据的使用过程中，需要对大数据用户进行认证、授权、访问和审计等管理，尤其是要监控用户对机密数据的访问和使用。

⑥审计大数据认证、授权和访问的合规性。

大数据技术与其他领域的新技术一样，给我们带来了安全与隐私问题。另外，它们也不断地对我们管理计算机的方法提出挑战。正如印刷机的发明引发了社会自我管理的变革一样，大数据也是如此。它迫使我们借助新方法应对长期存在的安全与隐私挑战，并且通过借鉴基本原理对新的隐患进行应对。我们在不断推进科学技术进步的同时也应确保我们自身的安全。

4. 数据质量

当前大数据在多个领域广泛存在，大数据的质量对其有效应用起着至关重要的作用。在大数据使用过程中，如果存在数据质量问题，将会带来严重的后果，因而需要对大数据进行质量管理。大数据产生质量问题的具体原因如下。

①由于规模大，大数据在收集、存储、传输和计算过程中可能产生更多的错误。如果对其采用人工错误检测与修复，将导致成本巨大而难以有效实施。

②由于高速性，数据在使用过程中难以保证其一致性。

③大数据的多样性使其更有可能产生不一致和冲突。

如果没有良好的数据质量，大数据将会对决策产生误导，甚至产生有害的结果。高质量的数据是使用数据、分析数据、保证数据质量的前提。大数据质量控制在保证大数据质量、减轻数据治理带来的并发症过程中发挥着重要作用，它能够把社会媒体或其他非传统的数据源进行标准化，并且可以有效防止数据散落。

建立可持续改进的数据管控平台，有效提升大数据质量管理，可以从以下几个方面入手。

①数据质量评估：提供全方位的数据质量（如数据的正确性、完全性、一致性、合规性等）评估能力，对数据进行全面体检。

②数据质量检核和执行：提供配置化的度量规则和检核方法生成能力，提供检核脚本的定时调度执行。

③数据质量监控：提供报警机制，对度量规则或检核方法进行阈值设置，对超出阈值的规则或方法进行不同级别的告警和通知。

④流程化问题处理机制：对数据问题提供流程处理支持，规范问题处理的机制和步骤，强化问题认证，提升数据质量。

⑤锁定使用频率较高的对象，对其进行高级安全管理，避免误操作。

数据质量管理是一个综合的治理过程，不能只通过简单的技术手段解决，需要企业给予高度重视，才能在大数据世界里博采众长，抢占先机。

5. 大数据服务创新

大数据的服务创新将激发新的生产力，通过对数据的直接分析、统计、挖掘、可视化发现数据规律，进行业务创新；通过对价值链、业务关联接口、业务要素等方面的洞察挖掘出更加个性化的服务；通过数据处理自动化、智能化的创新使数据呈现更清晰，分析更明确。

3.8　本章小结

数据素养教育是大数据专业人才培养的核心内容。国内外高校都十分重视学生数据素养的教育，早在 2007 年，就有国外学者提出培养学生的数据素养，提高他们在 21 世纪基本的批判性思维能力。数据素养的教育内容不仅包括复杂的大数据专业技能（比如编程语言、操作系统、网络、数据库、大数据处理架构等）的学习，还包括大数据基础知识（比如大数据安全、大数据思维、大数据伦理等）的学习。本章围绕非技术性内容做了大量的论述，详细讨论了大数据安全、大数据思维、大数据伦理、数据共享、数据开放、大数据交易、大数据治理等内容。这些内容的学习为培养学生的数据素养奠定了坚实的基础。

3.9　习题

1. 请阐述传统数据安全面临的威胁。
2. 请阐述大数据安全与传统数据安全的不同。
3. 请列举几个大数据安全问题的实例。
4. 请阐述机械思维的核心思想。

5. 请阐述大数据时代需要新的思维方式的原因。

6. 请阐述大数据时代人类思维方式的转变主要体现在哪些方面。

7. 请根据自己的生活实践举出一个大数据思维的典型案例。

8. 请阐述大数据伦理的概念。

9. 请列举大数据伦理的相关实例。

10. 请阐述大数据伦理问题的具体表现。

11. 请阐述什么是数字鸿沟问题。

12. 请阐述什么是数据独裁问题。

13. 请阐述什么是数据垄断问题。

14. 请阐述什么是人的主体地位问题。

15. 请阐述什么是政府数据孤岛问题。

16. 请阐述什么是企业数据孤岛问题。

17. 请阐述政府数据孤岛产生的原因。

18. 请阐述企业数据孤岛产生的原因。

19. 请阐述消除数据孤岛对政府和企业的重要意义。

20. 请阐述政府开放数据的理论基础。

21. 请阐述政府信息公开与政府数据开放的联系与区别。

22. 请阐述政府数据开放的重要意义。

23. 请阐述交易平台的类型。

24. 请阐述交易平台的数据来源。

25. 请阐述交易平台的产品类型。

26. 请举例说明交易平台的运营模式。

27. 请列举几个具有代表性的大数据交易平台。

28. 请阐述大数据治理包括哪些关键领域。

29. 请阐述大数据生命周期管理主要包括哪些部分。

30. 请阐述大数据架构主要包括哪几个层次。

31. 请阐述大数据产生质量问题的具体原因有哪些。

第4章
大数据的应用

《大数据时代》的作者舍恩伯格曾经说过："大数据是未来，是新的油田、金矿。"随着大数据向各个行业渗透，未来的大数据将会随时随地为人类服务。大数据宛如一座神奇的钻石矿，其价值潜力无穷。它与其他物质产品不同，并不会随着使用而有所消耗。相反，它取之不尽，用之不竭，可不断被使用并重新释放它的能量。我们第一眼所看到的大数据的价值仅是冰山一角，绝大部分隐藏在表面之下。大数据宛如一股"洪流"注入世界经济，成为全球各个经济领域的重要组成部分。大数据已经无处不在，社会各行各业都已经融入了大数据的印迹。

本章介绍大数据在各大领域的典型应用，包括互联网、生物医学、物流、城市管理、金融、汽车、零售、餐饮、电信、能源、体育、娱乐、安全和日常生活等领域。

4.1　大数据在互联网领域的应用

随着互联网的飞速发展，网络信息的快速膨胀让人们逐渐从信息匮乏的时代步入了信息过载的时代。借助于搜索引擎，用户可以从海量信息中查找自己所需的信息。但是，通过搜索引擎查找内容是以用户的明确需求为前提的，用户需要将其需求转化为相关的关键词进行搜索。因此，当用户需求很明确时，搜索引擎的结果通常能够较好地满足用户的需求。比如，用户打算从网络上下载一首由筷子兄弟演唱的名为《小苹果》的歌曲，只要在百度音乐搜索中输入"小苹果"，就可以找到该歌曲的下载地址。然而，当用户没有明确需求时，就无法向搜索引擎提交明确的搜索关键词。这时，看似神通广大的搜索引擎，也会变得无用武之地，难以帮助用户对海量信息进行筛选。比如，用户突然想听一首自己从未听过的最新的流行歌曲，面对当前众多的流行歌曲，用户可能显得茫然无措，不知道哪首歌曲合自己的口味。因此，他就不能告诉搜索引擎要搜索什么名字的歌曲，搜索引擎自然无法为其找到爱听的歌曲。

推荐系统是可以解决上述问题的一个非常有潜力的办法，它通过分析用户的历史数据来了解用户的需求和兴趣，从而将用户感兴趣的信息、物品等主动推荐给用户。现在让我们设想一个生活中可能遇到的场景：假设你今天想看电影，但不明确想看哪部电影，这时，你打开在线电影网站，面对近百年来所拍摄的成千上万部电影，要从中挑选一部自己感兴趣的电影就不是一件容易的事情。我们经常会打开一部看起来不错的电影，看几分钟后无法提起兴趣就结束观看，然后继续寻找下一部电影。等终于找到一部自己爱看的电影时，可能已经有点筋疲力尽了，渴望放松的心情也会荡然无存。为解决挑选电影的问题，你可以向朋友、电影爱好者进行请教，让他们为你推荐电影。但是，这需要一定的时间成本，而且由于每个人的喜好不同，他人推荐的电影不一定会令你满意。此时，你可能更想要的是一个针对你的自动化工具，它可以分析你的观影记录，了解你对电影的喜好，并从庞大的电影库中找到合你兴趣的电影供你选择。这个你所期望的工具就是推荐系统。

推荐系统是自动联系用户和物品的一种工具。和搜索引擎相比，推荐系统通过研究用户的兴趣偏好进行个性化计算，发现用户的兴趣点，帮助用户从海量信息中去发掘自己潜在的需求。

推荐系统的本质是建立用户与商品的联系。根据推荐算法的不同，可将推荐方法分为以下几类。

①专家推荐。专家推荐是传统的推荐方式，本质上是一种人工推荐，由资深的专业人士来进行商品的筛选和推荐，需要较多的人力成本。目前专家推荐结果主要作为其他推荐算法结果的补充。

②基于统计的推荐。基于统计信息的推荐（如热门推荐）概念直观，易于实现，但是对用户个性化偏好的描述能力较弱。

③基于内容的推荐。基于内容的推荐是信息过滤技术的延续与发展，其更多是通过机器学习的方法去描述内容的特征，并基于内容的特征来发现与之相似的内容。

④协同过滤推荐。协同过滤推荐是推荐系统中应用最早和最为成功的技术之一。它一般采用最近邻技术，利用用户的历史信息计算用户之间的距离；然后利用目标用户的最近邻居用户对商品的评价信息来预测目标用户对特定商品的喜好程度，并根据这一喜好程度来对目标用户进行推荐。

⑤混合推荐。在实际应用中，单一的推荐算法往往无法取得良好的推荐效果。因此，多数推荐系统会对多种推荐算法进行有机组合，如在协同过滤之上加入基于内容的推荐。

4.2 大数据在生物医学领域的应用

大数据在生物医学领域得到了广泛的应用。本节介绍大数据在流行病预测、智慧医疗和生物信息学等生物医学领域的应用。

4.2.1 流行病预测

在公共卫生领域，流行病管理是一项关乎民众身体健康甚至生命安全的重要工作。一种疾病一旦在公众中爆发，就已经错过了最佳防控期，往往会造成大量的生命丧失和经济损失。在传统的公共卫生管理中，一般要求医生在发现新型病例时上报给疾控中心，疾控中心对各级医疗机构上报的数据进行汇总分析，发布疾病流行趋势报告。但是，这种从下至上的处理方式存在一个致命的缺陷：流行病感染的人群往往会在发病多日后，进入严重状态才会到医院就诊；医生见到患者再上报给疾控中心，疾控中心再汇总进行专家分析发布报告，然后相关部门采取应对措施。整个过程会经历一个相对较长的周期，一般要滞后一两周。而在这个时间段内，流行病可能已经开始快速传播，导致疾控中心发布预警时已经错过了最佳的防控期。

今天，大数据彻底颠覆了传统的流行病预测方式，使人类在公共卫生管理领域迈上了一个全新的台阶。大数据技术以搜索数据和地理位置信息数据为基础，分析不同时空尺度的人口流动性、移动模式和参数，进一步结合病原学、人口统计学、地理、气象、人群移动迁徙和地域等因素和信息，可以建立流行病时空传播模型，确定流感等流行病在各流行区域间传播的时空路线和规律，得到更加准确的态势评估和预测。大数据时代被广为流传的一个经典案例就是 Google 的预测流感趋势。Google 开发了一个可以预测流感趋势的工具——Google 流感趋势，它采用大数据分析技术，利用网民在 Google 搜索引擎输入的搜索关键词来判断全美地区的流感情况。Google 把 5000 万条美国人最频繁检索的词条和美国疾控中心（Centers for Disease Control and Prevention，CDC）在

2003—2008 年间季节性流感传播时期的数据进行了比较，并构建了数学模型实现流感预测。2009 年，Google 首次发布了冬季流感预测结果，与官方数据的相关性高达 97%。此后，Google 多次把测试结果与美国疾控中心的报告进行对比，发现两者结论存在很大的相关性，从图 4-1 可以看出，两条曲线高度吻合，证实了 Google 流感趋势预测结果的正确性和有效性。

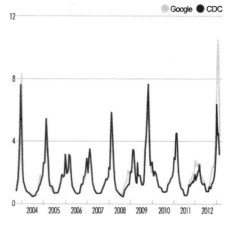

图 4-1 Google 发布的冬季流感预测结果与
美国疾控中心（CDC）发布信息的比对

其实，Google 流感趋势预测背后的原理并不复杂。对普通民众而言，小病小痛是日常生活中经常碰到的事情，有时候不闻不问，靠人类自身免疫力就可以痊愈，有时候简单服用一些药物或采用相关简单疗法也可以快速痊愈，因此很少人会选择及时就医。在网络发达的今天，遇到感冒相关病症时，人们首先会想到求助于网络，希望在网络中迅速搜索到治疗方法或药物、就诊医院等信息，以及有助于康复的生活方式。作为占据市场主导地位的搜索引擎服务商，Google 自然可以收集到大量网民关于病症的相关搜索信息，通过分析某一地区民众在特定时期对流感病症的搜索大数据，就可以得到关于流感的传播动态和未来 7 天流感的流行趋势的预测结果。

虽然美国疾控中心会不定期发布流感趋势报告，但是很显然，Google 的流感趋势报告要更加及时、迅速。美国疾控中心发布流感趋势报告是根据下级各医疗机构上报的患者数据进行分析得到的，在时间上会存在一定的滞后性。Google 则是在第一时间收集网民关于流感病症的相关搜索信息后进行分析得到结果，因为普通民众出现小病小痛后，会首先寻求网络帮助而不是就医。另外，美国疾控中心获得的患者样本数也明显少于 Google，因为在所有流感患者中，只有一小部分

重症患者会最终去医院就医而进入官方的统计范围。

4.2.2 智慧医疗

随着医疗信息化的快速发展，智慧医疗逐渐走入人们的生活。IBM 开发了沃森技术——医疗保健内容分析预测，该技术允许企业对大量病人的临床医疗信息进行大数据处理，以更好地分析病人的信息。加拿大多伦多的一家医院利用大数据分析有效避免早产儿夭折，其做法是：医院用先进的医疗传感器对早产儿的心跳等生命体征进行实时监测，每秒读取 3000 多次的数据；系统对这些数据进行实时分析并给出预警报告，从而使医院能够提前知道哪些早产儿可能出现健康问题，并且有针对性地采取措施。我国厦门、苏州等城市建立了先进的智慧医疗在线系统，可以实现在线预约、健康档案管理、社区服务、家庭医疗、支付清算等功能，大大方便了市民就医，也提升了医疗服务的质量和患者满意度。可以说，智慧医疗正在深刻地改变着我们的生活。

智慧医疗的核心就是以患者为中心，给予患者以全面、专业、个性化的医疗体验。智慧医疗通过整合各类医疗信息资源构建药品目录数据库、居民健康档案数据库、影像数据库（Picture Archiving and Communication System，PACS）、检验数据库（Laboratory Information System，LIS）、医疗人员数据库、医疗设备数据库等卫生领域的六大基础数据库，可以让医生随时查阅病人的病历、治疗措施和保险细则，随时随地快速制定诊疗方案；也可以让患者自主选择更换医生或医院，患者的转诊信息及病历可以在任意一家医院通过医疗联网方式调阅。

智慧医疗具有 3 个优点：一是促进优质医疗资源的共享，二是避免患者重复检查，三是促进医疗智能化。

4.2.3 生物信息学

生物信息学（Bioinformatics）是研究生物信息的采集、处理、存储、传播、分析和解释等方面的学科，也是随着生命科学和计算机科学的迅猛发展，生命科学和计算机科学相结合形成的一门新学科，它通过综合利用生物学、计算机科学和信息技术，揭示大量而复杂的生物数据所蕴含的生物学奥秘。

和互联网数据相比，生物信息学领域的数据更是典型的大数据。首先，细胞、组织等结构都是具有活性的，其功能、表达水平甚至分子结构在时间上是连续变化的，而且很多背景噪声会导致数据不准确；其次，生物信息学数据具有很多维度，在不同维度的组合方面，生物信息学数据的组合性要明显大于互联网数据，前者往往表现出维度组合爆炸。比如，所有已知物种的蛋白质分子的空间结构预测仍然是分子生物学领域的一个重大课题。

生物数据主要是基因组学数据。在全球范围内，科学家们启动了各种基因组计划，有越来越多生物体的全基因组测序工作已经完成或正在开展。随着人类一个基因组测序的成本从 2000 年的 1 亿美元左右降至目前的 1000 美元左右，将会有更多的基因组大数据产生。除此以外，蛋白组学、代谢组学、转录组学、免疫组学等也是生物大数据的重要应用场景。每年全球都会新增 EB 量级的生物数据，生命科学领域已经迈入大数据时代，正面临从实验驱动向大数据驱动转型。

生物大数据使我们可以利用先进的数据科学知识更加深入地了解生物学过程、作物表型、疾病致病基因等。将来我们每个人都可能拥有一份自己的健康档案，档案中包含了日常健康数据（各种生理指标，饮食、起居、运动习惯等）、基因序列和医学影像（CT、B 超检查结果）。用大数据分析技术可以从个人健康档案中有效预测个人健康变化趋势，并为其提供疾病预防建议，达到"治未病"的目的。基因蕴藏着所有生老病死的规律，破解基因大数据可实现精准医疗。由此生物大数据将会产生巨大的影响力，使生物学研究迈向一个全新的阶段，甚至会形成以生物学为基础的新一代产业革命。

4.3　大数据在物流领域的应用

智能物流是大数据在物流领域的典型应用。智能物流融合了大数据、物联网和云计算等新兴 IT，使物流系统能模仿人的智能，实现物流资源的优化调度和有效配置以及物流系统效率的提升。大数据技术是智能物流发挥其重要作用的基础和核心，物流行业在货物流转、车辆追踪、仓储等各个环节中都会产生海量的数据。分析这些物流大数据有助于我们深刻认识物流活动背后隐藏的规律，优化物流过程，提升物流效率。

4.3.1　智能物流的概念

智能物流又称智慧物流，是利用智能化技术使物流系统能模仿人的智慧，具有思维、感知、学习、推理判断和自行解决物流中某些问题的能力，从而实现物流资源优化调度和有效配置、物流系统效率提升的现代化物流管理模式。

智能物流的概念源自 2010 年 IBM 发布的研究报告《智慧的未来供应链》，该报告通过对全球供应链管理者的调研，归纳出成本控制、可视化程度、风险管理、消费者日益严苛的需求、全球化五大供应链管理挑战。为应对这些挑战，IBM 首次提出了智慧供应链的概念。

智慧供应链具有先进化、互连化、智能化三大特点。先进化是指数据多由感应设备、识别设备、定位设备产生，替代人为获取。这使得供应链可实现动态可视化自动管理，包括自动库存检查、自动报告存货位置错误。互连化是指整体供应链联网，不仅包括客户、供应商、IT 系统的联网，也包括零件、产品以及智能设备的联网。联网赋予供应链整体计划决策能力。智能化是指通过仿真模拟和分析帮助管理者评估多种可能性选择的风险和约束条件。这意味着供应链具有学习、预测和自动决策的能力，无须人为介入。

4.3.2　大数据是智能物流的关键

在物流领域有两个著名的理论——"黑大陆说"和"物流冰山说"。1962 年，管理学家彼得·德鲁克提出了"黑大陆说"，他认为在流通领域中物流活动的模糊性尤其突出，是流通领域中最具潜力的领域。提出"物流冰山说"的日本早稻田大学教授西泽修认为物流就像一座冰山，其中沉在水面以下的是我们看不到的黑色区域，这部分就是"冰山"，而这正是物流尚待开发的领域，也是物流的潜力所在。这两个理论都旨在说明物流活动的模糊性和巨大潜力。对于如此模糊而又具有巨大潜力的领域，我们该如何去了解、掌控和开发呢？答案就是借助于大数据技术。

发现隐藏在海量数据背后的有价值的信息是大数据的重要商业价值。大数据是打开物流领域这块神秘"黑大陆"的一把金钥匙。物流行业在货物流转、车辆追踪、仓储等各个环节中都会产生海量的数据，有了这些物流大数据，所谓的物流"黑大陆"将不复存在，我们可以通过数据充分了解物流背后的规律。借助于大数据技术，我们可以对各个物流环节的数据进行归纳、分类、整合、分析和提炼，为企业战略规划、运营管理和日常运作提供重要支持和指导，从而有效提升快递物流行业的整体服务水平。

大数据将推动物流行业从粗放式服务到个性化服务的转变，甚至颠覆整个物流行业的商业模式。通过对物流企业内部和外部相关信息的收集、整理和分析，可以为每个客户量身定制个性化的产品，提供个性化的服务。

4.3.3　中国智能物流骨干网——菜鸟

1. 菜鸟简介

2013 年 5 月 28 日，阿里巴巴联合银泰、复星、富春控股、顺丰、三通一达（申通、圆通、中通、韵达）、宅急送、汇通以及相关金融机构共同宣布，联手共建中国智能物流骨干网（China Smart Logistic Network，CSN）（又名菜鸟）。菜鸟可以提供充分满足个性化需求的物流服务。例如，用户在网购下单时，可以选择时效最快、成本最低、最安全、服务最好等多个快递服务组合类型。

菜鸟网络由物流仓储平台和物流信息系统构成。物流仓储平台由若干个大仓储节点、重要节点和诸多城市节点组成。大仓储节点将针对东北、华北、华东、华南、华中、西南和西北七大区域，选择其中心位置进行仓储投资。物流信息系统整合了所有服务商的信息系统，实现了骨干网内部的信息统一。同时，该系统向所有的制造商、网商、快递公司、第三方物流公司完全开放，有利于物流生态系统内各参与方利用信息系统开展各种业务。

2. 大数据是支撑菜鸟的基础

菜鸟是阿里巴巴整合各方力量实施的"天网+地网"计划的重要组成部分。所谓地网，是指阿里巴巴的中国智能物流骨干网，最终将建设成为一个全国性的超级物流网；所谓天网，是指以阿里巴巴旗下多个电商平台（淘宝、天猫等）为核心的大数据平台。由于阿里巴巴的电商业务量大，平台上聚集了众多的商家、用户、物流企业，每天都会产生大量的在线交易，因此这个平台掌握了网络购物的物流需求数据、电商货源数据、货流量与分布数据以及消费者长期购买习惯数据等。物流公司可以对这些数据进行大数据分析，优化仓储选址、干线物流基础设施建设以及物流体系建设，并根据商品需求分析结果提前把货物配送到需求较为集中的区域，做到"买家没有下单、货就已经在路上"，最终实现以天网数据优化地网效率的目标。有了天网数据的支撑，阿里巴巴可以充分利用大数据技术为用户提供个性化的电子商务和物流服务。用户从时效最快、成本最低、最安全、服务最好等选项中选择服务快递组合类型后，阿里巴巴会根据以往的快递公司的服务情况、各个分段的报价情况、即时运力资源情况、该流向的即时件量等信息，甚至可以融合天气预测、交通预测等数据，进行相关的大数据分析，从而得到满足用户需求的最优方案供用户选择，并最终把相关数据分发给各个物流公司使其完成物流配送。

可以说，菜鸟计划的关键在于信息整合，而不是资金和技术的整合。阿里巴巴的天网和地网必须把供应商、电商企业、物流公司、金融企业、消费者的各种数据全方位、透明化地加以整合、分析、判断，并将其转化为电子商务和物流系统的行动方案。

4.4　大数据在城市管理领域的应用

大数据在城市管理中发挥着日益重要的作用，主要体现在智能交通、环保监测、城市规划、安防、疫情防控等领域。

4.4.1　智能交通

随着汽车数量的急剧增加，交通拥堵已经成为亟待解决的城市管理难题。许多城市纷纷将目光转向智能交通，期望通过实时获得关于道路和车辆的各种信息分析道路交通状况，发布交通诱导信息，优化交通流量，提高道路通行能力，有效缓解交通拥堵问题。发达国家数据显示，智能交通管理技术可以使交通工具的使用效率提升 50%以上，交通事故中死亡人数减少 30%以上。

智能交通将先进的信息技术、数据通信传输技术、电子传感技术、控制技术以及计算机技术等有效集成并运用于整个地面交通管理，同时可以利用城市的实时交通信息、社交网络和天气数据来优化最新的交通情况。

在智能交通应用中，遍布城市各个角落的智能交通基础设施（如摄像机、传感器、监控视频等）每时每刻都在生成大量数据，这些数据构成了智能交通大数据。利用事先构建的模型对交通大数据进行实时分析和计算，就可以实现交通实时监控、交通智能诱导、公共车辆管理、旅行信息服务、车辆辅助控制等。以公共车辆管理为例，目前，包括北京、上海、广州、深圳、厦门等在内的各大城市都已经建立了公共车辆管理系统，道路上正在行驶的所有公交车和出租车都被纳入实时监控。通过车辆上安装的 GPS 设备，管理中心可以实时获得各个车辆的当前位置信息，并根据实时道路情况计算得到车辆调度计划，发布车辆调度信息，指导车辆控制到达和发车时间，实现运力的合理分配，提高运输效率。作为乘客，只要在智能手机上安装了掌上公交等软件，就可以通过手机随时随地查询各条公交线路以及公交车的当前位置。

4.4.2　环保监测

1. 森林监视

森林是地球的"肺"，可以调节气候、净化空气、防止风沙、减轻洪灾、涵养水源以及保持水土。但是，在全球范围内，每年都有大面积的森林遭受自然或人为因素的破坏。比如，森林火灾会给森林带来最有害甚至毁灭性的后果，是林业最可怕的灾害；再比如，人为的乱砍滥伐导致部分地区森林资源快速减少，这些都给人类的生存环境造成了严重的威胁。

为了有效保护人类赖以生存的宝贵森林资源，各个国家和地区都建立了森林监视体系，比如地面巡护、瞭望台监测、航空巡护、视频监控、卫星遥感等。随着数据科学的不断发展，近年来，人们开始把大数据应用于森林监视，其中，Google 森林监视就是一项具有代表性的研究成果。Google 森林监视系统采用 Google 搜索引擎获取时间分辨率，采用 NASA（National Aeronautics and Space Administration，美国国家航空航天局）和美国地质勘探局的地球资源卫星获取空间分辨率。系统利用卫星的可见光和红外数据画出某个地点的森林卫星图像。在卫星图像中，每个像素都包含了颜色和红外信号特征等信息。如果某个区域的森林被破坏，该区域对应的卫星图像像素信息就会发生变化。因此，通过跟踪监测森林卫星图像上像素信息的变化就可以有效监测森林的变化情况。当大片森林被砍伐破坏时，系统就会自动发出警报。

2. 环境保护

大数据已经被广泛应用于污染监测领域。借助大数据技术采集各项环境质量指标信息，将信息集成、整合到数据中心进行数据分析，并利用分析结果来指导制定下一步的环境治理方案，可以有效提升环境整治的效果。把大数据技术应用于环境保护具有明显的优势，一方面可以实现 7×24 小时的连续环境监测；另一方面，借助于大数据可视化技术可以立体化呈现环境数据分析结果和治理模型，利用数据模拟出真实的环境，辅助人类制定相关环保决策。

在一些城市，大数据也被应用到汽车尾气污染治理中。汽车尾气已经成为城市空气的重要污染源之一。为了有效防治机动车污染，我国各级地方政府都十分重视对汽车尾气污染数据的收集和分析，以为有效控制污染提供服务。比如，山东省借助现代智能化精确检测设备、大数据云平台管理和物联网技术可准确收集机动车的原始排污数据，智能统计机动车排放的污染量，溯源机动车的检测状况和数据，确保为政府相关部门削减空气污染提供可信的数据。

4.4.3 城市规划

大数据正深刻改变着城市规划的方式。对于城市规划师而言，规划工作高度依赖测绘数据、统计资料以及各种行业数据。目前，规划师可以从多种渠道获得这些基础性数据，开展各种规划研究工作。随着中国政府信息公开化进程的加快，各种政府层面的数据开始逐步对公众开放。与此同时，国内外一些数据开放组织也在致力于数据开放和共享工作。此外，数据堂等数据共享商业平台的诞生也大大促进了数据提供者和数据消费者之间的数据交换。

城市规划研究者利用开放的政府数据、行业数据、社交网络数据、地理数据、车辆轨迹数据等开展了各种层面的规划研究。例如，利用地理数据，可以研究全国城市扩张模拟、城市建成区识别、地块边界与开发类型和强度重建模型、中国城市间交通网络分析与模拟模型、中国城镇格局时空演化分析模型、全国各城市人口数据合成和居民生活质量评价、空气污染暴露评价、主要城市市区范围划定以及城市群发育评价等；利用公交 IC 卡数据，可以开展城市居民通勤分析、居住分析、人的行为分析、人的识别、重大事件影响分析、规划项目实施评估分析等；利用移动手机通话数据，可以研究城市联系、居民属性、活动关系及其对城市交通的影响；利用社交网络数据，可以研究城市功能分区、城市网络活动与等级、城市社会网络体系等；利用出租车定位数据，可以开展城市交通研究；利用住房销售和出租数据，同时结合网络爬虫获取的居民住房地理位置和周边设施条件数据，就可以评价一个城区的住房分布和质量情况，从而有利于城市规划设计者有针对性地优化城市的居住空间布局。

4.4.4　安防

近年来，随着网络技术在安防领域的发展、高清摄像头在安防领域应用的不断升级以及项目建设规模的不断扩大，安防领域积累了海量的视频监控数据，并且每天都在以惊人的速度生成大量新的数据。例如，中国很多城市都在开展平安城市建设，在城市的各个角落布置摄像头，7×24小时不间断采集各个位置的视频监控数据，数据量之大超乎想象。

除了视频监控数据，安防领域还包含大量其他类型的数据，包括结构化、半结构化和非结构化数据。结构化数据包括报警记录、系统日志记录、运维数据记录、摘要分析结构化描述记录以及各种相关的信息数据库，如人口信息、地理数据信息、车驾管信息等；半结构化数据包括人脸建模数据、指纹记录等；非结构化数据主要指视频录像和图片记录，如监控视频录像、报警录像、摘要录像、车辆卡口图片、人脸抓拍图片、报警抓拍图片等。所有这些数据一起构成了安防大数据的基础。

之前这些数据的价值并没有被充分发挥出来，跨部门、跨领域、跨区域的联网共享较少，检索视频数据仍然以人工手段为主，不仅效率低下，而且效果并不理想。基于大数据的安防要实现的目标是通过跨区域、跨领域的安防系统联网实现数据共享、信息公开以及智能化的信息分析、预测和报警。以视频监控分析为例，大数据技术可以支持在海量视频数据中实现视频图像统一转码、摘要处理、视频剪辑、视频特征提取、图像清晰化处理、视频图像模糊查询、快速检索和精准定位等功能，同时深入挖掘海量视频监控数据背后的有价值信息，快速反馈信息，以辅助决策判断，从而将安保人员从繁重的人工视频回溯工作中解脱出来，不需要投入大量精力从大量视频中低效查看相关事件线索，可在很大程度上提高视频分析效率，缩短视频分析时间。

4.5　大数据在金融领域的应用

金融领域是典型的数据驱动领域，是数据的重要生产者，每天都会生成交易、报价、业绩报告、消费者研究报告、官方统计数据公报、调查、新闻报道等各种信息。金融领域高度依赖大数据，大数据在高频交易、市场情绪分析、信贷风险分析和大数据征信4大金融创新领域发挥着重要作用。

4.5.1　高频交易

高频交易（High-Frequency Trading，HFT）是指从那些人们无法利用的极为短暂的市场变化中寻求获利的计算机化交易，比如某种证券买入价和卖出价之间差价的微小变化，或者某只股票在不同交易所之间的微小差价。相关调查显示，2009 年以来，无论是美国证券市场，还是期货市场、外汇市场，高频交易所占份额已达 40%～80%。随着采取高频交易策略情形的不断增多，其所能带来的利润开始大幅下降。为了从高频交易中获得更高的利润，一些金融机构开始引入大数据技术来决定交易。比如，采取战略顺序交易（Strategic Sequential Trading，SST），即通过分析金融大数据识别出特定市场参与者留下的足迹，然后预判该参与者在其余交易时段的可能交易行为，并执行与之相同的行为，该参与者继续执行交易时将付出更高的价格，使用大数据技术的金融机构就可以趁机获利。

4.5.2 市场情绪分析

市场情绪是整体市场中所有市场参与人士观点的综合体现，这种所有市场参与者共同表现出来的感觉即我们所说的市场情绪。比如，交易者对经济的看法悲观与否，新发布的经济指标是否会让交易者明显感觉到未来市场将会上涨或下跌等。市场情绪对金融市场有着重要的影响。换句话说，市场上大多数参与者的主流观点决定了当前市场的总体方向。

市场情绪分析是交易者在日常交易工作中不可或缺的一环，市场情绪分析、技术分析和基本面分析有助于交易者做出更好的决策。大数据技术在市场情绪分析中大有用武之地。今天，几乎每个市场交易参与者都生活在移动互联网世界里，每个人都可以借助智能移动终端（手机、平板电脑等）实时获得各种外部世界信息；同时，每个人又都扮演着对外信息发布主体的角色，通过博客、微博、微信、个人主页、QQ 等各种社交媒体发布个人的市场观点。英国布里斯托尔大学的团队研究了 980 多万英国人的约 4.84 亿条 Twitter 消息，发现公众的负面情绪变化与财政紧缩及社会压力高度相关。因此，海量的社交媒体数据形成了一座可用于市场情绪分析的宝贵金矿。利用大数据分析技术可以从中抽取市场情绪信息，开发交易算法，确定市场交易策略，获得更大利润空间。

4.5.3 信贷风险分析

信贷风险是指信贷放出后本金和利息可能出现损失的风险，它一直是金融机构需要努力化解的一个重要问题，直接关系到机构自身的生存和发展。我国为数众多的中小企业是金融机构不可忽视的目标客户群体，市场潜力巨大。但是，与大型企业相比，中小企业先天的不足之处主要表现在以下 3 个方面：贷款偿还能力弱；财务制度普遍不健全，难以有效评估其真实经营状况；信用度较低，逃废债情况严重，银行维权难度较大。因此，对于金融机构而言，放贷给中小企业的潜在信贷风险明显高于大型企业。对于金融机构而言，成本、收益和风险不对称，导致其更愿意贷款给大型企业。据测算，金融机构对中小企业贷款的管理成本平均是大型企业的 5 倍左右，且风险高得多。可以看出，风险与收益不成比例，使得金融机构向中小企业放贷时会比较谨慎。如果能够有效加强风险的可审性和管理力度，支持精细化管理，那么，毫无疑问，金融机构和中小企业都将迎来新一轮的发展。

目前，大数据分析技术已经能够为企业的信贷风险分析助一臂之力。通过收集和分析大量中小企业用户日常交易行为的数据，可以判断其业务范畴、经营状况、信用状况、用户定位、资金需求和行业发展趋势，解决由于其财务制度的不健全而无法真正了解其真实经营状况的难题，让金融机构放贷有信心，管理有保障。对于个人贷款申请者而言，金融机构可以充分利用申请者的社交网络数据分析得出个人信用评分。例如，美国 Movenbank 移动银行、德国 Kreditech 贷款评分公司等新型中介机构都在积极尝试利用社交网络数据构建个人信用分析平台，将社交网络资料转化成个人互联网信用。它们试图说服 LinkedIn 和其他社交网络对金融机构开放用户相关资料和用户在各网站的活动记录，然后借助于大数据分析技术分析用户在社交网络中的好友的信用状况，以此作为生成客户信用评分的重要依据。

4.5.4　大数据征信

征信出于《左传》："君子之言，信而有征，故怨远于其身。"而现代所谓的征信，指的是依法设立的信用征信机构对个体信用信息进行采集和加工，并根据用户要求提供信用信息查询和评估服务的活动。简单来说，信用就是一个信息集合，征信的本质在于利用信用信息对金融主体进行数据刻画。

信用作为一国经济领域特别是金融市场的基础性要素，对经济和金融的发展起到了至关重要的作用。准确的信用信息可以有效降低金融系统的风险和交易成本，健全的征信体系能够显著提高信用风险管理能力，培育和发展征信市场对经济金融系统的持续、稳定发展具有重要价值。所以征信是现代金融体系的重要基础设施。

在征信方式方面，传统的征信机构主要使用的是金融机构产生的信贷数据，一般是从数据库中直接提取的结构化数据，来源单一，采集频率也比较低。对于没有产生信贷行为的个体，金融机构并没有此类对象的信贷数据，那么使用传统的方式就无法给出合理的评价。对有信贷数据个体的评价，主要是根据过去的信用记录给出评分，作为对未来信用水平的判断，应用的场景也普遍局限于金融信贷领域的贷款审批、信用卡审批环节。

大数据等新兴技术的发展使我们具备了处理实时海量数据的能力，搜索和数据挖掘能力也得到了长足进步。征信行业本就是严重依赖数据的，信息技术的进步则为征信行业注入了新的活力，带来了新的发展机遇。例如，大数据技术可以解决海量征信数据的采集和存储问题，机器学习和人工智能方法可对征信数据进行深入挖掘和风险分析，借助云计算和移动互联网等手段可提高征信服务的便捷性和实时性等。

大数据征信就是利用信息技术优势将不同信贷机构、消费场景、支离破碎的海量数据整合起来，经过数据清洗、模型分析、校验等一系列流程后，加工融合成真正有用的信息。征信大数据的来源十分广泛，包括社交（人脉、兴趣爱好等）、司法行政、日常生活（公共交通、铁路飞机、加油、水电气费、物业取暖费等）、社会行为（旅游住宿、互联网金融、电子商务等）、政务办理（护照签证、办税、登记注册等）、社会贡献（爱心捐献、志愿服务等）、经济行为等。大数据征信中的数据不只有传统征信的信贷历史数据，所有的足迹数据都会被记录，其中既有结构化数据，也有大量非结构化数据，能够多维度地刻画一个人的信用状况。同时，大数据挖掘获得的数据具有实时性、动态性，能够实时监测信用主体的信用变化，企业可以及时拿出解决方案，避免不必要的风险。

大数据征信主要通过迭代模型从海量数据中寻找关联，并由此推断个人的身份特质、性格偏好、经济能力等相对稳定的指标，进而对个人的信用水平进行评价，给出综合的信用评分。采用的数据挖掘方法包括机器学习、神经网络、PageRank 算法等数据处理方法。

大数据征信的应用场景很多，在金融领域，个人征信产品主要用于消费信贷、信用卡、网络购物平台等；在生活领域，个人征信产品主要用于签证审核和发放、个人职业升迁评判、法院判决、个人参与社会活动（诸如找工作、相亲等）。

总而言之，未来的征信不只局限于金融领域。在当今互联网大发展的时代，通过共享经济等新经济形式，征信会逐渐渗透到衣食住行等方方面面，在大数据的助力下帮助社会形成"守信者处处受益、失信者寸步难行"的局面。

4.6　大数据在汽车领域的应用

无人驾驶汽车经常被描绘成一个可以解放驾车者的技术奇迹，Google 和百度是这个领域的技术领跑者。无人驾驶汽车系统可以同时对数百个目标保持监测，包括行人、公共汽车、一个做出左转手势的自行车骑行者以及一个保护学生过马路的人举起的停车指示牌等。Google 无人驾驶汽车的基本工作原理是：车顶上的扫描器发射 64 束激光射线，激光射线碰到车辆周围的物体时会反射回来，由此可以计算出车辆和物体的距离；同时，在汽车底部还配有一套测量系统，可以测量出车辆在 3 个方向上的加速度、角速度等数据，并结合 GPS 数据计算得到车辆的位置；所有这些数据与车载摄像机捕获的图像一起输入计算机，大数据分析系统以极高的速度处理这些数据；这样，系统就可以实时探测周围出现的物体，不同汽车之间甚至能够进行相互交流，了解附近其他车辆的行进速度、方向以及车型、驾驶员驾驶水平等，并根据行为预测模型对附近汽车的突然转向或刹车行为及时做出反应，非常迅速地做出各种车辆控制动作，引导车辆在道路上安全行驶。

为了实现无人驾驶的功能，Google 无人驾驶汽车上配备了大量传感器，包括雷达、车道保持系统、激光测距系统、红外摄像头、立体视觉、GPS 导航系统、车轮角度编码器等，这些传感器每秒产生 1GB 数据，每年产生的数据量约 2PB。可以预见的是，随着无人驾驶汽车技术的不断发展，未来汽车将配置更多的红外传感器、摄像头和激光雷达，这也意味着将会生成更多的数据。大数据分析技术将帮助无人驾驶系统做出更加智能的驾驶动作决策，比人类驾车更加安全、舒适、节能、环保。

4.7　大数据在零售领域的应用

大数据在零售行业中的应用主要包括发现关联购买行为、客户群体细分和供应链管理等。

4.7.1　发现关联购买行为

谈到大数据在零售行业的应用，不得不提到一个经典的营销案例——啤酒与尿布的故事。在一家超市，有个有趣的现象——尿布和啤酒赫然摆在一起出售，但是，这个"奇怪的举措"却使尿布和啤酒的销量双双增加了。这不是奇谈，而是发生在美国沃尔玛连锁店超市的真实案例，并一直为商家所津津乐道。

其实，只要分析一下人们在日常生活中的行为，上述现象就不难理解了。在美国，妇女一般在家照顾孩子，她们经常会嘱咐丈夫在下班回家的路上，顺便去超市买些孩子的尿布。而男人进入超市后，购买尿布的同时通常会顺手买几瓶自己爱喝的啤酒。因此，商家把啤酒和尿布放在一起销售，男人在购买尿布的时候看到啤酒，就会产生购买的冲动，增加商家的啤酒销量。

现象不难理解，问题的关键在于商家是如何发现这种关联购买行为的？不得不说，大数据技术在这个过程中发挥了至关重要的作用。沃尔玛拥有先进的数据仓库系统，积累了大量原始交易数据，利用这些海量数据对顾客的购物行为进行购物篮分析，就可以准确了解顾客在其门店的购买习惯。沃尔玛通过数据分析和实地调查发现，在美国，一些年轻父亲下班后经常要到超市去买婴儿尿布，而他们中有 30%～40%的人同时会为自己买一些啤酒。尿布与啤酒一起被购买的机会很多，于是沃尔玛在各个门店将尿布与啤酒摆放在一起，结果，尿布与啤酒的销售量双双增长。啤酒与尿布乍一看可谓风马牛不相及，然而，借助大数据技术，沃尔玛从顾客历史交易记录中挖掘数据，得到了啤酒与尿布二者之间存在的关联性，并用来指导商品的组合摆放，获得了意想不到的好效果。

4.7.2　客户群体细分

《纽约时报》曾经发布过一条引起轰动的、关于美国第二大零售超市 Target 百货公司成功推销孕妇用品的报道，让人们再次感受到了大数据的威力。众所周知，对于零售业而言，孕妇是一个非常重要的消费群体，具有很大的消费潜力，孕妇从怀孕到生产的全过程需要购买保健品、无香味护手霜、婴儿尿布、爽身粉、婴儿服装等各种商品，表现出非常稳定的刚性需求。因此，孕妇产品零售商如果能够提前获得孕妇信息，在怀孕初期就进行有针对性的产品宣传和引导，无疑会给商家带来巨大的收益。由于美国出生记录是公开的，全国的商家都会知道孩子出生情况，如果商家等到婴儿出生后再行动就为时已晚，因为那个时候就会面临很多的市场竞争者。因此，如何有效识别出哪些顾客属于孕妇群体就成为最核心的问题。但是，在传统的方式下，要从茫茫人海里识别出哪些是怀孕的顾客，需要投入惊人的人力、物力、财力，使得这种细分行为毫无商业意义。

面对这个棘手难题，Target 百货公司另辟蹊径，把焦点从传统方式移开，转向大数据技术。Target 的大数据系统会为每一个顾客分配一个唯一的 ID 号，顾客刷信用卡、使用优惠券、填写调查问卷、邮寄退货单、打客服电话、开启广告邮件、访问官网等所有操作都会与自己的 ID 号关联起来并存入大数据系统。仅有这些数据还不足以全面分析顾客的群体属性特征，还必须借助于公司外部的各种数据来辅助分析。为此，Target 公司从其他相关机构购买了顾客的其他必要信息，包括年龄、是否有子女、所住市区、住址离 Target 的车程、薪水情况、最近是否搬过家、钱包里的信用卡情况、常访问的网址、就业史、破产记录、婚姻史、购房记录、求学记录、阅读习惯等。以这些关于顾客的海量数据为基础，借助大数据分析技术，Target 公司可以得到客户的深层需求，从而实现更加精准的营销。

Target 通过分析发现有一些明显的购买行为可以用来判断顾客是否怀孕。比如，第 2 个妊娠期开始时，许多孕妇会购买许多大包装的无香味护手霜；在怀孕的最初 20 周内，孕妇往往会大量购买补充钙、镁、锌之类的保健品。在大量数据分析的基础上，Target 选出 25 种典型商品的消费数据，构建了怀孕预测指数。通过这个指数，Target 能够在很小的误差范围内预测顾客的怀孕情况。因此，当其他商家还在茫然无措地满大街发广告单寻找目标群体的时候，Target 就已经早早地锁定了目标客户，并把孕妇优惠广告单寄发给顾客。而且，Target 注意到，有些孕妇在怀孕初期可能并不想让别人知道自己已经怀孕，如果贸然给顾客邮寄孕妇用品广告单，很可能会适得其反，暴露了顾客隐私，惹怒顾客。为此，Target 选择了一种比较隐秘的做法，把孕妇用品的优惠广告单夹杂在其他一大堆与怀孕不相关的商品优惠广告单当中，这样顾客就不知道 Target 知道她怀孕了。Target 这种润物细无声式的商业营销使得许多孕妇在浑然不觉的情况下成了 Target 的忠实拥趸。与此同时，许多孕妇产品专卖店也在浑然不知的情况下失去了很多潜在的客户，甚至最终走向破产。

当时，Target 通过这种方式默默地获得了巨大的市场收益。终于有一天，一个父亲通过 Target 邮寄来的广告单意外发现自己正在读高中的女儿怀孕了，此事很快被《纽约时报》报道，从而让 Target 这种隐秘的营销模式引起轰动。

4.7.3　供应链管理

亚马逊、联合包裹快递（United Parcel Service，UPS）、沃尔玛等先行者已经开始享受大数据带来的成果，大数据可以帮助它们更好地掌控供应链，更清晰地把握库存量、订单完成率、物料及产品配送情况，更有效地调节供求关系。同时，利用基于大数据分析得到的营销计划可以优化销售渠道，完善供应链战略，争夺竞争优先权。

美国最大的医药贸易商 McKesson 公司对大数据的应用已经远远领先于大多数企业。该公司运用先进的运营系统对每天 200 万个订单进行全程跟踪分析，并且监督价值 80 多亿美元的存货。同时，公司还开发了一种供应链模型，用于在途存货的管理，它可以根据产品线、运输费用甚至碳排放量提供极为准确的维护成本视图，使公司能够更加真实地了解任意时间点的运营情况。

4.8　大数据在餐饮领域的应用

大数据在餐饮领域得到了广泛的应用，包括大数据驱动的团购模式以及利用大数据为用户推荐消费内容、调整线下门店布局和控制人流量等。

4.8.1　餐饮领域拥抱大数据

餐饮领域不仅竞争激烈，而且利润微薄，经营和发展比较艰难。一方面人力成本、食材价格不断上涨，另一方面，店面租金连续快速上涨，各种经营成本高企，导致许多餐饮企业陷入困境。因此，在全球范围内，不少餐饮企业开始进行大数据分析，以更好地了解消费者的喜好，从而改善他们的食物和服务，获得竞争优势。这在一定程度上帮助企业实现了收入的增长。

Food Genius 是一家总部位于美国芝加哥的公司，聚合了来自美国各地餐馆的菜单数据，对350000 多家餐馆的菜单项目进行跟踪，以帮助餐馆更好地确定价格、食品和营销策略。这些数据可以帮助餐馆获得商机，并判断哪些菜可能获得成功，从而减少菜单变化所带来的不确定性。Avero餐饮软件公司则通过对餐饮企业内部运营数据进行分析，帮助企业提高运营效率，如制定什么样的战略可以提高销量、在哪个时间段开展促销活动效果最好等。

4.8.2　餐饮 O2O

餐饮 O2O 模式是指无缝整合线上线下资源，形成以数据驱动的 O2O 闭环运营模式，如图 4-2所示。为此，需要建立线上 O2O 平台，提供在线订餐、点菜、支付、评价等服务，并能根据消费者的消费行为进行有针对性的推广和促销。整个 O2O 闭环过程包括两个方面的内容，一方面是实现从线上到线下的引流，即把线上用户引导到线下实体店进行消费；另一方面把用户从线下再引到线上，对用餐体验进行评价，并和其他用户进行互动交流，共同提出指导餐饮店改进餐饮服务和菜品的意见。两个方面都顺利实现后，就形成了线上线下的闭环运营。

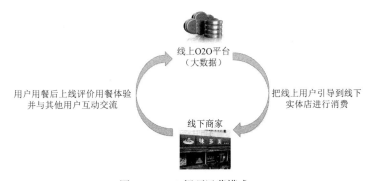

图 4-2　O2O 闭环运营模式

在 O2O 闭环运营模式中，大数据扮演着重要的角色，为餐饮企业带来了实际收益。首先，可以利用大数据驱动的团购模式在线上聚集大批团购用户；其次，可以利用大数据为用户推荐消费内容；最后，可以利用大数据调整线下门店布局和控制店内人流量。

1. 利用大数据为用户推荐消费内容

腾讯、百度、阿里是社区、搜索和网购三大领域的顶尖国内企业，普通人的日常生活几乎已经与三大公司提供的产品和服务完全融为一体。我们每天需要通过微信或 QQ 和别人沟通交流，通过百度搜索各种网络资料，通过淘宝在线购买各种商品。我们的日常工作和生活已经逐渐网络化、数字化，网络中处处留下我们活动的痕迹。凭借着海量的用户数据资源，三大公司都在致力于打造智能的数据平台，并把数据转化为商业价值。通过对海量用户数据的分析，三大公司很容易获得用户的消费喜好数据，为用户推荐相关的餐饮店。所以，当用户还没有明确的消费想法时，这些互联网公司就可能已经为你准备好了一切，它们会告诉你今晚应该吃什么、去哪里吃。

2. 利用大数据调整线下门店布局

对于许多餐饮连锁企业而言，门店的选址是一个需要科学决策、合理安排的重要问题，既要考虑门店租金成本和人流量，也要考虑门店的服务辐射区域。"棒！约翰"等快餐企业已经能够根据送外卖产生的数据调整门店布局，使得门店的服务效率最大化。

"棒！约翰"通过 3 个统一实现了线上线下的有效融合，即将订单统一到服务中心、对供应链进行统一整合、对用户体验进行统一，由此形成 O2O 闭环，使得企业可以及时、有效地获得关于企业运营和用户的各种信息。长期累积的数据资源构成了大数据分析的基础，可以分析得到最优的门店布局策略，最终实现以消费者为导向的门店布局。

3. 利用大数据控制店内人流量

以麦当劳为代表的一些公司通过视频分析等候队列的长度，自动变化电子菜单显示的内容。如果队列较长，则显示可以快速供给的食物，以减少顾客等待时间；如果队列较短，则显示那些利润较高但准备时间相对较长的食品。这种利用大数据控制店内人流量的做法不仅可以有效提升用户体验，而且可以实现服务效率和企业利润的完美结合。

4.9 大数据在电信和能源领域的应用

1. 大数据在电信领域的应用

中国的电信市场已经步入一个平稳期。在这个阶段，发展新客户的成本比留住老客户的成本要高许多，前者通常是后者的 5 倍，因此，电信运营商十分关注客户是否具有离网的倾向（如从中国联通公司客户转为中国电信公司客户）。一旦预测到客户离网可能发生，就可以制定有针对性的措施挽留客户，让客户继续使用自己的电信业务。

电信客户离网分析通常包括以下几个步骤：问题定义、数据准备、建模、应用检验、特征分析与对策。问题定义需要定义客户离网的具体含义是什么，数据准备就是要获取客户的资料和通话记录等信息，建模就是根据相关算法搭建评估客户离网概率的模型，应用检验是指对得到的模型进行应用和检验，特征分析与对策是指针对用户的离网特性制定目标客户群体的挽留策略。

在国内，中国移动、中国电信、中国联通三大电信运营商为争取客户，各自开发了客户关系管理系统，以期有效应对客户的频繁离网。中国移动建立了经营分析系统，并利用大数据分析技术对公司范围内的各种业务进行实时监控、预警和跟踪，自动实时捕捉市场变化，并以 E-mail 和手机短信等方式第一时间推送给相关业务负责人，使其在最短时间内获知市场行情并及时做出响应。在国外，美国的 XO 电信公司通过使用 IBM SPSS 预测分析软件预测客户行为和发现行为趋势，并找出公司服务过程中存在缺陷的环节，从而帮助公司及时采取措施保留客户，可使客户流失率下降 50%。

2. 大数据在能源领域的应用

各种数据显示，人类正面临能源危机。在能源危机面前，人类开始积极寻求可以用来替代化石能源的新能源，风能、太阳能和生物能等可再生能源逐渐成为电能转换的供应源。但是，新能源与传统的化石能源相比具有一些明显的缺陷。传统的化石能源出力稳定，布局相对集中；新能源则出力不稳定，地理位置比较分散。比如，风力发电机一般分布在比较分散的沿海或者草原荒漠地区，风量大时发电量就多，风量小时发电量就少；设备故障检修期间就不发电，难以产生稳定可靠的电能。传统电网主要是为能稳定出力的能源而设计的，无法有效消纳不稳定的新能源。

智能电网的提出就是认识到传统电网的结构模式无法大规模适应新能源的消纳需求，必须将传统电网在使用中进行升级，既要完成传统电源模式的供用电，又要逐渐适应未来分布式能源的消纳需求。概括地说，智能电网就是电网的智能化建立在集成的、高速双向通信网络的基础上，通过先进的传感和测量技术、先进的设备技术、先进的控制方法以及先进的决策支持系统技术的应用，实现电网的可靠、安全、经济、高效、环境友好和使用安全的目标，其主要特征包括自愈、抵御攻击、提供满足 21 世纪用户需求的电能质量、容许各种不同发电形式的接入、启动电力市场以及资产优化的高效运行。

智能电网的发展离不开大数据技术的发展和应用，大数据技术是组成整个智能电网的技术基石，将全面影响电网规划、技术变革、设备升级、电网改造、设计规范、技术标准、运行规程乃至市场营销政策的统一等方方面面。电网全景实时数据的采集、传输和存储以及累积的海量多源数据的快速分析等大数据技术都是支撑智能电网安全、自愈、绿色、坚强及可靠运行的基础技术。随着智能电网中大量智能电表及智能终端的安装部署，电力公司可以每隔一段时间获取用户的用电信息，收集比以往粒度更细的海量电力消费数据，构成智能电网中的用户侧大数据。比如，如果把智能电表采集数据的时间间隔从 15min 减少到 1s，1 万台智能电表采集的用电信息数据就从 32.61GB 增加到 114.6TB。以海量用户用电信息为基础进行大数据分析，就可以更好地理解电力客户的用电行为，优化提升短期用电负荷预测系统，提前预知未来 2～3 个月的电网需求电量、用电高峰期和低谷期，合理地设计电力需求响应系统。

此外，大数据在风力发电机的安装选址方面也发挥着重要的作用。IBM 公司利用多达 4 PB 的气候、环境历史数据设计风力发电机选址模型，确定安装风力涡轮机和整个风电场的最佳地点，从而提高风力发电机的生产效率和延长使用寿命。以往这项分析工作需要数周的时间，现在利用大数据技术仅需要不到 1 小时便可完成。

4.10　大数据在体育和娱乐领域的应用

大数据在体育和娱乐领域也得到了广泛的应用，包括训练球队、投拍影视作品、预测比赛结果等。

4.10.1　训练球队

大数据正在影响着绿茵场上的较量。以前，一个球队的水平一般只靠球员天赋和教练经验。然而，在 2014 年的巴西世界杯上，德国队在首轮比赛中就以 4:0 大胜葡萄牙队，有力证明了大数据可以有效帮助一支球队进一步提升整体实力和水平。

德国队在世界杯开始前就与 SAP 公司签订了合作协议，SAP 公司提供一套基于大数据的足球解决方案 SAP Match Insights，帮助德国队提高足球运动水平。德国队球员的鞋、护胫以及训练场地的各个角落都被放置了传感器，这些传感器可以捕捉包括跑动、传球在内的各种细节动作和位置变化，并实时回传到 SAP 平台上进行处理分析。教练只需要使用平板电脑就可以查看所有球员的各种训练数据和影像，了解每个球员的运动轨迹、进球率、攻击范围等数据，从而深入发掘每个球员的优势和劣势，为有效提出针对每个球员的改进建议和方案提供重要的参考信息。

整个训练系统产生的数据量非常巨大，10 个球员用 3 个球进行训练，10min 就能产生出 700 万个可供分析的数据点。如此海量的数据单纯依靠人力是无法在第一时间内得到有效的分析结果的。SAP Match Insights 采用内存计算技术实现实时报告生成。在正式比赛期间，运动员和场地上都没有传感器，这时，SAP Match Insights 可以对现场视频进行分析，通过图像识别技术自动识别每一位球员，并且记录他们的跑动、传球等数据。

正是基于海量数据和科学的分析结果，德国队制定了有针对性的球队训练计划，为出征巴西世界杯做了充足的准备。在巴西世界杯期间，德国队也用这套系统进行赛后分析，及时改进战略和战术，最终顺利获得 2014 巴西世界杯冠军。

4.10.2　投拍影视作品

在市场经济下，影视作品必须深刻了解观众的观影需求，才能够获得成功。否则，就算邀请了金牌导演、明星演员和实力编剧，拍出的作品也可能依然无人问津。因此，投资方在投拍一部影视作品之前，需要通过各种有效渠道，了解观众当前关注什么题材，从而做出决定投拍什么作品。

以前，分析什么作品容易受到观众认可，通常是专业人士凭借多年市场经验进行判断，或简单采用跟风策略，观察已经播放的哪些影视作品比较受欢迎，就投拍类似题材的作品。

现在，大数据可以帮助投资方做出明智的选择，《纸牌屋》的巨大成功就是典型例证。《纸牌屋》的成功得益于 Netflix 对海量用户数据的积累和分析。Netflix 是世界上最大的在线影片租赁服务商，在美国有约 2700 万订阅用户，在全世界则有约 3300 万订阅用户。每天用户在 Netflix 上产生约 3000 多万个行为，如用户暂停、回放或者快进时都会产生一个行为；Netflix 的订阅用户每天还会给出约 400 万个评分和约 300 万次搜索请求，询问剧集播放时间和设备。可以看出，Netflix 几乎比所有人都清楚大家喜欢看什么。

Netflix 通过对公司积累的海量用户数据进行分析后发现，奥斯卡影帝凯文·史派西、金牌导演大卫·芬奇和英国小说《纸牌屋》具有非常高的用户关注度，于是，Netflix 决定投拍一部融合三者的连续剧，并对它的成功寄予了很大希望。事后证明，这是一次非常正确的投资决定，《纸牌屋》播出后，一炮打响，风靡全球，大数据再一次证明了自己的威力和价值。

4.10.3 预测比赛结果

大数据可以预测比赛结果是具有一定的科学依据的。它用数据来说话，通过对海量相关数据进行综合分析得出一个预测判断。从本质来说，大数据预测就是基于大数据和预测模型去预测未来某件事情发生的概率。2014 年巴西世界杯期间，大数据预测比赛结果开始成为球迷们关注的焦点。百度、Google、微软和高盛等巨头都竞相利用大数据技术预测比赛结果，其中百度的预测结果最为亮眼，预测了全程 64 场比赛，准确率为 67%，进入淘汰赛后准确率为 94%。百度的做法是：检索过去 5 年内全世界 987 支球队（含国家队和俱乐部队）的 3.7 万场比赛数据，同时与中国彩票网站乐彩网、欧洲必发指数数据供应商 Spdex 进行数据合作，导入博彩市场的预测数据，建立了一个囊括 199972 名球员和 1.12 亿条数据的预测模型，并在此基础上进行结果预测。

4.11 大数据在安全领域的应用

大数据对于有效保障国家安全发挥着越来越重要的作用，比如应用大数据技术防御网络攻击、警察应用大数据工具预防犯罪等。

4.11.1 大数据与国家安全

2013 年，"棱镜门"事件震惊全球，美国中央情报局工作人员斯诺登揭露了一项美国国家安全局于 2007 年开始实施的绝密电子监听计划——棱镜计划。该计划能够直接进入美国网际网路公司的中心服务器挖掘数据、收集情报，对即时通信和既存资料进行深度的监听。许可的监听对象包括任何在美国以外地区使用参与该计划的公司所提供服务的客户，或是任何与国外人士通信的美国公民。国家安全局在棱镜计划中可以获得电子邮件、视频和语音交谈、影片、照片、VoIP（Voice over Internet Protocol，基于 IP 的语音传输）交谈内容、档案传输、登录通知以及社交网络细节，全面监控特定目标及其联系人的一举一动。

为了支持这一计划，美国国家安全局在盐湖县与图埃勒县交界处修建了美国最大最昂贵的数据中心，耗资 17 亿美元，占地 48 万平方米，采用运行速度超过 100 亿亿次的超级计算机，每年的运转费用达 4000 万美元，能够存储 100 亿亿 MB（即约 1000000000000000GB）的数据。该数据中心主要用来收集、存储及分析信息，为情报部门服务，并且保护美国的电子信息安全。数据中心每 6h 可以收集 74TB 的数据。

时任美国总统的奥巴马强调，这一项目不针对美国公民或在美国的人，目的在于反恐和保障美国人安全，而且经过国会授权，并置于美国外国情报监视法庭的监管之下。需要特别指出的是，虽然棱镜计划符合美国的国家安全利益，但是，从其他国家的利益角度出发，美国这种做法不仅严重侵害了他国公民基本的隐私权和数据安全，也对他国的国家安全构成了严重威胁。

4.11.2　应用大数据技术防御网络攻击

网络攻击利用网络存在的漏洞和安全缺陷对网络系统的硬件、软件及其系统中的数据进行攻击。早期的网络攻击并没有明显的目的性，只是一些网络技术爱好者的个人行为，攻击目标具有随意性，只为验证和测试各种漏洞的存在，不会给相关企业带来明显的经济损失。但是，随着IT深度融入企业运营的各个环节，绝大多数企业的日常运营已经高度依赖各种 IT 系统。一些有组织的黑客开始利用网络攻击获取经济利益，或者受雇于某企业去攻击竞争对手的服务器，使其瘫痪而无法开展各项业务，或者通过网络攻击某企业服务器向对方勒索保护费，或者通过网络攻击获取企业内部的商业机密文件。发送垃圾邮件、伪造杀毒软件是渗透到企业网络系统的主要攻击手段，这些网络攻击给企业造成了巨大的经济损失，直接危及企业生存。企业损失位居前 3 位的是知识产权泄密、财务信息失窃以及客户个人信息被盗，一些公司甚至因知识产权被盗而破产。

过去，企业为了保护计算机安全，通常购买瑞星、江民、金山、卡巴斯基、赛门铁克等公司的杀毒软件，安装到本地运行。执行杀毒操作时，程序会对本地文件进行扫描，并和安装在本地的病毒库文件进行匹配。如果某个文件与病毒库中的某个病毒特征匹配，就说明该文件感染了这种病毒，杀毒软件会发出警告；如果没有匹配，即使这个文件是一个病毒文件，也不会发出警告。因此，病毒库是否保持及时更新直接影响杀毒软件对一个文件是否感染病毒的判断。网络上不断有新的病毒产生，网络安全公司会及时发布最新的病毒库供用户下载或升级用户本地病毒库，这就会导致用户本地病毒库越来越大，本地杀毒软件需要耗费越来越多的硬件资源和时间来进行病毒特征匹配，严重影响计算机系统对其他应用程序的响应速度，给用户带来的一个直观感受就是一运行杀毒软件，计算机响应速度就明显变慢。因此，随着网络攻击日益增多，采用特征库判别法显然已经过时。

云计算和大数据的出现为网络安全产品带来了深刻的变革。目前，基于云计算和大数据技术的云杀毒软件已经广泛应用于企业信息安全保护。在云杀毒软件中，识别和查杀病毒不再仅依靠用户本地病毒库，而是依托庞大的网络服务进行实时采集、分析和处理，使得整个互联网就是一个巨大的杀毒软件。云杀毒通过网状的大量客户端对网络中异常的软件行为进行监测，获取互联网中木马、恶意程序的最新信息并传送到云端；然后利用先进的云计算基础设施和大数据技术进行自动分析和处理，及时发现未知病毒代码、未知威胁、0day 漏洞等恶意攻击；最后把病毒和木马的解决方案分发到每一个客户端。

4.11.3　警察应用大数据工具预防犯罪

谈到警察破案，我们头脑中会迅速闪过各种英雄神探的画面，从外国侦探小说中的福尔摩斯和动画作品中的柯南到国内影视剧作品中的神探狄仁杰，他们无一不是思维缜密、机智善谋，能够抓住罪犯留下的蛛丝马迹获得案情重大突破。但是，这些毕竟只是文艺作品中的人造英雄，并不是生活中的真实故事，现实警察队伍中很少有这样的神探。

可是，有了大数据的帮助，神探将不再是一个遥不可及的名词，也许以后每个普通警察都能够熟练运用大数据工具把自己"武装"成一个神探。大数据工具可以帮助警察分析历史案件，发现犯罪趋势和犯罪模式，甚至能够通过分析电子邮件、电话记录、金融交易记录、犯罪统计数据、社交网络数据等来预测犯罪。据国外媒体报道，美国纽约警方已经在日常办案过程中引入了数据分析工具。通过采用计算机化的地图以及对历史逮捕模式、发薪日、体育项目、降雨天气和假日等变量进行分析，警察可以更加准确地了解犯罪模式，预测出最可能发生案件的"热点"地区，并预先在这些地区部署警力，提前预防犯罪发生，从而减少当地的犯罪率。还有一些大数据公司可以为警方提供整合了指纹、掌纹、人脸图像、签名等一系列信息的生物信息识别系统，从而帮助警察快速地搜索所有相关的图像记录以及案件卷宗，大大提高办案效率。洛杉矶警察局利用大数据分析软件成功地把辖区里的盗窃犯罪案件降低了 33%，暴力犯罪案件降低了 21%，财产类犯罪案件降低了 12%。洛杉矶警察局把过去 80 年内的 130 万个犯罪记录输入一个数学模型，这个模型原本用于地震余震的预测。由于地震余震模式和犯罪再发生的模式类似——地震（犯罪）发生后在附近地区发生余震（犯罪）的概率很大，于是被巧妙地"嫁接"到犯罪预测，获得了很好的效果。在伦敦，当地警方和美国麻省理工学院的研究人员合作，利用电信运营商提供的手机通信记录绘制了伦敦犯罪事件的预测地图。这份地图帮助警方大大提高了出警效率，降低了警力部署成本。

4.12　大数据在日常生活中的应用

大数据正在影响我们每个人的日常生活。在信息化社会，我们每个人的一言一行都会以数据形式留下痕迹。这些分散在各个角落的数据记录了我们的通话、聊天、邮件、购物、出行、住宿以及生理指标等各种信息，构成了与每个人相关联的个人大数据。个人大数据是存在于数据自然界的虚拟数字人，与现实生活中的自然人一一对应、息息相关。自然人在现实生活中的各种行为所产生的数据，都会不断累加到数据自然界，丰富和充实与之对应的虚拟数字人。因此，分析个人大数据就可以深刻了解与之关联的自然人，了解他的各种生活行为习惯，比如每年的出差时间、喜欢入住的酒店、每天的上下班路线、最爱去的购物场所、网购涉及的商品、个人的网络关注话题、个人的性格等。

了解了用户的生活行为模式后，一些公司就可以为用户提供更加周到的服务。比如开发一款个人生活助理工具，可以根据你的热量消耗以及睡眠模式来规划你的健康作息时间，根据你的兴趣爱好为你选择与你志趣相投的恋爱对象，根据你的心跳、血压等各项生理指标为你选择合适的健身运动，根据你的交友记录为你安排朋友聚会和维护人际关系网络，以及根据你的阅读习惯为你推荐最新的相关书籍等。所有服务都以数据为基础，以用户为中心。

下面是网络上流传的一个虚构故事，畅想了我们在大数据时代可能的未来生活图景。当然，由于国家对个人隐私的保护，普通企业实际上无法获得那么全面的个人信息，因此，部分场景可能不会真实发生，不过从中可以深刻感受到大数据对生活的巨大影响……

未来畅想：大数据时代的个性化客户服务

某必胜客店的电话铃响了，客服人员拿起电话。

客服：您好，这里是必胜客，请问有什么需要？

顾客：你好，我想要一份××××。

客服：先生，烦请先把您的会员卡号告诉我。

顾客：1896579×××。

客服：陈先生，您好！您住在××路一号 12 楼 1205 室，您家电话是 2646×××，您公司电话是 4666×××，您的手机是 1391234×××。请问您想用哪一个电话付费？

顾客：你为什么会知道我所有的电话号码？

客服：陈先生，因为我们联机到了客户关系管理系统。

顾客：我想要一个海鲜比萨。

客服：陈先生，海鲜比萨不适合您。

顾客：为什么？

客服：根据您的医疗记录，您的血压和胆固醇都偏高。

顾客：那你们有什么可以推荐的？

客服：您可以试试我们的低脂健康比萨。

顾客：你怎么知道我会喜欢吃这种的？

客服：您上星期一在国家图书馆借了一本《低脂健康食谱》。

顾客：好。那我要一个家庭特大号比萨，要付多少钱？

客服：99 元，这个足够您一家六口吃了。但您母亲应该少吃，她上个月刚刚做了心脏搭桥手术，还处在恢复期。

顾客：那可以刷卡吗？

客服：陈先生，对不起。请您付现款，因为您的信用卡已经刷爆了，您现在还欠银行 4807 元，而且不包括房贷利息。

顾客：那我先去附近的提款机取款。

客服：陈先生，根据您的记录，您已经超过今日取款限额。

顾客：算了，你们直接把比萨送我家吧，家里有现金。你们多久会送到？

客服：大约 30 分钟。如果您不想等，可以自己骑车来。

顾客：为什么？

客服：根据我们全球定位系统的车辆行驶自动跟踪系统记录，您登记有一辆车号为 XD-548 的摩托车，而目前您正在五缘湾运动馆马卢奇路骑着这辆摩托车。

顾客：……

4.13　本章小结

本章介绍了大数据在互联网、生物医学、物流、城市管理、金融、汽车、零售、餐饮、电信、能源、体育和娱乐、安全等领域的应用，从中我们可以深刻地感受到大数据对我们日常生活的影响和重要价值。我们已经身处大数据时代，大数据已经触及社会每个角落，并为我们带来各种欣喜的变化。拥抱大数据，利用好大数据，是每个政府、机构、企业和个人的必然选择。我们每个人每天都在不断生成各种数据，这些数据成为大数据海洋的点点滴滴。我们贡献数据的同时，也从数据中收获价值。未来，人类将进入一个以数据为中心的世界。这是一个怎样精彩的世界呢？时间会告诉我们答案……

4.14　习题

1. 请阐述推荐方法包括哪几类。
2. 请阐述大数据在生物医学领域的典型应用。
3. 请阐述智慧物流的概念和作用。
4. 请阐述大数据在城市管理领域的典型应用。
5. 请阐述大数据在金融领域的典型应用。
6. 请阐述大数据在零售领域的典型应用。
7. 请举例说明大数据在体育和娱乐领域的典型应用。
8. 请阐述大数据在安全领域的典型应用。

第5章
大数据的硬件环境

要构建大数据系统，首先必须建立大数据的硬件环境。这个环境涵盖了大数据在其整个生命周期内所有相关的硬件设备，其中计算设备、存储设备和网络设备最为关键。软件系统是在硬件系统的基础上运行的，因此，硬件系统的性能决定了软件系统的性能上限。为了应对日益庞大、复杂和高速的数据挑战，大数据系统需要在计算、存储和网络等各个方面超越单台计算机的性能局限，将数十、数百甚至成千上万的服务器联网，形成一个集群，以协同的方式工作。

本章介绍构建大数据硬件环境的相关知识，包括服务器的性能指标、服务器的分类、服务器的选择、系统的性能评估、硬件系统分析、网络设备、系统组网方案设计、数据中心等。

5.1 服务器的性能指标

服务器是一种高性能的计算机，比普通计算机在特定方面的表现更为出色，如更快的运算速度和更高的负载能力。然而，通常来说，服务器的价格也更高。服务器的主要任务是为整个系统中的其他设备提供计算或应用服务。凭借卓越的高速计算能力、长时间的稳定运行能力、强大的外部数据吞吐能力以及良好的扩展性，服务器为大数据系统提供了基础性能，包括计算、存储以及输入/输出等功能。

服务器是大数据系统的硬件基础与核心。无论是提供数据库存储空间，还是负责处理任务数据流的计算能力，抑或是借助虚拟化技术实现服务器资源的虚拟化，所有这些都依赖于服务器硬件所展现的实际性能。

在构建大数据系统的硬件支撑时，我们需要根据对大数据系统需求的预估来选择适合的服务器。评价服务器性能的指标有很多维度，通常包括可靠性（Reliability）、可用性（Availability）、可扩展性（Scalability）、易使用性（Usability）和易管理性（Manageability），这些也被称为服务器 RASUM 评价标准，具体如下。

（1）可靠性

在中大型企业的大数据系统运行场景下，大数据的业务情境要求服务器必须提供持续不断的服务。即使在某些特殊的应用领域中没有用户正在使用，服务器也必须保持持续运行，以确保系统的稳定性。可靠性的衡量标准是根据时间间隔来定义的，而不是基于特定时刻。它表示的是计算节点在正常运行状态下发生故障的平均时间间隔。

（2）可用性

与可靠性有所区别，可用性主要关注的是服务的持续时长，即在特定时间段内，系统总体运行的时间越长，其可用性就越高。可用性被定义为系统本身的一种属性，它反映了系统在任意时刻都可以被使用的概率。对于大型企业的网络业务服务器或提供互联网公开访问服务的网站服务器来说，服务器需要始终保持运行状态。另外，可用性和可靠性在衡量系统性能时有着不同的侧重点。例如，如果一个系统从未崩溃但每年都需要停机维护两周，那么它的可靠性很高，但可用性只有 96%。然而，如果一个系统每小时仅崩溃 1ms，那么它的可用性可以达到 99.9999%；但相对而言它的可靠性却很差，因为它只能保证无故障连续运行 1h。

（3）可扩展性

在当今大数据时代，企业的系统需求经常发生变化，因此要求服务器系统必须具备一定程度的可扩展性。如果服务器缺乏可扩展性，增加任何额外的需求都可能导致需要增加或更换新的服务器，同时淘汰价值数万甚至数十万元的旧服务器，这是任何企业都无法接受的成本浪费。服务器的可扩展性主要体现在以下几个方面：硬盘是否可以扩充，CPU 是否可以升级或扩展，操作系统是否支持多种可选主流操作系统等。为了保持可扩展性，服务器通常会在内部提供一定的可扩展空间和冗余接口，例如磁盘阵列架位、PCI（Peripheral Component Interconnect，互连外围设备）和内存条插槽位等。目前流行的方法是通过虚拟化和云计算技术将服务器硬件集群的性能整合成统一的资源池，通过虚拟资源满足可扩展性需求。这种方法比硬件扩展更加灵活，扩展性更好，性价比更高。

（4）易使用性

无论是从硬件、固件还是操作系统的角度来看，服务器的功能相较于传统计算机都更为复杂。因此，服务器制造商不仅需要关注服务器的可用性和稳定性，还必须在易使用性方面做出充分的努力。易使用性是服务器的重要特性之一，表现在多个方面，如各功能是否具有良好的用户体验、是否易于操作、操作系统是否成熟、机箱是否方便维护、是否具备故障恢复功能、是否有系统备份功能以及制造商是否提供充分的培训支持等。

（5）易管理性

服务器的易管理性是评价其性能的重要指标之一。根据墨菲定律，理论上服务器需要不间断地持续工作，但无论采取多么严格的保障措施，故障都难以避免。易于管理的服务器能够让管理者更早地发现和解决问题，一旦出现故障能更及时、更快速地进行维护。易管理性不仅有助于减少服务器出错的概率，还能提高服务器维护的效率。服务器的易管理性通常体现在以下几个方面：是否具备智能管理系统、是否具备自动报警功能、是否独立于运行系统、是否具备操作友好的监视系统等。

5.2 服务器的分类及选购

1. 服务器的分类

熟悉服务器 RASUM 评价标准有助于人们在必要时为大数据系统选择适当的服务器作为硬件基础。这意味着人们可以根据要部署的大数据系统的要求，来选择能够满足系统需求的硬件配置。

服务器可根据其机箱结构（外形）分为塔式服务器、机架式服务器、刀片式服务器、高密机柜式服务器等，如图 5-1 所示。人们在选择服务器时需要充分考虑机房空间的限制，确保单位体积的服务器硬件配置更高、性能更强、更易于维护，同时保留良好的可扩展性。

（a）塔式服务器　　　　（b）机架式服务器　　　　（c）刀片式服务器　　　　（d）高密机柜式服务器

图 5-1　服务器的外形结构

服务器的分类维度并不仅限于外形，还有按 CPU 数量分类、按架构（指令集）分类、按应用层次分类、按用途分类等方式。

2. 服务器的选购

服务器硬件已经发展成熟，各厂商形成了不同的品牌定位，以满足不同消费者的需求。目前市场上存在众多产品，它们在功能和性能上有所差异，这主要是由于不同厂商之间的技术差异导致的。尽管人们不需要深入了解各厂商的技术实现或微小的性能指标差异，但可以通过参考厂商提供的品牌系列定位和具体型号参数，来判断哪些产品能够满足特定工程项目的需求。此外，现在市场上有许多云服务提供商，他们通过虚拟化、分布式等技术将物理服务器的资源转化为虚拟服务器资源，以提供给用户。与自建物理服务器相比，云服务具有更低的成本、更稳定的产品性能、无须自行管理以及更灵活的扩展性，因此适用于更广泛的业务场景。

（1）选购物理服务器

根据 2023 年中国服务器在线交易量数据，当前市场上的主要服务器品牌包括国内品牌华为的 FusionServer、联想的 ThinkServer、浪潮的天梭、中科曙光的曙光天阔等，以及国外品牌 IBM 的 Power System、惠普的 ProLiant、思科的 CISCO UCS、戴尔的易安信 PowerEdge 等。

厂家提供的服务器配置清单通常会包含以下信息：品牌系列、型号、功能特性、硬件配置（如 CPU、硬盘容量、内存、扩展槽及其他重要硬件配置）以及该产品不同配置标准所对应的价格。有了这份服务器配置清单，人们就可以结合服务器的分类及评价指标来对服务器进行综合评估与选择。

（2）选购虚拟化服务器

在许多业务场景下，如果已提供大数据系统所需的资源，自建硬件系统并不是性价比最高的选择。此时，人们应该考虑将系统部署在云服务器上。选择虚拟化服务器资源时，需要关注以下几点。

①价格

许多云服务供应商现在都提供按使用时间收费的租赁方式，这种方式下的云服务器租赁费用远远低于自建数据中心的成本。然而，价格通常与服务质量成正比。在业务刚开始阶段，应该尽量选择有实力和良好信誉的供应商的产品，因为大公司提供的服务相比小公司往往具有无可比拟的优势。

②地区与域名

我国政府对数据安全制定了严格的政策和法规。在具体项目中，尤其是针对国内用户的业务，选择云服务器时，首要考虑的是服务提供商的虚拟主机 IP 地址能否在国内实现平稳和顺畅的访问。由于主流搜索引擎通常会优先展示与用户所在国家（地区）一致的结果，因此选用国内的服务提供商将有助于优化用户体验。

③服务稳定性

在选择云服务器的过程中，人们可以要求查看服务提供商的 ISP（Internet Service Provider，互联网服务提供商）和运营 IDC（Internet Data Center，互联网数据中心）的资质证明。通常，只有具备强大实力和良好信誉的服务商才能通过政府相关部门的严格审核获得这些证明。服务商的带宽资源、电力系统、空调系统、安全系统以及是不是自建机房等都可能对其所提供的服务质量产生影响。

④售后服务内容与质量

在大多数项目中，通常不会安排专门的人员来维护基础服务，而是将硬件维护工作外包给服务提供商来处理。由于项目所提供的数据服务业务需要保持不间断，因此，服务商必须提供全天候的技术支持。虽然有些服务商在促销时声称提供无限流量和连接数，但这通常只是宣传手段，中国的通信运营商并不会无条件、无限制地提供流量。因此，在选择云服务器时，售后服务的内容和质量是至关重要的考虑因素。

5.3　系统的性能评估

服务器的内部结构相当复杂且各不相同，但通常遵循传统计算机架构，包括 CPU、硬盘、内存、主板等主要组件以及电源、风扇、输入/输出端口等配件。厂家可以根据客户需求提供一定程度的配置选择，使产品更符合客户的使用需求。对于大数据技术人员来说，需要简要了解各项配置将对系统性能产生怎样的影响，并知道如何进行选择。

如果将服务器系统比喻为人类，那么处理器就是他的大脑，各种输入/输出总线就像是分布于全身肌肉中的神经，芯片组就像是骨架，配件设备就像是通过神经系统支配的手、眼睛、耳朵和嘴，电源系统就像是将能量输送到身体所有地方的血液循环系统。对于一台服务器来说，其性能设计目标是平衡各部分的性能，使整个系统的性能达到最优。假设一台服务器有每秒处理 1000 个服务请求的能力，但网卡只能接受 200 个请求，硬盘只能负担 150 个，而各种总线每秒仅能承担 100 个请求，那么这台服务器的处理能力只能被限制在每秒 100 个请求，这就导致超过 80% 的处理器计算能力无法得到利用。因此，一台服务器的设计需要考虑如何平衡各部分的性能，使整个系统的性能达到最优。

对硬件系统的了解有助于我们找到影响整体系统的关键因素。硬件影响整体系统输入/输出性能的关键点通常存在于 CPU、内存、硬盘、网络。

5.3.1　CPU

CPU 是计算机的大脑和心脏。它是一块超大规模的集成电路，负责运算和控制的核心功能。服务器的 CPU 性能是衡量服务器性能最重要的指标。由于对服务器有处理大数据量的快速吞吐、超强的稳定性和长时间运行等高规格要求，因此其 CPU 用料更好，性能更强，价格通常也远高于普通 CPU（差异至少有一个数量级）。此外，服务器 CPU 在指令集、缓存级数、接口等方面也有所不同，必须支持多路互联技术。因此，适配服务器的主板与个人电脑主板不同，不能混用。

1. 主流的 CPU 产品

CPU 可以说是集成电路工艺的巅峰之作，就像皇冠上的明珠。目前主流的商用 CPU 大多数是由国外厂商生产的，主要分为复杂指令集（Complex Instruction Set Computer，CISC）和精简指令集（Reduced Instruction Set Computer，RISC）两类，如图 5-2 所示。由于不同类型的 CPU 具有各自的优势特性，因此它们的应用场景也各不相同，这就决定了服务器具有不同的特点。

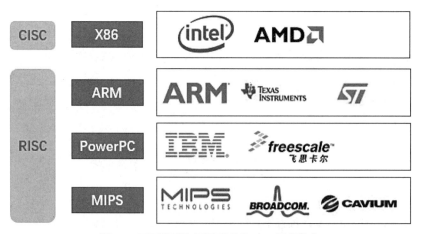

图 5-2　不同类型与不同系列的 CPU 厂商代表

一般商用服务器通常指 X86 服务器与 ARM（Advanced RISC Machine，高性能 RISC 机器）服务器。

2．CPU 性能对大数据系统的影响

CPU 的性能主要取决于 3 个指标：主频、核数、缓存。

CPU 的频率有主频、外频和倍频 3 个参数。X86 架构的 CPU 计算频率的公式为

$$主频 = 外频 \times 倍频$$

CPU 的主频指的是其额定工作频率（并不是最高工作频率，可以根据需要进行超频）。对于相同内核数量和缓存大小的 CPU 而言，主频越高的 CPU 性能就越好。

多核 CPU 是指在单个 CPU 中集成了两个或多个完整的计算引擎，这些计算引擎又分为原生多核和封装多核。原生多核 CPU 是真正意义上的多核 CPU，每个核心之间完全独立，拥有各自的前端总线，可避免冲突，因此性能较好。而封装多核是指把多个核心直接封装在一个 CPU 里，这种情况下，如果多个核心同时满载运行，它们会争抢前端总线，导致性能下降。目前成熟的商用产品通过扩大前端总线的总体带宽来弥补性能损失，但性能仍然不如原生多核。在同属原生多核的情况下，CPU 的核数越多，性能越强。

CPU 缓存是位于 CPU 与内存之间的临时存储器，CPU 的运算速度远远快于内存的读/写速度。目前主流的服务器 CPU 具有 3 级缓存：一级缓存（L1）、二级缓存（L2）和三级缓存（L3）。缓存越大并不代表其性能就越强，因为 CPU 的架构和工艺等也会对 3 级缓存产生影响。只有与架构和工艺相匹配的 3 级缓存，容量越大才代表其性能越高。相比之下，核心线程和频率对性能的影响更大。

用户可以通过安装 SPEC（the Standard Performance Evaluation Comparation，标准性能评估机构）CPU 组件来测试 CPU 性能。但一般来说，硬件供应商已经完成了性能测试。由于部分参数测试和发布的成本极高，只有少数厂商会公开发布完整的测试数据，因此，用户只需了解厂商发布的参数意义即可。厂家通常会提供每一款 CPU 产品的详细参数，用户可以通过官方网站或向销售商咨询来获取相应的信息。

虽然 CPU 是决定服务器性能最重要的因素之一，但是如果没有其他配件的支持和配合，CPU 也不能发挥出它应有的性能。

5.3.2　内存

内存是用于暂时存放 CPU 输出的运算数据的存储空间，相当于 CPU 与硬盘等外部存储器之间进行数据交换的中转站。内存的性能强弱直接影响计算机的整体性能，因此它是影响整个系统运行效率的重要硬件之一。

根据工作原理的不同，内存可以分为 3 类：只读存储器（Read-Only Memory，ROM）、随机存储器（Random Access Memory，RAM）和高速缓冲存储器（cache）。这些不同类型的内存位于硬件系统的不同部分。这里，内存通常指的是一台计算机的主要存储器，其中大部分是随机存储器。

服务器的需求与普通计算机不同，它追求的不是更高的频率或速度，而是稳定性和纠错能力。服务器内存通常采用特殊技术，如 ECC（Error Checking and Correcting，误差校正码）、ChipKill

（一种 ECC 保护技术）和热插拔技术等，使得服务器内存与普通计算机内存存在显著差异。因此，厂家会为服务器提供专用的内存产品，与普通计算机内存不能相互通用。厂商通常将由内存颗粒（内存芯片）、电路板、金手指（金属导电片）等部分组成的条状电路板作为单个产品出售，即常见的内存条，如图 5-3 所示。

图 5-3　内存条

内存条学名为 DIMM（Dual Inline Memory Modules，双列直插式存储模块），根据主板提供接口的不同，内存条的尺寸规格也有所区分，包括 DIMM、Mini-DIMM、SODIMM（Small Outline Dual Inline Memory Modules，小型双列直插式存储模块）、MicroDIMM、VLP（Very Low Profile，轻薄型）和 ULP（Ultra Low Profile，超薄型）等几类规格。

在选择服务器内存时，我们需要了解会影响服务器性能的内存属性，主要包括容量、代数和主频。首先，从容量角度来看，由于内存的数据读/写速度比存储（硬盘）高出好几个数量级，因此很多数据库采用内存数据库的方式进行设计和部署，即将数据直接存放在内存中进行操作，这需要内存具有较大的容量。其次，服务器主板支持多个内存插槽，可以根据应用需求插入多条内存来实现内存的扩容。另外，内存的代数以其 DDR（Double Data Rate，双倍数据速率）技术的代数来表示，目前有 5 代，DDR4 是目前的主流，而 DDR5 被应用在最新的产品上。最后，主频是内存能够达到的最高工作频率，用于表示内存的速度，以 MHz（兆赫）为单位。DDR4 内存的主频通常为 2400MHz，而 DDR5 内存的主频已达到常态 4800MHz，未来有望达到 6400MHz。在服务器主板支持的主频下，内存主频越高越好，因为这会对内存数据库的性能产生较大的提升。但是，需要注意的是，不同型号的内存有主频频率差异。如果将不同品牌、不同速度的内存混插，可能会导致系统运行不稳定和 CPU 管理冲突，系统将以其中最慢的内存主频运行，且可能导致系统崩溃。

简单来说，对于单条内存条，在 CPU 和主板的支持范围内，容量越高越好，主频越高越好，代数越新越好。这些因素将直接影响服务器的性能和效率。因此，在选择内存条时，我们需要仔细考虑这些因素，以确保服务器能够充分发挥其性能潜力。

5.3.3　存储

1．硬盘

硬盘是计算机硬件系统中最主要的存储设备。根据其工作原理的不同，硬盘分为机械硬盘（Hard Disk Drive，HDD）与固态硬盘（Solid State Drive，SSD）两类，如图 5-4 所示。另外还有一种融合机械硬盘与固态硬盘工作原理的混合硬盘（Solid State Hybrid Drives，SSHD）。

（a）机械硬盘　　　　　　　　　　　（b）固态硬盘

图 5-4　硬盘

　　机械硬盘是内部完全由机械结构制成的数据存储设备。运行时，磁盘高速旋转，通过磁头来读/写数据磁盘的转速直接影响读/写性能，转速越高，读/写速度越快。机械硬盘按照碟片尺寸大小分为多种规格，主流的机械硬盘为 2.5 寸或 3.5 寸。服务器硬盘同样遵循这个尺寸规格。固态硬盘与机械硬盘遵循同样的尺寸规格，用于服务器的固态硬盘一般是 2.5 寸，相比机械硬盘具有更多优势：防振抗摔、无噪声、低功耗、更轻便，同时读/写速度也更高。然而，由于固态硬盘中的闪存具有擦写次数限制，其寿命较短，导致选用固态硬盘的综合成本更高。在使用中需要监控硬盘的寿命，并主动替换寿命低于 10%的硬盘，以避免因硬盘被写穿而导致业务损失。

　　在企业级的应用场景中，硬件是承载所有软件基础结构和用户数据的基石。数据的价值不言而喻，而硬件故障引起的数据损失往往是不可逆转的，因此硬盘的可靠性显得尤为重要。针对企业级应用场景的特点，服务器所选用的硬盘被称为企业级硬盘。与普通硬盘相比，企业级机械硬盘在外观和规格上并没有太大差异，但在一些关键性能指标上却有所不同，例如硬盘容量、磁盘转速、平均访问时间、数据传输率以及 IOPS（Input/Output Per Second，每秒读/写次数）。这些差异意味着企业级硬盘具备更大的存储容量、更高的转速、更短的平均访问时间以及更大的缓存。此外，企业级硬盘还具有更高的 MTBF（Mean Time Between Failure，平均无故障工作时间），通常超过 100 万小时，是家用级硬盘的 2 倍。此外，在一些对读/写速度要求极为苛刻的情况下（如内存数据库），如果成本不是主要考虑因素或者收益能够充分覆盖成本，那么存放关键数据处理节点的服务器可以选择使用企业级固态硬盘作为存储设备，以满足更高的性能需求。

　　计算机主板上通常会保留 1 个到多个硬盘接口，以便通过添加硬盘来增加计算机的存储容量。服务器上通常会保留多个接口，以便提供可扩展性。主板不同时，服务器上的机械硬盘接口支持的类型也不同，主要包括 SATA（Serial Advanced Technology Attachment，串行高级技术附件）、SCSI（Small Computer System Interface，小型计算机系统接口）和 SAS（Serial

Attached SCSI，串行连接 SCSI 接口）等。如果要添加固态硬盘，则通常使用主板上的 PCI-E
（Peripheral Component Interconnect Express，外设组件互连扩展总线）接口。不同类型的硬盘
接口外观如图 5-5 所示。

（a）SATA 接口   （b）SAS 接口   （c）PCI-E 接口

图 5-5   不同类型的硬盘接口外观

2. 存储架构

随着业务的持续发展，如何高效地管理日益增长的数据成为企业必须面对的挑战。架设
服务器是常见的做法，但单台硬件的性能极限始终存在。因此，提升整个系统的数据存储能
力势在必行。企业需要考虑如何将零散的存储空间整合为统一的系统，并制定完善的数据存
储备份方案，这样可以帮助企业对存储内容进行分类和优化，并以更高效、更安全的方式将
其存储到适当的存储设备中。目前主流的存储方案架构包括 DAS（Direct Access Storage，直
接连接存储）、NAS（Network Attached Storage，网络附加存储）和 SAN（Storage Area Network，
存储区域网络）3 种，适用于不同的场景。DAS 是指将存储设备通过 SCSI 接口或光纤通道直
接连接到一台计算机上；NAS 是指将存储设备通过标准的网络拓扑结构（例如以太网）连接
到一群计算机上；SAN 是指通过光纤通道交换机连接存储阵列和服务器主机，建立专用于数
据存储的区域网络。

总的来说，DAS 是针对服务器的简单扩展，无须连接网络，通常适用于中小企业；NAS 同时
提供存储和文件系统，对于客户端来说就像一个文件服务器，其性能取决于局域网的网络带宽；
而 SAN 使用特殊的设备接入网络，只提供基于区块的存储，对于客户端来说就像一个逻辑上的磁
盘，实现了存储设备的统一管理，其性能与专用的光纤网络带宽有关。

3. RAID 技术

为了克服单块硬盘的不可靠性，并确保数据的完整性和安全性，RAID（Redundant Arrays of
Independent Disks，独立磁盘冗余阵列）技术被引入硬件系统中。RAID 技术的核心思想是将多块
独立的硬盘组合成一个统一的存储空间，以消除单个硬盘故障可能带来的数据损失风险。通过物
理层面的备份机制，RAID 不仅提高了数据的可靠性，还显著增强了存储系统的整体性能。具体
而言，RAID 将多块实体硬盘按照不同的组合方式整合成一个概念上的硬盘组，从而实现了更高
的存储容量、更出色的安全性、更强大的可靠性以及更优越的读/写性能。

早期实现 RAID 主要依赖于 RAID 控制器等硬件设备。随着技术的进步，出现了基于软件实
现的 RAID。根据磁盘阵列的不同组合方式，RAID 被划分为不同的等级，不同的 RAID 等级代表
着不同的存储性能、数据安全性以及存储成本，如表 5-1 所示。

表 5-1　　　　　　　　　　　　　　　RAID 级别之间的比较

RAID 等级	可靠性	冗余类型	可用空间	性能	特点
RAID0	最低	无	100%	最高	低成本，高读/写性能
RAID1	高	镜像冗余	50%	最低	安全性好，技术简单，管理方便
RAID5	较高	校验冗余	$(N-1)/N$	较高	综合性能最佳
RAID6	最高	校验冗余	$(N-2)/N$	较高	读取速度快，容错率高
RAID10	高	镜像冗余	50%	高	读/写速度很快，100%冗余

RAID 技术的应用范围非常广泛，在 DAS、NAS 和 SAN 架构的存储方案中都可以利用 RAID 技术将分散的存储空间重新组合成一个更大、更稳定的存储空间。在大数据系统中，对于重要数据和需要频繁存取的场景，高可用性和高性能是至关重要的，因此，RAID0+1 和 RAID5 成为常用的选择。

5.3.4　网卡

网卡又称为网络适配器或网络接口卡，是计算机与局域网互联的设备。尤其对于需要对外提供服务的服务器来说，网卡是允许服务器将自己的计算与存储能力供给网络的收费站，是构成整体系统必不可少的设备。

服务器所使用的网卡与消费级电子产品使用的网卡有所不同。为了确保服务器能够持续稳定地运行，专业服务器的网卡具备数据传输速度快、CPU 占用率低、安全性能高等特点。此外，它还自带控制芯片，并配备了网卡出错冗余和网卡负载均衡等容错功能。

网卡根据接口的不同可分为多种类型，服务器上主要使用 PCI-X 网卡或 PCI-E 网卡。这两种网卡的外观与接口特点如图 5-6 所示。

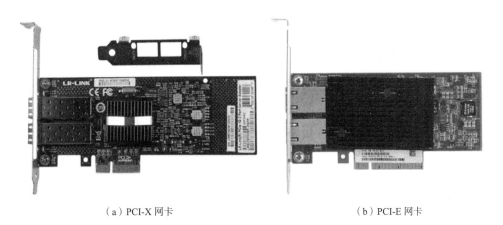

（a）PCI-X 网卡　　　　　　　　　　　　　　　（b）PCI-E 网卡

图 5-6　PCI-X 网卡与 PCI-E 网卡的外观与接口对比

当前主流的服务器几乎都内置了网卡，无须额外购买。然而，在使用内置网卡时，需要注意内置网卡是否使用了特殊的控制芯片，因为这可能导致 Linux 系统预设的网卡驱动程序无法识别该网卡。为了顺利使用该网卡，必须额外安装专用的驱动程序。

5.4　硬件系统分析

无论是自建、租用或是云服务器，选择硬件系统的配置都是要考虑的问题。硬件配置需要根据服务器应用的需求而定，在选择硬件系统时需要进行以下几个方面的分析。

（1）业务的重要性分析

业务的性质决定了对硬件系统的需求。对于一个仅用于分享个人日常的博客站点来说，即使出现短暂的访问问题，也不会产生太大的影响。因此，可以使用普通的计算机作为服务器硬件。然而，对于一个电商网站来说，硬件故障导致的宕机将对业务产生严重的影响，不仅会影响当前的业务，还可能导致成本投入、客户流失、信誉受损，甚至成为竞争对手攻击的目标。因此，需要从硬件开始对整个系统进行充分的投入和保障，并为此设计全天候的监控方案。

（2）服务器的用途分析

服务器是根据其所需达到的性能、容量和可靠性等指标来评估的。通常情况下，服务器可以分为应用程序服务器、数据库服务器、前端服务器、公共服务服务器、负载均衡服务器和缓存服务器等。其中，数据库服务器的性能要求最高，因为它需要处理大量的数据和复杂的查询。为了满足数据库的需求，建议使用具有足够快的 CPU、足够大的内存和足够稳定可靠的硬件的服务器。如果预算充足，建议使用固态硬盘作 RAID1+0，以提高读/写性能。

（3）系统的访问量分析

在考虑系统需求时，必须考虑系统所需支撑的用户数量。从系统的角度来看，需要关注的问题包括：注册用户有多少？用户同时访问的峰值有多少？常规的用户日均访问量又是多少？这些问题通常可以在业务需求分析时得到答案。但是，还需要考虑对未来用户增量的预测，以便能够灵活地扩展硬件资源。

（4）存储数据空间分析

数据所需的存储空间不仅包括软件实体（如操作系统、应用程序）、数据库和文件所占用的静态空间，还应包括系统运行时日常产生的数据、日志增加以及业务运营所带来的数据量增长所需的动态空间。由于数据量每天都在增长，业务人员和技术人员需要共同预测未来 1～3 年的数据增长规律，并乘以 1.2～1.5 的冗余系数，以确保有足够的存储空间以及用于数据备份或转移的额外空间。

（5）服务器的安全性分析

服务器的稳定运行不仅依赖于系统本身的健康状况，还需要具备抵御外部威胁的能力。由于网络环境中存在着各种病毒和恶意攻击，因此在设计硬件系统时就需要考虑安全性。为了确保每个关键服务节点的安全，建议配备硬件防火墙，这不仅可以提高安全性，还能减轻服务器的负担，使路由更加稳定。同时，为了保障数据的安全性，建议将所有磁盘组成 RAID5 阵列，以避免数据损坏无法恢复的情况发生。

（6）硬件的预算分析

在有限的预算下，如果采购的硬件设备无法满足所需的性能要求，就必须重新评估业务需求。由于业务增长情况难以预测，因此在选择服务器组件时需要有所偏重，并根据系统架构来确定必要的服务器数量。这样做可以最大限度地利用服务器资源，同时保留后期扩展的可能性。

5.5　网络设备

在选定硬件设备并参考服务器的分类依据来满足大数据系统的需求后，还需要考虑如何通过网络将服务器及外围设备连接起来，以形成一个能够对外提供服务的系统。这个系统需要能够准确接收来自客户端的服务请求并及时做出反馈。在这个过程中，网络设备是必不可少的。

为了给大数据工程项目中所需的网络需求规划提供更合理的测算依据，需要对组网技术进行简单的了解。组网技术主要包括部署和配置网络设备。对于一个大数据系统来说，必不可少的网络硬件设备包括交换机和路由器。

1. 交换机

交换机是一种网络设备，能够在网络中完成信息转发和交换功能。网络的分层结构模型将大型网络分解为多个易于管理的小型网络，交换机在网络结构中扮演着不同层级的角色，如图 5-7 所示。

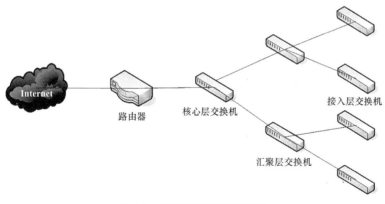

图 5-7　交换机在网络中的作用

接入层是计算机设备连接网络的入口，交换机在这一层的主要作用是控制用户的网络访问。因此，接入层的交换机需要以低成本、高密度的方式提供设备接入端口，主要应用于中小型企业的客户端接入网络场景。汇聚层的交换机对端口数量和交换速率的要求不高，但需要提供第 3 层交换功能。而核心层交换机应采用可扩展的高性能交换机来组成园区级局域网的主干线路，提供链路冗余、路由冗余、VLAN（Virtual Local Area Network，虚拟局域网）中继和负载均衡等功能，并且需要兼容汇聚层交换机技术并支持相同协议。交换机可以根据其端口类型、传输模式、包转发率、背板带宽、MAC 地址数、VLAN 表项、机架插槽数等不同维度进行分类，我们应该根据实际需求进行选择。

2. 路由器

路由器是一种用于连接两个或多个网络（以逻辑网络区分）的硬件设备。它不仅能够实现局域网之间的互联，而且能够实现局域网与广域网、广域网之间的互联。路由器是一种具有操作系统的智能设备，可以根据信道的情况自动选择和设定路由的最佳路径，并按先后顺序发送信息和数据包。

路由器可以根据其功能、性能和应用等进行分级，主要分为骨干级、企业级和接入级3个档次。骨干级路由器是企业级别网络的核心中枢设备，需要处理庞大的数据量且传输的数据非常重要，因此要求高速度和高可靠性，通常会配备热备份、双电源、双数据通路等冗余技术来确保其稳定性和可靠性。企业级路由器主要负责连接终端设备，要求使用简单实用的方法实现尽可能多的终端连接，并保证支持不同的数据传输质量。相比骨干级路由器，企业级路由器的功能较为简单，需传输的数据量也较小。接入级路由器主要应用于家庭、小型企业或部门内部局域网的网络连接，要求配置的参数最为简单，一般出厂时已设置好，只需接入设备即可使用。

对网络互联设备的第一次设置必须通过设备的控制台（Console）端口或运行终端仿真软件的计算机进行。控制台端口是路由器和交换机设备的基本端口，多为 RJ-45（Registered Jack-45，注册插口-45）规格。需要将配置口接线（Console Cable，又称为控制台电缆）一端插入设备的控制台端口，另一端接入终端或 PC 的接口，实现对设备的访问与控制，如图 5-8 所示。

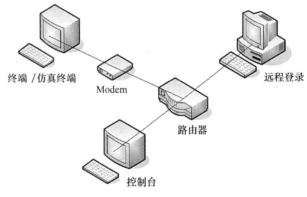

图 5-8　路由器的连接方法

3. 有线网络

网线是所有网络设备中最容易被忽视的设备之一。在局域网布线中，最常用且最便宜的是双绞线。根据 ISO/IEC-11801 标准，目前常用的双绞线有 3 种等级：三类、五类和超五类。不同等级双绞线的传输速度会影响连接速度，因此大数据系统通常使用超五类线，以确保数据传输性能不受影响。除了考虑与速度性能相匹配的等级，选择网线时还需要考虑线材长度、形状和走线施工等因素。例如，网线位置是否容易被其他设备压到？网线的 RJ-45 接头是否接触良好？走线过程中是否存在严重的缠绕情况？这些问题都会对传输性能产生影响。尤其是服务器通过网线连接交换机时，如果交换机显示灯亮表示已经有线连接，但由于网线的某条线缆有损伤，可能会导致实质上没有连通。另外，现在的家用与办公场所通常已经布好了基础的有线网络，埋在墙里的管线虽然平常不容易损坏，但一旦发生损坏，维修会更加麻烦。

4. 无线网络

现在越来越多的客户端设备支持无线网络。无线局域网除了需要构建有线网络的基础设备外，还需要用到的设备有 WAP（Wireless Access Point，无线接入点）和 AC（Access Controller，接入控制器）。

WAP 是组建无线局域网的核心设备，主要负责提供无线客户端设备与有限局域网之间的相互访问。它通常具备无线网关、无线网桥等多种设备功能，可以发挥无线路由器的效用。它的作用是实现覆盖范围内的设备与网络互联、两个局域网之间的无线互通以及对多个无线局域网的统一管理。

无线路由器的覆盖范围通常以半径 20～30m 的圆形区域为基准，其发射的电磁波信号容易受到中间介质的阻挡而快速衰减，例如墙壁或铁门等。因此，在布置 WAP 时，应尽量将其置于无线网络的中心位置，并确保各客户端与它的直线距离不超过 30m，以避免因信号衰减过多而导致通信失败。

无线网络的最大问题在于无线网络的安全性较有线网络差，因为在没有限制 MAC 地址的情况下，任何设备都可以连接该网络。如果没有做好防护，局域网内其他设备的数据可能被窃取。现在的无线路由中通常都带有 MAC 地址管理功能，可以将重要区域的设备设为白名单，即只有注册过的设备地址才可以访问该网络。

5.6　系统组网方案设计

系统组网方案设计包括网络需求分析和网络结构设计两个方面。

5.6.1　网络需求分析

网络需求分析是网络建设的起点，旨在明确用户所需的网络服务和性能。然而，在项目初期，用户可能无法明确阐述其需求，或者随着项目的推进，用户的需求可能会增加或发生重大变化。这可能导致早期设计的网络设施无法满足项目需求，甚至可能成为项目进展的阻碍。因此，作为用户，了解网络系统建设的过程并能够提出更合理的需求，有助于减少后期网络硬件升级或重部署给项目带来的困扰。

从系统整体考虑，网络需求是项目总需求的一部分。如表 5-2 所示，大数据系统建设的需求内容至少包括用户需求、系统建设需求、基础软硬件平台需求、网络带宽需求与测算、性能需求分析、安全系统建设需求这几大部分。

表 5-2　　　　大数据系统建设的需求清单示例

需求类型	需求内容
用户需求	①收集的用户需求；②设计出的符合用户需求的网络；③收集需求的机制，包括与用户交流、用户服务和需求归档
系统建设需求	①远程接入的方式；②选择城域网或广域网；③组织机构框架；④运营体系；⑤安全信任体系；⑥数据灾容与恢复

需求类型	需求内容
基础软件平台需求	①工作站，指具备强大的数据运算与图形、图像处理能力的高性能终端计算机；②个人计算机，并分析个人计算机的处理器、内存、操作系统以及网络配置等；③中小型机，指具有区别于PC和服务器的特有体系结构；④大机型，可以管理大型网络、存储大量数据以及驱动数据并保证其数据的完整性
网络宽带需求与测算	①局域网的功能；②数据备份和容灾；③网络管理，包括软件支持标准、硬件支持、软件范围以及可管理性等
性能需求分析	①网络性能，主要考虑网络容量和响应时间；②有效性，指在进行网络建设策略的选择时产生的各种过滤条件；③具有远程访问功能；④控制、维护网络和计算机系统的功能
安全系统建设需求	①身份认证；②内核加固；③账户管理；④病毒防护；⑤漏洞发现与补丁管理；⑥系统备份与修复；⑦桌面安全管理；⑧系统监控与审计；⑨访问控制

5.6.2 网络结构设计

网络结构设计需要根据用户的分类和分布来选择特定的网络结构并使用特定的技术。它主要描述了设备之间的互连关系和分布情况，但并不具体规定设备的物理位置和运行环境。网络结构设计需要考虑以下内容。

（1）逻辑设计目标

逻辑设计目标是用户及网络管理部门需求的集中体现，通常目标包括：提供应用系统环境；选择成熟稳定的技术；构建合理的网络结构；确定网络的周期性运维成本；保证网络结构的可扩充性、易用性、可管理性、安全性等。这些目标之间可能存在冲突，因为不可能有一个方案既经济实惠又性能卓越。因此，需要用户与网络建设者共同确定目标之间的优先级，并尽量协调相互矛盾的目标，以实现最佳的平衡。

（2）网络服务评价

不同的系统对网络服务的要求各不相同，但在设计阶段必须考虑两种主要的服务，它们会对系统运行和维护产生重大影响，即网络管理和网络安全。通常情况下，这两项工作在网络建设完成后由系统用户中的网络管理人员负责维护。在中小企业中，网络管理人员这一角色可能由大数据技术人员兼任。

（3）网络管理服务

网络管理涵盖了网络故障诊断、网络配置与重配置、网络监控3项工作。为此，需要在系统中预先安装网络管理软件和诊断工具、配置管理工具和监控工具，并可能需要根据情况设计一套完整的网络管理预案，包括问题发现与处理机制等。

（4）网络安全服务

网络安全是逻辑设计中的重要组成部分，因为网络的逻辑和物理结构决定了网络安全的基础，一旦出现问题难以弥补。在设计过程中，需要明确重点保护系统的逻辑位置，确定网络结构后进行测试以发现潜在的网络弱点和漏洞。同时，需要在保护数据安全和简化制度之间取得平衡，并确保系统中所有人员都能执行安全制度。

常见的网络结构包括星形结构、总线型结构、环形结构、树形结构和网型结构等。在企业局域网中，常用的结构包括总线型、星形或各种结构的混合。每种连接方式都有其适用的场景和优点，因此需要根据实际情况进行综合选择。

5.7　数据中心

数据中心（Data Center，DC）是为集中放置的电子信息设备提供运行环境的建筑场所，包括主机房、辅助区、支持区和行政管理区等。图 5-9 和图 5-10 所示分别为百度阳泉数据中心俯瞰图和百度数据中心的机房。作为算力基础设施的重要组成部分，数据中心是促进大数据、人工智能、云计算等新一代数字技术发展的数据中枢和算力载体，对于数字经济的增长具有重要助推作用。

图 5-9　百度阳泉数据中心俯瞰图

图 5-10　百度数据中心的机房

5.7.1　数据中心的分类

按照规模划分，数据中心可分为超大型、大型和中小型。超大型数据中心指规模大于 10000 个标准机架的数据中心，大型数据中心指规模介于 3000～10000 个标准机架的数据中心，中小型数据中心则是规模小于 3000 个标准机架的数据中心。超大型和大型数据中心的新建重点考虑气候环境、能源供给等要素；中小型数据中心则主要建设在靠近用户所在地、能源获取便利的地区，依市场需求灵活部署。

按照支持的正常运行时间进行划分，数据中心可分为 4 个等级，即 T1、T2、T3 和 T4。等级不同，数据中心内的设施要求也不同，级别越高要求越严格。数据中心的等级划分如表 5-3 所示，具体说明如下。

表 5-3　　　　　　　　　　　　　　　数据中心的等级划分

级别	可用性
T1	可用性 99.671%，年平均故障时间 28.8h
T2	可用性 99.741%，年平均故障时间 22h
T3	可用性 99.982%，年平均故障时间 1.6h
T4	可用性 99.995%，年平均故障时间 0.4h

（1）T1 级别

T1 级别的数据中心对有计划或无计划的运营中断反应敏感。该等级的数据中心可以根据需要，通过停止设备运行来进行预防性维护和检修工作，而在紧急状态下则可能需要停止设备运行来进行现场检修。数据中心内的任何设备故障、操作错误以及异常情况都将引起数据中心的运营中断。该等级的数据中心是由单路电力和冷却输配链路组成的系统，没有系统冗余部件和备份能力。

（2）T2 级别

T2 级别的数据中心采用了设备冗余部件，要比 T1 级别数据中心的备份能力强。该等级的数据中心可以根据需要，通过备份设备顺序独立运行，完成预防性维护和检修工作，而在紧急状态下则可能需要停止设备运行来进行现场检修。

（3）T3 级别

T3 级别的数据中心内的基础设施具有链路容余能力。当某一链路环节出现故障时，系统会自动切换到备份链路，保证数据中心运行的连续性。

（4）T4 级别

T4 级别的数据中心内的基础设施具有容错能力。当某一部分环节出现故障时，系统会自动切换到备份环节，保证数据中心运行的连续性。该等级数据中心中的全部计算机硬件设备需要具有故障容错能力的双电源输入功能，确保系统双链路配置功能。

5.7.2　数据中心的组成

一个数据中心通常包括以下几个组成部分。

①基础环境：主要指数据中心的机房及建筑物布线等设施，包括电力、制冷、消防、门禁、监控、装修等。

②硬件设备：主要包括核心网络设备、网络安全设备、服务器、存储、灾备设备、机柜及配套设施。

③基础软件：主要包括服务器操作系统软件、虚拟化软件、IaaS 服务管理软件、数据库软件、防病毒软件等。

④应用支撑平台：指具有行业特点的统一软件平台，可整合异构系统，互通数据资源。

5.7.3　数据中心的上线

数据中心的上线包括以下几个步骤：选择服务器、选择软件、机器上架、软件部署与测试。

选择服务器要综合考虑多个方面因素，比如数据中心支持的服务器数量及数据中心将来要达到的规模和服务器的性能等。由于服务器是主要的耗电设备。所以节能也是一个重要的考虑因素。数据中心的服务器可以选择塔式服务器、机架式服务器或者刀片式服务器。

数据中心的软件主要包括操作系统、数据中心管理监控软件、与业务相关的软件（中间件、邮件管理系统、客户关系管理系统等软件）。目前，数据中心服务器的操作系统主要包括 UNIX 系统、Linux 系统和 Windows 系统。

数据中心大多以 Web 的形式对外提供服务。Web 服务一般采用 3 层架构，从前端到后端依次为表现层、业务逻辑层和数据访问层。3 层架构目前均有相关中间件的支持，如表现层的 HTTP（Hyper Text Transfer Protocol，超文本传输协议）服务器、业务逻辑层的 Web 应用服务器、数据访问层的数据库服务器。

机器上架和系统初始化阶段主要完成服务器和系统的安装配置工作。首先将机架按照数据中心设计的拓扑结构进行合理摆放，服务器组装完成以后进行网络连接，最后安装和配置操作系统、相应的中间件和应用软件。这几个阶段都需要专业人员的参与，否则系统无法发挥最大的性能，甚至无法正常工作。目前已经有了一些系统管理方案，支持自动地进行系统部署、安装和配置，一定程度上减少了工程技术人员的工作复杂度，简化了系统初始化的流程，提高了系统部署的效率。

服务器和软件安装配置完成以后，就要开始对整个系统进行联合测试，检验软件是否正常运行、网络带宽是否足够、应用性能是否达到预期等。这个阶段需要参照设计阶段的文档进行逐条验证，测试系统是否满足设计要求。验证通过以后，数据中心就可以上线了。

5.8　本章小结

大数据是一种数据规模在获取、存储、管理、分析方面大大超出传统软件工具能力范围的数据集合。大数据引发了两大挑战，首先是企业的 IT 基础架构是否适应大数据管理和分析的需要，尤其是要从大数据中查找并分析出有价值的信息；其次是如何保证在处理海量数据的同时可以获得较快的数据处理速度，这里就会涉及计算、存储和网络3大方面的因素。为了应对挑战，大数据常与服务器集群联系在一起，因为实时的大型数据分析需要分布式处理框架，通常需要数十、数百甚至数万台服务器同时工作。本章内容从服务器的性能指标、服务器的分类、服务器的选择、系统的性能评估、硬件系统分析、网络设备、组网方案设计、数据中心等方面，详细介绍了大数据硬件环境的构建方法。本章内容的目的在于帮助读者对大数据的硬件环境形成一个整体的认知。

5.9 习题

1. 服务器的性能指标评价维度很多，通常包括哪些指标？
2. 服务器按机箱结构（外形）可以分为哪几种类型？
3. 选择虚拟化服务器资源时，需要关注哪些因素？
4. 硬件影响整体系统输入/输出性能的关键点通常表现为哪几个方面？
5. CPU 的性能主要取决于哪几个指标？
6. 请列举 CPU 的不同类型及其代表性厂商。
7. 企业级的机械硬盘与普通硬盘在哪些指标上存在差异？
8. 目前主流的存储方案架构包括哪几种？
9. 请说明什么是 RAID 技术。
10. 选择硬件系统时需要进行哪几个方面的分析？
11. 大数据系统必不可少的网络硬件设备包括哪些？
12. 交换机在网络结构中承担着哪些不同层级的角色？
13. 路由器从功能、性能、应用等方面可以分为哪几个等级？
14. 网络结构设计需要考虑哪些内容？
15. 按照规模划分，数据中心可分为哪几种级别？每个级别各有什么特点？
16. 一个数据中心通常包括哪些组成部分？

第6章
数据采集与预处理

　　大数据本身是一座金矿，一种资源，但沉睡的资源是很难创造价值的，需要经过采集、清洗、处理、分析、可视化等加工处理之后，才能真正产生价值。而数据采集和预处理是具有关键意义的第一道环节。通过数据采集，我们可以获取传感器数据、互联网数据、日志文件、企业业务系统数据等，用于后续的数据分析。采集得到的数据需要进行预处理，包括数据清洗、数据集成、数据转换、数据归约和数据脱敏。数据清洗是发现并纠正数据文件中可识别错误的一道程序，该步骤针对数据审查过程中发现的明显错误值、缺失值、异常值、可疑数据，选用适当方法进行清理，使"脏"数据变为"干净"数据，有利于通过后续的统计分析得出可靠的结论；数据集成将来自多个数据源的数据结合在一起，形成一个统一的数据集合；数据转换是把原始数据转换成符合目标算法要求的数据；数据归约是指在尽可能保持数据原貌的前提下，最大限度地精简数据量；数据脱敏的目的是可靠保护敏感隐私数据。

　　本章首先介绍数据采集，然后介绍数据清洗、数据集成、数据转换、数据归约和数据脱敏。

6.1　数据采集

　　本节介绍数据采集的概念、数据采集的三大要点、数据采集的数据源、数据采集方法和网络爬虫。

6.1.1　数据采集的概念

　　数据采集是大数据产业的基石。大数据具有很高的商业价值，但是如果没有数据，其价值就无从谈起，就好比不开采石油，就不会有汽油。数据采集又称数据获取，是数据分析的入口，也是数据分析过程中相当重要的一个环节。它通过各种技术手段把外部各种数据源产生的数据实时或非实时地采集并加以利用。在数据大爆炸的互联网时代，被采集数据的类型也是复杂多样的，包括结构化数据、半结构化数据、非结构化数据。结构化数据最常见，就是保存在关系数据库中的数据。非结构化数据是指数据结构不规则或不完整，没有预定义的数据模型，包括所有格式的传感器数据、办公文档、文本、图片、XML（Extensible Markup Language，可扩展标记语言）、

HTML（Hyper Text Markup Language，超文本标记语言）、各类报表、图像和音频/视频信息等。

大数据采集与传统的数据采集既有联系又有区别。大数据采集是在传统的数据采集基础之上发展起来的，一些经过多年发展的数据采集架构、技术和工具被继承下来；同时，由于大数据本身具有数据量大、数据类型丰富、处理速度快等特性，使得大数据采集又表现出不同于传统数据采集的一些特点。两者的区别如表 6-1 所示。

表 6-1　　　　　　　　　　　　传统数据采集与大数据采集的区别

	传统数据采集	大数据采集
数据源	来源单一，数据量相对较少	来源广泛，数据量巨大
数据类型	结构单一	数据类型丰富，包括结构化、半结构化和非结构化数据
数据存储	关系数据库和并行数据仓库	分布式数据库和分布式文件系统

6.1.2　数据采集的三大要点

数据采集的三大要点如下。

（1）全面性

全面性是指数据量具有足够的分析价值、数据面足够支撑分析需求。比如对于"查看商品详情"这一行为，需要采集用户触发时的环境信息、会话以及用户 ID，最后需要统计这一行为在某一时段触发的人数、次数、人均次数、活跃比等。

（2）多维性

数据更重要的是能满足分析需求。数据采集必须能够灵活、快速自定义数据的多种属性和不同类型，从而满足不同的分析目标要求。比如"查看商品详情"这一行为，通过"埋点"，我们才能知道用户查看的商品是什么、商品价格、商品类型、商品 ID 等多个属性，从而知道用户看过哪些商品、什么类型的商品被查看得多、某一个商品被查看了多少次，而不仅是知道用户进入了商品详情页。

（3）高效性

高效性包含技术执行的高效性、团队内部成员协同的高效性以及数据分析需求和目标实现的高效性。也就是说，采集数据一定要明确采集目的，带着问题搜集信息，使信息采集更高效、更有针对性。此外，采集数据还要考虑数据的及时性。

6.1.3　数据采集的数据源

数据采集的主要数据源包括传感器数据、互联网数据、日志文件、企业业务系统数据等。

1．传感器数据

传感器是一种检测装置，能感受到被测量环境的信号，并能将感受到的信号按一定规律变换成电信号或其他所需形式的信号输出，以满足信息的传输、处理、存储、显示、记录和控制等要求。在工作现场，我们会安装很多各种类型的传感器，如压力传感器、温度传感器、流量传感器、声音传感器、电参数传感器等。传感器对环境的适应能力很强，可以应对各种恶劣的工作环境。在日常生活中，DV（Digital Video，数字视频）录像、手机拍照等都属于传感器数据采集的一部分，支持音频、视频、图片等文件或附件的采集工作。

2. 互联网数据

互联网数据的采集通常借助于网络爬虫来完成。所谓网络爬虫（简称爬虫），就是一个在网上不定向或定向抓取网页数据的程序。抓取网页数据的一般方法是：定义一个入口页面，一般一个页面中会包含指向其他页面的 URL（Universal Resource Locator，统一资源定位符）；从当前页面获取这些网址并将其加入爬虫的抓取队列中，然后进入新页面后递归地进行上述的操作。网络爬虫数据采集方法可以将非结构化数据从网页中抽取出来，将其存储为统一的本地数据文件，并以结构化的方式存储。它支持图片、音频、视频等文件或附件的采集，附件与正文可以自动关联。

3. 日志文件

许多公司的业务平台每天都会产生大量的日志文件。日志文件一般由数据源系统产生，用于记录数据源执行的各种操作活动，比如网络监控的流量管理、金融应用的股票记账和 Web 服务器记录的用户访问行为。从这些日志文件中我们可以得到很多有价值的数据。通过对这些日志文件进行采集，然后进行数据分析，我们就可以从公司业务平台的日志文件中挖掘到具有潜在价值的信息，为公司决策和公司后台服务器的平台性能评估提供可靠的数据保证。系统日志采集系统所做的事情就是收集日志文件，提供离线和在线的实时分析使用。

4. 企业业务系统数据

一些企业会使用传统的关系数据库 MySQL 或 Oracle 等来存储业务系统数据，除此之外，Redis 和 MongoDB 这样的 NoSQL 数据库也常用于数据的存储。企业每时每刻产生的业务数据以数据库行记录的形式被直接写入数据库中。企业可以借助于 ETL 工具把分散在企业不同位置的业务系统的数据抽取、转换、加载到企业数据仓库中，以供后续的商务智能分析使用。通过采集不同业务系统的数据并将这些数据统一保存到一个数据仓库，就可以为分散在企业不同地方的商务数据提供一个统一的视图，满足企业的各种商务决策分析需求。

在采集企业业务系统数据时，由于采集的数据类型复杂，对不同类型的数据进行数据分析之前，必须通过数据抽取技术将复杂格式的数据进行数据抽取，从而得到需要的数据，这里可以丢弃一些不重要的数据。经过数据抽取得到的数据，由于数据采集可能存在不准确的情况，所以必须进行数据清洗（预处理），对那些不正确的数据进行过滤、剔除。针对不同的应用场景，对数据进行分析的工具或者系统不同，还需要对数据进行转换操作，将其转换成不同的数据格式，最终按照预先定义好的数据仓库模型，将数据加载到数据仓库中。

6.1.4　数据采集方法

数据采集是数据系统必不可少的关键操作，也是数据平台的根基。根据不同的应用环境及采集对象，有多种不同的数据采集方法，包括系统日志采集、分布式消息订阅分发、ETL、网络数据采集等。

1. 系统日志采集

Flume 是 Cloudera 公司提供的一个高可用、高可靠、分布式的海量日志采集、聚合和传输工具。Flume 支持在日志系统中定制各类数据发送方，用于收集数据；同时，Flume 提供对数据进行简单处理并写到各种数据接收方（可定制）的能力。

Flume 运行的核心是 Agent。Flume 以 Agent 为最小的独立运行单位，一个 Agent 就是一个 Java 虚拟机（Java Virtual Machine，JVM）。Agent 是一个完整的数据采集工具，包含 3 个核心组件，分别是数据源（Source）、数据通道（Channel）和数据槽（Sink），如图 6-1 所示。通过这些组件，事件（Event）可以从一个地方流向另一个地方。每个组件的具体功能如下。

①数据源是数据的收集端，负责将数据捕获后进行特殊的格式化处理，将数据封装到事件里，然后将事件推入数据通道。

②数据通道是连接数据源和数据槽的组件，可以将它看作一个数据的缓冲区（数据队列）。它可以将事件暂存到内存，也可以持久化保存到本地磁盘上，直到数据槽处理完该事件。

③数据槽取出数据通道中的数据，存储到文件系统和数据库中，或者提交到远程服务器。

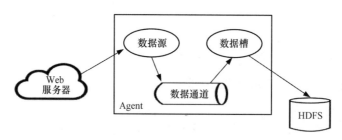

图 6-1　Flume 的核心组件

2. 分布式消息订阅分发

分布式消息订阅分发也是一种常见的数据采集方式，其中，Kafka 就是一种具有代表性的产品。Kafka 是由 LinkedIn 公司开发的一种高吞吐量的分布式发布/订阅消息系统。用户通过 Kafka 系统可以发布大量的消息，同时也能实时订阅消费消息。Kafka 设计的初衷是构建一个可以处理海量日志、用户行为和网站运营统计等的数据处理框架。为了满足上述应用需求，数据处理框架就需要同时提供实时在线处理的低延迟和批量离线处理的高吞吐量等功能。现有的一些数据处理框架通常设计了完备的机制来保证消息传输的可靠性，但是由此会带来较大的系统负担，在批量处理海量数据时无法满足高吞吐量的要求。另外，有一些数据处理框架则被设计成实时消息处理系统，虽然可以带来很高的实时处理性能，但是在批量离线场合无法提供足够的持久性，即可能发生消息丢失。同时，在大数据时代涌现的新的日志收集处理系统（如 Flume、Scribe 等）往往更擅长批量离线处理，而不能较好地支持实时在线处理。相对而言，Kafka 可以同时满足在线实时处理和批量离线处理的要求。

Kafka 的架构如图 6-2 所示，具体说明如下。

①话题（Topic）：特定类型的消息流。

②生产者（Producer）：能够发布消息到话题的任何对象。

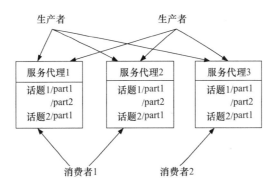

图 6-2　Kafka 的架构

③服务代理（Broker）：保存已发布消息的服务器，被称为代理或 Kafka 集群。

④消费者（Consumer）：可以订阅一个或多个话题，并从服务代理拉数据，从而"消费"这些已发布的消息。

从图 6-2 中可以看出，生产者将数据发送给服务代理，服务代理有多个话题，消费者从服务代理获取数据。

3. ETL

ETL（Extract-Transform-Load，抽取、清洗、转换、装载）常用于数据仓库中的数据采集和预处理环节。顾名思义，ETL 从原系统中抽取数据，并根据实际商务需求对数据进行转换，把转换结果加载到目标数据存储中。可以看出，ETL 既可用于数据采集环节，也可用于数据预处理环节。ETL 的源和目标通常都是数据库和文件，但也可以是其他类型的数据，比如消息队列。ETL 是实现大规模数据初步加载的理想解决方案，它提供了高级的转换能力。ETL 任务通常在维护时间窗口进行。在 ETL 任务执行期间，数据源默认不会发生变化，这就使得用户不必担忧 ETL 任务开销对数据源的影响，但同时意味着，对于商务用户而言，数据和应用并非任何时候都是可用的。目前，市场上主流的 ETL 工具包括 DataPipeline、Kettle、Talend、Informatica、Datax、Oracle Goldengate 等。其中，Kettle 是一款开源的 ETL 工具，使用 Java 编写，可以在 Windows、Linux、UNIX 上运行，数据抽取高效、稳定。Kettle 是 "Kettle E.T.T.L. Environment" 首字母的缩写，它可以实现抽取、转换和加载数据。Kettle 的中文含义是水壶，顾名思义，开发者希望把各种数据放到一个壶里，然后以一种指定的格式流出。Kettle 包含 Spoon、Pan、Chef、Encr 和 Kitchen 等组件。

4. 网络数据采集

网络数据采集是指通过网络爬虫或网站公开的应用程序接口等方式从网站上获取数据信息。网络数据采集的应用领域十分广泛，包括搜索引擎与垂直搜索平台的搭建与运营，综合门户与行业门户、地方门户、专业门户网站的数据支撑与流量运营，电子政务与电子商务平台的运营，知识管理与知识共享领域，企业竞争情报系统的运营，商业智能系统，信息咨询与信息增值，信息安全和信息监控等。

6.1.5　网络爬虫

网络爬虫是用于网络数据采集的关键技术。本小节介绍网络爬虫的概念、网络爬虫的组成、网络爬虫的类型、Scrapy 爬虫以及反爬机制。

1. 网络爬虫的概念

网络爬虫是自动抓取网页的程序，它为搜索引擎从万维网上下载网页，是搜索引擎的重要组成部分。网络爬虫的工作原理如图 6-3 所示，爬虫从一个或若干个初始网页的 URL（也叫种子 URL）开始，获得初始网页上的 URL；在抓取网页的过程中，不断从当前页面上提取新的 URL 加入任务队列，直到满足系统的特定停止条件。实际上，网络爬虫的行为和人们访问网站的行为是类似的。举个例子，用户平时到天猫商城购物（PC 端），他的整个活动过程就是打开浏览器→搜索天猫商城→单击链接进入天猫商城→选择所需商品（站内搜索）→浏览商品（价格、详情、评论等）→单击链接→进入下一个商品页面……周而复始。现在，这个过程不再由用户手动去完成，而是由网络爬虫自动去完成。

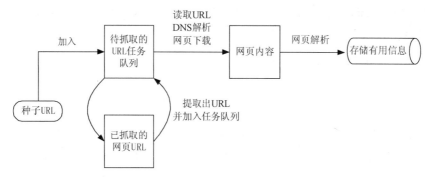

图 6-3　网络爬虫的工作原理

2. 网络爬虫的组成

网络爬虫由控制节点、爬虫节点和资源库构成。网络爬虫的控制节点和爬虫节点的结构关系如图 6-4 所示。从图 6-4 可以看出，网络爬虫中可以有多个控制节点，每个控制节点下可以有多个爬虫节点，控制节点可以互相通信。同时，控制节点和其下的各爬虫节点也可以互相通信，属于同一个控制节点的各爬虫节点亦可以互相通信。

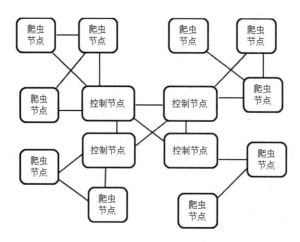

图 6-4　网络爬虫的控制节点和爬虫节点的结构关系

控制节点也叫作爬虫的中央控制器，主要负责为 URL 地址分配线程，并调用爬虫节点进行具体的抓取。爬虫节点会按照相关的算法对网页进行具体的抓取，主要包括下载网页和对网页的文本进行处理，并在抓取后将对应的抓取结果存储到对应的资源库中。

3. 网络爬虫的类型

网络爬虫可以分为通用网络爬虫、聚焦网络爬虫、增量式网络爬虫、深层网络爬虫 4 种类型。

（1）通用网络爬虫

通用网络爬虫又称全网爬虫（Scalable Web Crawler），抓取对象从一些种子 URL 扩充到整个 Web，该类爬虫主要为门户站点搜索引擎和大型 Web 服务提供商采集数据。通用网络爬虫的结构大致包括页面抓取模块、页面分析模块、链接过滤模块、页面数据库、URL 队列和初始 URL 集合。为提高工作效率，通用网络爬虫会采取一定的抓取策略，常用的抓取策略有深度优先策略和广度优先策略等。

（2）聚焦网络爬虫

聚焦网络爬虫（Focused Crawler）又称主题网络爬虫（Topical Crawler），它选择性地抓取那些与预先定义好的主题相关的页面。和通用网络爬虫相比，聚焦网络爬虫只需要抓取与主题相关的页面，极大地节省了硬件和网络资源，保存的页面也由于数量少而更新快，还可以很好地满足一些特定人群对特定领域信息的需求。聚焦网络爬虫的工作流程较为复杂，需要根据一定的网页分析算法过滤与主题无关的 URL，保留有用的 URL 并将其放入等待抓取的 URL 队列。然后，它根据一定的搜索策略从队列中选择下一步要抓取的网页，并重复上述过程，直到达到系统的特定条件时停止。另外，所有被爬虫抓取的网页将会被系统存储，进行一定的分析、过滤并建立索引，用于之后的查询和检索。对于聚焦网络爬虫来说，这一过程所得到的分析结果还可能对以后的抓取过程提供反馈和指导。聚焦网络爬虫常用的策略包括基于内容评价的抓取策略、基于链接结构评价的抓取策略、基于增强学习的抓取策略和基于语境图的抓取策略等。

（3）增量式网络爬虫

增量式网络爬虫（Incremental Web Crawler）是指对已下载页面采取增量式更新和只抓取新产生或者已经发生变化页面的爬虫，它能够在一定程度上保证所抓取的页面是尽可能新的页面。与周期性抓取和刷新页面的网络爬虫相比，增量式网络爬虫只会在需要的时候抓取新产生或发生更新的页面，并不重新下载没有发生变化的页面，可有效减少数据下载量，及时更新已抓取的页面，减小时间和空间上的耗费，但是增加了抓取算法的复杂度和实现难度。增量式网络爬虫有两个目标：保持本地页面集中存储的页面为最新页面和提高本地页面集中页面的质量。为实现第一个目标，增量式爬虫需要通过重新访问网页来更新本地页面集中页面的内容；为了实现第二个目标，增量式爬虫需要对网页的重要性进行排序，常用的策略包括广度优先策略和 PageRank 优先策略等。

（4）深层网络爬虫

深层网络爬虫将 Web 页面按存在方式分为表层网页（Surface Web）和深层网页（Deep Web，

也称 Invisible Web Page 或 Hidden Web）。表层网页是指传统搜索引擎可以索引的、超链接可以到达的静态网页。深层网页是那些大部分内容不能通过静态链接获取的、隐藏在搜索表单后的、只有用户提交一些关键词才能获得的 Web 页面。深层网络爬虫体系结构包含 6 个基本功能模块（抓取控制器、解析器、表单分析器、表单处理器、响应分析器、LVS 控制器）和两个爬虫内部数据结构（URL 列表、LVS 表）。

4. Scrapy 爬虫

Scrapy 是一套基于 Twisted 的异步处理框架，是纯 Python 实现的爬虫框架，用户只需要定制开发几个模块就可以轻松地实现一个爬虫，可用来抓取网页内容或者各种图片。Scrapy 可运行于 Linux/Windows/macOS 等多种环境，具有速度快、扩展性强、使用简便等特点。即便是新手，也能迅速学会使用 Scrapy 编写所需要的爬虫程序。Scrapy 可以在本地运行，也可以部署到云端实现真正的生产级数据采集系统。Scrapy 用途广泛，可以用于数据挖掘、监测和自动化测试。Scrapy 吸引人的地方在于它是一个框架，任何人都可以根据需求对它进行修改。当然，Scrapy 只是基于 Python 的一个主流爬虫框架，除了 Scrapy 外，还有其他基于 Python 的爬虫框架，包括 Crawley、Portia、Newspaper、Python-goose、Beautiful Soup、Mechanize、Selenium 和 Cola 等。

（1）Scrapy 的体系架构

图 6-5 所示的 Scrapy 体系架构由以下几个部分组成。

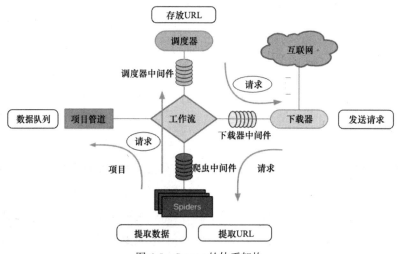

图 6-5　Scrapy 的体系架构

①Scrapy 引擎（Engine）。Scrapy 引擎相当于一个中枢站，负责调度器、项目管道、下载器和爬虫 4 个组件之间的通信。例如，Scrapy 将接收到的爬虫请求发送给调度器，将爬虫的存储请求发送给项目管道；调度器发送的请求会被 Scrapy 引擎提交到下载器进行处理，下载器处理完成后会发送响应给 Scrapy 引擎；Scrapy 引擎将其发送至爬虫进行处理。

②爬虫（Spiders）。爬虫相当于一个解析器，负责接收 Scrapy 引擎发送过来的响应并对其进行解析。开发者可以在其内部编写解析规则。解析好的内容可以发送存储请求给 Scrapy 引擎。在

爬虫中解析出的新的 URL 也可以向 Scrapy 引擎发送请求。注意：入口 URL 也存储在爬虫中。

③下载器（Downloader）。下载器用于下载搜索引擎发送的所有请求，并将网页内容返回给爬虫。下载器建立在 Twisted 这个高效的异步模型之上。

④调度器（Scheduler）。调度器可以被理解成一个队列，存储 Scrapy 引擎发送过来的 URL，并按顺序取出 URL 发送给 Scrapy 引擎进行请求操作。

⑤项目管道（Item Pipeline）。项目管道是保存数据用的，它负责处理爬虫中获取的项目，比如去重、持久化存储（如存入数据库或写入文件）。

⑥下载器中间件（Downloader Middlewares）。下载器中间件是位于引擎和下载器之间的组件，主要用于处理引擎与下载器之间的请求和响应。类似于自定义扩展下载功能的组件。

⑦爬虫中间件（Spider Middlewares）。爬虫中间件是介于引擎和爬虫之间的组件，主要工作是处理爬虫的响应输入和请求输出。

⑧调度器中间件（Scheduler Middlewares）。调度器中间件是介于引擎和调度器之间的中间件，用于处理从引擎发送到调度器的请求和响应。调度器中间件可以自定义扩展和操作搜索引擎与爬虫中间通信的功能组件，如进入爬虫的请求和从爬虫出去的请求。

（2）Scrapy 工作流

Scrapy 工作流也叫作运行流程或数据处理流程，整个数据处理流程由 Scrapy 引擎进行控制，其主要的运行步骤如下。

①Scrapy 引擎从调度器中取出一个 URL 用于接下来的抓取。

②Scrapy 引擎把 URL 封装成一个请求并传给下载器。

③下载器把资源下载下来，并封装成应答包。

④爬虫解析应答包。

⑤如果解析出的是项目，则交给项目管道进行进一步的处理。

⑥如果解析出的是 URL，则把 URL 交给调度器等待抓取。

5. 反爬机制

为什么会有反爬机制？原因主要有两点：第一，在大数据时代，数据是十分宝贵的财富，很多企业不愿意让自己的数据被别人免费获取。因此，它们为自己的网站设计反爬机制，防止网页上的数据被抓取。第二，简单低级的网络爬虫数据采集速度快，伪装度低。如果没有反爬机制，它们可以很快地抓取大量数据，甚至因为请求过多，造成网站服务器不能正常工作，影响企业的业务开展。

反爬机制是一把双刃剑，一方面可以保护企业网站的数据；但是，另一方面，如果反爬机制过于严格，可能会误伤真正的用户请求，也就是真正的用户请求被错误当成网络爬虫而被拒绝。如果既要和网络爬虫"死磕"，又要保证很低的误伤率，那么会增加网站搭建的成本。

通常而言，伪装度高的网络爬虫速度慢，对服务器造成的负担也相对较小。所以，网站反爬的重点是那种简单粗暴的数据采集行为。有时反爬机制会允许伪装度高的网络爬虫获得数据，毕竟伪装度很高的数据采集行为与真实用户请求没有太大差别。

6.2　数据清洗

数据清洗对于获得高质量分析结果而言，其重要性是不言而喻的，正所谓"垃圾数据进，垃圾数据出"，没有高质量的输入数据，那么输出的分析结果其价值也会大打折扣，甚至没有任何价值。数据清洗是指将大量原始数据中的"脏"数据洗掉，它是发现并纠正数据文件中可识别错误的最后一道程序，包括检查数据一致性、处理无效值和缺失值等。比如，在构建数据仓库时，由于数据仓库中的数据是面向某一主题的数据的集合，这些数据从多个业务系统中抽取而来，而且包含历史数据，这样就避免不了有的数据是错误数据，有的数据相互之间有冲突。这些错误的或有冲突的数据显然是我们不想要的，称为脏数据。我们要按照一定的规则把脏数据清洗掉，这就是数据清洗。

6.2.1　数据清洗的应用领域

数据清洗的主要应用领域包括数据仓库与数据挖掘、数据质量管理。

（1）数据仓库与数据挖掘

数据清洗对于数据仓库与数据挖掘应用来说是核心和基础，它是获取可靠、有效数据的一个基本步骤。数据仓库是为了支持决策分析的数据集合。在数据仓库领域，数据清洗一般应用在几个数据库合并时或者多个数据源进行集成时。例如，指代同一个实体的记录在合并后的数据库中就会出现重复的记录，数据清洗就是要把这些重复的记录识别出来并消除它们。数据挖掘是建立在数据仓库基础上的增值技术。在数据挖掘领域，经常会遇到挖掘出来的特征数据存在各种异常情况，如数据缺失、数据值异常等。对于这些情况，如果不加以处理，就会直接影响最终挖掘模型的使用效果，甚至会使得创建模型任务失败。因此，在数据挖掘过程中，数据清洗是第一步。

（2）数据质量管理

数据质量管理贯穿数据生命周期的全过程。在数据生命周期中，可以通过数据质量管理的方法和手段在数据生成、使用、消亡的过程中及时发现有缺陷的数据，然后借助数据管理手段将数据正确化和规范化，从而达到符合要求的数据质量标准。总体而言，数据质量管理覆盖质量评估、数据去噪、数据监控、数据探查、数据清洗、数据诊断等方面，而在这个过程中，数据清洗是决定数据质量好坏的重要因素。

6.2.2　数据清洗的实现方式

数据清洗按照实现方式的不同可以分为手工清洗和自动清洗。

（1）手工清洗

手工清洗是通过人工方式对数据进行检查，发现数据中的错误。这种方式比较简单，只要投入足够的人力、物力、财力，就能发现所有错误，但效率低下。在大数据量的情况下，手工清洗数据是不现实的。

（2）自动清洗

自动清洗是通过专门编写的计算机应用程序来进行数据清洗。这种方法能解决某个特定的问题，但是不够灵活，特别是在清洗过程需要反复进行时（一般来说，数据清洗一遍就达到要求的很少），程序复杂，清洗过程变化时工作量大。

6.2.3　数据清洗的内容

数据清洗主要是对缺失值、重复值、异常值和数据类型有误的数据进行处理。数据清洗的内容主要包括。

（1）缺失值处理

由于调查、编码和录入误差，数据中可能存在一些缺失值，需要给予适当的处理。常用的处理方法有估算、整例删除、变量删除和成对删除。

①估算：最简单的办法就是用某个变量的样本均值、中位数或众数代替缺失值。这种办法简单，但没有充分考虑数据中已有的信息，误差可能较大。另一种办法就是根据调查对象对其他问题的答案，通过变量之间的相关分析或逻辑推论进行估计。例如，某一产品的拥有情况可能与家庭收入有关，可以根据调查对象的家庭收入推算拥有这一产品的可能性。

②整例删除：剔除含有缺失值的样本。由于很多问卷都可能存在缺失值，这种做法的结果可能导致有效样本量大大减少，无法充分利用已经收集到的数据，因此只适合关键变量缺失或者含有异常值、缺失值的样本比重很小的情况。

③变量删除：如果某一变量的缺失值很多，而且该变量对于所研究的问题不是特别重要，则可以考虑将该变量删除。这种做法减少了供分析用的变量数目，但没有改变样本量。

④成对删除：用一个特殊码（通常是 9、99、999 等）代表缺失值，同时保留数据集中的全部变量和样本。但是在具体计算时只采用有完整答案的样本，因而不同的分析因涉及的变量不同，其有效样本量也会有所不同。这是一种保守的处理方法，最大限度地保留了数据集中的可用信息。

（2）异常值处理

根据每个变量的合理取值范围和相互关系检查数据是否合乎要求，找出超出正常范围、逻辑上不合理或者相互矛盾的数据。例如，用 1～7 级量表测量的变量出现了 0 值、体重出现了负数都应视为超出正常值域范围。SPSS、SAS、和 Excel 等计算机软件都能够根据定义的取值范围自动识别每个超出范围的变量值。具有逻辑上不一致性的答案可能以多种形式出现。例如，许多调查对象说自己开车上班，又报告没有汽车；或者调查对象报告自己是某品牌的重度购买者和使用者，但同时又在熟悉程度量表上给了很低的分值。发现不一致时，要列出问卷序号、记录序号、变量名称、错误类别等，便于进一步核对和纠正。

（3）数据类型转换

数据类型往往会影响后续的数据处理分析，因此需要明确每个数据的数据类型。比如，来自A 表的学号数据是字符型，而来自 B 表的学号数据是日期型，在数据清洗的时候就需要对二者的数据类型进行统一处理。

（4）重复值处理

重复值的存在会影响数据分析和挖掘结果的准确性，所以在数据分析和建模之前需要进行数据重复性检验。如果存在重复值，还需要进行重复值的删除。

6.2.4　数据清洗的注意事项

在进行数据清洗时，需要注意如下事项。

①数据清洗时优先进行缺失值、异常值和数据类型转换的操作，最后进行重复值的处理。

②在对缺失值、异常值进行处理时，要根据业务的需求进行处理。这些处理并不是一成不变的，常见的填充包括统计值填充（常用的统计值有均值、中位数、众数）、前/后值填充（一般使用在前后数据存在关联的情况下，比如数据是按照时间进行记录的）、零值填充。

③在数据清洗之前，最重要的是对数据表的查看。要了解表的结构和发现需要处理的值，这样才能将数据清洗彻底。

④数据量的大小也关系着数据的处理方式。如果总数据量较大，而异常数据（包括缺失值和异常值）的量较少时，可以选择直接删除处理，因为这并不太会影响最终的分析结果。但是，如果总数据量较小，则每个数据都可能影响分析的结果，这个时候就需要认真去对数据进行处理，可能需要通过其他的关联表找到相关数据进行填充。

⑤在导入数据表后，一般需要将所有列一个个地进行清洗，来保证数据处理的彻底性。有些数据可能看起来是可以正常使用的，实际上在进行处理时可能会出现问题，比如某列数据在查看时看起来是数值类型，但是其实这列数据的类型却是字符串，这就会导致在进行数值操作时无法使用。

6.2.5　数据清洗的基本流程

数据清洗的基本流程一共分为5个步骤，分别是数据分析、定义数据清洗的策略和规则、搜寻并确定错误实例、纠正发现的错误以及干净数据回流。

（1）数据分析

对于原始数据源中存在的数据质量问题，需要通过人工检测或者计算机程序分析的方式对原始数据源的数据进行检测分析。可以说，数据分析是数据清洗的前提和基础。

（2）定义数据清洗的策略和规则

根据数据分析环节得到的数据源中脏数据的具体情况，制定相应的数据清洗策略和规则，并选择合适的数据清洗算法。

（3）搜寻并确定错误实例

搜寻并确定错误实例的步骤包括自动检测属性错误和检测重复记录。手工检测数据集中的属性错误需要花费大量的时间和精力，而且检测过程容易出错，所以需要使用高效的方法自动检测数据集中的属性错误，主要检测方法有基于统计的方法、聚类方法和关联规则方法等。检测重复记录是指对两个数据集或者一个合并后的数据集进行检测，从而确定同一个现实实体的重复记录。

检测重复记录的算法有基本的字段匹配算法、递归字段匹配算法等。

（4）纠正发现的错误

根据不同的脏数据存在形式，应执行相应的数据清洗和转换步骤，解决原始数据源中存在的质量问题。某些特定领域能够根据发现的错误模式，编制程序或者借助于外部标准数据源文件、数据字典等，在一定程度上修正错误。有时候也可以根据数理统计知识进行自动修正，但是很多情况下都需要编制复杂的程序或者借助于人工干预来完成。需要注意的是，对原始数据源进行数据清洗时，应该将原始数据源进行备份，以防需要撤销清洗操作。

（5）干净数据回流

当数据被清洗后，干净的数据替代了原始数据源中的脏数据，这样可以提高信息系统的数据质量，还可以避免将来再次抽取数据后进行重复的清洗工作。

6.2.6　数据清洗的评价标准

数据清洗的评价标准包括以下几个方面。

（1）数据的可信性

可信性包括精确性、完整性、一致性、有效性、唯一性等指标。精确性是指数据是否与其对应的客观实体的特征相一致；完整性是指数据是否存在缺失记录或缺失字段；一致性是指同一实体的同一属性的值在不同的系统是否一致；有效性是指数据是否满足用户定义的条件或在一定的域值范围内；唯一性是指数据是否存在重复记录。

（2）数据的可用性

数据的可用性考察指标主要包括时间性和稳定性。时间性是指数据是当前数据还是历史数据；稳定性是指数据是否是稳定的，是否在其有效期内。

（3）数据清洗的代价

数据清洗的代价即成本效益。在进行数据清洗之前考虑成本效益这个因素是很有必要的，因为数据清洗是一项十分繁重的工作，需要投入大量的时间、人力和物力。一般而言，在大数据项目的实际开发工作中，数据清洗通常占开发过程总时间的 50%～70%。在进行数据清洗之前要考虑其物力和时间开销的大小，是否会超过组织的承受能力。通常情况下，大数据集的数据清洗是一个系统性的工作，需要多方配合以及大量人员的参与，需要多种资源的支持。企业所做出的每项决定目标都是为了给公司带来更大的经济效益，如果花费大量金钱、时间、人力和物力进行大规模的数据清洗之后，所能带来的效益远远低于所投入的成本，那么这样的数据清洗就是一次失败的数据清洗。因此，在进行数据清洗之前进行成本效益的估算是非常重要的。

6.2.7　数据清洗的行业发展

在大数据时代，数据正在成为一种生产资料，成为一种稀有资产。大数据产业已经被提升到国家战略的高度，随着创新驱动发展战略的实施，逐步带动产业链上下游形成万众创新的大数据产业生态环境。数据清洗属于大数据产业链中关键的一环，可以从文本、语音、视频和地理信息等多个领域对数据清洗产业进行细分。

①文本清洗领域。该领域主要基于自然语言处理技术，通过分词、语料标注、字典构建等技术，从结构化和非结构化数据中提取有效信息，提高数据加工的效率。除了国内传统的搜索引擎公司，例如百度、搜狗、360外，该领域的代表公司还有拓尔思、中科点击、任子行、海量等。

②语音数据加工领域。该领域主要基于语音信号的特征提取，利用隐马尔可夫模型等算法进行模式匹配，对音频进行加工处理。该领域国内的代表公司有科大讯飞、中科信利、云知声、捷通华声等。

③视频图像处理领域。该领域主要基于图像获取、边缘识别、图像分割、特征提取等技术实现人脸识别、车牌标注、医学分析等实际应用。该领域国内的代表公司有Face++、五谷图像、亮风台等。

④地理信息处理领域。该领域主要基于栅格图像和矢量图像对地理信息数据进行加工，实现可视化展现、区域识别、地点标注等应用。该领域国内的代表公司有高德、四维图新、天下图等。

此外，为了切实保证数据清洗过程中的数据安全，2015年6月，中央网络安全和信息化委员会办公室（简称中央网信办）在《关于加强党政部门云计算服务网络安全管理的意见》中，对云计算的数据归属、管理标准和跨境数据流动给出了明确的权责定义。数据清洗加工的相关企业应该着重在数据访问、脱密、传输、处理和销毁等过程中加强对数据资源的安全保护，确保数据所有者的责任以及数据在处理前后的完整性、机密性和可用性，防止数据被第三方攫取并通过暗网等渠道进行数据跨境交易。

6.3　数据集成和数据转换

6.3.1　数据集成

数据处理常常涉及数据集成操作，即将来自多个数据源的数据结合在一起，形成一个统一的数据集合，以便为数据处理工作的顺利完成提供完整的数据基础。

在数据集成过程中，需要考虑解决以下几个问题。

①模式集成问题。模式集成问题也就是如何使来自多个数据源的现实世界的实体相互匹配，其中就涉及实体识别问题。例如，如何确定一个数据库中的"user_id"与另一个数据库中的"user_number"表示同一实体。

②冗余问题。这个问题是数据集成中经常发生的另一个问题。若一个属性可以从其他属性中推演出来，那么这个属性就是冗余属性。例如，一个学生数据表中的平均成绩属性就是冗余属性，因为它可以根据成绩属性计算出来。此外，属性命名的不一致也会导致集成后的数据集出现数据冗余问题。

③数据值冲突检测与消除问题。在现实世界实体中，来自不同数据源的属性值或许不同。产生这种问题的原因可能是比例尺度或编码的差异等。例如，质量属性在一个系统中采用公制，而

在另一个系统中却采用英制；价格属性在不同地点采用不同的货币单位。这些语义的差异为数据集成带来许多问题。

6.3.2　数据转换

数据转换就是将数据进行转换或归并，使其成为适合数据处理的形式。下面先介绍常见的数据转换策略，然后重点介绍数据转换策略中的平滑处理和规范化处理。

1. 数据转换策略

常见的数据转换策略如下。

①平滑处理：帮助除去数据中的噪声，常用的方法包括分箱、回归和聚类等。

②聚集处理：对数据进行汇总操作。例如，每天的数据经过汇总操作可以获得每月或每年的总额。这一操作常用于构造数据立方体或对数据进行多粒度分析。

③数据泛化处理：用更抽象（更高层次）的概念来取代低层次的数据对象。例如，街道属性可以泛化到城市、国家等更高层次的概念，年龄属性可以映射到青年、中年和老年等更高层次的概念。

④规范化处理：将属性值按比例缩放，使之落入一个特定的区间，比如 0.0～1.0。常用的数据规范化方法包括 Min-Max 规范化、Z-Score 规范化和小数定标规范化等。

⑤属性构造处理：根据已有属性集构造新的属性，后续数据处理直接使用新增的属性。例如，根据已知的质量和体积属性，计算出新的属性——密度。

2. 平滑处理

噪声是指被测变量的随机错误或偏差。平滑处理旨在帮助去掉数据中的噪声，常用的方法包括分箱、回归和聚类等。

（1）分箱

分箱利用被平滑数据点的周围点（近邻点）对一组排序数据进行平滑处理，排序后的数据被分配到若干箱子中。

典型的分箱方法一般有两种：一种是等高方法，即每个箱子中元素的个数相等；另一种是等宽方法，即每个箱子的取值间距（左右边界之差）相同，如图 6-6 所示。

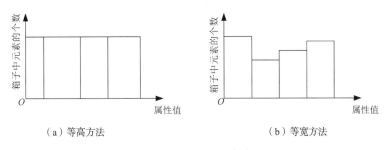

（a）等高方法　　　　　　　　　　（b）等宽方法

图 6-6　两种典型的分箱方法

下面通过一个实例介绍分箱方法——等高方法的具体用法。

假设有一个数据集 $X=\{4,8,15,21,21,24,25,28,34\}$，若采用基于平均值的等高方法对其进行平滑处理，则分箱处理的步骤如下。

①把原始数据集 X 放入以下 3 个箱子。

箱子 1：4,8,15。

箱子 2：21,21,24。

箱子 3：25,28,34。

②分别计算每个箱子的平均值。

箱子 1 的平均值：9。

箱子 2 的平均值：22。

箱子 3 的平均值：29。

③用每个箱子的平均值替换该箱子内的所有元素。

箱子 1：9,9,9。

箱子 2：22,22,22。

箱子 3：29,29,29。

④合并各个箱子中的元素，得到新的数据集{9,9,9,22,22,22,29,29,29}。

此外，还可以采用基于箱子边界的等高方法对数据进行平滑处理。利用边界进行平滑处理时，对于给定的箱子，其最大值与最小值就构成了该箱子的边界；然后利用每个箱子的边界值（最大值或最小值）替换该箱子中的所有值，这时的分箱结果如下。

箱子 1：4,4,15。

箱子 2：21,21,24。

箱子 3：25,25,34。

合并各个箱子中的元素，得到新的数据集{4,4,15,21,21,24,25,25,34}。

（2）回归

回归是利用拟合函数对数据进行平滑处理。例如，借助线性回归方法（包括多变量回归方法）可以获得多个变量之间的拟合关系，从而达到利用一个（或一组）变量值来预测另一个变量值的目的。利用线性回归方法所获得的拟合函数能够平滑数据并除去其中的噪声。对数据进行线性回归拟合如图 6-7 所示。

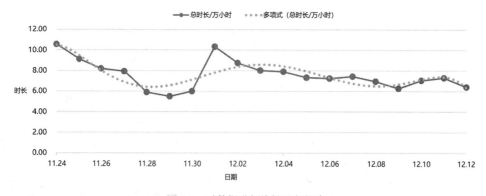

图 6-7 对数据进行线性回归拟合

（3）聚类

聚类可帮助我们发现异常数据。如图 6-8 所示，相似或相邻的数据聚合在一起形成了各个聚类集合，而那些位于这些聚类集合之外的数据对象则被认为是异常数据。

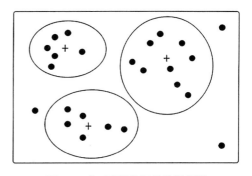

图 6-8　基于聚类的异常数据监测

3. 规范化处理

规范化处理是一种重要的数据转换策略。它将一个属性取值范围投射到一个特定范围，以消除数值型属性因大小不一而造成的挖掘结果偏差，常用于神经网络、基于距离计算的最近邻分类和聚类挖掘的数据预处理等。对于神经网络，采用规范化后的数据不仅有助于确保学习结果的正确性，而且有助于提高学习的效率。对于基于距离计算的挖掘，规范化方法有助于消除因属性取值范围不同而影响挖掘结果公正性的情况。

常用的规范化处理方法包括 Min-Max 规范化、Z-Score 规范化和小数定标规范化。

（1）Min-Max 规范化

Min-Max 规范化方法用于对被转换数据进行一种线性转换，其转换公式如下：

$$x=(待转换属性值-属性最小值)/(属性最大值-属性最小值) \tag{6-1}$$

例如，假设属性的最大值和最小值分别是 87000 元和 11000 元，现在需要利用 Min-Max 规范化方法将顾客收入属性的值映射到 0～1 的范围内，则顾客收入属性的值为 72400 元时，对应的转换结果如下：

$$(72400-11000)/(87000-11000)\approx0.808$$

Min-Max 规范化比较简单，但是也存在一些缺陷，即当有新的数据加入时，可能导致最大值和最小值的变化，需要重新定义属性最大值和最小值。

（2）Z-Score 规范化

Z-Score 规范化的主要目的是将不同量级的数据统一转化为同一个量级的数据，统一用计算出的 Z-Score 值进行衡量，以保证数据之间的可比性。其转换公式如下：

$$z=(待转换属性值-属性平均值)/属性标准差 \tag{6-2}$$

假设我们要比较学生 A 与学生 B 的考试成绩，A 的考卷满分是 100 分（及格 60 分），B 的考卷满分是 700 分（及格 420 分）。很显然，A 考生的 70 分与 B 考生的 70 分代表着完全不同的意义。但是从数值来讲，A 与 B 在数据表中都是用数字 70 代表各自的成绩。那么如何用一个同等的标准来比较 A 与 B 的成绩呢？Z-Score 规范化就可以解决这一问题。

假设 A 班的平均分是 80，标准差是 10，A 考了 90 分；B 班的平均分是 400，标准差是 100，B 考了 600 分。通过式（6-2），我们可以计算得出 A 的 Z-Score 是 1［即(90-80)/10］，B 的 Z-Score 是 2［即(600-400)/100］，因此，B 的成绩更为优异。若 A 考了 60 分，B 考了 300 分，则 A 的 Z-Score 是-2，B 的 Z-Score 是-1，A 的成绩比较差。

Z-Score 的优点是不需要知道数据集的最大值和最小值，对离群点的规范化效果较好。此外，Z-Score 能够应用于数值型的数据，并且不受数据量级的影响，因为它本身的作用就是消除量级给分析带来的不便。

但是 Z-Score 也有一些缺陷。首先，Z-Score 对于数据的分布有一定的要求，正态分布是最有利于 Z-Score 计算的。其次，Z-Score 消除了数据具有的实际意义，A 的 Z-Score 与 B 的 Z-Score 与其各自的分数不再有关系，因此，Z-Score 的结果只能用于比较数据间的结果，探究数据的真实意义时还需要还原数据。

（3）小数定标规范化

小数定标规范化通过移动属性值的小数位置来达到规范化的目的，所移动的小数位数取决于属性绝对值的最大值。其转换公式为

$$x = 待转换属性值/10^k \qquad\qquad (6-3)$$

其中，k 为能够使该属性绝对值的最大值的转换结果小于 1 的最小值。

比如，假设属性的取值范围是 $-957 \sim 924$，则该属性绝对值的最大值为 957，很显然，这时 $k=3$。当属性的值为 426 时，对应的转换结果如下：

$$426/10^3 = 0.426$$

小数定标规范化的优点是直观简单，缺点是并没有消除属性间的权重差异。

6.4 数据归约

数据归约是指在尽可能保持数据原貌的前提下，最大限度地精简数据量（完成该任务的必要前提是理解数据挖掘任务和熟悉数据本身内容）。数据归约主要有两个途径：属性选择和数据采样，分别针对原始数据集中的属性和记录。

一般而言，原始数据可以用数据集的归约表示。尽管归约数据体积较小，但它仍尽量保持着原始数据的完整性。因此，在归约后的数据集上挖掘将更有效，并产生相同（或几乎相同）的分析结果。

1. 数据归约的类型

数据归约的类型主要有特征归约、样本归约和特征值归约等。

（1）特征归约

特征归约是指在尽可能保持数据原貌的前提下，最大限度地精简数据量。常见做法是从原有的特征中删除不重要或不相关的特征，或者通过对特征进行重组来减少特征的个数。其原则是在保留甚至提高原有判别能力的同时减少特征向量的维度。特征归约算法的输入是一组特征，输出是它的一个子集。

（2）样本归约

样本都是已知的，通常数目很大，质量或高或低，或者有或者没有关于实际问题的先验知识。样本归约就是从数据集中选出一个有代表性的样本子集，并且子集大小的确定要考虑计算成本、存储要求、估计量的精度以及其他一些与算法和数据特性有关的因素。初始数据集中最大和最关

键的维度数就是样本的数目，也就是数据表中的记录数。数据挖掘处理的初始数据集描述了一个极大的总体，对数据的分析可以只基于样本的一个子集。获得数据的子集后，用它来提供整个数据集的一些信息。这个子集通常叫作估计量，它的质量依赖于所选子集中的元素。抽样过程总会造成抽样误差，抽样误差对所有的方法和策略来讲都是固有的、不可避免的，当子集的规模变大时，抽样误差一般会降低。一个完整的数据集在理论上是不存在取样误差的。与针对整个数据集的数据挖掘比较起来，样本归约具有以下一个或多个优点：减少成本，速度更快，范围更广，有时甚至能获得更高的精度。

（3）特征值归约

特征值归约是特征值离散化技术，它将连续型的特征值离散化，使之成为少量的区间，每个区间映射到一个离散符号。这种技术的好处在于简化了数据描述，并易于理解数据和最终的挖掘结果。特征值归约可以是有参的，也可以是无参的。有参方法使用一个模型来评估数据，只需存放参数，而不需要存放实际数据。有参的特征值归约包括回归和对数线性模型，无参的特征值归约包括直方图、聚类和选样。

2. 数据归约的方法

数据归约包括维归约、数量归约和数据压缩等。

（1）维归约

维归约的思路是减少所考虑的随机变量或属性的个数，从而压缩数据量，提高模型效率。维归约使用的方法有小波变换、主成分分析、属性子集选择和特征构造等。其中，小波变换适用于高维数据，主成分分析适用于稀疏数据，属性子集选择通常使用决策树，而特征构造有助于提高准确性和对高维数据结构的理解。

（2）数量归约

数量归约用较小的数据集替换原始数据集，从而得到原始数据集的较小表示。数量归约常采用参数模型或者非参数模型。其中，参数模型只存放模型参数，而非实际数据，例如回归模型和对数线性模型；而非参数模型则可以使用直方图、聚类、抽样等方法来实现。

（3）数据压缩

数据压缩是指在不丢失有用信息的前提下缩减数据量，以缩小存储空间，提高其传输、存储和处理效率；或者按照一定的算法对数据进行重新组织，以减少数据的冗余和存储空间。如果数据可以在压缩后进行数据重构而不损失信息，则该数据压缩被称为无损的；如果是近似重构原数据，则称为有损的。基于小波变换的数据压缩是一种非常重要的有损压缩方法。

6.5 数据脱敏

数据脱敏是在给定的规则、策略下对敏感数据进行变换、修改的技术，能够在很大程度上解决敏感数据在非可信环境中使用的问题。它会根据数据保护规范和脱敏策略，通过对业务数据中的敏感信息实施自动变形实现对敏感信息的隐藏和保护。在涉及客户安全数据或者一些商业性敏感数据的情况下，在不违反系统规则的条件下，需对身份证号、手机号、银行卡号、客户号等个人信息进行数据脱敏。数据脱敏不是必需的数据预处理环节，可以根据业务需求对数据进行脱敏处理，也可以不进行脱敏处理。

1. 数据脱敏的原则

数据脱敏不仅需要执行数据漂白，抹去数据中的敏感内容，同时需要保持原有的数据特征、业务规则和数据关联性，保证开发、测试以及大数据类业务不会受到脱敏的影响，达成脱敏前后的数据一致性和有效性。具体介绍如下。

①保持原有数据特征。数据脱敏前后必须保持原有数据特征。例如，身份证号码由17位数字本体码和1位校验码组成，分别为区域地址码（6位）、出生日期码（8位）、顺序码（3位）和校验码（1位）。那么身份证号码的脱敏规则就需要保证脱敏后依旧保持这些特征信息。

②保持数据之间的一致性。在不同业务中，数据和数据之间具有一定的关联性，例如出生年月或出生日期和年龄之间的关系。同样，身份证信息脱敏后仍需要保证出生日期字段和身份证中包含的出生日期之间的一致性。

③保持数据业务规则的关联性。保持数据业务规则的关联性是指数据脱敏时数据关联性和业务语义等保持不变，其中数据关联性包括主外键关联性、关联字段的业务语义关联性等。特别是高度敏感的账户类主体数据往往会贯穿主体的所有关系和行为信息，因此需要特别注意保证所有相关主体信息的一致性。

④多次脱敏数据之间的数据一致性。对相同的数据进行多次脱敏或者在不同的测试系统中进行脱敏，需要确保每次脱敏的数据始终保持一致性，只有这样才能保障业务系统数据变更的持续一致性和广义业务的持续一致性。

2. 数据脱敏的方法

数据脱敏主要包括以下方法。

①数据替换：用设置的固定虚构值替换真值，例如将手机号码统一替换为139***10002。

②无效化：通过对数据值的截断、加密、隐藏等方式使敏感数据脱敏，使其不再具有使用价值，例如将地址的值替换为******。数据无效化与数据替换所达成的效果基本类似。

③随机化：采用随机数据代替真值并保持替换值的随机性，以模拟样本的真实性。例如用随机生成的姓和名代替真值。

④偏移和取整：通过随机移位改变数字数据，例如把日期2018-01-02 8:12:25变为2018-01-02 8:00:00。偏移和取整在保持数据安全性的同时保证了范围的大致真实性，此项功能在大数据利用环境中具有重大价值。

⑤掩码屏蔽：是针对账户类数据的部分信息进行脱敏的有力工具，比如对银行卡号或是身份证号的脱敏。例如，把身份证号码220524199209010254替换为220524********0254。

⑥灵活编码：在需要特殊脱敏规则时可执行灵活编码，以满足各种可能的脱敏规则。例如用固定字母和固定位数的数字替代合同编号的真值。

6.6　本章小结

　　数据采集与预处理是大数据分析全流程的关键一环，直接决定了后续环节分析结果的质量高低。近年来，以大数据、物联网、人工智能、5G 为核心特征的数字化浪潮正席卷全球。随着网络和信息技术的不断普及，人类产生的数据量正在呈指数级增长，大约每两年翻一番，这意味着人类在最近两年产生的数据量相当于之前产生的全部数据量。世界上每时每刻都在产生大量的数据，包括物联网传感器数据、社交网络数据、企业业务系统数据等。面对如此海量的数据，如何有效收集这些数据并且进行清洗、转换已经成为巨大的挑战。因此需要用相关的技术来收集数据，并且对数据进清洗、转换和脱敏。

　　本章介绍了数据采集、数据清洗、数据集成、数据转换、数据归约和数据脱敏的方法。

6.7　习题

1. 请阐述传统数据采集与大数据采集的区别。
2. 请阐述数据采集的三大要点。
3. 请阐述数据采集的数据源。
4. 请阐述典型的数据采集方法。
5. 请阐述什么是网络爬虫。
6. 请阐述网络爬虫的组成。
7. 请阐述网络爬虫的类型。
8. 请阐述 Scrapy 爬虫的体系架构。
9. 请阐述数据清洗的主要内容。
10. 请阐述数据清洗的注意事项。
11. 在数据集成过程中需要考虑解决哪几个问题?
12. 请阐述数据转换的策略。
13. 请阐述数据规范化的方法。
14. 数据归约包含哪几种类型?
15. 数据归约包含哪几种方法?
16. 请阐述数据脱敏的原则。
17. 请阐述数据脱敏的方法。

第 7 章
数据存储与管理

数据存储与管理是大数据分析流程中的重要一环。通过数据采集得到的数据必须进行有效的存储和管理，才能用于高效的处理和分析。数据存储与管理是利用计算机硬件和软件技术对数据进行有效存储和应用的过程，其目的在于充分有效地发挥数据的作用。在大数据时代，数据存储与管理面临着巨大的挑战，一方面，需要存储的数据类型越来越多，包括结构化数据、半结构化数据和非结构化数据；另一方面，涉及的数据量越来越大，已经超出了很多传统数据存储与管理技术的处理能力。因此，大数据时代涌现出了大量新的数据存储与管理技术，包括分布式文件系统和分布式数据库等。

本章首先介绍传统的数据存储与管理技术，包括文件系统、关系数据库、数据仓库、并行数据库；然后介绍大数据时代的数据存储与管理技术，包括分布式文件系统、NewSQL 和 NoSQL 数据库、云数据库、数据湖等；同时给出了一些代表性的产品，包括 Hadoop、HDFS、HBase、Spanner、OceanBase 等。

7.1 传统的数据存储与管理技术

传统的数据存储与管理技术包括文件系统、关系数据库、数据仓库和并行数据库等。

7.1.1 文件系统

操作系统中负责管理和存储文件信息的软件称为文件管理系统，简称文件系统。文件系统由 3 部分组成：文件系统的接口、负责对象操纵和管理的软件集合、对象及属性。从系统角度来看，文件系统是对文件存储设备的空间进行组织和分配、负责文件存储并对存入的文件进行保护和检索的系统。具体地说，它负责为用户建立文件，存入、读出、修改、转储文件，控制文件的存取，当用户不再使用时撤销文件等。

我们平时在计算机上使用的 Word 文件、PPT 文件、文本文件、音频文件、视频文件等，都由操作系统中的文件系统进行统一管理。

7.1.2 关系数据库

1. 关系数据库概述

除了文件系统之外，数据库是另外一种主流的数据存储和管理技术。数据库指的是以一定方式存储在一起、能为多个用户共享、具有尽可能小的冗余度、与应用程序彼此独立的数据集合。对数据库进行统一管理的软件被称为数据库管理系统（Database Management System，DBMS），在不引起歧义的情况下，经常会混用数据库和数据库管理系统这两个概念。在数据库的发展历史上，先后出现过网状数据库、层次数据库、关系数据库等不同类型的数据库，这些数据库分别采用了不同的数据模型（数据组织方式）。目前比较主流的数据库是关系数据库，它采用关系数据模型来组织和管理数据。一个关系数据库可以看成许多关系表的集合，每个关系表可以看成一张二维表格，例如表 7-1 所示的学生信息表。目前市场上常见的关系数据库产品包括 Oracle、SQL Server、MySQL、DB2 等。因为关系数据库的数据通常具有规范的结构，所以通常把保存在关系数据库中的数据称为结构化数据。与此相对应，图片、视频、声音等文件所包含的数据没有规范的结构，被称为非结构化数据；而类似网页文件（如 HTML 文件）这种具有一定结构但又不是完全规范化的数据则称为半结构化数据。

表 7-1 学生信息表

学号	姓名	性别	年龄	考试成绩
95001	张三	男	21	88
95002	李四	男	22	95
95003	王梅	女	22	73
95004	林莉	女	21	96

2. 关系数据库的特点

总体而言，关系数据库具有如下特点。

（1）存储方式

关系数据库采用表格的存储方式，数据以行和列的方式进行存储，要读取和查询都十分方便。

（2）存储结构

关系数据库按照结构化的方法存储数据，每个数据表的结构都必须事先定义好（比如表的名称、字段名称、字段类型、约束等），然后根据表的结构存入数据。这样做的好处是由于数据的形式和内容在存入数据之前就已经定义好了，所以整个数据表的可靠性和稳定性都比较高；但带来的问题是数据模型不够灵活，一旦存入数据后，要修改数据表的结构就会十分困难。

（3）存储规范

关系数据库为了规范化数据、减少重复数据以及充分利用存储空间，将数据按照最小关系表的形式进行存储，这样数据就可以变得很清晰、一目了然。当存在多个表时，表和表之间通过主外键关系发生关联，并通过连接查询获得相关结果。

（4）扩展方式

由于关系数据库将数据存储在数据表中，数据操作的瓶颈出现在多张数据表的操作中，而且数据表越多这个问题越严重。要缓解这个问题，只能提高数据库处理能力，也就是选择处理速度更快、性能更高的计算机。这样的方法虽然具有一定的拓展空间，但是拓展空间是非常有限的，也就是一般的关系数据库只具备有限的纵向扩展能力。

（5）查询方式

关系数据库采用结构化查询语言来对数据库进行查询。结构化查询语言是高级的非过程化编程语言，允许用户在高层数据结构上对数据库进行操作。它不要求用户指定对数据的存放方法，也不需要用户了解具体的数据存放方式，所以各种具有完全不同底层结构的数据库系统可以使用相同的结构化查询语言作为数据输入与管理的接口。结构化查询语言语句可以嵌套，这使它具有极大的灵活性和强大的功能。

（6）事务性

关系数据库可以支持事务的 ACID 特性——原子性（Atomicity）、一致性（Consistency）、隔离性（Isolation）、持久性（Durability）。当事务被提交给了 DBMS，则 DBMS 需要确保该事务中的所有操作都成功完成且其结果被永久保存在数据库中。如果事务中有的操作没有成功完成，则事务中的所有操作都需要被回滚到事务执行前的状态，从而确保数据库状态的一致性。

（7）连接方式

不同的关系数据库产品都遵守一个统一的数据库连接接口标准，即开放数据库连接（Open Database Connectivity，ODBC）。ODBC 的一个显著优点是用它生成的程序是与具体的数据库产品无关的，这样可以为数据库用户和开发者屏蔽不同数据库异构环境的复杂性。ODBC 提供了数据库访问的统一接口，为应用程序实现与平台的无关性和可移植性提供了基础，因而获得了广泛的支持和应用。

7.1.3 数据仓库

数据仓库（Data Warehouse，DW）是一个面向主题的、集成的、相对稳定的、反映历史变化的数据集合，用于支持管理决策。

1. 数据仓库的特点

数据仓库具有以下特点。

（1）面向主题

操作型数据库的数据组织面向事务处理任务，而数据仓库中的数据按照一定的主题域进行组织。主题是用户使用数据仓库进行决策时所关心的重点，一个主题通常与多个操作型信息系统相关。

（2）集成

数据仓库的数据来自分散的操作型数据，将所需数据从原来的数据中抽取出来，进行加工与集成、统一与综合之后才能进入数据仓库。

（3）相对稳定

数据仓库是不可更新的。数据仓库主要为决策分析提供数据，所涉及的操作主要是数据的查询。

（4）反映历史变化

在构建数据仓库时，会每隔一定的时间（比如每周、每天或每小时）从数据源抽取数据并加载到数据仓库。比如，1 月 1 日晚上 12 点抓拍数据源中的数据保存到数据仓库，然后 1 月 2 日、1 月 3 日一直到月底，每天抓拍数据源中的数据保存到数据仓库。这样，经过一个月以后，数据仓库中就会保存 1 月份每天的数据快照，由此得到的 31 份数据快照就可以用来进行商务智能分析，如分析一种商品在 1 个月内的销量变化情况。

综上所述，数据库是面向事务的设计，数据仓库是面向主题的设计；数据库一般存储在线交易数据，数据仓库存储的一般是历史数据；数据库为捕获数据而设计，数据仓库为分析数据而设计。

2. 数据仓库的体系架构

一个典型的数据仓库系统通常包含数据源、数据存储和管理、OLAP 服务器、前端工具和应用 4 个部分，如图 7-1 所示。

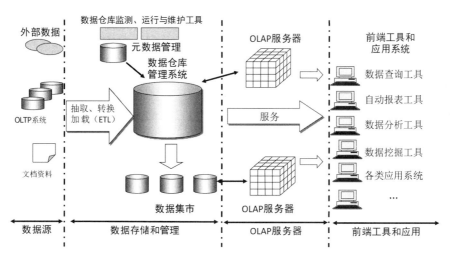

图 7-1 数据仓库体系架构

（1）数据源

数据源是数据仓库的基础，即系统的数据来源，通常包含企业的各种内部数据和外部数据。内部数据包括存在于联机事务处理（On-Line Transaction Processing，OLTP）系统中的各种业务数据和办公自动化系统中的各类文档资料等。外部数据包括各类法律法规、市场信息、竞争对手的信息以及各类外部统计数据和其他相关文档等。

（2）数据存储和管理

数据存储和管理是整个数据仓库的核心，负责在现有各业务系统的基础上，对数据进行抽取、转换并加载到数据仓库中；按照主题进行重新组织，最终确定数据仓库的物理存储结构；同时存储数据库的各种元数据（包括数据仓库的数据字典、记录系统定义、数据转换规则、数据加载频率以及业务规则等）。对数据仓库系统的管理也就是对相应数据库系统的管理，通常包括数据的安全、归档、备份、维护和恢复等工作。

（3）OLAP 服务器

OLAP 服务器对需要分析的数据按照多维数据模型进行重组，以支持用户随时从多角度、多层次来分析数据，发现数据规律与变化趋势。

（4）前端工具和应用

前端工具和应用主要包括数据查询工具、自动报表工具、数据分析工具、数据挖掘工具和各类应用系统。

3. 数据仓库与数据库的区别

总体而言，数据仓库与数据库有很大的区别，具体如表 7-2 所示。

表 7-2　　数据库和数据仓库的区别

特性	数据库	数据仓库
擅长领域	事务处理	分析、报告、大数据
数据源	从单个来源"捕获"	从多个来源抽取和标准化
数据标准化	高度标准化的静态 Schema	非标准化的 Schema
数据写入	针对连续写入操作进行优化	按批处理计划进行批量写入操作
数据存储	针对在单行型物理块中执行高吞量写入操作进行了优化	使用列式存储进行了优化，便于实现高速查询和低开销访问
数据读取	大量小型读取操作	为最小化 I/O 且最大化吞吐而优化

7.1.4　并行数据库

并行数据库是指那些在无共享的体系结构中进行数据操作的数据库系统。这些系统大部分采用关系数据模型并且支持 SQL 语句查询。但为了能够并行执行 SQL 的查询操作，系统中采用了两个关键技术：关系表的水平划分和 SQL 查询的分区执行。并行数据库的目标是高性能和高可用性，通过多个节点并行执行数据库任务，提高整个数据库系统的性能和可用性。最近几年涌现出一些提高系统性能的新技术，如索引、压缩、实体化视图、结果缓存、I/O 共享等，这些技术都比较成熟且经得起时间的考验。与一些早期的系统（如 Teradata 等）必须部署在专有硬件上不同，最近开发的系统（如 Aster、Vertica 等）可以部署在普通的商业机器上。

并行数据库的主要缺点是没有较好的弹性，而这种特性对中小企业和初创企业是有利的。人们在对并行数据库进行设计和优化的时候认为集群中节点的数量是固定的，若需要对集群进行扩展和收缩，则必须为数据转移过程制定周全的计划。这种数据转移的代价是昂贵的，并且会导致系统在某段时间内不可访问，而这种较差的灵活性直接影响到并行数据库的弹性和现用现付商业模式的实用性。

并行数据库的另一个缺点是系统的容错性较差。过去人们认为节点故障是个特例，并不经常出现，因此系统只提供事务级别的容错功能。如果在查询过程中节点发生故障，那么整个查询都要从头开始执行。这种重启任务的策略使得并行数据库难以在拥有数千个节点的集群上处理较长的查询，因为在这类集群中节点的故障经常发生。基于这种分析，并行数据库只适合于资源需求相对固定的应用程序。不管怎样，并行数据库的许多设计原则为其他海量数据系统的设计和优化提供了比较好的借鉴。

7.2 大数据时代的数据存储与管理技术

本节介绍大数据时代的数据存储与管理技术，包括分布式文件系统、NewSQL 和 NoSQL 数据库、云数据库、数据湖等。

7.2.1 分布式文件系统

大数据时代必须解决海量数据的高效存储问题。为此，分布式文件系统（Distributed File System，DFS）应运而生。相对于传统的本地文件系统而言，分布式文件系统是一种通过网络实现文件在多台主机上进行分布式存储的文件系统。分布式文件系统的设计一般采用客户端/服务器（Client/Server）模式，客户端以特定的通信协议通过网络与服务器建立连接，提出文件访问请求。客户端和服务器可以通过设置访问权来限制请求方对底层数据存储块的访问。

谷歌开发了分布式文件系统 GFS，通过网络实现文件在多台机器上的分布式存储，较好地满足了大规模数据存储的需求。HDFS 是针对 GFS 的开源实现，它是 Hadoop 两大核心组成部分之一，提供了在廉价服务器集群中存储大规模分布式文件的能力。HDFS 具有很好的容错能力，并且兼容廉价的硬件设备，因此可以较低的成本利用现有机器实现大流量和大数据量的读/写操作。

7.2.2 NewSQL 和 NoSQL 数据库

传统的关系数据库（这里可以称为 OldSQL 数据库）可以较好地支持结构化数据的存储和管理，它以完善的关系代数理论作为基础，具有严格的标准，支持事务的 ACID 四性，借助索引机制实现高效的查询。因此，关系数据库自从 20 世纪 70 年代诞生以来就一直是数据库领域的主流产品类型。但是，Web 2.0 时代的迅速发展以及大数据时代的到来，使关系数据库越来越力不从心。在大数据时代，数据类型繁多，包括结构化数据和各种非结构化数据等，其中非结构化数据在其中所占的比例更是高达 90%以上。传统的关系数据库由于数据模型不灵活、横向扩展能力较差等局限性，已经无法满足各种类型的非结构化数据的大规模存储需求。不仅如此，传统关系数据库引以为豪的一些关键特性，如事务机制和支持复杂查询，在 Web 2.0 时代的很多应用中都成为"鸡肋"。因此，在新的应用需求驱动下，各种新型数据库不断涌现，并逐渐获得市场的青睐。新型数据库主要包括 NewSQL 数据库和 NoSQL 数据库等。

1. NewSQL 数据库

NewSQL 是各种新的、可扩展、高性能数据库的简称，这类数据库不仅具有对海量数据的存储管理能力，还保持了传统数据库支持 ACID 和 SQL 查询等的特性。不同的 NewSQL 数据库的内部结构差异很大，但是它们有两个显著的共同特点：都支持关系数据模型；都使用 SQL 作为其主要的接口。

目前具有代表性的 NewSQL 数据库主要包括 Spanner、Clustrix、GenieDB、ScalArc、Schooner、VoltDB、RethinkDB、ScaleDB、Akiban、CodeFutures、ScaleBase、Translattice、NimbusDB、Drizzle、Tokutek、JustOneDB 等，此外，还有一些在云端提供的 NewSQL 数据库，包括 Amazon RDS、Microsoft SQL Azure、Xeround 和 FathomDB 等。在众多 NewSQL 数据库中，Spanner 备受瞩目。它是一个可扩展、多版本、全球分布式并且支持同步复制的数据库，是 Google 第一个可以全球扩展并且支持外部一致性的数据库。Spanner 能做到这些，离不开一个用 GPS 和原子钟实现的时间 API。这个 API 能将数据中心之间的时间同步精确到 10ms 以内。

一些 NewSQL 数据库比传统的关系数据库具有明显的性能优势。比如，VoltDB 系统使用了 NewSQL 创新的体系架构，释放了主内存运行的数据库中消耗系统资源的缓冲池，在执行交易时可比传统关系数据库快 45 倍。VoltDB 可扩展服务器的数量为 39 个，每秒可处理 160 万个交易（300 个 CPU 核心）；而具备同样处理能力的 Hadoop 则需要更多的服务器。

2. NoSQL 数据库

NoSQL 数据库具有一种不同于关系数据库的数据库管理系统设计方式，是对非关系数据库的统称。它所采用的数据模型并非传统关系数据库的关系模型，而是类似键值、列族、文档等非关系模型。NoSQL 数据库没有固定的表结构，通常也不存在连接操作，也没有严格遵守 ACID 约束，因此，与关系数据库相比，NoSQL 具有灵活的水平可扩展性，可以支持海量数据存储。此外，NoSQL 数据库支持 MapReduce 风格的编程，可以较好地应用于大数据时代的各种数据管理。NoSQL 数据库的出现一方面弥补了关系数据库在当前商业应用中存在的各种缺陷，另一方面也撼动了关系数据库的传统垄断地位。

典型的 NoSQL 数据库通常包括键值数据库、列族数据库、文档数据库和图数据库。近些年，NoSQL 数据库发展势头非常迅猛。在四五年时间内，NoSQL 领域就爆炸性地产生了 50～150 个新的数据库。据一项网络调查显示，行业中最需要开发者掌握的"技能"前 10 名依次是 HTML5、MongoDB、iOS、Android、Mobile Apps、Puppet、Hadoop、jQuery、PaaS 和 Social Media。其中，MongoDB（一种文档数据库，属于 NoSQL）的热度甚至高于 iOS，足以看出 NoSQL 的受欢迎程度。

当应用场合需要简单的数据模型、灵活性的 IT 系统、较高的数据库性能和较低的数据库一致性时，NoSQL 数据库是一个很好的选择。通常 NoSQL 数据库具有以下几个特点。

（1）灵活的可扩展性

传统的关系数据库由于自身设计的局限性，通常很难实现横向扩展。当数据库负载大规模增加时，往往需要通过升级硬件来实现纵向扩展。但是，当前的计算机硬件制造工艺已经达到一个限度，性能提升的速度开始趋缓，已经远远赶不上数据库系统负载的增加速度，而且配置高端的高性能服务器价格不菲，因此，寄希望于通过纵向扩展满足实际业务需求已经变得越来越不现实。相反，横向扩展仅需要使用非常普通且廉价的标准化刀片式服务器，它不仅具有较高的性价比，也提供了理论上近乎无限的扩展空间。NoSQL 数据库在设计之初就是为了满足横向扩展的需求，因此天生具备良好的横向扩展能力。

（2）灵活的数据模型

关系数据模型是关系数据库的基石，它以完备的关系代数理论为基础，具有规范的定义，遵守各种严格的约束条件。关系数据模型虽然保证了业务系统对数据一致性的需求，但是过于死板的数据模型意味着无法满足各种新兴的业务需求。相反，NoSQL 数据库天生就旨在摆脱关系数据库的各种束缚条件，摈弃了流行多年的关系数据模型，转而采用键值、列族等非关系数据模型，允许在一个数据元素里存储不同类型的数据。

（3）与云计算紧密融合

云计算具有很好的横向扩展能力，可以根据资源使用情况进行自由伸缩，各种资源可以动态加入或退出。NoSQL 数据库可以凭借自身良好的横向扩展能力充分利用云计算基础设施，很好地将数据库融入云计算环境，构建基于 NoSQL 的云数据库服务。

3. 大数据引发数据库架构变革

综合来看，大数据时代的到来引发了数据库架构的变革。以前，业界和学术界追求的是一种架构支持多类应用（One Size Fits All），包括事务型应用（OLTP 系统）、分析型应用（OLAP、数据仓库）和互联网应用（Web 2.0）。但是，实践证明，这种理想愿景是不可能实现的，不同应用场景的数据管理需求截然不同，一种数据库架构根本无法满足所有场景。因此，到了大数据时代，数据库架构开始向着多元化方向发展，并形成了传统关系数据库（OldSQL）、NoSQL 数据库和NewSQL 数据库 3 个阵营，三者各有自己的应用场景和发展空间，如图 7-2 所示，尤其是传统关系数据库并没有就此被其他两者完全取代。在基本架构不变的基础上，许多关系数据库产品开始引入内存计算和一体机技术，以提升处理性能。在未来一段时间内，3 个阵营共存的局面还将持续，不过有一点是肯定的，那就是传统关系数据库辉煌的时代已经过去了。

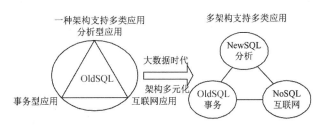

图 7-2　大数据引发数据库架构变革

7.2.3　云数据库

研究机构 IDC 预言，大数据将按照每年 60% 的速度增加，其中包含结构化和非结构化数据。如何方便、快捷、低成本地存储海量数据是许多企业和机构面临的一个严峻挑战。云数据库是一个非常好的解决方案，目前云服务提供商正通过云技术推出更多可在公有云中托管数据库的方法，将用户从烦琐的数据库硬件定制中解放出来，同时让用户拥有强大的数据库扩展能力，满足海量数据的存储需求。此外，云数据库还能够很好地满足企业动态变化的数据存储需求和中小企业的低成本数据存储需求。可以说，在大数据时代，云数据库将成为许多企业数据的目的地。

为了更加清晰地认识传统关系数据库、NoSQL、NewSQL 和云数据库的相关产品，图 7-3 给出了 4 种数据库相关产品的分类情况。

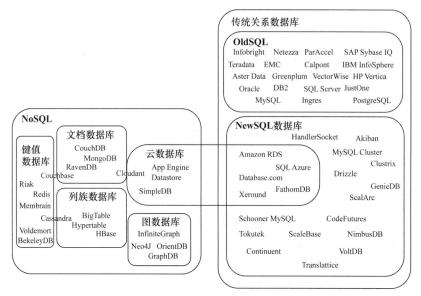

图 7-3 传统关系数据库、NoSQL、NewSQL 和云数据库相关产品的分类情况

7.2.4 数据湖

1. 数据湖的概念

企业在持续发展，企业的数据也不断堆积。虽然含金量最高的数据都存在数据库和数据仓库里，支撑着企业的运转，但是，企业希望把生产经营中的所有相关数据——历史的、实时的，在线的、离线的，内部的、外部的，结构化的、非结构化的——都能完整保存下来，方便沙中淘金，如图 7-4 所示。

沙中淘金

（a）存放在数据库/数据仓库中的数据　　（b）企业其他数据，如日志、文档、图片、视频

图 7-4 企业需要存储不同类型的数据

数据库和数据仓库都不具备这个功能，怎么办呢？于是，数据湖脱颖而出。数据湖是一类存储数据原始格式的系统或存储库，通常是对象块或者文件，无须事先对数据进行结构化

处理。数据湖多用来存放企业的全量数据，包括原始系统所产生的原始数据拷贝以及为了各类任务而产生的转换数据，这些任务包括报表、可视化、高级分析和机器学习等。数据湖中包括来自关系数据库中的结构化数据（行和列）、半结构化数据［如 CSV（Comma-Separated Values，逗号分隔值）、日志、XML、JSON（JavaScript Object Notion，JS 对象简谱）］、非结构化数据［如 E-mail、文档、PDF（Portable Document Format，可移植文档格式）等］和二进制数据（如图像、音频、视频等）。数据湖可以构建在企业本地数据中心，也可以构建在云上。

数据湖的本质是由"数据存储架构+数据处理工具"组成的解决方案，而不是某个单一独立产品。

数据存储架构要有足够的扩展性和可靠性，要满足企业能把所有原始数据都"囤"起来，存得下，存得久。一般来讲，各大云厂商都喜欢用对象存储来作数据湖的存储底座，比如 Amazon Web Services（亚马逊云科技），修建"湖底"用的"砖头"就是 S3 云对象存储。

数据处理工具则分为两大类。第一类工具解决的问题是如何把数据搬到湖里，包括定义数据源、制定数据访问策略和安全策略，并移动数据、编制数据目录等。如果没有这些数据管理/治理工具，元数据就会缺失，湖里的数据质量就无法保障，"泥石俱下"，各种数据倾泻堆积到湖里，最终好好的数据湖慢慢就变成了数据沼泽。因此，在一个数据湖方案里，数据移动和管理的工具非常重要。比如，Amazon Web Services 提供了 Lake Formation 这个工具，如图 7-5 所示，帮助客户自动化地把各种数据源中的数据移动到湖里，同时还可以调用 Amazon Glue 对数据进行 ETL，编制数据目录，进一步提高湖里数据的质量。

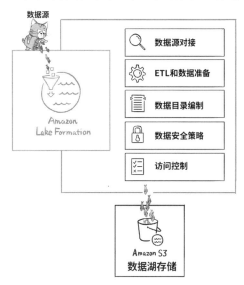

图 7-5　Amazon Lake Formation

第二类工具就是要从湖里的海量数据中淘金。数据并不是存进数据湖里就万事大吉，还要对数据进行分析、挖掘、利用。比如要对湖里的数据进行查询，同时要把数据提供给机器学习、数据科学类的业务，便于点石成金。数据湖可以通过多种引擎对湖中的数据进行分析计算，如离线分析、实时分析、交互式分析、机器学习等。

2. 数据湖与数据仓库的区别

表 7-3 给出了数据湖与数据仓库的区别。从数据含金量来比，数据仓库里的数据价值密度更高一些，数据的抽取和 Schema 的设计都有非常强的针对性，便于业务分析师迅速获取洞察结果，用于决策支持。而数据湖更有一种"兜底"的感觉，不管当下有用没有，或者暂时没想好怎么用，都先保存着、沉淀着，将来想用的时候就可以随时拿出来用，反正数据都被"原汁原味"地留存了下来。

表 7-3   数据湖与数据仓库的区别

特性	数据仓库	数据湖
存放的数据	结构化数据，抽取自事务系统、运营数据库和业务应用系统	所有类型的数据，包括结构化、半结构化和非结构化数据
数据模式（Schema）	通常在数据仓库实施之前设计，但也可以在数据分析时编写	在分析时编写
性价比	起步成本高，使用本地存储来获得最快查询结果	起步成本低，计算和存储分离
数据质量	可作为重要事实依据的数据	包含原始数据在内的任何数据
适用领域	业务分析师为主	数据科学家、数据开发人员为主
具体用途	批处理报告、BI（Business Intelligence，商业智能）、可视化分析	机器学习、探索性分析、数据发现、流处理、大数据与特征分析

3. 数据湖能解决的企业问题

在企业实际应用中，数据湖能解决的问题包括以下几个方面。

①数据分散，存储散乱，形成数据孤岛，无法联合数据发现更多价值。从这方面来讲，其实数据湖要解决的是与数据仓库类似的问题，但又有所不同，因为它的定义里支持对半结构化、非结构化数据的管理。而传统数据仓库仅能解决结构化数据的统一管理。在这个万物互联的时代，数据的来源多种多样，随着应用场景的增加，产出的数据格式也是越来越丰富，不能再仅局限于结构化数据。如何统一存储这些数据就是迫切需要解决的问题。

②存储成本问题。数据库或数据仓库的存储受限于实现原理及硬件条件，导致存储海量数据时成本过高。为了解决这类问题，就有了 HDFS、对象存储这类技术方案。数据湖场景下如果使用这类存储成本较低的技术架构，将会为企业大大节省成本。结合生命周期管理能力可以更好地对湖内数据分层，不用纠结是保留数据还是删除数据更节省成本的问题。

③SQL 无法满足的分析需求。越来越多种类的数据意味着越来越多的分析方式，传统的 SQL 方式已经无法满足分析的需求。如何通过各种语言自定义贴近自己业务的代码以及如何通过机器学习挖掘更多的数据价值变得越来越重要。

④存储、计算扩展性不足。传统数据库在海量数据下，如规模到 PB 量级时，因为技术架构的原因，已经无法满足扩展的要求或者扩展成本极高。在这种情况下，通过数据湖架构下的扩展技术能力，实现成本为 0，硬件成本也可控。

⑤业务模型不定，无法预先建模。传统数据库和数据仓库都是 Schema-on-Write 的模式，需要提前定义模式（Schema）信息。而在数据湖场景下可以先保存数据，后续待分析时再发现模式，也就是 Schema-on-Read。

4. 湖仓一体

曾经，数据仓库擅长的 BI、数据洞察离业务更近，价值更大，而数据湖里的数据更多是为了远景画饼。而随着大数据和人工智能的普及，原先画的饼也变得炙手可热起来。现在，数据湖已经可以很好地为业务赋能，它的价值正在被重新定义。

因为数据仓库和数据库的出发点不同、架构不同，企业在实际使用过程中性价比差异很大。如图 7-6 所示，数据湖起步成本很低，但随着数据体量增大，TCO（Total Cost Ownership，总体成本）成本会加速飙升；数据仓库则恰恰相反，前期建设开支很大。总之，一个后期成本高，一个前期成本高，对于既想修湖、又想建仓的用户来说，仿佛玩了一个金钱游戏。于是，人们就想，既然都是拿数据为业务服务，数据湖和数据仓库作为两大数据集散地，能不能彼此整合一下，让数据流动起来，少点重复建设呢？比如，让数据仓库在进行数据分析的时候，可以直接访问数据湖里的数据（Amazon Redshift Spectrum 就是这么做的）；再比如，让数据湖在架构设计上就"原生"支持数据仓库能力（DeltaLake 就是这么做的）。正是这些想法和需求推动了数据仓库和数据湖的打通和融合，也就是当下炙手可热的概念——湖仓一体（Lake House）。

湖仓一体是一种新型的开放式架构，打通了数据仓库和数据湖，将数据仓库的高性能及管理能力与数据湖的灵活性融合了起来，底层支持多种数据类型并存，能实现数据间的相互共享；上层可以通过统一封装的接口进行访问，可同时支持实时查询和分析，为企业进行数据治理带来了更多的便利性。

湖仓一体架构最重要的一点是实现了湖里和仓里数据/元数据的无缝打通，并且自由流动。如图 7-7 所示，湖里的"新鲜"数据可以流到仓里，甚至可以直接被数据仓库使用；而仓里的"不新鲜"数据也可以流到湖里，低成本长久保存，供未来的数据挖掘使用。

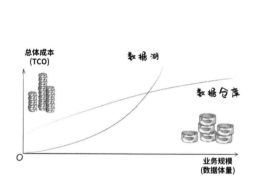

图 7-6　数据湖和数据仓库的总体成本变化对比

图 7-7　数据湖和数据仓库之间的数据流动

湖仓一体架构具有以下特性。

①事务支持。在企业中，数据往往要为业务系统提供并发的读取和写入。对事务的 ACID 支持可确保数据并发访问的一致性、正确性，尤其是在 SQL 的访问模式下。

②数据治理。湖仓一体可以支持各类数据模型的实现和转变，支持数据仓库模式架构，例如星形模型、雪花模型等；可以保证数据完整性，并且具有健全的治理和审计机制。

③BI 支持。湖仓一体支持直接在源数据上使用 BI 工具，这样可以加快分析效率，降低数据延时。另外，相比于在数据湖和数据仓库中分别操作两个副本的方式更具成本优势。

④存算分离。存算分离的架构也使得系统能够扩展到更大规模的并发能力和数据容量。

⑤开放性。湖仓一体采用开放、标准化的存储格式（如 Parquet 等），提供丰富的 API 支持，因此各种工具和引擎（包括机器学习和 Python、R 等）都可以高效地对数据进行直接访问。

⑥支持多种数据类型（结构化、半结构化、非结构化）。湖仓一体可为许多应用程序提供数据的入库、转换、分析和访问，数据类型包括图像、视频、音频、半结构化数据和文本等。

7.3　大数据处理架构 Hadoop

Hadoop 是 Apache 软件基金会旗下的一个开源分布式计算平台，为用户提供系统底层细节透明的分布式基础架构。它实现了 MapReduce 计算模型和分布式文件系统 HDFS 等功能，在业内得到了广泛的应用。借助于 Hadoop，程序员可以轻松地编写分布式并行程序，将其运行于计算机集群上，完成海量数据的存储与处理分析。本章后面将要介绍的分布式文件系统 HDFS 和分布式数据库 HBase 都是 Hadoop 生态系统的组成部分。当然，Hadoop 不仅包括 HDFS 这个实现存储功能的组件，还包括实现计算功能的组件 MapReduce（在第 8 章介绍）。因此，在介绍 HDFS 和 HBase 之前，这里先简要介绍一下 Hadoop。

7.3.1　Hadoop 的特性

Hadoop 是一个能够对大量数据进行分布式处理的软件框架，并且能以一种可靠、高效、可伸缩的方式进行处理。它具有以下七个方面的特性。

①高可靠性。Hadoop 采用冗余数据存储方式，即使一个副本发生故障，其他副本也可以保证正常对外提供服务。

②高效性。作为并行分布式计算平台，Hadoop 采用分布式存储和分布式处理两大核心技术，能够高效地处理 PB 级数据。

③高可扩展性。Hadoop 的设计目标是可以高效稳定地运行在廉价的计算机集群上，可以扩展到数以千计的计算机节点上。

④高容错性。Hadoop 采用冗余数据存储方式，自动保存数据的多个副本，并且能够自动将失败的任务进行重新分配。

⑤成本低。Hadoop 采用廉价的计算机集群，成本比较低，普通用户也很容易用自己的 PC 搭建 Hadoop 运行环境。

⑥运行在 Linux 操作系统上。Hadoop 是基于 Java 开发的，可以较好地运行在 Linux 操作系统上。

⑦支持多种编程语言。Hadoop 上的应用程序也可以使用其他语言编写，如 C++。

Hadoop 凭借其突出的优势已经在各个领域得到了广泛的应用，而互联网领域是其应用的主阵地。国内采用 Hadoop 的公司主要有百度、淘宝、网易、华为、中国移动等。

7.3.2　Hadoop 生态系统

经过多年的发展，Hadoop 生态系统不断完善和成熟，目前已经包含多个子项目，如图 7-8 所示。除了核心的 HDFS 和 MapReduce 以外，Hadoop 生态系统还包括 HDFS、YARN、HBase、MapReduce、Hive、Pig、Mahout、ZooKeeper、Flume、Sqoop、Ambari 等。

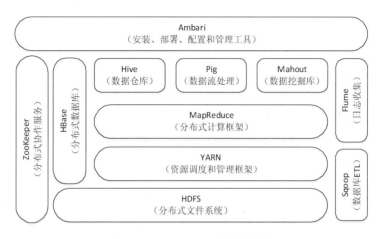

图 7-8　Hadoop 生态系统的子项目

1. HDFS

HDFS 是 Hadoop 项目的两大核心之一，是针对 GFS 的开源实现。HDFS 在设计之初就是要运行在廉价的大型服务器集群上，因此在设计上就把硬件故障作为一种常态来考虑，在部分硬件发生故障的情况下仍然能够保证文件系统的整体可用性和可靠性。HDFS 放宽了一部分可移植操作系统接口（Portable Operating System Interface，POSIX）约束，从而实现了以流的形式访问文件系统中的数据。HDFS 在访问应用程序数据时可以具有很高的吞吐率，因此对于超大数据集的应用程序而言，选择 HDFS 作为底层数据存储系统是较好的选择。

2. YARN

YARN（Yet Another Resource Negotiator，另一种资源协调者）是一种新的 Hadoop 资源管理器，它是一个通用资源管理系统，可为上层应用提供统一的资源管理和调度，它的引入为集群在利用率、资源统一管理和数据共享等方面带来了巨大的好处。

3. HBase

HBase 是一个提供高可靠性、高性能、可伸缩、实时读/写、分布式的列式数据库，一般采用 HDFS 作为其底层数据存储系统。HBase 是针对谷歌 Bigtable 的开源实现，二者采用了相同的数据模型，具有强大的非结构化数据存储能力。HBase 与传统关系数据库的一个重要区别是前者采用基于列的存储，后者采用基于行的存储。HBase 具有良好的横向扩展能力，可以通过不断增加廉价的商用服务器来提高存储能力。

4. MapReduce

Hadoop MapReduce 是针对谷歌 MapReduce 的开源实现。MapReduce 是一种编程模型，用于

大规模数据集（大于 1 TB）的并行运算，它将复杂的、运行于大规模集群上的并行计算过程高度地抽象到两个函数 Map 和 Reduce 上，并且允许用户在不了解分布式系统底层细节的情况下开发并行应用程序，并将其运行于廉价的计算机集群上，完成海量数据的处理。通俗地说，MapReduce 的核心思想就是分而治之。它把输入的数据集切分为若干独立的小数据块，分发给一个主节点管理下的各个分节点来共同并行完成，最后通过整合各个节点的中间结果得到最终结果。

5. Hive

Hive 是一个基于 Hadoop 的数据仓库工具，可以用于对 Hadoop 文件中的数据集进行数据整理、特殊查询和分析存储。Hive 的学习门槛较低，因为它提供了类似于关系数据库 SQL 的查询语言——HiveQL，可以通过 HiveQL 语句快速实现简单的 MapReduce 任务。Hive 自身可以将 HiveQL 语句转换为 MapReduce 任务运行，而不必开发专门的 MapReduce 应用，因而十分适合数据仓库的统计分析。

6. Pig

Pig 是一种数据流语言和运行环境，适合于使用 Hadoop 和 MapReduce 平台来查询大型半结构化数据集。虽然 MapReduce 应用程序的编写不是十分复杂，但毕竟也需要一定的开发经验。Pig 的出现大大简化了 Hadoop 常见的工作任务，它在 MapReduce 的基础上创建了更简单的过程语言抽象，为 Hadoop 应用程序提供了一种更加接近 SQL 的接口。Pig 是一种相对简单的语言，它可以执行语句，因此当我们需要从大型数据集中搜索满足某个给定搜索条件的记录时，采用 Pig 要比 MapReduce 具有明显的优势，前者只需要编写一个简单的脚本在集群中自动并行处理与分发，后者则需要编写一个单独的 MapReduce 应用程序。

7. Mahout

Mahout 是 Apache 软件基金会旗下的一个开源项目，提供一些可扩展的机器学习领域经典算法的实现，旨在帮助开发者更加方便快捷地创建智能应用程序。Mahout 包含许多实现，如聚类、分类、推荐过滤、频繁子项挖掘等。此外，通过使用 Apache Hadoop 库，Mahout 可以有效地扩展到云中。

8. ZooKeeper

ZooKeeper 是针对谷歌 Chubby 的一个开源实现，是高效和可靠的协同工作系统，提供分布式锁之类的基本服务（如统一命名服务、状态同步服务、集群管理、分布式应用配置项的管理等），用于构建分布式应用，减轻分布式应用程序所承担的协调任务。ZooKeeper 使用 Java 编写，很容易编程接入。它使用了一个和文件树结构相似的数据模型，可以使用 Java 或者 C 来进行编程接入。

9. Flume

Flume 是 Cloudera 提供的一个高可用、高可靠、分布式的海量日志采集、聚合和传输系统。Flume 支持在日志系统中定制各类数据发送方，用于收集数据，提供对数据进行简单处理并写到各种数据接收方的能力。

10．Sqoop

Sqoop 是 SQL-to-Hadoop 的缩写，主要用来在 Hadoop 和关系数据库之间交换数据，可以改进数据的互操作性。通过 Sqoop 可以方便地将数据从 MySQL、Oracle、PostgreSQL 等关系数据库导入 Hadoop（可以导入 HDFS、HBase 或 Hive），或者将数据从 Hadoop 导出到关系数据库，使得传统关系数据库和 Hadoop 之间的数据迁移变得非常方便。Sqoop 主要通过 Java 数据库连接（Java DataBase Connectivity，JDBC）和关系数据库进行交互。理论上，支持 JDBC 的关系数据库都可以使用 Sqoop 和 Hadoop 进行数据交互。Sqoop 是专门为大数据集设计的，支持增量更新，可以将新记录添加到最近一次导出的数据源上，或者指定上次修改的时间戳。

11．Ambari

Ambari 是一种基于 Web 的工具，支持 Apache Hadoop 集群的安装、部署、配置和管理。Ambari 目前已支持大多数 Hadoop 组件，包括 HDFS、MapReduce、Hive、Pig、HBase、ZooKeeper、Sqoop 等。

7.4　分布式文件系统 HDFS

分布式文件系统 HDFS 开源实现了 GFS 的基本思想。HDFS 原来是 Apache Nutch 搜索引擎的一部分，后来独立出来作为一个 Apache 子项目，并和 MapReduce 一起成为 Hadoop 的核心组成部分。HDFS 支持流数据读取和处理超大规模文件，并能够运行在由廉价的普通机器组成的集群上，这主要得益于 HDFS 在设计之初就充分考虑了实际应用环境的特点，那就是：硬件出错在普通服务器集群中是一种常态，而不是异常。因此，HDFS 在设计上采取了多种机制保证在硬件出错的环境中实现数据的完整性。

本节介绍 HDFS 的设计目标和 HDFS 体系结构。

7.4.1　HDFS 的设计目标

1．HDFS 的目标

总体而言，HDFS 要实现以下目标。

①兼容廉价的硬件设备。在成百上千台廉价服务器中存储数据，常会出现节点失效的情况，因此 HDFS 设计了快速检测硬件故障和进行自动恢复的机制，可以实现持续监视、错误检查、容错处理和自动恢复，从而在硬件出错的情况下也能实现数据的完整性。

②流数据读/写。普通文件系统主要用于随机读/写以及与用户进行交互，而 HDFS 是为了满足批量数据处理的要求而设计的。因此为了提高数据吞吐率，HDFS 放松了一些 POSIX 的要求，从而能够以流的方式来访问文件系统数据。

③大数据集。HDFS 中的文件通常可以达到 GB 甚至 TB 量级，一个由数百台服务器组成的集群可以支持千万级别这样的文件。

④简单的文件模型。HDFS采用了"一次写入、多次读取"的简单文件模型，文件一旦完成写入，关闭后就无法再次写入，只能被读取。

⑤强大的跨平台兼容性。HDFS是采用Java实现的，具有很好的跨平台兼容性，支持JVM的机器都可以运行HDFS。

2. HDFS的局限性

在实现上述优良特性的同时，HDFS特殊的设计也使得自身具有一些应用局限性，主要包括以下几个方面。

（1）不适合访问低延迟数据

HDFS主要是面向大规模数据的批量处理而设计的，采用流式数据读取，具有很高的数据吞吐率，但是这也意味着较高的延迟。因此，HDFS不适合用在需要低延迟（如数十毫秒）的应用场合。对于具有低延迟要求的应用程序而言，HBase是一个更好的选择。

（2）无法高效存储大量小文件

小文件是指文件大小小于一个块的文件。HDFS无法高效存储和处理大量小文件，过多小文件会给系统扩展性和性能带来诸多问题。首先，HDFS采用名称节点来管理文件系统的元数据，这些元数据被保存在内存中，从而使客户端可以快速获取文件的实际存储位置。通常，每个文件、目录和块大约占150B。如果有1000万个文件，每个文件对应一个块，那么，名称节点至少要消耗3GB的内存来保存这些元数据信息。很显然，这时元数据检索的效率就比较低了，需要花费较多的时间找到一个文件的实际存储位置。另外，如果继续扩展到数十亿个文件，名称节点保存元数据所需要的内存空间就会大大增加，现有的硬件水平是无法在内存中保存如此大量的元数据的。其次，用MapReduce处理大量小文件时，会产生过多的Map任务，线程管理开销会大大增加，因此处理大量小文件的速度远远低于处理同等规模的大文件的速度。最后，访问大量小文件的速度远远低于访问几个大文件的速度，因为访问大量小文件需要不断从一个数据节点跳到另一个数据节点，严重影响性能。

（3）不支持多用户写入及任意修改文件

HDFS只允许一个文件有一个写入者，不允许多个用户对同一个文件执行写操作；而且只允许对文件执行追加操作，不能执行随机写操作。

7.4.2 HDFS的体系结构

HDFS采用了主从（Master/Slave）结构模型，如图7-9所示，一个HDFS集群包括一个名称节点和若干个数据节点。名称节点作为中心服务器，负责管理文件系统的命名空间及客户端对文件的访问。集群中的数据节点一般是一个节点运行一个数据节点进程，负责处理文件系统客户端的读/写请求，在名称节点的统一调度下进行数据块的创建、删除和复制等操作。每个数据节点的数据实际上是保存在本地Linux文件系统中的。每个数据节点会周期性地向名称节点发送心跳信息，报告自己的状态。没有按时发送心跳信息的数据节点会被标记为宕机，不会再给它分配任何I/O请求。

用户在使用 HDFS 时，仍然可以像在普通文件系统中那样使用文件名去存储和访问文件。实际上，在系统内部，一个文件会被切分成若干个数据块，这些数据块被分布存储到若干个数据节点上。当客户端需要访问一个文件时，首先把文件名发送给名称节点，名称节点根据文件名找到对应的数据块（一个文件可能包括多个数据块）；然后根据每个数据块的信息找到实际存储各个数据块的数据节点的位置，并把数据节点位置发送给客户端；最后客户端直接访问这些数据节点获取数据。在整个访问过程中，名称节点并不参与数据的传输。这种设计方式使得一个文件的数据能够在不同的数据节点上实现并发访问，大大提高了数据访问速度。

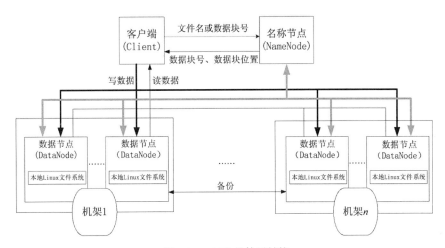

图 7-9　HDFS 的体系结构

7.5　NoSQL 数据库

NoSQL 数据库虽然数量众多，但是归结起来，典型的 NoSQL 数据库通常包括键值数据库、列族数据库、文档数据库和图数据库，如图 7-10 所示。

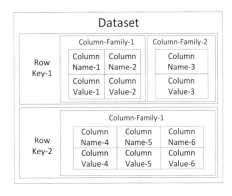

（a）键值数据库　　　　　　　　（b）列族数据库

图 7-10　不同类型的 NoSQL 数据库

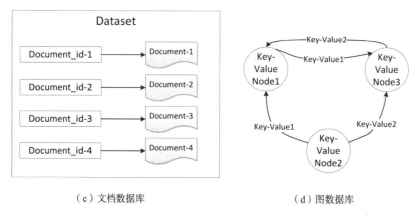

（c）文档数据库　　　　　　　　　　（d）图数据库

图 7-10　不同类型的 NoSQL 数据库（续）

7.5.1　键值数据库

键值数据库（Key-Value Database）会使用一个哈希表，这个表中有一个特定的 Key 和一个指针（指向特定的 Value）。Key 可以用来定位 Value，即存储和检索具体的 Value。Value 对数据库而言是透明不可见的，不能对 Value 进行索引和查询，只能通过 Key 进行查询。Value 可以用来存储任意类型的数据，包括整型、字符型等。在存在大量写操作的情况下，键值数据库的性能比关系数据库更好，因为关系数据库需要建立索引来加速查询。当存在大量写操作时，索引会频繁更新，由此会产生高昂的索引维护代价。关系数据库通常很难横向扩展，但是键值数据库天生具有良好的伸缩性，理论上几乎可以实现数据量的无限扩容。键值数据库可以进一步划分为内存键值数据库和持久化（Persistent）键值数据库。内存键值数据库把数据保存在内存中，如 Memcached 和 Redis；持久化键值数据库把数据保存在磁盘中，如 BerkeleyDB、Voldmort 和 Riak。

当然，键值数据库也有自身的局限性，条件查询就是键值数据库的弱项。因此，如果只对部分值进行查询或更新，效率就会比较低下。在使用键值数据库时，应该尽量避免多表关联查询，可以采用双向冗余存储关系来代替表关联，把操作分解成单表操作。此外，键值数据库在发生故障时不支持回滚操作，因此无法支持事务。键值数据库的相关产品、数据模型、典型应用、优点、缺点和使用者如表 7-4 所示。

表 7-4　　　　　　　　　　　　　　　键值数据库

项目	描述
相关产品	Redis、Riak、SimpleDB、Chordless、Scalaris、Memcached
数据模型	键值对
典型应用	内容缓存，如会话、配置文件、参数、购物车等
优点	扩展性好，灵活性好，进行大量写操作时性能高
缺点	无法存储结构化信息，条件查询效率较低
使用者	百度云数据库（Redis）、GitHub（Riak）、BestBuy（Riak）、StackOverFlow（Redis）、Instagram（Redis）

Redis 是一款具有代表性的键值数据库产品，可以对关系数据库起到很好的补充作用，目前正在被越来越多的互联网公司采用。Redis 提供了 Java、C/C++、C#、PHP、JavaScript、Perl、Object-C、Python、Ruby、Erlang 客户端，使用很方便。Redis 支持存储的值（Value）类型包括 string（字符串）、list（链表）、set（集合）和 zset（有序集合）。这些数据类型都支持 push/pop、add/remove 以及取交集、并集和差集等丰富的操作，而且这些操作都是原子性的。在此基础上，Redis 支持各种不同方式的排序。为了保证效率，Redis 中的数据都是缓存在内存中的，它会周期性地把更新的数据写入磁盘，或者把修改操作写入追加的记录文件。

7.5.2　列族数据库

列族数据库一般采用列族数据模型。数据库由多个行构成，每行数据包含多个列族，不同的行可以具有不同数量的列族，属于同一列族的数据会被存放在一起。每行数据通过行键进行定位，与这个行键对应的是一个列族。从这个角度来说，列族数据库也可以被视为一个键值数据库。列族可以被配置成支持不同类型的访问模式，也可以被设置成放入内存中，以消耗内存为代价来换取更好的响应性能。列族数据库的相关产品、数据模型、典型应用、优点、缺点和使用者如表 7-5 所示。

表 7-5　　　　　　　　　　　　　　　　列族数据库

项目	描述
相关产品	Bigtable、HBase、Cassandra、HadoopDB、GreenPlum、PNUTS
数据模型	列族
典型应用	分布式数据存储与管理
优点	查找速度快，可扩展性强，容易进行分布式扩展，复杂性低
缺点	功能较少，大多不支持强事务一致性
使用者	Ebay（Cassandra）、Instagram（Cassandra）、Yahoo!（HBase）

HBase 就是一款具有代表性的列族数据库产品。HBase 具有高可扩展性，可以支持超大规模数据存储，它可以通过横向扩展的方式利用廉价计算机集群处理由超过 10 亿行数据和数百万列元素组成的数据表。

7.5.3　文档数据库

在文档数据库中，文档是数据库的最小单位。虽然每一种文档数据库的部署有所不同，但是大多文档都以某种标准化格式封装并对数据进行加密，同时用多种格式进行解码，包括 XML、YAML（Yet Another Markup Language，另一种标记语言）、JSON 和 BSON（Biniry JSON，二进制 JSON）等，或者也可以使用二进制格式进行解码（如 PDF、微软 Office 文档等）。文档数据库通过键来定位一个文档，因此可以看成键值数据库的一个衍生品，而且前者比后者具有更高的查询效率。对于那些可以把输入数据表示成文档的应用而言，文档数据库是非常合适的。一个文档可以包含非常复杂的数据结构（如嵌套对象），并且不需要采用特定的数据模式，每个文档可能具有完全不同的结构。文档数据库既可以根据键（Key）来构建索引，也可以基于文档内容来构建索引。基于文档内容的索引和查询能力是文档数据库不同于键值数据库的地方。因为在键值数据库中，值（Value）对数据库是透明不可见的，不能根据值来构建索引。文档数据库主要用于存储并检索文档数据。当文档数据库需要考虑很多关系和标准化约束以及需要事务支持时，传统的关系数据库是更好的选择。文档数据库的相关产品、数据模型、典型应用、优点、缺点和使用者如表 7-6 所示。

表 7-6　　　　　　　　　　　　　　　　文档数据库

项目	描述
相关产品	CouchDB、MongoDB、Terrastore、ThruDB、RavenDB、SisoDB、RaptorDB、CloudKit、Persevere、Jackrabbit
数据模型	版本化的文档
典型应用	存储、索引并管理面向文档的数据或者类似的半结构化数据
优点	性能好，灵活性高，复杂性低，数据结构灵活
缺点	缺乏统一的查询语法
使用者	百度云数据库（MongoDB）、SAP（MongoDB）、Codecademy（MongoDB）、Foursquare（MongoDB）、NBC News（RavenDB）

MongoDB 就是一款具有代表性的文档数据库产品，它是一个基于分布式文件存储的文档数据库，介于关系数据库和非关系数据库之间，是非关系数据库当中功能最丰富、最像关系数据库的一种 NoSQL 数据库。MongoDB 支持的数据结构非常松散，是类似 JSON 的 BSON 格式，因此可以存储比较复杂的数据类型。MongoDB 最大的特点是支持的查询语言非常强大，语法有点类似于面向对象的查询语言，几乎可以实现类似关系数据库单表查询的绝大部分功能，而且支持对数据建立索引。

7.5.4　图数据库

图数据库以图论为基础。图是一个数学概念，用来表示一个对象集合，包括顶点以及连接顶点的边。图数据库使用图作为数据模型来存储数据，完全不同于键值、列族和文档数据模型，可以高效地存储不同顶点之间的关系。图数据库专门用于处理具有高度相互关联关系的数据，可以高效地处理实体之间的关系，比较适合于社交网络、模式识别、依赖分析、推荐系统以及路径寻找等领域。有些图数据库（如 Neo4j）完全兼容 ACID。但是，图数据库除了在处理图和关系这些应用领域具有很好的性能以外，在其他领域的性能不如其他 NoSQL 数据库。图数据库的相关产品、数据模型、典型应用、优点、缺点和使用者如表 7-7 所示。

表 7-7　　　　　　　　　　　　　　　　图数据库

项目	描述
相关产品	Neo4j、OrientDB、InfoGrid、Infinite Graph、GraphDB
数据模型	图结构

项目	描述
典型应用	可用于大量复杂、互连接、低结构化的图结构场合，如社交网络、推荐系统等
优点	灵活性高，支持复杂的图算法，可用于构建复杂的关系图谱
缺点	复杂性高，只能支持一定的数据规模
使用者	Adobe（Neo4j）、Cisco（Neo4j）、T-Mobile（Neo4j）

Neo4j 是一个具有代表性的图数据库产品。它是一个嵌入式的、基于磁盘的、支持完整事务的 Java 持久化引擎，它在图（网络）中而不是表中存储数据。Neo4j 提供了大规模可扩展性，在一台机器上可以处理具有数十亿节点/关系/属性的图，可以扩展到多台机器并行运行。相对于关系数据库来说，图数据库善于处理大量复杂、互连接、低结构化的数据，这些数据变化迅速，需要频繁地查询。在关系数据库中，这些查询会导致大量的表连接，因此会产生性能上的问题。Neo4j 重点解决了传统关系数据库在处理涉及大量连接操作的查询时出现的性能衰退问题。通过围绕图进行数据建模，Neo4j 会以相同的速度遍历节点与边，其遍历速度与构成图的数据量没有任何关系。此外，Neo4j 还提供了非常快的图算法、推荐系统和 OLAP 风格的分析，而这一切在目前的关系数据库系统中都是无法实现的。

7.6 云数据库

本节介绍云数据库的概念和特性、云数据库与其他数据库的关系以及代表性的云数据库产品。

7.6.1 云数据库的概念

云数据库是部署在云计算环境中的虚拟化数据库。云数据库是在云计算的大背景下发展起来的一种新兴的、共享基础架构的数据库，它极大地增强了数据库的存储能力，避免了人员、硬件、软件的重复配置，让软、硬件升级变得更加容易，同时虚拟化了许多后端功能。云数据库具有高可扩展性、高可用性、采用多租形式和支持资源有效分发等特点。

在云数据库中，所有数据库功能都是在云端提供的，客户端可以通过网络远程使用云数据库提供的服务，如图 7-11 所示。客户端不需要了解云数据库的底层细节，所有的底层硬件都已经被虚拟化，对客户端而言是透明的。客户端就像在使用一个运行在单一服务器上的数据库一样，非常方便、容易，同时可以获得理论上近乎无限的存储和处理能力。

需要指出的是，有人认为数据库属于应用基础设施（即中间件），因此把云数据库列入 PaaS 的范畴；也有人认为数据库本身也是一种应用软件，因此把云数据库划入 SaaS。对于这个问题，本书把云数据库划入 SaaS，但同时认为云数据库到底应该被划入 PaaS 还是 SaaS 并不是最重要的。实际上，云计算 IaaS、PaaS 和 SaaS 这 3 个层次之间的界限有些时候也不是非常清晰。对于云数据库而言，最重要的是它允许用户以服务的方式通过网络获得云端的数据。

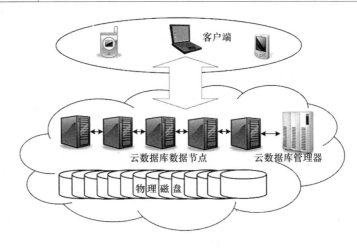

图 7-11　云数据库示意图

7.6.2　云数据库的特性

云数据库具有以下特性。

（1）动态可扩展

理论上，云数据库具有无限可扩展性，可以满足不断增加的数据存储需求。在面对不断变化的条件时，云数据库可以表现出很好的弹性。例如，对于一个从事产品零售的电子商务公司，会存在季节性或突发性的产品需求变化；或者对于类似 Animoto 的网络社区站点，可能会经历一个指数级的用户增长阶段。这时，它们就可以分配额外的数据库存储资源来处理增加的需求，这个过程只需要几分钟。一旦需求过去以后，它们就可以立即释放这些资源。

（2）高可用性

云数据库不存在单点失效问题。如果一个节点失效了，剩余的节点就会接管未完成的事务。另外，在云数据库中，数据通常是冗余存储的，在地理上也是分散的。诸如 Google、Amazon 和 IBM 等大型云计算供应商具有分布在世界范围内的数据中心，通过在不同地理区间内进行数据复制，可以提供高水平的容错能力。例如，Amazon SimpleDB 会在不同的区域内进行数据复制，这样，即使某个区域内的云设施失效，也可以保证数据继续可用。

（3）较低的使用代价

云数据库厂商通常采用多租户（Multi-tenancy）的形式同时为多个用户提供服务，这种共享资源的形式对于用户而言可以节省开销，而且用户采用按需付费的方式使用云计算环境中的各种软、硬件资源，不会产生不必要的资源浪费。另外，云数据库底层存储通常采用大量廉价的商业服务器，大大降低了开销。腾讯云数据库官方公布的资料显示，当实现类似的数据库性能时，如果采用自己投资自建 MySQL 的方式，则成本为每台服务器每天 50.6 元；实现双机容灾需要 2 台服务器，即成本为 101.2 元；平均存储成本是每吉字节每天 0.25 元，平均 1 元可获得的每秒查询率（Query Per Second，QPS）为 24 次。而如果采用腾讯云数据库产品，企业不需要投入任何初期建设成本，成本仅为 72 元/天，平均存储成本为每吉字节每天 0.18 元，平均 1 元可获得的 QPS

为 83 次/秒。相较于自建，云数据库平均 1 元获得的 QPS 提高为原来的 346%，具有极高的性价比。

（4）易用性

使用云数据库的用户不必控制运行原始数据库的机器，也不必了解它身在何处。用户只需要一个有效的连接字符串（URL）就可以开始使用云数据库，而且就像使用本地数据库一样。许多基于 MySQL 的云数据库产品（如腾讯云数据库、阿里云 RDS（Relational Database Service，关系数据库服务）等）完全兼容 MySQL 协议，用户可通过基于 MySQL 协议的客户端或者 API 访问实例。用户可无缝地将原有 MySQL 应用迁移到云存储平台，无须进行任何代码改造。

（5）高性能

云数据库采用大型分布式存储服务集群，支撑海量数据访问、多机房自动冗余备份和自动读/写分离。

（6）免维护

用户不需要关注后端机器及数据库的稳定性、网络问题、机房灾难、单库压力等各种风险，云数据库服务商提供 7×24h 的专业服务，扩容和迁移对用户透明且不影响服务，并且可以提供全方位、全天候立体式监控，用户无须半夜去处理数据库故障。

（7）安全

云数据库提供数据隔离，不同应用的数据会存在于不同的数据库中而不会相互影响；提供安全性检查，可以及时发现并拒绝恶意攻击性访问；提供数据多点备份，确保不会发生数据丢失。

7.6.3　云数据库与其他数据库的关系

关系数据库采用关系数据模型，NoSQL 数据库采用非关系数据模型，二者属于不同的数据库技术。从数据模型的角度来说，云数据库并非一种全新的数据库技术，而是以服务的方式提供数据库功能的技术。云数据库并没有专属于自己的数据模型，其所采用的数据模型可以是关系数据库所使用的关系模型，如微软的 SQL Azure 云数据库、阿里云 RDS 都采用了关系模型；也可以是 NoSQL 数据库所使用的非关系模型，如 Amazon Dynamo 等云数据库采用的是键值存储。同一个公司也可能提供采用不同数据模型的多种云数据库服务，例如百度云数据库提供了 3 种数据库服务，即分布式关系数据库服务（基于关系数据库 MySQL）、分布式非关系数据库服务（基于文档数据库 MongoDB）、键值型非关系数据库服务（基于键值数据库 Redis）。实际上，许多公司在开发云数据库时，后端数据库都是直接使用现有的各种关系数据库或 NoSQL 数据库产品。比如，腾讯云数据库采用 MySQL 作为后端数据库，微软的 SQL Azure 云数据库采用 SQL Server 作为后端数据库。从市场的整体应用情况来看，由于 NoSQL 应用对开发者要求较高，而 MySQL 拥有成熟的中间件、运维工具，已经形成一个良性的生态系统等特性，因此现阶段云数据库的后端数据库以 MySQL 为主、NoSQL 为辅。

在云数据库这种 IT 服务模式出现之前，企业要使用数据库，就需要自建关系数据库或 NoSQL 数据库，它们被称为自建数据库。云数据库与这些自建数据库最本质的区别如下：云数据库是部署在云端的数据库，采用 SaaS 模式，用户可以通过网络租赁使用数据库服务，在有网络的地方都可以使用，不需要前期投入和后期维护，使用价格比较低廉；云数据库对用户而言是完全透明的，用户根本不知道自己的数据被保存在哪里；云数据库通常采用多租户模式，即多个租户共用一个实例，租户的数据既有隔离又有共享，从而解决了数据存储的问题，同时降低了用户使用数据库的成本。而自建的关系数据库和 NoSQL 数据库本身都没有采用 SaaS 模式，需要用户自己搭建 IT 基础设施和配置数据库，成本相对而言比较昂贵，而且需要自己进行机房维护和数据库故障处理。

7.6.4　代表性的云数据库产品

云数据库供应商主要分为 3 类。

①传统的数据库厂商：如 Teradata、Oracle、IBM DB2 和 Microsoft SQL Server 等。

②涉足数据库市场的云数据库厂商：如 Amazon、Google、Yahoo!、阿里巴巴、百度、腾讯等。

③新兴厂商：如 Vertica、LongJump 和 EnterpriseDB 等。

市场上常见的云数据库产品如表 7-8 所示。

表 7-8　　市场上常见的云数据库产品

企业	产品
Amazon	DynamoDB、SimpleDB、RDS
Google	Google Cloud SQL
Microsoft	Microsoft SQL Azure
Oracle	Oracle Cloud
Yahoo!	PNUTS
Vertica	Analytic Database for the Cloud
EnerpriseDB	Postgres Plus in the Cloud
阿里巴巴	阿里云 RDS
百度	百度云数据库
腾讯	腾讯云数据库

7.7　分布式数据库 HBase

HBase 是 Google Bigtable 的开源实现。因此，本节首先对 Bigtable 作简要介绍，然后介绍 HBase，最后给出 HBase 的数据模型和系统架构。

7.7.1　Bigtable 概述

Bigtable 是一个分布式存储系统，利用谷歌提出的 MapReduce 分布式并行计算模型来处理海量数据，使用谷歌分布式文件系统 GFS 作为底层数据存储系统，并采用 Chubby 提供协同服务管理，可以扩展到 PB 量级的数据和上千台机器，具备广泛应用性、可扩展性、高性能和高可用性等特点。从 2005 年 4 月开始，Bigtable 已经在谷歌的实际生产系统中使用，谷歌的许多项目都存储在 Bigtable 中，包括搜索、地图、财经、打印、社交网站 Orkut、视频共享网站 YouTube 和博客网站 Blogger 等。这些应用无论在数据量方面（从 URL 到网页到卫星图像），还是在延迟需求方面（从后端批量处理到实时数据服务），都对 Bigtable 提出了与传统存储系统截然不同的需求。尽管这些应用的需求大不相同，但是 Bigtable 依然能够为所有谷歌产品提供灵活的、高性能的解决方案。当用户的资源需求随着时间变化时，只需要简单地往系统中添加机器，就可以实现服务器集群的扩展。

总的来说，Bigtable 具备以下特性：支持大规模海量数据，分布式并发数据处理效率极高，易于扩展且支持动态伸缩，适用于廉价设备，适合读操作不适合写操作。

7.7.2　HBase 简介

HBase 是一个高可靠、高性能、面向列、可伸缩的分布式数据库，是谷歌 Bigtable 的开源实现，主要用来存储非结构化和半结构化的数据。HBase 的目标是处理非常庞大的表，可以通过横向扩展的方式利用廉价计算机集群处理由超过 10 亿行数据和数百万列元素组成的数据表。

图 7-12 描述了 Hadoop 生态系统中 HBase 与其他部分的关系。HBase 利用 Hadoop MapReduce 来处理 HBase 中的海量数据，实现高性能计算；利用 ZooKeeper 作为协同服务，实现稳定服务和失败恢复；使用 HDFS 作为高可靠的底层数据存储系统，利用廉价集群提供海量数据的存储能力。当然，HBase 也可以直接使用本地文件系统而不用 HDFS 作为底层数据存储系统。不过，为了提高数据可靠性和系统的健壮性，发挥 HBase 处理大数据量等功能，一般都使用 HDFS 作为 HBase 的底层数据存储系统。此外，为了方便在 HBase 上进行数据处理，Sqoop 为 HBase 提供了高效、便捷的关系数据库管理系统（Relational Database Management System，RDBMS）数据导入功能，Pig 和 Hive 为 HBase 提供了高层语言支持。

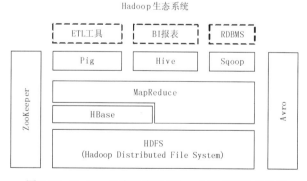

图 7-12　Hadoop 生态系统中 HBase 与其他部分的关系

7.7.3　HBase 的数据模型

HBase 实际上就是一个稀疏、多维、持久化存储的映射表，它采用行键（Row Key）、列族（Column Family）、列限定符（Column Qualifier）和时间戳（Timestamp）进行索引，每个值都是未经解释的字节数组 byte[]。下面具体介绍 HBase 数据模型的相关概念。

（1）表

HBase 采用表来组织数据。表由行和列组成，列划分为若干个列族。

（2）行键

每个 HBase 表都由若干行组成，每个行由行键来标识。访问表中的行只有 3 种方式：通过单个行键访问、通过一个行键的区间来访问、全表扫描。行键可以是任意字符串（最大长度是 64 KB，实际应用中长度一般为 10～100B）。在 HBase 内部，行键保存为字节数组。存储时，数据按照行键的字典序存储。在设计行键时，要充分考虑这个特性，将经常一起读取的行存储在一起。

（3）列族

一个 HBase 表被分组成许多列族的集合，它是基本的访问控制单元。列族需要在表创建时就定义好，数量不能太多（HBase 的一些缺陷使得列族的数量只限于几十个），而且不能频繁修改。存储在一个列族中的所有数据通常都属于同一种数据类型，这意味着具有更高的压缩率。表中的每个列都归属于某个列族，数据可以被存放到列族的某个列下面，但是在把数据存放到这个列族的某个列下面之前，必须首先创建这个列族。在创建完列族以后，就可以使用同一个列族中的列。列名都以列族作为前缀。例如，courses:history 和 courses:math 这两个列都属于 courses 这个列族。在 HBase 中，访问控制、磁盘和内存的使用统计都是在列族层面进行的。实际应用中，可以借助列族上的控制权限来实现特定的目的。比如，我们可以允许一些应用向表中添加新的数据，而另一些应用只允许浏览数据。HBase 列族还可以被配置成支持不同类型的访问模式。比如，一个列族也可以被设置成放入内存中，以消耗内存为代价换取更好的响应性能。

（4）列限定符

列族里的数据通过列限定符（或列）来定位。列限定符不用事先定义，也不需要在不同行之间保持一致。列限定符没有数据类型，总被视为字节数组 byte[]。

（5）单元格

在 HBase 表中通过行键、列族和列限定符确定一个单元格（Cell）。单元格中存储的数据没有数据类型，总被视为字节数组 byte[]。每个单元格中可以保存一个数据的多个版本，每个版本对应一个不同的时间戳。HBase 是以单元格为单位来写入和读取数据的，这一点和关系数据库具有很大的区别。在关系数据库中，数据以行为单位，一行一行地写入，一行一行地读取。而在 HBase 数据库中，写入数据时，是一个单元格一个单元格地写入；读取数据时，也是一个单元格一个单元格地读取。

（6）时间戳

每个单元格都保存着同一份数据的多个版本，这些版本采用时间戳进行索引。每次对一个单元格执行操作（新建、修改、删除）时，HBase 都会隐式地自动生成并存储一个时间戳。时间戳一般是 64 位整型数据，可以由用户自己赋值（自己生成唯一时间戳可以避免应用程序中出现数据版本冲突），也可以由 HBase 在数据写入时自动赋值。一个单元格的不同版本根据时间戳降序存储，这样，最新的版本可以被最先读取。

下面以一个实例来阐释 HBase 的数据模型。图 7-13 是一张用来存储学生信息的 HBase 表，学号作为行键来唯一标识每个学生；表中设计了列族 Info 来保存学生相关信息；列族 Info 中包含 3个列——name、major 和 email，分别用来保存学生的姓名、专业和电子邮件信息。学号为 201505003的学生存在两个版本的电子邮件地址，时间戳分别为 ts1=1174184619081 和 ts2=1174184620720，时间戳较大的版本的数据是最新的数据。再来看一下 HBase 和关系数据库在读/写数据方面的差别。在关系数据库中，数据是逐行写入的，比如，先写入第一行数据（"201505001"，"Luo Min"，"Math"，"luo@**.com"），再写入第 2 行数据，以此类推。而在 HBase 数据库中，数据是逐个单元格写入的，比如，对于行键"201505001"而言，先写入第 1 个单元格的值"Luo Min"，再写入第 2 个单元格的值"Math"，然后写入第 3 个单元格的值"luo@**.com"。在读取数据时，也是类似的。

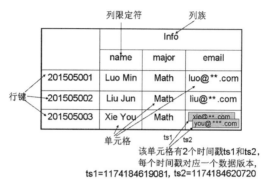

图 7-13　一张用来存储学生信息的 HBase 表

7.7.4　HBase 的系统架构

HBase 的系统架构如图 7-10 所示，包括客户端、ZooKeeper 服务器、Master 主服务器、Region服务器。需要说明的是，HBase 一般采用 HDFS 作为底层数据存储系统，因此图 7-14 中加入了HDFS 和 Hadoop。

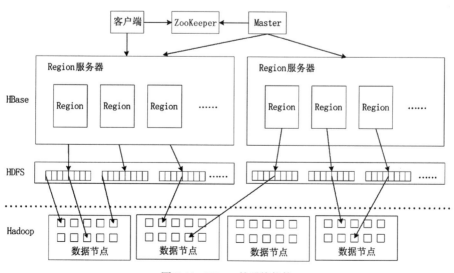

图 7-14　HBase 的系统架构

在一个 HBase 中存储了许多表。对于每个 HBase 表而言，表中的行根据行键值的字典序进行维护。表中包含的行的数量可能非常庞大，无法存储在一台机器上，需要分布存储到多台机器上。因此，需要根据行键的值对表中的行进行分区，每个行区间构成一个分区，被称为 Region，包含了位于某个值域的所有数据，它是负载均衡和数据分发的基本单位。这些 Region 会被分发到不同的 Region 服务器上。

客户端包含访问 HBase 的接口，同时在缓存中维护着已经访问过的 Region 位置信息，用来加快后续数据的访问过程。HBase 客户端使用 HBase 的 RPC（Remote Process Call，远程过程调用）机制与 Master 和 Region 服务器进行通信。其中，对于管理类操作，客户端与 Master 进行 RPC；而对于数据读写类操作，客户端会与 Region 服务器进行 RPC。

HBase 服务器集群包含一个 Master 和多个 Region 服务器。Master 主要负责表和 Region 的管理工作，Region 服务器负责维护分配给自己的 Region，并响应用户的读/写请求。Master 就是这个 HBase 集群的总管，它必须知道 Region 服务器的状态。ZooKeeper 就可以轻松做到这一点，每个 Region 服务器都需要到 ZooKeeper 中进行注册，ZooKeeper 会实时监控每个 Region 服务器的状态并通知 Master。这样，Master 就可以通过 ZooKeeper 随时感知到各个 Region 服务器的工作状态。

7.8　Spanner

Spanner 是一个可扩展的、全球分布式的数据库，由 Google 设计、开发和部署。在最高抽象层面，Spanner 就是一个数据库，把数据分片存储在许多 Paxos 状态机上，这些机器遍布全球的数据中心。客户端会自动在副本之间进行失败恢复。根据数据和服务器的变化，Spanner 会自动把数据进行重新分片，从而有效应对负载变化和处理失败。Spanner 可以扩展到几百万个机器节点，跨越成百上千个数据中心，具备几万亿数据库行的规模。相关应用可以借助 Spanner 来实现高可用性，在一个地区内部或跨越不同的地区复制数据，保证即使面对大范围的自然灾害时数据依然可用。

作为一个全球分布式数据库，Spanner 具备良好的特性。第一，在数据的副本配置方面，相关应用可以在一个很细的粒度上进行动态控制。应用可以详细规定哪些数据中心包含哪些数据、数据距离用户多远（控制用户读取数据的延迟）、不同数据副本之间的距离有多远（控制写操作的延迟）以及需要维护多少个副本（控制可用性和读操作性能）。数据也可以动态和透明地在数据中心之间移动，从而平衡不同数据中心内资源的使用。第二，Spanner 提供了读/写操作的外部一致性以及在一个时间戳下的跨越数据库的全球一致性的读操作。这些特性使 Spanner 可以支持一致的备份、一致的 MapReduce 执行和原子模式变更，所有操作都是在全球范围内实现，即使存在正在处理中的事务也支持。

一个 Spanner 部署称为一个 Universe。Spanner 被组织成许多个 Zone 的集合，每个 Zone 都可以理解为一个 Bigtable 部署实例。Zone 是管理部署的基本单元，Zone 的集合也是数据可以被复制到的位置的集合。当新的数据中心加入服务或者旧的数据中心被关闭时，Zone 可以被加入一个运行的系统或者从中移除。Zone 也是物理隔离的单元。一个数据中心可能有一个或者多个 Zone。例如，属于不同应用的数据可能被分区存储到同一个数据中心的不同服务器集合中。

图 7-15 显示了 Spanner 服务器的组织方式。一个 Zone 包括一个 Zonemaster 和 100 个至几千个 Spanserver。Zonemaster 把数据分配给 Spanserver，Spanserver 把数据提供给客户端。客户端使用每个 Zone 上的 Locationproxy 来定位可以为自己提供数据的 Spanserver。Universemaster 是一个控制台，它显示了关于 Zone 的各种状态信息，可以用于相互之间的调试。Placementdriver 会周期性地与 Spanserver 进行交互，来发现那些需要被转移的数据，以满足新的副本约束条件或进行负载均衡。

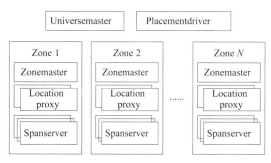

图 7-15　Spanner 服务器的组织方式

7.9　OceanBase

OceanBase 是一款由阿里巴巴公司自主研发的高性能、分布式的关系数据库，支持完整的 ACID 特性，高度兼容 MySQL 的协议与语法，能够以最小的迁移成本使用高性能、可扩张、持续可用的分布式数据服务。OceanBase 实现了数千亿条记录、数百 TB 数据的跨行跨表业务，支持天猫大部分的 OLTP 和 OLAP 在线业务。

OceanBase 最初是为了处理淘宝网的大规模数据而产生的。传统的 Oracle 单机数据库无法支撑数百 TB 的数据存储、数十万的 QPS，通过硬件扩展的方式成本又太高。淘宝网曾使用 MySQL 取代 Oracle，但是需要进行分库分表来存储，也有很多弊端。通过分库分表添加节点比较复杂，查询时有可能需要访问所有的分区数据库，性能很差。淘宝网甚至考虑过 HBase，但是 HBase 只能支持单行事务查询，且不支持 ACID 特性，只支持最终一致性。而淘宝网的业务必须支持跨行跨表业务，且一些订单信息需要支持强一致性。

基于以上原因，需要开发一个新的数据库，既要有良好的可扩展性，又能支持跨行跨表事务，OceanBase 就应运而生了。OceanBase 具有以下特性。

（1）高扩展性

虽然传统关系数据库（如 Oracle 或 MySQL）的功能已经很完善，但是数据库的可扩展性比较差。随着数据量的增大，需要进行分库分表存储，在查询时需要将相应的 SQL 解析到指定的数据库中，数据库管理员需要花费大量时间来做数据库扩容，且对维护人员的技术要求比较高，要掌握分布式处理中数据的读/写分离、垂直拆分和水平拆分等技术。而 OceanBase 使用分布式技术和无共享架构，数据自动分散到多台数据库主机上；采用廉价的 PC 服务器作为数据库主机，可以自由地对整个分布式数据库系统进行扩展，既降低了成本，同时也保证了无限的水平扩展。OceanBase 也被称为云数据库，具有云存储的随意扩展的特性。

（2）高可靠性

OceanBase 数据库系统使用廉价的 PC 服务器，这些服务器是不可靠的，很容易出现故障。但是，OceanBase 又必须保证任何时刻出现的硬件故障不影响业务。因此，OceanBase 引入 Paxos 协议，保证分布式事务的一致性，即数据库系统中数据以备份的方式存储于多台机器中。当其中一台出现故障时，其他备份仍可以使用，并根据系统日志来恢复故障前的数据。

（3）数据准确性

OceanBase 是新型的关系数据库，支持事务的 ACID 特性。这在电子商务、金融等领域是非常重要的，这些领域对数据的准确性要求非常高。如电子商务中的支付数据要保持一致性，不能有任何数据的丢失。OceanBase 在设计时，读事务基本是分布式并发执行的，而写事务则是集中式串行执行的，且任何一个写事务在最终提交前对其他读事务都是不可见的。因此 OceanBase 是具有强一致性的，能保证数据的正确性。

（4）高性能

数据库的总量是很大的，每天增、删、改的数据只是其中的小部分，这部分数据为增量数据。OceanBase 将数据分成基准数据和增量数据，基准数据是保持不变的历史数据，用磁盘进行存储，可保证数据的稳定性；而增量数据是最近一段时间的修改数据，存储在内存中，这种针对增、删、改记录的存储方式极大地提高了系统写事务的性能，并且增量数据在冻结后会转存到 SSD 上，仍然会提供较高性能的读服务。OceanBase 会在系统的低负载时段对数据进行合并操作，避免对业务产生不良影响。

7.10　本章小结

随着计算机技术的发展，数据存储与管理经历了人工管理、文件系统、数据库系统 3 个发展阶段，在数据库方面经历了网状数据库、层次数据库、关系数据库、NoSQL 数据库，在文件系统方面则由单机文件系统发展到了现在的分布式文件系统。数据存储与管理技术的不断发展使人类能够管理的数据越来越多，效率越来越高，对后续的大数据处理分析环节起到了很好的支撑作用。

本章首先介绍了文件系统、关系数据库、数据仓库、并行数据库等传统的数据存储与管理技术，然后介绍了分布式文件和分布式数据库等大数据时代的数据存储和管理技术。需要说明的是，虽然大数据时代的新技术大行其道，但是，一些传统的数据存储与管理技术仍然在发挥着余热，不会立即退出大数据的江湖。

7.11　习题

1. 试述传统的数据存储与管理技术。
2. 试述关系数据库的特性。
3. 试述数据仓库的特性。
4. 试述 Hadoop 的特性。
5. 试述 Hadoop 生态系统及其每个部分的具体功能。
6. 试述 HDFS 的设计目标。
7. 试述 HDFS 中的名称节点和数据节点的具体功能。
8. 试述键值数据库、列族数据库、文档数据库和图数据库的适用场合和优缺点。
9. 试述云数据库的概念。
10. 云数据库有哪些特性?
11. 试述云数据库与其他数据库的关系。
12. 举例说明云数据库厂商及其代表性产品。
13. 试述 Hadoop 体系架构中 HBase 与其他组成部分的相互关系。
14. 请以实例说明 HBase 数据模型。
15. 分别解释 HBase 中行键、列键和时间戳的概念。
16. 试述 HBase 的系统架构及其每个组件的功能。
17. 试述 Spanner 服务器的组织方式。

第8章
数据处理与分析

在数据处理与分析环节可以利用统计学、机器学习和数据挖掘方法，并结合数据处理与分析技术对数据进行处理与分析，得到有价值的结果，服务于生产和生活。统计学、机器学习和数据挖掘方法并非大数据时代的新生事物，但是，它们在大数据时代得到了新的发展——实现方式从单机程序发展到分布式程序，从而充分利用计算机集群的并行处理能力。MapReduce 和 Spark 等大数据处理技术为高性能的大数据处理与分析提供了强有力的支撑。此外，大数据时代新生的数据仓库 Hive、流计算框架 Flink、大数据编程框架 Beam、查询分析系统 Dremel 等有效地满足了企业不同应用场景的大数据处理与分析需求。

本章主要介绍数据处理与分析的概念、基于统计学方法的数据分析、机器学习和数据挖掘算法、数据挖掘的方法体系、大数据处理与分析技术，并给出了大数据处理与分析的代表性产品。

8.1 数据处理与分析的概念

数据分析可以分为广义的数据分析和狭义的数据分析。广义的数据分析包括狭义的数据分析和数据挖掘，是指用适当的分析方法（如统计学、机器学习和数据挖掘等）对收集的数据进行分析，提取有用信息和形成结论的过程。在广义的数据分析中，可以使用复杂的机器学习和数据挖掘算法，或者只使用一些简单的统计分析方法，比如汇总求和、求平均值、求均方差等。狭义的数据分析是指根据分析目的，用适当的统计分析方法和工具对收集的数据进行处理与分析，提取有价值的信息，发挥数据的作用。

本节介绍数据分析与数据挖掘、数据分析与数据处理以及大数据处理与分析。

1. 数据分析与数据挖掘

狭义的数据分析和数据挖掘是有着明显的区分的，具体如下。

（1）在定义层面

狭义的数据分析在前面已经定义过。而数据挖掘是指从大量的数据中通过统计学、人工智能、机器学习等方法，挖掘未知的、且可能有价值的信息和知识的过程。

（2）在作用层面

数据分析主要实现三大作用：现状分析、原因分析、预测分析（定量）。数据分析的目标明确，先做假设，然后通过数据分析来验证假设是否正确，从而得到相应的结论。数据挖掘主要侧重解决四类问题：分类、聚类、关联和预测（定量、定性）。数据挖掘的重点在于寻找未知的模式与规律。如著名的数据挖掘案例——啤酒与尿布就是事先未知的，但又是非常有价值的信息。

（3）在方法层面

数据分析主要采用对比分析、分组分析、交叉分析、回归分析等常用分析方法，数据挖掘主要采用决策树、神经网络、关联规则、聚类分析等统计学、人工智能、机器学习等方法。

（4）在结果层面

数据分析一般都是得到一个指标统计量结果，如总和、平均值等，这些数据都需要与业务结合进行解读，才能发挥数据的价值与作用。数据挖掘则是输出模型或规则，并且可相应得到模型得分或标签。模型得分包括流失概率值、总和得分、相似度、预测值等，标签包括高中低价值用户、流失与非流失、信用优良中差等。

2. 数据分析与数据处理

数据分析过程通常会伴随着数据处理的发生（或者说伴随着大量数据计算），因此，数据分析和数据处理是一对关系紧密的概念。很多时候，二者是融合在一起的，很难割裂开来。也就是说，当用户在进行数据分析的时候，底层的计算机系统会根据数据分析任务的要求，使用程序进行大量的数据处理（或者说进行大量的数据计算）。例如，当用户进行决策树分析时，需要事先根据决策树算法编写分析程序；当分析开始以后，决策树分析程序就会从磁盘读取数据进行大量计算，最终给出计算结果（也就是决策树分析结果）。

3. 大数据处理与分析

数据分析包含两个要素，即理论和技术。在理论层面，需要统计学、机器学习和数据挖掘等知识；在技术层面，需要单机分析工具（如 SPSS、SAS 等）、单机编程语言（如 Python、R）以及大数据处理与分析技术（如 MapReduce、Spark、Hive 等）。

数据分析可以是针对小规模数据的分析，也可以是针对大规模数据的分析（这时被称为大数据分析）。在大数据时代到来之前，数据分析主要以小规模的抽样数据为主，一般使用统计学、机器学习和数据挖掘的相关方法，以单机分析工具（如 SPSS 和 SAS）或者单机编程（如 Python、R）的方式来实现程序分析。但是，到了大数据时代，数据量爆炸式地增长，很多时候需要对规模巨大的全量数据进行分析。这时，单机工具和单机程序已经显得无能为力，就需要采用分布式技术，比如使用 MapReduce、Spark 或 Flink 编写分布式分析程序，借助于集群的多台机器进行并行数据处理分析。这个过程就被称为大数据处理与分析。

本章后续内容中，在数据分析理论层面，8.2 节介绍基于统计学方法的数据分析，8.3 节介绍属于数据挖掘的理论知识（即机器学习和数据挖掘算法），8.4 节介绍数据挖掘的方法体系；在数据分析技术层面，介绍面向大规模数据的大数据处理与分析技术（如 MapReduce、Spark、Flink、Hive 等），对于单机工具和单机编程不做介绍，感兴趣的读者可以参考与 SPSS、SAS、Python 和

R 等相关的书籍。

8.2　基于统计学方法的数据分析

　　基于统计学方法的数据分析（狭义的数据分析）是指用适当的统计分析方法对收集的大量数据进行分析，将它们加以汇总和理解并消化，以求最大化地开发数据的功能，发挥数据的作用。其核心目的是把隐藏在一大批看似杂乱无章的数据背后的信息集中和提炼出来，总结出研究对象的内在规律，帮助管理者进行判断和决策，以便采取适当的策略与行动。

　　数据分析是为了最大化地开发数据的功能，发挥数据的作用。在商业领域中，数据分析能够帮助企业进行判断和决策，以便采取相应的策略与行动。数据分析在企业日常经营分析中主要有三大作用。

　　①现状分析：分析数据中隐藏的当前现状信息。比如，可以通过相关业务中各个指标的完成情况来判断企业的目前运营情况。

　　②原因分析：分析现状发生以及存在的原因。比如，企业运营情况中比较好的方面以及比较差的方面都是由哪些原因引起的，以指导决策的制定，并对相关策略进行调整和优化。

　　③预测分析：分析预测将来可能会发生什么。根据以往数据对企业未来的发展趋势做出预测，为制定企业运营目标及策略提供有效的参考与决策依据。一般通过专题分析来完成。

8.2.1　常见的数据分析方法

　　常见的数据分析方法包括描述统计、假设检验、方差分析、相关性分析、回归分析、主成分分析和因子分析、判别分析、时间序列分析。

1.　描述统计

　　①频数分析：主要用于数据清洗、调查结果的问答等。

　　②数据探查：主要从统计的角度查看统计量，以评估数据分布，主要用于异常值侦测、正态分布检验、数据分段、分位点测算等。

　　③交叉表分析：是市场研究的主要工作，大部分市场研究分析到此为止。交叉表分析主要用于分析报告和分析数据源等。

2.　假设检验

　　具有代表性的假设检验方法是 T 检验，主要用来比较两个总体均值的差异是否显著。

3.　方差分析

　　方差分析用于两个以上总体的均值检验，也经常用于实验设计后的检验问题。

　　方差分析的主要用途为：①均数差别的显著性检验；②分离各有关因素并估计其对总变异的作用；③分析因素间的交互作用；④方差齐性检验。

　　在科学实验中，常常要探讨不同实验条件或处理方法对实验结果的影响，通常是比较不同实验条件下样本均值间的差异。例如，医学界研究几种药物对某种疾病的疗效，农业研究土壤、肥料、日照时间等因素对某种农作物产量的影响以及不同化学药剂对作物害虫的杀虫效果等，都可以使用方差分析方法去解决。

4. 相关性分析

相关性分析是指对两个或多个具备相关性的变量元素进行分析，从而衡量两个变量因素的相关密切程度。相关的元素之间需要存在一定的联系或者概率，才可以进行相关性分析。

相关性不等于因果性，也不是简单的个性化。相关性所涵盖的范围和领域几乎覆盖了我们所见到的方方面面，其在不同的学科中的定义也有很大的差异。

5. 回归分析

回归分析是确定两种或两种以上变量间相互依赖的定量关系的一种统计分析方法。回归分析按照涉及变量的多少分为一元回归和多元回归分析；按照因变量的多少可分为简单回归分析和多重回归分析；按照自变量和因变量之间的关系类型可分为线性回归分析和非线性回归分析。

回归分析是监督类分析方法，也是最重要的认识多变量分析的基础方法。只有掌握了回归，我们才能进入多变量分析，其他很多方法都是变种。回归分析主要用于影响研究、满意度研究等。

6. 主成分分析和因子分析

主成分分析和因子分析是非监督类分析方法的代表。因子分析是认识多变量分析的基础方法，只有掌握了因子分析，我们才能进入多因素相互关系的研究。因子分析主要用在消费者行为态度研究、价值观态度语句的分析、市场细分之前的因子聚类、问卷的信度和效度检验等，也可以看作一种数据预处理技术。主成分分析可以削减变量、权重等，还可以用作构建综合排名。主成分分析一般很少单独使用，可以用来了解数据，或者和聚类分析一起使用，或者和判别分析一起使用。比如，当变量很多、个案数不多时，直接使用判别分析可能无解，这时候可以使用主成分分析对变量进行简化。另外，在多元回归中，主成分分析可用于判断是否存在共线性（条件指数），还可以用来处理共线性。

7. 判别分析

已知某种事物有几种类型，现在从各种类型中各取一个样本，由这些样本设计出一套标准，使得从这种事物中任取一个样本，都可以按这套标准判别它的类型，这就是判别分析。

判别分析是构建 Biplot 二元判别图的最佳方法，主要用于分类和判别图，也是图示化技术的一种，在气候分类、农业区划、土地类型划分中有着广泛的应用。

8. 时间序列分析

时间序列分析是定量预测方法之一，侧重研究数据序列的相互依赖关系，它可以根据系统有限长度的运行记录（观察数据）建立能够比较精确地反映序列中所包含的动态依存关系的数学模型，从而对系统的未来进行预报。

时间序列分析常用在国民经济宏观控制、区域综合发展规划、企业经营管理、市场潜量预测、气象预报、水文预报、地震前兆预报、农作物病虫灾害预报、环境污染控制、生态平衡、天文学和海洋学等方面。时间序列分析主要从以下几个方面进行研究分析。

①系统描述：对系统观测，得到时间序列数据，用曲线拟合方法对系统进行客观的描述。

②系统分析：当观测值取自两个以上变量时，可用一个时间序列中的变化去说明另一个时间序列中的变化，从而深入了解给定时间序列产生的机理。

③预测未来：一般用 ARMA（Auto Regression Moving Average，自回归移动平均）模型拟合时间序列，预测该时间序列的未来值。

④决策和控制：根据时间序列模型调整输入变量，使系统的发展过程保持在目标值上，即预测到过程要偏离目标时便可进行必要的控制。

8.2.2 数据分析的主流工具

1. SPSS Statistics

SPSS Statistics 是最早的统计分析软件，由美国斯坦福大学的 3 位研究生于 20 世纪 60 年代末研制，它最突出的特点就是操作界面极为友好，输出结果美观漂亮。它采用类似 Excel 表格的方式输入与管理数据，数据接口较为通用，能方便地从其他数据库中读入数据；包括常用的、较为成熟的统计过程，完全可以满足非统计专业人士的工作需要。由于 SPSS Statistics 容易操作，输出漂亮，功能齐全，价格合理，所以很快地应用于自然科学、技术科学、社会科学的各个领域，世界上许多有影响的报刊杂志纷纷就 SPSS Statistics 的自动统计绘图、数据的深入分析、使用方便、功能齐全等方面给予了高度的评价与称赞。发展到今天，SPSS Statistics 软件已有 50 余年的成长历史，全球有几十万家产品用户，分布于通信、医疗、银行、证券、保险、制造、商业、市场研究、科研教育等多个领域和行业，是世界上应用最广泛的专业统计软件之一。在国际学术界有条不成文的规定，即在国际学术交流中，凡是用 SPSS Statistics 软件完成的计算和统计分析，可以不必说明算法，由此可见其影响之大和信誉之高。因此，对于非统计工作者来说，SPSS Statistics 是很好的选择。

2. SAS

SAS 是目前国际上最流行的一种大型统计分析系统，是一个模块化、集成化的大型应用软件系统，被誉为统计分析的标准软件。它由数十个专用模块构成，功能包括数据访问、数据存储及管理、应用开发、图形处理、数据分析、报告编制、运筹学方法、计量经济学与预测等。SAS 提供了从基本统计数的计算到各种实验设计的方差分析、相关回归分析以及多变数分析的多种统计分析过程，几乎囊括了所有最新分析方法，其分析技术先进、可靠，许多过程同时提供了多种算法和选项；使用简便，操作灵活，其编程语句简洁、短小，通常只需很少的几句语句即可完成一些复杂的运算，得到满意的结果；结果输出以简明的英文给出提示，统计术语规范易懂，具有初步英语和统计基础即可。使用者只要告诉 SAS 做什么，而不必告诉其怎么做。因此，SAS 被广泛应用于政府行政管理、科研、教育、生产和金融等不同领域，并且发挥着越来越重要的作用。目前 SAS 已在全球 100 多个国家和地区被使用，直接用户超过 300 万人。在我国，国家信息中心、国家统计局、国家卫生健康委员会、中国科学院等都是 SAS 系统的用户。尽管 SAS 系统现在已经尽量傻瓜化，但是仍然需要一定的训练才可以使用。因此，该统计软件主要适合于统计工作者和科研工作者使用。

3. MATLAB

MATLAB 是由美国 MathWorks 公司出品的。MATLAB 是 matrix&laboratory 两个词的组合，意为矩阵工厂（矩阵实验室），是一款以数学计算为主的高级编程软件，提供了各种强大的数组运算功能，用于对各种数据集合进行处理。矩阵和数组是 MATLAB 数据处理的核心，因为 MATLAB 中所有的数据都是用数组来表示和存储的。MATLAB 将数值分析、矩阵计算、科学数据可视化以及非线性动态系统的建模和仿真等诸多强大功能集成在一个易于使用的视窗环境中，为科学研究、工程设计以及必须进行有效数值计算的众多科学领域提供了一种全面的解决方案，并在很大程度上摆脱了传统非交互式程序设计语言的编辑模式。在进行数据处理的同时，MATLAB 还提供了各种图形用户接口工具，便于用户进行各种应用程序开发。目前，MATLAB 主要用于数据分析、无线通信、深度学习、图像处理与计算机视觉、信号处理、量化金融与风险管理、机器人、控制系统等领域。

4. EViews

EViews 是 Econometrics Views 的缩写，通常称为计量经济学软件包，在 Windows 操作系统中是计量经济学领域的世界性领导软件。它的本意是对社会经济关系与经济活动的数量规律采用计量经济学方法与技术进行观察。使用 EViews 可以迅速地从数据中寻找出统计关系，并用得到的关系去预测数据的未来值。EViews 处理的基本数据对象是时间序列，每个序列有一个名称，只要找到序列的名称就可以对序列中所有的观察值进行操作。EViews 的应用范围包括科学实验数据的分析与评估、金融分析、宏观经济预测、仿真、销售预测和成本分析等。

5. R

R 是用于统计分析、绘图的语言和操作环境。R 是属于 GNU 系统的一个自由、免费、源码开放的软件，是用于统计计算和统计制图的优秀工具，包括数据存储和处理系统、数组运算工具（其向量、矩阵运算方面功能尤其强大）、完整连贯的统计分析工具、优秀的统计制图工具等。R 语言能处理横截面数据、时间序列数据、面板数据，其编程语言简洁而强大，可实现分支、循环及用户自定义功能。

R 用于统计分析的优势在于：R 是自由软件，这意味着它是完全免费、开放源码的，可以在网站及其镜像中下载任何有关的安装程序、程序包及其源码、文档资料；有异常丰富（约有 1 万多个）的可以调用的包；作为一个开放的统计编程环境，它的语法通俗易懂；具有很强的互动性，除了图形输出是在另外的窗口外，它的输入/输出都是在同一个窗口进行的，输入语法中如果出现错误会马上在窗口中得到提示；对以前输入过的命令有记忆功能，可以随时再现、编辑修改，以满足用户的需要。

6. Python

Python 是最受欢迎的程序设计语言之一。Python 提供了高效的高级数据结构，能简单有效地实现面向对象编程。Python 的语法、动态类型以及解释型语言的本质使它成为多数平台上脚本/编写和应用快速开发的编程语言。随着版本的不断更新和语言新功能的添加，Python 逐渐被用于独立的、大型项目的开发。

Python 用于数据分析的优势在于：①Python 完全免费，并且众多开源的科学计算库都提供了 Python 的调用接口。如 Python 有 3 个十分经典的科学计算扩展库：NumPy、SciPy 和 Matplotlib，它们分别为 Python 提供了快速数组处理、数值运算以及绘图功能。②用户可以在任何计算机上免费安装 Python 及其绝大多数扩展库。③Python 是一门易学、严谨的程序设计语言，它能让用户编写出更易读、易维护的代码。④Python 有丰富的扩展库，可以轻易完成各种高级任务，开发者可以用 Python 实现完整应用程序所需的各种功能。⑤Python 社区提供了大量的第三方模块，使用方式与标准库类似，它们的功能覆盖科学计算、Web 开发、数据库接口、图形系统多个领域，并且大多成熟而稳定。因此，Python 语言及其众多的扩展库所构成的开发环境十分适合工程技术、科研人员处理实验数据、制作图表，甚至开发科学计算应用程序。

7. JMP

JMP 是 SAS 旗下的一个事业部，是专注于开发桌面环境的交互式统计发现软件。JMP 的发音为"jump"（跳跃），寓意是向交互式可视化数据分析这一新的方向飞跃。SAS 联合创始人兼执行副总裁约翰·萨尔是这款动态软件的创造者，并一直担任 JMP 的首席架构师兼负责人。自 1989 年针对科学家和工程师推出以来，JMP 已发展成为统计发现软件产品系列，广泛应用于全球几乎每一个行业。JMP 通过实现桌面环境的交互式分析功能协助使用者进行资料的分析与研究，通过鼠标单击操作、简单的资料汇入方式以及动态的统计图形呈现来了解资料的分布形态及相关性，提供讯息并协助使用者做决策。JMP 被广泛应用于业务可视化、探索性数据分析（Exploratory Data Analysis，EDA）、数据挖掘、建模预测、实验设计、产品研发、生物统计、医学统计、可靠性分析、市场调研、六西格玛质量管理等领域，并逐渐成为全球领先的数据分析方法及咨询供应商，致力于帮助客户从数据中获取价值，优化决策，驱动创新，成就未来。

8.3 机器学习和数据挖掘算法

机器学习和数据挖掘是计算机学科中最活跃的研究分支之一，数据处理与分析环节需要用到大量的机器学习和数据挖掘算法。

8.3.1 概述

机器学习是一门多领域交叉学科，涉及概率论、统计学、逼近论、凸分析、算法复杂度理论等多门学科，专门研究计算机怎样模拟或实现人类的学习行为，以获取新的知识或技能，重新组织已有的知识结构，不断改善自身的性能。它是人工智能的核心，是使计算机具有智能的根本途径，其应用遍及人工智能的各个领域。

数据挖掘是指从大量的数据中通过算法搜索隐藏于其中的信息的过程。数据挖掘可以视为机器学习与数据库的交叉，它主要利用机器学习界提供的算法来分析海量数据，利用数据库界提供的存储技术来管理海量数据。从知识的来源角度来说，数据挖掘领域的很多知识间接来自统计学界。之所以说间接，是因为统计学界一般偏重于理论研究而不注重实用性。统计学界中的很多技术需要在机器学习界进行验证和实践并变成有效的机器学习算法以后，才可能进入数据挖掘领域，对数据挖掘产生影响。

虽然数据挖掘的很多技术都来自机器学习领域，但是，我们并不能因此就认为数据挖掘只是机器学习的简单应用。毕竟，机器学习通常只研究小规模的数据对象，往往无法用于海量数据。而数据挖掘领域必须借助于海量数据管理技术对数据进行存储和处理，同时对一些传统的机器学习算法进行改进，使其能够支持海量数据的处理。

典型的机器学习和数据挖掘算法包括分类、聚类、回归分析、关联规则、协同过滤等。

（1）分类

分类是指找出数据库中的一组数据对象的共同特点，并按照分类模式将其划分为不同的类，其目的是通过分类模型将数据库中的数据项映射到某个给定的类别中。分类可以用于应用分类、趋势预测中。如淘宝商铺将用户在一段时间内的购买情况划分成不同的类，根据情况向用户推荐关联类的商品，从而增加商铺的销售量。

（2）聚类

聚类类似于分类，但与分类的目的不同，是针对数据的相似性和差异性将一组数据分为几个类别。属于同一类别的数据之间的相似性很大，但不同类别之间数据的相似性很小，跨类的数据关联性很低。

（3）回归分析

回归分析反映了数据库中数据的属性值，通过函数表达数据映射的关系，以发现属性值之间的依赖关系。它可以用于对数据序列的预测和相关关系的研究。在市场营销中，回归分析可以被应用到各个方面。如通过对本季度销售的回归分析，对下一季度的销售趋势进行预测并做出针对性的营销改变。

（4）关联规则

关联规则是隐藏在数据项之间的关联或相互关系，即可以根据一个数据项的出现推导出其他数据项的出现与否。关联规则挖掘技术已经被广泛应用于金融行业，以预测客户的需求。例如，各银行在自己的 ATM（Automatic Teller Machine，自动取款机）上通过捆绑客户可能感兴趣的信息来获取相应信息，以改善自身的营销策略。

（5）协同过滤

简单来说，协同过滤就是利用兴趣相投、拥有共同经验的群体的喜好来推荐用户感兴趣的信息，然后将个人通过合作机制给予的信息回应（如评分）记录下来，以达到过滤的目的，进而帮助别人筛选信息。

8.3.2　分类

分类是一种重要的机器学习和数据挖掘技术。分类的目的是根据数据集的特点构造一个分类函数或分类模型（也常称作分类器），该模型能把未知类别的样本映射到给定类别中。

分类的具体规则可描述如下：给定一组训练数据的集合 T，T 的每一条记录包含由若干个属性组成的一个特征向量，记录用向量 $X = (x_1, x_2 \cdots, x_n)$ 表示。x_i 可以有不同的值域，当一属性的值域为连续域时，该属性为连续属性（Numerical Attribute），否则为离散属性（Discrete Attribute）。用 $C = c_1, c_2, \cdots, c_k$ 表示类别属性，即数据集有 k 个不同的类别。那么，T 就隐含了一个从向量 X 到类别属性 C 的映射函数：$f(X) \mapsto C$。分类的目的就是分析输入数据，通过训练集中的数据表现出来的特性，为每一个类找到一种准确的描述或者模型，采用该种方法（模型）将隐含函数表示出来。

构造分类模型的过程一般分为训练和测试两个阶段。在构造模型之前，将数据集随机地分为训练数据集和测试数据集。先使用训练数据集来构造分类模型，然后使用测试数据集来评估模型的分类准确率。如果认为模型的准确率可以接受，就可以用该模型对其他数据元组进行分类。一般来说，测试阶段的代价远低于训练阶段。

典型的分类方法包括决策树、朴素贝叶斯、支持向量机和人工神经网络等。

下面给出一个分类的应用实例。假设有一名植物学爱好者对她发现的鸢尾花的品种很感兴趣，她收集了每朵鸢尾花的一些测量数据，如花瓣的长度和宽度以及花萼的长度和宽度。她还有一些鸢尾花分类的数据。也就是说，这些花之前已经被植物学专家鉴定为属于 setosa、versicolor 或 virginica 3 个品种之一。基于这些分类数据，她可以确定每朵鸢尾花所属的品种。于是，她可以构建一个分类算法，让算法从这些已知品种的鸢尾花测量数据中进行学习，得到一个分类模型，再使用分类模型预测新发现的鸢尾花的品种。

8.3.3　聚类

聚类又称群分析，是一种重要的机器学习和数据挖掘技术。聚类的目的是将数据集中的数据对象划分到若干个簇中，并且保证每个簇的样本间距离尽量接近，不同簇的样本间距离尽量远。通过聚类生成的簇是一组数据对象的集合，簇满足以下两个条件。

①每个簇至少包含一个数据对象。

②每个数据对象仅属于一个簇。

聚类的算法可形式化描述如下：给定一组数据的集合 D，D 的每一条记录包含由若干个属性组成的一个特征向量，用向量 $x = (x_1, x_2, \cdots, x_n)$ 表示。x_i 可以有不同的值域，当一属性的值域为连续域时，该属性为连续属性，否则为离散属性。聚类算法将数据集 D 划分为 k 个不相交的簇 $\{C = c_1, c_2, \cdots, c_k\}$，其中 $c_i \cap c_j = \varnothing, i \neq j$，且 $D = \bigcup_{i=1}^{k} c_i$。

聚类一般属于无监督分类的范畴。它按照一定的要求和规律，在没有关于分类的先验知识情况下，对数据进行分类。聚类既能作为一个单独的过程，找寻数据内部的分布结构，也能作为分类等其他学习任务的前驱过程。聚类算法可分为划分法（Partitioning Method）、层次法（Hierarchical Method）、基于密度的方法（Density-based Method）、基于网格的方法（Grid-based Method）、基于模型的方法（Model-Based Method）等。这些方法没有统一的评价指标，因为不同聚类算法的目标函数相差很大。有些聚类是基于距离的（如 k-means），有些是假设先验分布的（如 GMM（Gussian Mixture Model，高斯混合模型）、LDA（Latent Dirichlet Allocation，隐含狄利克雷分布）），有些是带有图聚类和谱分析性质的（如谱聚类），还有些是基于密度的〔如 DBSCAN（Density Based Spatial Clustering of Application with Noise，基于密度的聚类算法）〕。聚类算法应该嵌入问题中进行评价。

聚类的常见应用场景如下。

①目标用户的群体分类：通过对特定运营目的和商业目的所挑选出的指标变量进行聚类分析，把目标群体划分成几个具有明显特征区别的细分群体，从而可以在运营活动中为这些细分群体提供精细化、个性化的运营和服务，最终提升运营的效率和商业效果。

②不同产品的价值组合：企业可以按照不同的商业目的和特定的指标对众多的产品种类进行聚类分析，把企业的产品体系进一步细分成具有不同价值、不同目的的多维度产品组合，并且在此基础上分别制定相应的开发计划、运营计划和服务规划。

③探测发现离群点和异常值：这里的离群点是指相对于整体数据对象而言的少数数据对象，这些对象的行为特征与整体的数据行为特征很不一致。例如，在某 B2C 电商平台上，比较昂贵、频繁的交易就有可能隐含欺诈的风险，需要风险控制部门提前关注。

8.3.4　回归分析

回归分析（Regression Analysis）是确定两种或两种以上变量间相互依赖的定量关系的一种统计分析方法。回归分析按照涉及变量的多少，分为一元回归和多元回归分析；按照因变量的多少，可分为简单回归分析和多重回归分析；按照自变量和因变量之间的关系类型，可分为线性回归分析和非线性回归分析。

在大数据分析中，回归分析是一种预测性的建模技术，它研究的是因变量（目标）和自变量（预测器）之间的关系。这种技术通常用于预测分析、时间序列模型以及发现变量之间的因果关系。例如，司机的鲁莽驾驶与道路交通事故数量之间的关系最好的研究方法就是回归。

回归分析的主要内容如下。

①从一组数据出发确定某些变量之间的定量关系式，即建立数学模型并估计其中的未知参数。估计参数的常用方法是最小二乘法。

②对这些关系式的可信程度进行检验。

③在许多自变量共同影响着一个因变量的关系中，判断哪个（或哪些）自变量的影响是显著的，哪个（或哪些）自变量的影响是不显著的；将影响显著的自变量加入模型中，剔除影响不显著的变量。通常用逐步回归、向前回归和向后回归等方法。

④利用所求的关系式对某一生产过程进行预测或控制。

8.3.5　关联规则

关联规则最初是针对购物篮分析（Market Basket Analysis）问题提出的。假设零售商想更多地了解顾客的购物习惯，比如想知道顾客可能会在一次购物时同时购买哪些商品。为了回答该问题，可以对商店的顾客购物数据进行购物篮分析。该过程通过发现顾客放入购物篮中的不同商品之间的关联，分析顾客的购物习惯。这种关联的发现可以帮助零售商了解哪些商品频繁地被顾客购买，从而帮助他们制定更好的营销策略。

关联规则定义为：假设 $I=\{I_1,I_2,I_3,\cdots,I_m\}$ 是项的集合。给定一个交易数据库 D，其中每个事务 t 是 I 的非空子集，即每一个交易都与一个唯一的标识符 TID 对应。关联规则在 D 中的支持度是 D 中事务同时包含 X、Y 的百分比，即概率；置信度是在 D 中事务已经包含 X 的情况下，包含 Y 的百分比，即条件概率。如果满足最小支持度阈值和最小置信度阈值，则认为关联规则是可信的。这些阈值是根据挖掘需要人为设定的。

下面举一个简单的例子进行说明。表 8-1 是数据库 D 中的顾客购买记录，包含 6 个事务。项集 $I=\{$乒乓球拍，乒乓球，运动鞋，羽毛球$\}$。考虑关联规则（频繁二项集）乒乓球拍与乒乓球，事务 1、2、3、4、6 包含乒乓球拍，事务 1、2、6 同时包含乒乓球拍和乒乓球，这里用 X 表示购买了乒乓球，用 Y 表示购买了乒乓球拍，则 $X \wedge Y=3$，$D=6$，支持度$(X \wedge Y)/D=0.5$；$X=5$，置信度$(X \wedge Y)/X=0.6$。若给定最小支持度 $\alpha=0.5$，最小置信度 $\beta=0.6$，则认为购买乒乓球拍和购买乒乓球之间存在关联。

表 8-1 　　　　　　　　　　　　　　　　　顾客购买记录

TID	乒乓球拍	乒乓球	运动鞋	羽毛球
1	1	1	1	0
2	1	1	0	0
3	1	0	0	0
4	1	0	1	0
5	0	1	1	1
6	1	1	0	0

常见的关联规则挖掘算法包括 Apriori 算法和 FP-Growth 算法等。

8.3.6　协同过滤

推荐技术从被提出到现在已有十余年，在多年的发展历程中诞生了很多新的推荐算法。协同过滤作为最早、最知名的推荐算法，不仅在学术界得到了深入研究，而且已经被大量应用于电子商务的推荐系统。协同过滤主要包括基于用户的协同过滤、基于物品的协同过滤和基于模型的协同过滤。

基于用户的协同过滤算法（简称 UserCF 算法）是推荐系统中最古老的算法。可以说，UserCF 算法的诞生标志着推荐系统的诞生。该算法在 1992 年被提出，直到现在该算法都是推荐系统领域最著名的算法之一。UserCF 算法符合人们对于"趣味相投"的认知，即兴趣相似的用户往往有相同的物品喜好。当目标用户需要个性化推荐时，可以先找到和目标用户有相似兴趣的用户群体，然后将这个用户群体喜欢的、而目标用户没有听说过的物品推荐给目标用户，这种方法就称为基于用户的协同过滤算法。

基于物品的协同过滤算法（简称 ItemCF 算法）是目前业界应用最多的算法。无论是亚马逊还是 Netflix，其推荐系统的基础都是 ItemCF 算法。ItemCF 算法是给目标用户推荐那些和他们之前喜欢的物品相似的物品。ItemCF 算法并不利用物品的内容属性计算物品之间的相似度，而主要通过分析用户的行为记录来计算物品之间的相似度，该算法基于的假设是：物品 A 和物品 B 具有很大的相似度是因为喜欢物品 A 的用户大多也喜欢物品 B。例如，该算法会因为你购买过《数据挖掘导论》而给你推荐《机器学习实战》，因为买过《数据挖掘导论》的用户多数也购买了《机器学习实战》。

基于模型的协同过滤算法（简称 ModelCF 算法）是通过已经观察到的用户给物品的打分来推断每个用户的喜好并向用户推荐适合的物品。实际上，ModelCF 算法同时考虑了用户和物品两个方面，因此它也可以看作 UserCF 算法和 ItemCF 算法的混合形式。

8.4　数据挖掘的方法体系

8.4.1　可挖掘的知识

一般而言，可挖掘的知识主要包括以下 4 类。

（1）描述型知识

描述型知识用来回答"发生了什么"，体现的是"是什么"的知识。企业的周报、月报、商务智能（BI）分析等就是典型的描述型分析。描述型分析一般通过计算数据的各种统计特征把各种数据以便于人们理解的可视化方式表达出来。

（2）诊断型知识

诊断型知识用来回答"为什么会发生这样的事情"，针对生产、销售、管理、设备运行等过程中出现的问题和异常找出导致问题的原因所在。诊断分析的关键是剔除非本质的随机关联和各种假相。

（3）预测型知识

预测型知识用来回答"将要发生什么"。大数据时代，预测型分析的技术支持及全面性获得了极大提升，它针对生产、经营、运维、设备运行状态中的各种问题，根据现在可见的因素（参数），通过预测型模型的构建与训练，预测未来可能发生的各种结果，从而采取前瞻性的各类决策。

（4）处方型（指导型）知识

处方型（指导型）知识用来回答"怎么办"的问题，针对已经和将要发生的问题，找出适当的行动方案，有效解决存在的问题或把工作做得更好。

总体而言，业务目标不同，所需要的条件、对数据挖掘的要求和难度就不一样。大体上说，上面 4 种问题的难度是递增的：描述型知识的目标只是便于人们理解；诊断型知识有明确的目标和对错；预测型知识不仅有明确的目标和对错，还要区分因果和相关；而处方型知识则往往要进一步与实施手段和流程的创新相结合。同一个业务目标可以有不同的实现路径，还可以转化成不同的数学问题。比如，处方型知识可以用回归、聚类等多种办法来实现，每种方法所采用的变量也可以不同，故而得到的知识也不一样，这就要求对实际的业务问题有着深刻的理解，并采用合适的数理逻辑关系去描述。

8.4.2　数据挖掘系统的体系结构

数据挖掘系统由数据库管理模块、挖掘前处理模块、挖掘操作模块、模式评估模块、知识输出模块组成，这些模块的有机组成就构成了数据挖掘系统的体系结构，如图 8-1 所示。

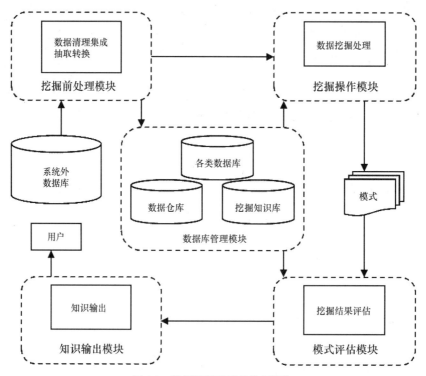

图 8-1　数据挖掘系统的体系结构

数据挖掘系统各个模块的具体功能如下。

①数据库管理模块：负责对系统内的数据库、数据仓库、挖掘知识库进行维护与管理。这些数据库、数据仓库是通过对外部数据库进行转换、清理、净化后得到的，它是数据挖掘的基础。

②挖掘前处理模块：对收集到的数据进行清理、集成、选择、转换，生成数据仓库或数据挖掘库。其中，清理主要是清除噪声，集成是将多种数据源组合在一起，选择是选择与问题相关的数据，转换是将数据转换成可挖掘形式。

③挖掘操作模块：针对数据库、数据仓库、数据挖掘库等利用各种数据挖掘算法并借助挖掘知识库中的规则、方法、经验和事实数据等挖掘和发现知识。

④模式评估模块：对数据挖掘结果进行评估。由于挖掘出的模式可能有许多，需要将用户的兴趣度与这些模式进行分析对比，评估模式价值，分析不足和原因。如果挖掘出的模式与用户兴趣度相差大，需返回相应的过程（如挖掘前处理或挖掘操作）重新执行。

⑤知识输出模块：对挖掘出的模式进行翻译、解释，以人们易于理解的方式提供给真正渴望知识的决策者使用。

8.4.3　数据挖掘流程

为了帮助人们勇攀数据科学金字塔，很多人或公司提出了他们认为的最佳数据科学处理流程。最常用的流程为跨行业标准数据挖掘流程（Cross Industry Standard Process for Data Mining，CRISP-DM）。CRISP-DM 模型把数据挖掘流程定义为 6 个阶段：商业理解阶段、数据理解阶段、数据准备阶段、建模阶段、评估阶段和部署阶段，如图 8-2 所示。表 8-2 给出了 CRISP-DM 模型每个阶段的主要工作内容。

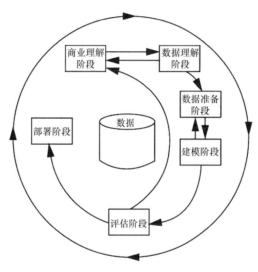

图 8-2　CRISP-DM 模型的 6 个阶段

表 8-2　　　　　　　　　　　　　CRISP-DM 模型每个阶段的工作内容

阶段	工作内容
商业理解	从业务的角度理解项目实施的目的和要求，将这种理解转化为一个数据挖掘问题，并设计能达成目标的初步方案
数据理解	收集原始数据、熟悉数据、考察数据的质量问题，对数据形成初步的分析
数据准备	从原始数据中构造用于建模的最终数据集，构造过程包含观测选择、变量选择、数据转换和清理等
建模	选择并应用多种建模方法，优化各种模型
评估	全面评估模型，回顾建立模型的各个步骤，确保模型与业务目标一致，并决定如何使用模型的结果
部署	模型部署，编制执行计划和维护计划，编写最终报告书

CRISP-DM 模型每个阶段的具体工作内容如下。

（1）商业理解阶段

在商业理解阶段，要从商业角度对业务部门（例如销售、营销、运营部门）的需求进行理解，并把业务需求的理解转化为数据挖掘的定义；拟定达成业务目标的初步方案，具体包括商业背景分析、商业成功标准的确定、形势评估、获得企业资源清单、获得企业的要求和设想、评估成本和收益、评估风险和意外、初步理解行业术语等。这一阶段结束后，需要确定数据挖掘的目标，并制定数据挖掘计划。

（2）数据理解阶段

首先收集数据，找出可能影响主题的因素，确定这些影响因素的数据载体、数据体现形式和数据存储位置；其次熟悉数据，具体包括以下工作内容：检测数据质量、对数据进行初步理解、简单描述数据、探测数据意义；最后提出假设，分析数据中潜藏的信息和知识，提出拟用数据加以验证的假设。

（3）数据准备阶段

数据准备阶段的重点是创建可用于数据分析的数据集，它将前面找到的数据进行变换、组合，建立符合数据挖掘工具软件要求的数据集。数据准备阶段的具体工作主要包括数据制表、记录处理、变量选择、数据转换、数据格式化和数据清理等，各项工作并不需要预先规定好执行顺序，而且数据准备工作还有可能多次执行。

（4）建模阶段

建立模型（简称建模）是应用软件工具，选择合适的建模方法，处理准备好的数据表，找出数据中隐藏的规律。在建模阶段，将选择和使用各种建模方法，并将模型参数进行优化。对同样的业务问题和数据准备可能有多种数据挖掘技术方法可供选用，此时可优选提升度高、置信度高、简单而易于总结业务政策和建议的数据挖掘技术方法。在建模过程中还可能会发现一些潜在的数据问题，要求回到数据准备阶段再次对数据进行处理。建模阶段的具体工作包括选择合适的建模技术、检验设计、构建模型。

（5）评估阶段

模型评估是指从业务角度和统计角度进行模型结论的评估，要求检查建模的整个过程，以确保模型没有重大错误，并检查是否遗漏重要的业务问题。当模型评估阶段结束时，应与数据挖掘结果的发布计划达成一致。

（6）部署阶段

部署阶段涉及如何将所选模型部署到业务环境中，即如何将模型集成到组织的技术基础架构和业务流程中。最好的模型是无缝适应当前技术栈和业务流程的模型。当然，在实际的数据挖掘工作中，根据不同的企业业务需求，模型部署的具体工作可能简单到提交数据挖掘报告，也可能复杂到将模型集成到企业的核心运营系统中。

8.5　大数据处理与分析技术

大数据处理与分析面向的是大规模的海量数据，因此需要一些特殊的处理与分析技术。本节首先介绍大数据处理与分析技术的四大类型，即批处理计算、流计算、图计算和查询分析计算，并重点介绍流计算和图计算。

8.5.1　技术分类

大数据处理与分析技术主要包括 4 种类型，即批处理计算、流计算、图计算和查询分析计算，如表 8-3 所示。

表 8-3　　　　　　　　　　大数据处理与分析技术的类型、解决问题及其代表性产品

大数据处理与 分析技术类型	解决问题	代表性产品
批处理计算	针对大规模数据的批量处理	MapReduce、Spark 等
流计算	针对流数据的实时计算	Flink、Storm、S4、Spark Streaming、Flume、Streams、Puma、DStream、Super Mario、银河流数据处理平台等
图计算	针对大规模图结构数据的处理	Pregel、Spark GraphX、Giraph、PowerGraph、Hama、GoldenOrb 等
查询分析计算	针对大规模数据的存储管理和查询分析	Dremel、Hive、Cassandra、Impala 等

1. 批处理计算

批处理计算主要解决针对大规模数据的批量处理，也是我们日常数据分析工作中常见的一类数据处理需求。MapReduce 是具有代表性的大数据批处理技术，它是一种分布式并行编程模型，用于大规模数据集的并行运算。它极大地方便了开发者的编程工作，允许开发者在不会分布式并行编程的情况下，将自己的程序运行在分布式系统上。

Spark 是一个针对超大数据集的低延迟集群分布式计算系统，比 MapReduce 快许多。Spark 启用了内存分布数据集，除了能够提供交互式查询外，还可以优化迭代工作负载。在 MapReduce 中，数据流从一个稳定的来源经过一系列加工处理后流出到一个稳定的文件系统（如 HDFS）。而 Spark 使用内存替代 HDFS 或本地磁盘来存储中间结果，因此 Spark 要比 MapReduce 的速度快许多。

2. 流计算

流数据（或数据流）也是大数据分析中的重要数据类型。流数据是指在时间分布和数量上无限的一系列动态数据集合体，数据的价值随着时间的流逝而降低，因此，必须采用实时计算的方式给出秒级响应。流计算可以实时处理来自不同数据源的、连续到达的流数据，经过实时分析处理，给出有价值的分析结果。目前业内已涌现出许多流计算框架与平台，第 1 类是商业级的流计算平台，包括 IBM InfoSphere Streams 和 IBM StreamBase 等；第 2 类是开源流计算框架，包括 Twitter Storm、Yahoo! S4（Simple Scalable Streaming System）、Spark Streaming、Flink 等；第 3 类是公司为支持自身业务开发的流计算框架，如百度开发了通用实时流数据计算系统 DStream，淘宝开发了通用流数据实时计算系统——银河流数据处理平台。

3. 图计算

在大数据时代，许多大数据都以大规模图或网络的形式呈现，如社交网络、传染病传播途径、

交通事故对路网的影响等。此外，许多非图结构的大数据也常会被转换为图模型后进行处理分析。MapReduce 作为单输入、两阶段、粗粒度数据并行的分布式计算框架，在表达多迭代、稀疏结构和细粒度数据时往往显得力不从心，不适合用来解决大规模图计算问题。因此，针对大型图的计算需要采用图计算，目前已经出现了不少相关图计算产品。Pregel 是一种基于整体同步并行计算模型（Bulk Synchronous Parallel Computing Model，BSP 模型）实现的并行图处理系统。为了解决大型图的分布式计算问题，Pregel 搭建了一套可扩展的、有容错机制的平台，该平台提供了一套非常灵活的 API，可以描述各种各样的图计算。Pregel 主要用于图遍历、最短路径、PageRank 计算等。其他代表性的图计算产品还有 Spark 下的 GraphX、图数据处理系统 PowerGraph 等。

4. 查询分析计算

针对超大规模数据的存储管理和查询分析，需要提供实时或准实时的响应，才能很好地满足企业经营管理需求。谷歌开发的 Dremel 是一种可扩展的、交互式的实时查询系统，用于只读嵌套数据的分析。通过结合多级树状执行过程和列式数据结构，它能做到几秒内完成对万亿张表的聚合查询；系统可以扩展到成千上万的 CPU 上，可供谷歌上万用户操作 PB 量级的数据，并且可以在 2～3s 完成 PB 量级数据的查询。此外，Cloudera 公司参考 Dremel 系统开发了实时查询引擎 Impala，它提供 SQL 语义，能快速查询存储在 Hadoop 的 HDFS 和 HBase 中的 PB 量级大数据。

8.5.2　流计算

1. 流计算的概念

流计算的示意图如图 8-3 所示，流计算平台实时获取来自不同数据源的海量数据，经过实时分析处理，获得有价值的信息。

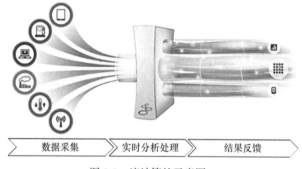

图 8-3　流计算的示意图

总的来说，流计算秉承一个基本理念，即数据的价值随着时间的流逝而降低。因此，当事件出现时就应该立即进行处理，而不是缓存起来进行批量处理。为了及时处理流数据，需要一个低延迟、可扩展、高可靠的处理引擎。对于一个流计算系统来说，它应达到如下需求。

①高性能：处理大数据的基本要求，如每秒处理几十万条数据。

②海量式：支持 TB 量级甚至是 PB 量级的数据规模。

③实时性：必须保证一个较低的延迟时间，达到秒级别，甚至是毫秒级别。

④分布式：支持大数据的基本架构，必须能够平滑扩展。

⑤易用性：能快速进行开发和部署。

⑥可靠性：能可靠地处理流数据。

针对不同的应用场景，相应的流计算系统会有不同的需求，但是针对海量数据的流计算，无论是数据采集还是数据处理都应达到秒级别响应的要求。

2. 流计算的处理流程

流计算的处理流程包括数据实时采集、数据实时计算和实时查询服务。下面首先介绍传统的数据处理流程，然后详细介绍流计算处理流程的各个环节。

传统的数据处理流程如图 8-4 所示，需要先采集数据并存储在关系数据库等数据管理系统中，之后用户通过查询操作和数据管理系统进行交互，最终得到查询结果。但是，这样一个流程隐含了两个前提。

①存储的数据是旧的。当查询数据的时候，存储的静态数据已经是过去某一时刻的快照，这些数据在查询时可能已不具备时效性。

②需要用户主动发出查询。也就是说，用户是主动发出查询来获取结果的。

流计算的数据处理流程如图 8-5 所示，一般包含 3 个阶段：数据实时采集、数据实时计算、实时查询服务。

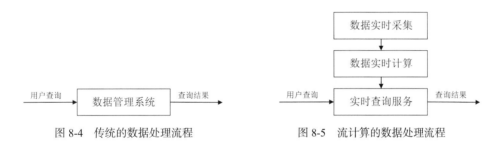

图 8-4 传统的数据处理流程　　　图 8-5 流计算的数据处理流程

（1）数据实时采集

数据实时采集阶段通常采集多个数据源的海量数据，需要保证实时性、低延迟与稳定可靠。以日志数据为例，由于分布式集群的广泛应用，数据分散存储在不同的机器上，因此需要实时汇总来自不同机器的日志数据。

目前有许多互联网公司发布的开源分布式日志采集系统均可满足每秒数百 MB 的数据采集和传输需求，如 LinkedIn 的 Kafka、淘宝的 TimeTunnel 以及基于 Hadoop 的 Chukwa 和 Flume 等。

数据采集系统的基本架构一般有 3 个部分（见图 8-6）。

①Agent：主动采集数据，并把数据推送给 Collector。

②Collector：接收多个 Agent 的数据，并实现有序、可靠、高性能的转发。

③Store：存储 Collector 转发的数据。

但对于流计算，一般在 Store 部分不进行数据的存储，而是将采集的数据直接发送给流处理系统进行实时计算。

（2）数据实时计算

数据实时计算阶段对采集的数据进行实时的分析和计算。数据实时计算的流程如图8-7所示，流处理系统接收数据采集系统不断发来的实时数据，实时地进行分析计算，并反馈实时结果。经流处理系统处理后的数据可视情况进行存储，以便之后进行分析计算。在时效性要求较高的场景中，处理之后的数据也可以直接丢弃。

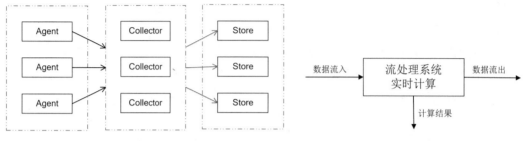

图8-6 数据采集系统的基本架构   图8-7 数据实时计算的流程

（3）实时查询服务

流计算的第3个阶段是实时查询服务，经由流计算框架得出的结果可供用户进行实时查询、展示或存储。在传统的数据处理流程中，用户需要主动发出查询才能获得想要的结果。而在流处理流程中，实时查询服务可以不断更新结果，并将用户所需的结果实时推送给用户。虽然通过对传统的数据处理系统进行定时查询也可以实现不断更新结果和结果推送，但通过这样的方式获取的结果仍然是根据过去某一时刻的数据得到的结果，与实时结果有着本质的区别。

由此可见，流处理系统与传统的数据处理系统有如下不同之处。

①流处理系统处理的是实时的数据，而传统的数据处理系统处理的是预先存储好的静态数据。

②用户通过流处理系统获取的是实时结果，而通过传统的数据处理系统获取的是过去某一时刻的结果。另外，流处理系统无须用户主动发出查询，实时查询服务可以主动将实时结果推送给用户。

8.5.3 图计算

在实际应用中存在许多图计算问题，如最短路径、集群、网页排名、最小切割、连通分支等。图计算算法的性能直接关系到应用问题解决的高效性，尤其对于大型图（如社交网络和网络图）而言更是如此。下面首先指出传统图计算解决方案的不足之处，然后介绍两大类通用图计算软件。

1. 传统图计算解决方案的不足之处

在很长一段时间内，一直都缺少一个可扩展的通用系统来解决大型图的计算问题。很多传统的图计算算法都存在以下几个典型问题：比较差的内存访问局部性；针对单个顶点的处理工作过少；计算过程中伴随着并行度的改变。

针对大型图的计算问题，可能的解决方案及其不足之处具体如下。

①为特定的图应用定制相应的分布式实现。不足之处是通用性不好，在面对新的图算法或图表示方式时，需要做大量的重复开发。

②基于现有的分布式计算平台进行图计算。比如，MapReduce 作为一个优秀的大规模数据处理框架，有时也能够用来对大规模图对象进行挖掘，不过在性能和易用性方面往往无法达到最优。

③使用单机的图算法库，比如 BGL（Boost Graph Library，Boost 图形库）、LEAD、NetworkX、JDSL（Java Data Structure Library，Java 数据结构库）、Standford GraphBase 和 FGL 等。但是，这种单机方式在可以解决的问题的规模方面具有很大的局限性。

④使用已有的并行图计算系统。Parallel BGL 和 CGM Graph 等库实现了很多并行图算法，但是对大规模分布式系统非常重要的一些特性（如容错）无法提供较好的支持。

2. 通用图计算软件

正是因为传统的图计算解决方案无法解决大型图的计算问题，所以需要设计能够解决这些问题的通用图计算软件。针对大型图的计算，目前通用的图计算软件主要包括两种：第一种主要是基于遍历算法的、实时的图数据库，如 Neo4j、OrientDB、DEX 和 InfiniteGraph；第二种则是以图顶点为中心的、基于消息传递批处理的并行引擎，如 Hama、Golden Orb、Giraph 和 Pregel。

第二种图计算软件（如 Pregel）主要是基于 BSP 模型的并行图处理系统。BSP 模型是由哈佛大学的计算机科学家莱斯利·加布里埃尔·瓦利安特和牛津大学的计算机科学家比尔·麦科尔提出的并行计算模型，全称为整体同步并行计算模型（Bulk Synchronous Parallel Computing Model），又名大同步模型。创始人希望 BSP 模型像冯·诺依曼体系结构那样架起计算机程序语言和体系结构之间的桥梁，故又称为桥模型。BSP 模型由大量通过网络相互连接的处理器组成，每个处理器都有快速的本地内存和不同的计算线程。一次 BSP 计算过程包括一系列全局超步（超步是指计算中的一次迭代），每个超步主要包括以下 3 个组件。

①局部计算。每个参与的处理器都有自身的计算任务，它们只读取存储在本地内存中的值，不同处理器的计算任务都是异步并且独立的。

②通信。处理器群相互交换数据，交换的形式是由一方发起推送（Put）和获取（Get）操作。

③栅栏同步（Barrier Synchronization）。当一个处理器遇到"路障"（或栅栏）时，会等其他所有处理器完成它们的计算步骤。每一次同步也是一个超步的完成和下一个超步的开始。

一个超步的垂直结构如图 8-8 所示。

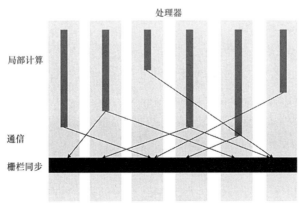

图 8-8　一个超步的垂直结构

8.6　大数据处理与分析的代表性产品

本节介绍大数据处理与分析领域具有代表性的产品，包括分布式计算框架 MapReduce、数据仓库 Hive 和 Impala、基于内存的分布式计算框架 Spark、机器学习框架 TensorFlowOnSpark、流计算框架 Flink、大数据编程框架 Beam 和查询分析系统 Dremel 等。关于这些产品的详细介绍，可以参考《大数据技术原理与应用》和《Spark 编程基础》等书籍。

8.6.1　分布式计算框架 MapReduce

1. MapReduce 简介

谷歌在 2003—2006 年连续发表了 3 篇很有影响力的文章，分别阐述了 GFS、MapReduce 和 Bigtable 的核心思想。其中，MapReduce 是谷歌的核心计算模型。MapReduce 将复杂的、运行于大规模集群上的并行计算过程高度地抽象为两个函数：Map 和 Reduce，这两个函数及其核心思想都源自函数式编程语言。

在 MapReduce 中，一个存储在分布式文件系统中的大规模数据集会被切分成许多独立的小数据块，这些小数据块可以被多个 Map 任务并行处理。MapReduce 框架会为每个 Map 任务输入一个数据子集，Map 任务生成的结果会继续作为 Reduce 任务的输入，最终由 Reduce 任务输出最后结果，并写入分布式文件系统。特别需要注意的是，适合用 MapReduce 来处理的数据集需要满足一个前提条件：待处理的数据集可以分解成许多小的数据集，而且每一个小数据集都可以完全并行地进行处理。

MapReduce 设计的一个理念就是"计算向数据靠拢"，而不是"数据向计算靠拢"。因为移动数据需要大量的网络传输开销，尤其是在大规模数据环境下，这种开销尤为惊人，所以，移动计算要比移动数据更加经济。本着这个理念，在一个集群中，只要有可能，MapReduce 框架就会将 Map 程序就近地在 HDFS 数据所在的节点运行，即将计算节点和存储节点放在一起运行，从而减少节点间的数据移动开销。

2. MapReduce 的工作流程

大规模数据集的处理包括分布式存储和分布式计算两个核心环节。谷歌用分布式文件系统 GFS 实现分布式数据存储，用 MapReduce 实现分布式计算；而 Hadoop 则使用分布式文件系统 HDFS 实现分布式数据存储，用 Hadoop MapReduce 实现分布式计算。MapReduce 的输入和输出都需要借助于分布式文件系统进行存储，这些文件被分布存储到集群中的多个节点上。

MapReduce 的核心思想可以用"分而治之"来描述，如图 8-9 所示，把一个大的数据集拆分成多个小数据块在多台机器上并行处理。也就是说，一个大的 MapReduce 作业首先会被拆分成许多个 Map 任务在多台机器上并行执行，每个 Map 任务通常运行在数据存储的节点上。这样计算和数据就可以放在一起运行，不需要额外的数据传输开销。当 Map 任务结束后，生成以<key,value>

形式表示的许多中间结果;然后,这些中间结果被分发给多个 Reduce 任务在多台机器上并行执行,具有相同 key 的<key,value>被发送给同一个 Reduce 任务;Reduce 任务对中间结果进行汇总计算得到最后结果,并输出到分布式文件系统。

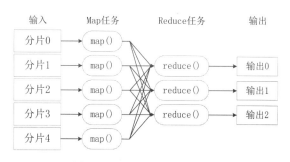

图 8-9　MapReduce 的工作流程

3. MapReduce 的不足之处

总体而言,Hadoop 的 MapReduce 存在以下缺点。

①表达能力有限。所有计算都必须要转化成 Map 和 Reduce 两种操作,但这并不适合所有的情况,难以描述复杂的数据处理过程。

②磁盘 I/O 开销大。每次执行时都需要从磁盘读取数据,并且在计算完成后需要将中间结果写入磁盘中,I/O 开销较大。

③延迟高。一次计算可能需要分解成一系列按顺序执行的 MapReduce 任务,任务之间的衔接由于涉及 I/O 开销会产生较高延迟。另外,在前一个任务执行完成之前,其他任务无法开始,因此难以胜任复杂、多阶段的计算任务。

由于 MapReduce 是基于磁盘的分布式计算框架,因此,性能方面要逊色于基于内存的分布式计算框架(如 Spark 和 Flink 等)。所以,随着 Spark 和 Flink 的发展,MapReduce 的市场空间逐渐被挤压,地位逐渐被边缘化。但是,不可否认的是,MapReduce 的一些优秀的设计思想在其他框架中得到了很好的继承。

8.6.2　数据仓库 Hive

Hive 是一个基于 Hadoop 的数据仓库工具,可以对存储在 Hadoop 文件中的数据集进行数据整理、特殊查询和分析处理。Hive 的学习门槛比较低,因为它提供了类似于关系数据库 SQL 的查询语言——HiveQL。当采用 MapReduce 作为执行引擎时,Hive 可以通过 HiveQL 语句快速实现简单的 MapReduce 任务,Hive 自身可以将 HiveQL 语句快速转换成 MapReduce 任务进行运行,而不必开发专门的 MapReduce 应用程序,因而十分适合数据仓库的统计分析。

1. Hive 简介

Hive 是一个构建在 Hadoop 之上的数据仓库工具。Hive 在某种程度上可以看作用户编程接口,其本身并不存储和处理数据,而是依赖 HDFS 来存储数据,依赖 MapReduce(或者 Tez、Spark)来处理数据。Hive 定义了简单的类似 SQL 的查询语言——HiveQL,它与大部分 SQL 语法兼容。

当采用 MapReduce 作为执行引擎时，HiveQL 语句可以快速实现简单的 MapReduce 任务，这样用户通过编写 HiveQL 语句就可以运行 MapReduce 任务，不必编写复杂的 MapReduce 应用程序。对于 Java 开发工程师来说，就不必花费大量精力去记忆常见的数据运算与底层的 MapReduce Java API 的对应关系；对于数据库管理员来说，可以很容易地把原来构建在关系数据库上的数据仓库应用程序移植到 Hadoop 平台上。所以说，Hive 是一个可以有效、合理、直观地组织和使用数据的分析工具。

现在，Hive 作为 Hadoop 平台上的数据仓库工具，应用已经十分广泛，主要是因为它具有的特点非常适合数据仓库应用程序。首先，当采用 MapReduce 作为执行引擎时，Hive 把 HiveQL 语句转换成 MapReduce 任务后，采用批处理的方式对海量数据进行处理。数据仓库存储的是静态数据，构建于数据仓库上的应用程序只进行相关的静态数据分析，不需要快速响应给出结果，而且数据本身也不会频繁变化，因而很适合采用 MapReduce 进行批处理。其次，Hive 本身提供了一系列对数据进行抽取、转换、加载的工具，可以存储、查询和分析存储在 Hadoop 中的大规模数据。这些工具能够很好地满足数据仓库的各种应用场景，包括维护海量数据、对数据进行挖掘、形成意见和报告等。

2. Hive 与 Hadoop 生态系统中其他组件的关系

图 8-10 描述了当采用 MapReduce 作为执行引擎时，Hive 与 Hadoop 生态系统中其他组件的关系。HDFS 作为高可靠的底层数据存储系统，可以存储海量数据；MapReduce 对这些海量数据进行批处理，实现高性能计算；Hive 架构在 MapReduce、HDFS 之上，其自身并不存储和处理数据，而是分别借助于 HDFS 和 MapReduce 实现数据的存储和处理，用 HiveQL 语句编写的处理逻辑最终都要转换成 MapReduce 任务来运行；Pig 可以作为 Hive 的替代工具，是一种数据流语言和运行环境，适用于在 Hadoop 平台上查询半结构化数据集，常用于 ETL

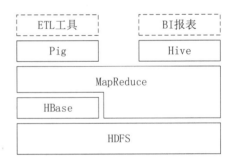

图 8-10　Hive 与 Hadoop 生态系统中
其他组件的关系

过程的一部分，即将外部数据装载到 Hadoop 集群中，然后转换为用户需要的数据格式；HBase 是一个面向列、分布式、可伸缩的数据库，它可以提供数据的实时访问功能，而 Hive 只能处理静态数据，主要是 BI 报表数据。就设计初衷而言，在 Hadoop 上设计 Hive 是为了减少复杂 MapReduce 应用程序的编写工作，在 Hadoop 上设计 HBase 则是为了实现对数据的实时访问，所以，HBase 与 Hive 的功能是互补的，它实现了 Hive 不能提供的功能。

3. Hive 的系统架构

如图 8-11 所示，Hive 的系统架构主要由以下 3 个模块组成：用户接口模块、驱动模块以及元数据存储模块。用户接口模块包括 CLI（Command Line Interface，命令行界面）、HWI（Hive Web Interface）、JDBC、ODBC、Thrift Server 等，用来实现外部应用对 Hive 的访问。CLI 是 Hive 自带的一个命令行客户端工具。但是，这里需要注意的是，Hive 还提供了另外一个命令行客户端工具

Beeline。在 Hive 3.0 以上版本中，Beeline 取代了 CLI。HWI 是 Hive 的一个简单网页，JDBC、ODBC 和 Thrift Server 可以向用户提供进行编程访问的接口。其中，Thrift Server 基于 Thrift 软件框架开发，它提供 Hive 的 RPC 通信接口。驱动模块（Driver）包括编译器、优化器、执行器等，所采用的执行引擎可以是 MapReduce、Tez 或 Spark 等。当采用 MapReduce 作为执行引擎时，驱动模块负责把 HiveQL 语句转换成一系列 MapReduce 作业，所有命令和查询都会进入驱动模块，通过该模块对输入进行解析编译，对计算过程进行优化，然后按照指定的步骤执行。元数据存储模块（Metastore）是一个独立的关系数据库，通常是与 MySQL 数据库连接后创建的一个 MySQL 实例，也可以是 Hive 自带的 derby 数据库实例。元数据存储模块主要保存表模式和其他系统元数据，如表的名称、表的列及其属性、表的分区及其属性、表的属性、表中数据所在位置信息等。

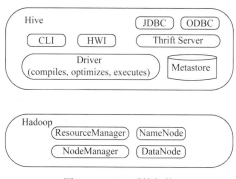

图 8-11　Hive 系统架构

8.6.3　数据仓库 Impala

Hive 作为比较流行的数据仓库分析工具之一，得到了广泛的应用。但是，由于 Hive 在采用 MapReduce 执行引擎时使用 MapReduce 来完成批量数据处理，而 MapReduce 是一个面向批处理的非实时计算框架，因此实时性不好，查询延迟较高，不能满足查询的实时交互性。Impala 作为开源大数据分析引擎支持实时计算，它提供了与 Hive 类似的功能，并在性能上比 Hive 高 3～30 倍。

Impala 是由 Cloudera 开发的查询系统，它提供了 SQL 语义，能查询存储在 Hadoop 的 HDFS 和 HBase 上的 PB 量级海量数据。Impala 最初是参照 Dremel 系统进行设计的，Dremel 系统是由 Google 开发的交互式数据分析系统，可以在 2～3s 分析 PB 量级的海量数据。所以，Impala 也可以实现大数据的快速查询。

需要指出的是，虽然 Impala 的实时查询性能要比 Hive 好很多，但是，Impala 的目的并不在于替换现有的包括 Hive 在内的 MapReduce 工具，而是提供一个统一的平台用于实时查询。事实上，Impala 的运行依然需要依赖 Hive 的元数据。总体而言，Impala 与其他组件的关系如图 8-12 所示。

ODBC Driver	
Impala	Metastore(Hive)
HDFS	HBase

图 8-12　Impala 与其他组件的关系

与 Hive 类似，Impala 也可以直接与 HDFS 和 HBase 进行交互。当采用 MapReduce 作为执行引擎时，Hive 底层执行使用的是 MapReduce，所以主要用于处理长时间运行的批处理任务，例如批量抽取、转换、加载任务。而 Impala 采用了与商用 MPP（Massive Parallel Processing，大规模并行处理）并行关系数据库类似的分布式查询引擎，可以直接从 HDFS 或者 HBase 中用 SQL 语句查询数据，而不需要把 SQL 语句转换成 MapReduce 任务来执行，从而大大降低了延迟，可以很好地满足实时查询的要求。另外，Impala 和 Hive 采用相同的 SQL 语法、ODBC 驱动程序和用户接口。

8.6.4　基于内存的分布式计算框架 Spark

1．Spark 简介

Spark 最初由美国加州大学伯克利分校（University of California, Berkeley）的 AMP（Algorithms, Machines and People）实验室于 2009 年开发，是基于内存计算的大数据并行计算框架，可用于构建大型的、低延迟的数据分析应用程序。Spark 在诞生之初属于研究性项目，其诸多核心理念均源自学术研究论文。2013 年，Spark 加入 Apache 孵化器项目后开始迅速发展，如今已成为 Apache 软件基金会最重要的三大分布式计算系统开源项目（即 Hadoop、Spark、Flink）之一。

Spark 作为大数据计算平台的后起之秀，在 2014 年打破了 Hadoop 保持的基准排序（Sort Benchmark）纪录，使用 206 个节点在 23min 的时间里完成了 100 TB 数据的排序，而 Hadoop 使用 2000 个节点在 72min 的时间里才完成同样数据的排序。也就是说，Spark 仅使用了约 1/10 的计算资源，获得了约比 Hadoop 快 3 倍的速度。新纪录的诞生使得 Spark 获得多方追捧，也表明了 Spark 可以作为一个更加快速、高效的大数据计算框架。

Spark 具有如下 4 个主要特点。

①运行速度快。Spark 使用先进的有向无环图（Directed Acyclic Graph，DAG）执行引擎，以支持循环数据流与内存计算，基于内存的执行速度可比 Hadoop MapReduce 快上百倍，基于磁盘的执行速度也能快 10 倍左右。

②容易使用。Spark 支持使用 Scala、Java、Python 和 R 进行编程，简洁的 API 设计有助于用户轻松构建并行程序，并且可以通过 Spark Shell 进行交互式编程。

③通用性强。Spark 提供了完整而强大的技术栈，包括 SQL 查询、流式计算、机器学习和图算法组件，这些组件可以无缝整合在同一个应用中，足以应对复杂的计算。

④运行模式多样。Spark 可运行于独立的集群模式中，也可运行于 Hadoop 中，还可运行于 Amazon EC2 等云环境中，并且可以访问 HDFS、Cassandra、HBase、Hive 等多种数据源。

Spark 如今已吸引了国内外各大公司的注意，如腾讯、淘宝、百度、亚马逊等公司均不同程度地使用了 Spark 来构建大数据分析应用，并应用到实际的生产环境中。相信在将来，Spark 会在更多的应用场景中发挥重要作用。

2．Spark 相对于 MapReduce 的优点

Spark 在借鉴 Hadoop MapReduce 优点的同时，很好地解决了 MapReduce 所面临的问题。相比于 MapReduce，Spark 主要具有以下优点。

①Spark 的计算模式也属于 MapReduce，但不局限于 Map 和 Reduce，还提供了多种数据集操

作类型，编程模型比 MapReduce 更灵活。

②Spark 提供了内存计算，中间结果直接放到内存中，带来了更高的迭代运算效率。

③Spark 基于 DAG 的任务调度执行机制要优于 MapReduce 的迭代执行机制。

Hadoop 与 Spark 的执行流程对比如图 8-13 所示。由图 8-13 可以看到，Spark 最大的特点就是将计算数据、中间结果都存储在内存中，大大减少了 I/O 开销，因而 Spark 更适合于迭代运算比较多的数据挖掘与机器学习运算。

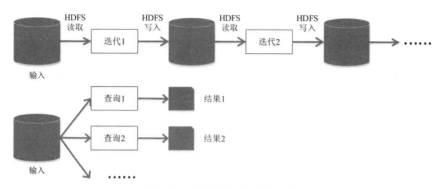

（a）Hadoop MapReduce的执行流程

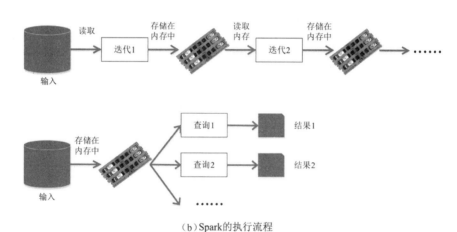

（b）Spark的执行流程

图 8-13　Hadoop 与 Spark 的执行流程对比

使用 MapReduce 进行迭代计算非常耗资源，因为每次迭代计算都需要从磁盘中写入、读取中间数据，I/O 开销大。而 Spark 将数据载入内存后，之后的迭代计算都可以直接使用内存中的中间结果作运算，避免了从磁盘中频繁读取数据。如图 8-14 所示，Hadoop 与 Spark 在执行逻辑回归时所需的时间相差巨大。

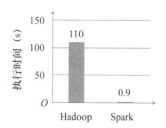

图 8-14　Hadoop 与 Spark 执行逻辑回归所需时间的对比

在实际进行开发时，使用 MapReduce 需要编写不少相对底层的代码，不够高效。相对而言，Spark 提供了多种高层次、简洁的 API。通常情况下，对于实现相同功能的应用程序，MapReduce 的代码量要比 Spark 多 2～5 倍。更重要的是，Spark 提供了实时交互式编程反馈，可以方便地验证、调整算法。

近年来，大数据机器学习和数据挖掘的并行化算法研究成为大数据领域一个较为重要的研究热点。在 Spark 崛起之前，学界和业界普遍关注的是 Hadoop 平台上的并行化算法设计。但是，MapReduce 的网络和磁盘读/写开销大，难以高效地实现需要大量迭代计算的机器学习并行化算法。因此，近年来国内外的研究重点开始转到如何在 Spark 平台上实现各种机器学习和数据挖掘的并行化算法设计。为了方便一般应用领域的数据分析人员使用所熟悉的 R 语言在 Spark 平台上完成数据分析，Spark 提供了一个称为 Spark R 的编程接口，使一般应用领域的数据分析人员可以在 R 语言的环境里方便地使用 Spark 的并行化编程接口和强大的计算能力。

3. Spark 与 Hadoop 的关系

Spark 正以其结构一体化、功能多元化的优势逐渐成为当今大数据领域最热门的大数据计算框架。目前，越来越多的企业放弃 MapReduce，转而使用 Spark 开发企业应用。但是，需要指出的是，Spark 作为计算框架，只能解决数据计算问题，无法解决数据存储问题，Spark 只是取代了 Hadoop 生态系统中的计算框架 MapReduce，而 Hadoop 中的其他组件依然在企业大数据系统中发挥着重要的作用。比如，企业在采用 Spark 解决数据计算问题的同时，依然需要依赖 Hadoop 分布式文件系统 HDFS 和分布式数据库 HBase 来实现不同类型数据的存储和管理，并借助于 YARN 实现集群资源的管理和调度。因此，在许多企业实际应用中，Hadoop 和 Spark 的统一部署是一种比较现实、合理的选择。由于 MapReduce、Storm 和 Spark 等都可以运行在资源管理框架 YARN 之上，因此，可以在 YARN 上统一部署各个计算框架（见图 8-15）。这些不同的计算框架统一运行在 YARN 中，可以带来如下好处。

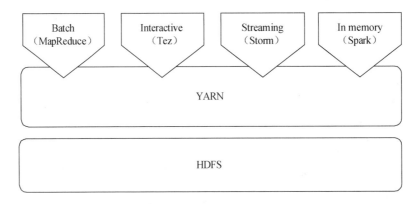

图 8-15　在 YARN 上统一部署各个计算框架

①计算资源按需调配。

②不同负载应用混搭，集群利用率高。

③共享底层存储，避免数据跨集群迁移。

4. Spark 生态系统

在实际应用中，大数据处理主要包括以下 3 个场景。

①复杂的批量数据处理：时间跨度通常在数十分钟到数小时。

②基于历史数据的交互式查询：时间跨度通常在数十秒到数分钟。

③基于实时数据流的数据处理：时间跨度通常在数百毫秒到数秒。

目前已有很多相对成熟的开源软件用于处理以上 3 种场景。比如，可以利用 Hadoop MapReduce 进行批量数据处理，可以用 Impala 进行交互式查询（Impala 与 Hive 相似，但底层引擎不同，提供了实时交互式 SQL 查询），对于流式数据处理可以采用开源流计算框架 Storm。一些企业可能只会涉及其中部分应用场景，只需部署相应软件即可满足业务需求。但是，对于互联网公司而言，通常会同时存在以上 3 种场景，就需要同时部署 3 种不同的软件，这样做难免会带来一些问题。

①不同场景之间输入、输出的数据无法做到无缝共享，通常需要进行数据格式的转换。

②不同的软件需要不同的开发和维护团队，带来了较高的使用成本。

③比较难以对同一个集群中的各个系统进行统一的资源协调和分配。

Spark 的设计遵循一个软件栈满足不同应用场景的理念，逐渐形成了一套完整的生态系统，既能够提供内存计算框架，也可以支持 SQL 即席查询、实时流式计算、机器学习和图计算等。Spark 可以部署在资源管理器 YARN 之上，提供一站式的大数据解决方案。因此，Spark 生态系统足以应对上述 3 种场景，即同时支持批处理、交互式查询和流数据处理。

如图 8-16 所示，Spark 生态系统主要包含了 Spark Core、Spark SQL、Spark Streaming、Structured Streaming、MLlib（Machine Learning Library，机器学习库）和 GraphX 等组件，各个组件的具体功能如下。

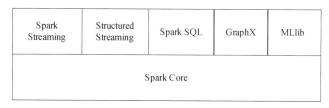

图 8-16　Spark 生态系统

①Spark Core。Spark Core 包含 Spark 最基础和最核心的功能，如内存计算、任务调度、部署模式、故障恢复、存储管理等，主要面向批数据处理。Spark Core 建立在统一的抽象弹性分布式数据集（Resilient Distributed Dataset，RDD）之上，使其可以基本一致的方式应对不同的大数据处理场景。需要注意的是，Spark Core 通常被简称为 Spark。

②Spark SQL。Spark SQL 是 Spark 中用于结构化数据处理的组件，提供了一种通用的访问多种数据源的方式，可访问的数据源包括 Hive、Avro、Parquet、ORC（Optical Character Recognition，光学文字识别）、JSON 和 JDBC 等。Spark SQL 采用了 DataFrame 数据模型，支持用户在 Spark SQL 中执行 SQL 语句，实现对结构化数据的处理。

③Spark Streaming。Spark Streaming 是一种流计算框架，可以支持高吞吐量、可容错处理的实时流数据处理，其核心思路是将流数据分解成一系列短小的批处理作业，每个短小的批处理作业都可以使用 Spark Core 进行快速处理。Spark Streaming 支持多种数据输入源，如 Kafka、Flume 和 TCP 套接字等。

④Structured Streaming。Structured Streaming 是一种基于 Spark SQL 引擎构建的、可扩展且容

错的流处理引擎。通过一致的 API，Structured Streaming 使使用者可以像编写批处理程序一样编写流处理程序，降低了使用者的使用难度。

⑤MLlib（机器学习）。MLlib 提供了常用机器学习算法的实现，包括聚类、分类、回归、协同过滤等，降低了机器学习的门槛。开发者只要具备一定的理论知识就能进行机器学习的工作。

⑥GraphX（图计算）。GraphX 是 Spark 中用于图计算的 API，可认为是 Pregel 在 Spark 上的重写及优化。GraphX 性能良好，拥有丰富的功能和运算符，能在海量数据上自如地运行复杂的图算法。

需要说明的是，无论是 Spark SQL、Spark Streaming、Structured Streaming、MLlib，还是 GraphX，都可以使用 Spark Core 的 API 处理问题，它们的使用方法几乎是通用的，处理的数据也可以共享，不同应用之间的数据可以无缝集成。

表 8-4 给出了在不同的应用场景下，可以选用的其他框架和 Spark 生态系统中的组件。

表 8-4　　　Spark 的应用场景、可以选用的其他框架和 Spark 生态系统中的组件

应用场景	时间跨度	其他框架	Spark 生态系统中的组件
复杂的批量数据处理	小时级	MapReduce、Hive	Spark Core
基于历史数据的交互式查询	分钟级、秒级	Impala、Dremel、Drill	Spark SQL
基于实时数据流的数据处理	毫秒级、秒级	Storm、S4、Flink	Spark Streaming Structured Streaming
基于历史数据的数据挖掘		Mahout	MLlib
图结构数据的处理		Pregel、Hama	GraphX

5. Spark 的运行架构

如图 8-17 所示，Spark 的运行架构包括集群管理器（Cluster Manager）、运行作业任务的工作节点（Worker Node）、每个应用的任务控制节点（Driver Program，或简称为 Driver）和每个工作节点上负责具体任务的执行进程（Executor）。其中，集群管理器可以是 Spark 自带的资源管理器，也可以是 YARN 或 Mesos 等资源管理框架。可以看出，就系统架构而言，Spark 采用主从架构，包含一个 Master（即 Driver）和若干个 Worker。

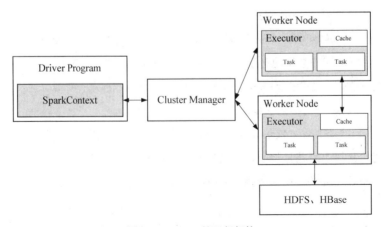

图 8-17　Spark 的运行架构

与 Hadoop MapReduce 计算框架相比，Spark 所采用的 Executor 有两个优点：一是利用多线程来执行具体的任务（Hadoop MapReduce 采用的是进程模型），减少任务的启动开销。二是 Executor 中有一个 BlockManager 存储模块，会将内存和磁盘共同作为存储设备（默认使用内存，当内存不够时会写到磁盘）。当需要多轮迭代计算时，可以将中间结果存储到这个存储模块里，下次需要时，就可以直接读该存储模块里的数据，而不需要读/写到 HDFS 等文件系统里，从而有效减少 I/O 开销。或者在交互式查询场景下，Executor 预先将表缓存到该存储系统上，从而提高读/写 I/O 的性能。

总体而言，在 Spark 中，当执行一个应用时，任务控制节点 Driver 会向集群管理器申请资源，启动 Executor，并向 Executor 发送应用程序代码和文件，然后在 Executor 上执行任务；运行结束后，执行结果会返回给任务控制节点 Driver，或者写到 HDFS、其他数据库中。

6. Spark 的数据抽象 RDD

Spark 建立在统一的抽象 RDD 之上，这使得 Spark 的各个组件可以无缝进行集成，在同一个应用程序中完成大数据计算任务。每个 RDD 就是一个分布式对象集合，本质上是一个只读的分区记录集合。每个 RDD 可以分成多个分区，每个分区就是一个数据集片段，并且一个 RDD 的不同分区可以被保存到集群中不同的节点上，从而可以在集群中的不同节点上进行并行计算。RDD 提供了一组丰富的操作，以支持常见的数据运算，分为行动（Action）和转换（Transformation）两种类型，前者用于执行计算并指定输出的形式，后者用于指定 RDD 之间的相互依赖关系。两类操作的主要区别是：转换操作（如 map、filter、groupBy、join 等）接收 RDD 并返回 RDD，而行动操作（如 count、collect 等）接收 RDD 但是返回非 RDD（即输出一个值或结果）。RDD 提供的转换接口非常简单，都是类似 map、filter、groupBy、join 等粗粒度的数据转换操作，而不是针对某个数据项的细粒度修改。因此，RDD 比较适合对数据集中元素执行相同操作的批处理式应用，而不适用于需要异步、细粒度状态的应用，比如 Web 应用系统、增量式的网页爬虫等。正因为这样，这种粗粒度转换接口设计会使人直觉上认为 RDD 的功能很受限、不够强大。但是，实际上 RDD 已经被实践证明可以很好地应用于许多并行计算应用中，可以具备很多现有计算框架（如 MapReduce、SQL、Pregel 等）的表达能力，并且可以应用于这些框架处理不了的交互式数据挖掘应用。

Spark 用 Scala 实现了 RDD 的 API，程序员可以通过调用 API 实现对 RDD 的各种操作。RDD 典型的执行过程如下。

①RDD 读入外部数据源（或者内存中的集合）进行创建。

②RDD 进行一系列的转换操作，每一次都会产生不同的 RDD，供给下一个转换操作使用。

③最后一个 RDD 经行动操作进行处理，输出到外部数据源（或者变成 Scala 集合或标量）。

7. Spark 的部署方式

目前，Spark 支持 5 种不同类型的部署方式，包括 Local、Standalone、Spark on Mesos、Spark on YARN 和 Spark on Kubernetes。其中，Local 模式属于单机部署模式，其他属于分布式部署模式，具体如下。

（1）Standalone 模式

与 MapReduce1.0 框架类似，Spark 框架也自带了完整的资源调度管理服务，可以独立部署到一个集群，而不需要依赖其他系统来为其提供资源管理调度服务。在架构的设计上，Spark 与 MapReduce 1.0 完全一致，都由一个 Master 和若干个 Slave 节点构成，并且以槽（Slot）作为资源分配单位。不同的是，Spark 中的槽不再像 MapReduce 1.0 那样分为 Map 槽和 Reduce 槽，而是只设计了统一的一种槽提供给各种任务来使用。

（2）Spark on Mesos 模式

Mesos 是一种资源调度管理框架，可以为运行在它上面的 Spark 提供服务。由于 Mesos 和 Spark 存在一定的"血缘关系"，因此 Spark 这个框架在进行设计开发时就充分考虑到了对 Mesos 的支持。相对而言，Spark 运行在 Mesos 上，要比运行在 YARN 上更加灵活、自然。目前，Spark 官方推荐采用这种模式，所以许多公司在实际应用中也采用这种模式。

（3）Spark on YARN 模式

Spark 可运行于 YARN 之上，与 Hadoop 进行统一部署，即 Spark on YARN，其架构如图 8-18 所示，资源管理和调度依赖于 YARN，分布式存储则依赖于 HDFS。

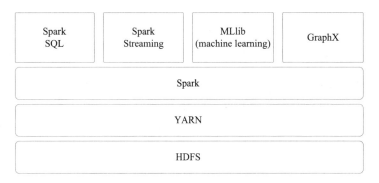

图 8-18　Spark on YARN 的架构

（4）Spark on Kubernetes 模式

Kubernetes 作为一个广受欢迎的开源容器协调系统，是 Google 于 2014 年酝酿的项目。Kubernetes 在短短几年时间就已超越了大数据分析领域的明星产品 Hadoop。Spark 从 2.3.0 版起引入了对 Kubernetes 的原生支持，可以将编写好的数据处理程序直接通过 spark-submit 提交到 Kubernetes 集群。

8．Spark SQL

本节介绍 Shark（Spark SQL 的前身）和 Spark SQL 的架构以及诞生原因。

（1）Shark 概述

Hive 是一个基于 Hadoop 的数据仓库工具，提供了类似于关系数据库 SQL 的查询语言——HiveQL。用户可以通过 HiveQL 语句快速实现简单的 MapReduce 作业，Hive 自身可以自动将 HiveQL 语句快速转换成 MapReduce 任务运行。当用户向 Hive 输入一段命令或查询（即 HiveQL 语句）时，Hive 需要与 Hadoop 交互来完成该操作。该命令或查询首先进入驱动模块，由驱动模块中的编译器进行解析编译，并由优化器对该操作进行优化计算；然后交给执行器去执行，执行器通常的任务是启动一个或多个 MapReduce 任务。图 8-19 描述了用户提交一段 SQL 查询后，Hive 把 SQL 语句转换成 MapReduce 作业进行执行的详细过程。

图 8-19　Hive 中 SQL 查询的 MapReduce 作业转化过程

Shark 提供了类似 Hive 的功能。与 Hive 不同的是，Shark 把 SQL 语句转换成 Spark 作业，而不是 MapReduce 作业。为了实现与 Hive 兼容，Shark 重用了 Hive 中的 HiveQL 解析、逻辑查询计划翻译、执行计划优化等逻辑，如图 8-20 所示。可以近似认为，Shark 仅将物理执行计划从 MapReduce 作业替换成了 Spark 作业，也就是通过 Hive 的 HiveQL 解析功能把 HiveQL 翻译成 Spark 上的 RDD。Shark 的出现使得 SQL-on-Hadoop 的性能比 Hive 有了 10～100 倍的提高。

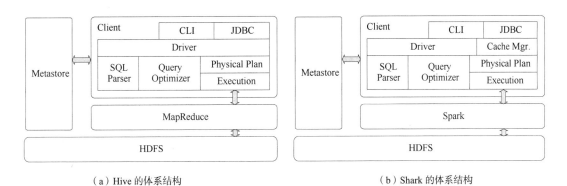

（a）Hive 的体系结构　　　　　　　　　　　　（b）Shark 的体系结构

图 8-20　Shark 直接继承了 Hive 的各个组件

Shark 的设计存在两个问题：一是执行计划优化完全依赖于 Hive，不方便添加新的优化策略；二是 Spark 是线程级并行，而 MapReduce 是进程级并行，因此，Spark 在兼容 Hive 的实现上存在线程安全问题，导致 Shark 不得不使用另外一套独立维护的、打了补丁的 Hive 源码分支。

Shark 继承了大量的 Hive 代码，从而给优化和维护带来了大量的麻烦，特别是基于 MapReduce 设计的部分，是整个项目的瓶颈。因此，2014 年 Shark 项目中止，并转向 Spark SQL 的开发。

（2）Spark SQL 的架构

Spark SQL 的架构如图 8-21 所示，在 Shark 原有的架构基础上重写了逻辑执行计划的优化部分，解决了 Shark 存在的问题。Spark SQL 在 Hive 兼容层面仅依赖 HiveQL 解析和 Hive 元数据。也就是说，从 HiveQL 被解析成抽象语法树起，剩余的工作都全部由 Spark SQL 接管。Spark SQL 逻辑执行计划的生成和优化都由 Catalyst（函数式关系查询优化框架）负责。

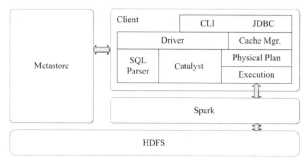

图 8-21　Spark SQL 的架构

Spark SQL 增加了 DataFrame（即带有 Schema 信息的 RDD），使用户可以在 Spark SQL 中执行 SQL 语句。数据既可以来自 RDD，也可以来自 HDFS、Hive、Cassandra 等外部数据源；数据格式既可以是 HDFS、Hive、Cassandra，也可以是 JSON 格式。Spark SQL 目前支持 Scala、Python、Java 等编程语言，支持 SQL-92 规范，如图 8-22 所示。

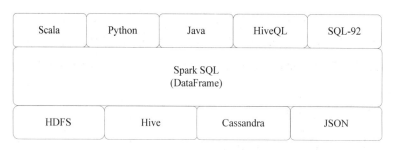

图 8-22　Spark SQL 支持的数据格式和编程语言

（3）推出 Spark SQL 的原因

关系数据库最早是由图灵奖得主、关系数据库之父之称的埃德加·弗兰克·科德于 1970 年提出的。由于具有规范的行列结构，因此，存储在关系数据库中的数据通常也被称为结构化数据，用来查询和操作关系数据库的语言被称为结构化查询语言。由于关系数据库具有完备的数学理论基础、完善的事务管理机制和高效的查询处理引擎，因此得到了广泛的应用，并从 20 世纪 70 年代到 21 世纪前 10 年一直占据商业数据库应用的主流位置。目前主流的关系数据库有 Oracle、DB2、SQL Server、Sybase、MySQL 等。

尽管数据库的事务和查询机制较好地满足了银行、电信等各类商业公司的业务数据管理需求，但是，关系数据库在大数据时代已经不能满足各种新增的用户需求了。首先，用户需要从不同数据源执行各种操作，包括结构化和非结构化数据；其次，用户需要执行高级分析，比如机器学习和图像处理。在实际大数据应用中，经常需要融合关系查询和复杂分析算法（如机器学习或图像处理），但是，一直以来都缺少这样的系统。

Spark SQL 的出现填补了这个鸿沟。首先，Spark SQL 提供了 DataFrame API，可以对内部和外部各种数据源执行各种关系操作；其次，可以支持大量的数据源和数据分析算法，组合使用 Spark SQL 和 Spark MLlib，可以融合传统关系数据库的结构化数据管理能力和机器学习算法的数据处理能力，有效满足各种复杂的应用需求。

9. Spark Streaming

Spark Streaming 是构建在 Spark 上的实时计算框架，它扩展了 Spark 处理大规模流式数据的能力。Spark Streaming 可结合批处理和交互查询，适合一些需要对历史数据和实时数据结合分析的应用场景。

Spark Streaming 是 Spark 的核心组件之一，为 Spark 提供了可拓展、高吞吐量、容错的流计算能力。Spark Streaming 可整合多种输入数据源，如 Kafka、Flume、HDFS 等，甚至是普通的 TCP 套接字，如图 8-23 所示。处理后的数据可存储至文件系统、数据库，或显示在仪表盘里。

图 8-23　Spark Streaming 支持的输入、输出数据源

Spark Streaming 实际上以一系列微小批处理来模拟流计算。Spark Streaming 的基本原理是将实时输入数据流以时间片（秒级）为单位进行拆分，然后经 Spark 引擎以类似批处理的方式处理每个时间片数据。Spark Streaming 的执行流程如图 8-24 所示。

图 8-24　Spark Streaming 的执行流程

图 8-25 展示了 Spark Streaming 的工作机制。在 Spark Streaming 中，组件 Receiver 作为长期运行的任务（Task）运行在一个 Executor 上，每个 Receiver 组件都会负责一个 DStream 输入流（如从文件中读取数据的文件流、套接字流或者从 Kafka 中读取的一个输入流等）。Receiver 组件接收

到数据源发来的数据后，提交给 Spark Streaming 程序进行处理。处理后的结果可以交给可视化组件进行可视化展示，也可以写入 HDFS、HBase 中。

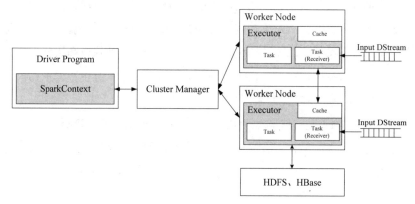

图 8-25　Spark Streaming 的工作机制

10. Structured Streaming

由于 Spark Streaming 组件的延迟较高，最快响应时间要在秒级，无法满足一些需要更快响应时间的企业应用的需求，所以，Spark 社区推出了 Structured Streaming。

（1）Structured Streaming 简介

Structured Streaming 是一种基于 Spark SQL 引擎构建的、可扩展且容错的流处理引擎。通过一致的 API，Structured Streaming 使得使用者可以像编写批处理程序一样编写流处理程序，降低了使用者的使用难度。提供端到端的完全一致性是 Structured Streaming 设计背后的关键目标之一。为了实现这一点，Spark 设计了输入源、执行引擎和接收器，以便对处理的进度进行更可靠的跟踪，使之可以通过重启或重新处理来处理任何类型的故障。如果所使用的源利用偏移量来跟踪流的读取位置，那么，引擎可以使用检查点和预写日志来记录每个触发时期正在处理的数据的偏移范围。此外，如果使用的接收器是幂等的，那么通过使用重放、对幂等接收数据进行覆盖等操作，Structured Streaming 可以确保在任何故障下实现端到端的完全一致性。

Spark 一直在不断更新中，从 Spark 2.3.0 开始引入了持续流式处理模型，可以将原先流处理的延迟降低到毫秒量级。

（2）Structured Streaming 的关键思想

Structured Streaming 的关键思想是将实时数据流视为一张正在不断添加数据的表，这种新的流处理模型与批处理模型非常类似。可以把流计算等同于在一个静态表上的批处理查询，Spark 会在不断添加数据的无界输入表上运行计算，并进行增量查询。如图 8-26 所示，输入流输入的每一项数据项被原样添加到无界表中，最终形成了一个新的无界表。

在无界表上对输入的查询将生成结果表，系统每隔一定周期会触发对无界表的计算并更新结果表。如图 8-27 所示，在时间线上，每秒为一个触发周期。在 $t=1$ 时刻，数据量较少，查询出结果后输入接收器；在 $t=2$ 时刻，数据量增加，查询出结果后输入接收器；在 $t=3$ 时刻，数据量再次增加，如同前面 2s 一样查询并输出。

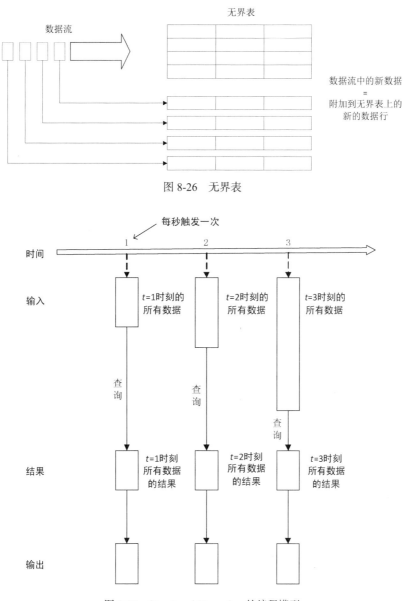

图 8-26　无界表

图 8-27　Structured Streaming 的编程模型

（3）Structured Streaming 的两种处理模型

Structured Streaming 包括微批处理和持续处理两种处理模型，默认使用微批处理模型。

① 微批处理。Structured Streaming 默认使用微批处理执行模型，这意味着 Spark 流计算引擎会定期检查流数据源，并对上一批次结束后到达的新数据执行批量查询。如图 8-28 所示，在微批处理模型的体系结构中，Driver 驱动程序通过将当前待处理数据的偏移量保存到预写日志中来对数据处理的进度设置检查点，以便今后可以使用它来重新启动或恢复查询。为了获得确定性的重新执行（Deterministic Re-executions）和端到端语义，在下一个微批处理之前就要将该微批处理所要处理数据的偏移范围保存到日志中。所以，当前到达的数据需要等待先前的微批作业处理完成，且它的偏移量范围被记入日志后，才能在下一个微批作业中得到处理，这会导致数据到达和得到

处理并输出结果之间的延时超过 100ms。

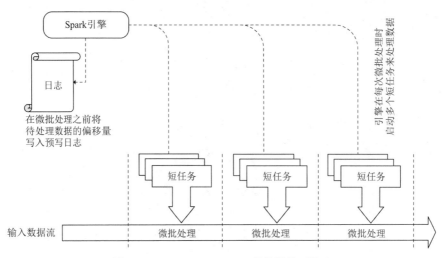

图 8-28　Structured Streaming 的微批处理模型

②持续处理。微批处理的数据延迟对于大多数实际的流式工作负载（如 ETL 和监控）已经足够了。然而，一些场景确实需要更低的延迟，比如在金融行业的信用卡欺诈交易识别中，需要在犯罪嫌疑人盗刷信用卡后立刻识别并阻止，但是又不能让合法交易的用户感觉到延迟，从而影响用户的使用体验，这就需要在 10～20ms 的时间内对每笔交易进行欺诈识别。这时就不能使用微批处理模型，而需要使用持续处理模型了。

Spark 从 2.3.0 版开始引入了持续处理的试验性功能，可以实现流计算的毫秒级延迟。在持续处理模式下，Spark 不再根据触发器来周期性启动任务，而是根据一系列的连续读取、处理和写入结果的长时间运行来启动任务。如图 8-29 所示，为了缩短延迟，引入新的算法对查询设置检查点，在每个任务的输入数据流中注入被特殊标记过的记录；当任务遇到标记时，会把处理后的最后偏移量异步地报告给引擎；引擎接收到所有写入接收器的任务的偏移量后将其写入预写日志。由于检查点的写入是完全异步的，任务可以持续处理，因此，延迟可以缩短到毫秒量级。也正是由于写入是异步的，数据流在故障后可能被处理超过一次以上，持续处理只能做到至少一次的一致性。因此，需要注意到，虽然持续处理模型能比微批处理模型获得了更好的实时响应性能，但是，这是以牺牲一致性为代价的。微批处理可以保证端到端的完全一致性，而持续处理只能做到至少一次的一致性。

（4）Structured Streaming 和 Spark SQL、Spark Streaming 的关系

Structured Streaming 与 Spark Streaming 一样，处理的也是源源不断的数据流，区别在于：Spark Streaming 采用的数据抽象是 DStream（本质上就是一系列 RDD），而 Structured Streaming 采用的数据抽象是 DataFrame。Structured Streaming 可以使用 Spark SQL 的 DataFrame/Dataset 来处理数据流。虽然 Spark SQL 也采用 DataFrame 作为数据抽象，但是，Spark SQL 只能处理静态的数据，而 Structured Streaming 可以处理结构化的数据流。这样，Structured Streaming 就将 Spark SQL 和 Spark Streaming 二者的特性结合了起来。Structured Streaming 可以对 DataFrame/Dataset 应用各种操作，包括 select、where、groupBy、map、filter、flatMap 等。此外，Spark Streaming 只能实现秒

级的实时响应，而 Structured Streaming 由于采用了全新的设计方式，采用微批处理模型时可以实现 100ms 级的实时响应，采用持续处理模型时可以实现毫秒级的实时响应。

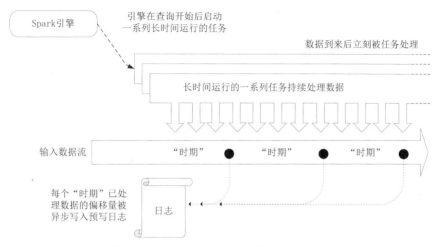

图 8-29　Structured Streaming 的持续处理模型

11. Spark MLlib

传统的机器学习算法由于技术和单机存储的限制，只能基于少量数据使用，因此，传统的统计、机器学习算法依赖于数据抽样。但是在实际应用中，样本往往很难做到随机，导致学习的模型不是很准确，测试数据的效果也不太好。随着 HDFS 等分布式文件系统的出现，我们可以对海量数据进行存储和管理，并利用 MapReduce 框架在全量数据上进行机器学习，这在一定程度上解决了统计随机性的问题，提高了机器学习的精度。但是，MapReduce 自身存在缺陷，延迟高，磁盘开销大，无法高效支持迭代计算，这使得 MapReduce 无法高效地实现分布式机器学习算法。因为通常情况下，机器学习算法参数学习的过程都是迭代计算，本次计算的结果要作为下一次迭代计算的输入。在这个过程中，MapReduce 只能把中间结果存储到磁盘中，然后在下一次计算时重新从磁盘读取数据。对于迭代计算频发的算法，这是制约其性能的瓶颈。相比而言，Spark 立足于内存计算，天然地适用于迭代式计算，能很好地与机器学习算法相匹配。这也是近年来 Spark 平台流行的重要原因，业界的很多业务纷纷从 Hadoop 平台转向 Spark 平台。

基于大数据的机器学习需要处理全量数据并进行大量的迭代计算，这就要求机器学习平台具备强大的处理能力和分布式计算能力。然而，对于普通开发者来说，实现一个分布式机器学习算法仍然是一件极具挑战的事情。为此，Spark 提供了一个基于海量数据的机器学习库，它提供了常用机器学习算法的分布式实现。对于开发者而言，只需要有 Spark 编程基础，并且了解机器学习算法的基本原理和方法中相关参数的含义，就可以轻松地通过调用相应的 API 来实现基于海量数据的机器学习过程。同时，spark-shell 也提供即席（Ad Hoc）查询的功能，算法工程师可以边写代码、边运行、边查看结果。Spark 提供的各种高效的工具使得机器学习过程更加直观便捷。比如，可以通过 sample()函数非常方便地进行抽样。Spark 发展到目前已经拥有了批处理、SQL、流计算、图计算等模块，成为一个全平台的系统，把机器学习作为关键模块加入 Spark 中也是大势所趋。

MLlib 是 Spark 的机器学习库，旨在简化机器学习的工程实践，并能够方便地扩展到更大规模的数据。MLlib 由一些通用的学习算法和工具组成，包括底层的优化源语和高层的管道 API。具体来说，MLlib 主要包括以下几方面的内容。

- 算法工具：常用的学习算法，如分类（Clssification）、回归（Regression）、聚类（Clustering）和协同过滤（Collaborative Filtering）。
- 特征化工具：特征抽取（Feature Extraction）、转换（Transformation）、降维（Dimensionality Reduction）和选择工具。
- 流水线（Pipeline）：用于构建、评估和调整机器学习工作流的工具。
- 持久性：保存和加载算法、模型和管道。
- 实用工具：线性代数、统计、数据处理等工具。

Spark 在机器学习方面的发展非常快，支持主流的统计和机器学习算法。纵观所有基于分布式架构的开源机器学习库，MLlib 以计算效率高著称。表 8-5 列出了目前 MLlib 支持的主要机器学习算法。

表 8-5   MLlib 支持的主要机器学习算法

类型	算法
基本统计	Summary Statistics、Correlations、Stratified Sampling、Hypothesis Testing、Random Data Generation
分类和回归	Support Vector Machines（SVM，支持向量机）、Logistic Regression、Linear Regression，Naive Bayes、Decision Trees，Random Forest、Gradient-Boosted Trees
协同过滤	Alternating Least Squares（ALS，最小二乘法）
聚类	k-means、Gaussian Mixture Model（GMM，高斯混合模型）、Latent Dirichlet allocation（LDA，隐含狄利克雷分布）、Bisecting k-means
频繁项挖掘	FP-Growth
降维	Singular Value Decomposition（SVD，奇异值分解）、Principal Component Analysis（PCA，主成分分析法）
特征抽取和转换	Term Frequency-Inverse Document Frequency（TF-IDF，词频-逆文件频率）、Word2Vec、StandardScaler、Normalizer

8.6.5 机器学习框架 TensorFlowOnSpark

TensorFlow 是一个开源的、基于 Python 的机器学习框架，它由谷歌开发，在图形分类、音频处理、推荐系统和自然语言处理等场景有着丰富的应用，是目前热门的机器学习框架。TensorFlow 是一个采用数据流图（Data Flow Graph）、用于数值计算的开源软件库。数据流图中的节点（Nodes）表示数学操作，图中的线则表示节点间相互联系的多维数据组，即张量（Tensor）。在计算过程中，张量从图的一端流动到另一端，这也是这个工具取名为 TensorFlow 的原因。一旦输入端的所有张量准备好，节点将被分配到各种计算设备异步并行地执行运算。利用 TensorFlow 我们可以在多种平台上展开数据分析与计算，如 CPU（或 GPU，Graphics Processing Unit，图形处理器）、台式机、服务器甚至移动设备等。

尽管 TensorFlow 也开放了自己的分布式运行框架，但在目前公司的技术架构和使用环境上不是那么友好。如何将 TensorFlow 加入现有的环境中（Spark/YARN）并为用户提供更加方便易用的环境，成为了目前所要解决的问题。

TensorFlowOnSpark 项目是 Yahoo!开源的一个软件包，能将 TensorFlow 与 Spark 结合在一起使用，为 Apache Hadoop 和 Apache Spark 集群带来了可扩展的深度学习功能，使 Spark 能够利用 TensorFlow 拥有深度学习和 GPU 加速计算的能力。传统情况下处理数据需要跨集群（深度学习集群和 Hadoop/Spark 集群），Yahoo!为了解决跨集群传递数据的问题开发了 TensorFlowOnSpark 项目。TensorFlowOnSpark 目前被用于雅虎私有云的 Hadoop 集群中，主要进行大规模分布式深度学习。

TensorFlowOnSpark 在设计时充分考虑了 Spark 本身的特性和 TensorFlow 的运行机制，大大保证了两者的兼容性，使得可以通过较少的修改来运行已经存在的 TensorFlow 程序。在独立的 TensorFlowOnSpark 程序中，TensorFlow 能够与 SparkSQL、MLlib 和其他 Spark 库一起工作处理数据，如图 8-30 所示。

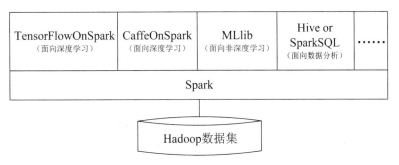

图 8-30　TensorFlowOnSpark 与 Spark 的集成

如图 8-31 所示，TensorFlowOnSpark 的体系架构较为简单，Spark Driver 程序并不会参与 TensorFlow 内部相关的计算和处理。其设计思路是将一个 TensorFlow 集群运行在 Spark 上，它会在每个 Spark Executor 中启动 TensorFlow 程序，然后通过 gRPC 或 RDMA（Remote Direct Memory Access，远程直接数据存取）方式进行数据传递与交互。

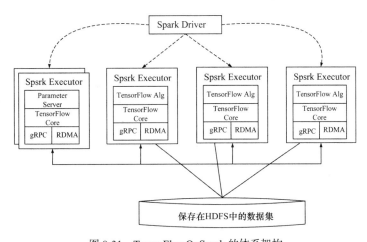

图 8-31　TensorFlowOnSpark 的体系架构

TensorFlowOnSpark 的 Spark 应用程序包括 4 个基本过程。

①预留：组建 TensorFlow 集群，并在每个 Executor 进程上预留监听端口，启动数据/控制消息的监听程序。

②启动：在每个 Executor 进程上启动 TensorFlow 程序。

③训练/推理：在 TensorFlow 集群上完成模型的训练/推理。

④关闭：关闭 Executor 进程上的 TensorFlow 程序，释放相应的系统资源（消息队列）。

8.6.6　流计算框架 Flink

1. Flink 简介

Flink 是 Apache 软件基金会的项目，是一个针对流数据和批数据的分布式计算框架，设计思想主要源于 Hadoop、MPP 数据库、流计算系统等。Flink 主要是由 Java 代码实现的，目前主要还是依靠开源社区的贡献而发展。Flink 所要处理的主要场景是流数据，批数据只是流数据的一个特例而已。也就是说，Flink 会把所有任务当成流来处理。Flink 可以支持本地的快速迭代计算和一些环形的迭代计算任务。

如图 8-32 所示，Flink 以层级式系统形式组建其软件栈，不同层的栈建立在其下层的基础上。具体而言，Flink 的典型特性如下。

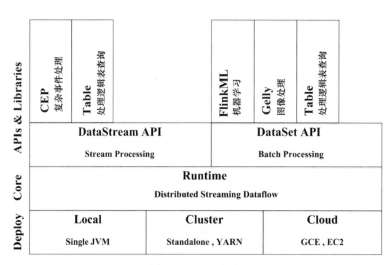

图 8-32　Flink 框架

①在早期阶段，提供了面向流处理的 DataStream API 和面向批处理的 DataSet API。DataSet API 支持 Java、Scala 和 Python，DataStream API 支持 Java 和 Scala。在后来的发展过程中取消了 DataSet API，无论是批处理还是流处理都使用 DataStream API。

②提供了多种候选部署方案，比如本地模式（Local）、集群模式（Cluster）和云模式（Cloud）。对于集群模式而言，可以采用独立模式（Standalone）或 YARN。

③提供了一些类库，包括 Table（处理逻辑表查询）、FlinkML（机器学习）、Gelly（图像处理）和 CEP（复杂事件处理）。

④提供了较好的 Hadoop 兼容性，不仅可以支持 YARN，还可以支持 HDFS、HBase 等数据源。

Flink 和 Spark 一样，都是基于内存的计算框架，因此都具有较好的实时计算性能。当两者都运行在 Hadoop YARN 之上时，Flink 的性能甚至略好于 Spark，因为 Flink 支持增量迭代计算，具有对迭代计算进行自动优化的功能。Flink 和 Spark Streaming 都支持流计算，二者的区别在于 Flink 是一行一行地处理数据，而 Spark Streaming 是基于 RDD 的小批量处理数据，所以，Spark Streaming 在流式处理方面不可避免地会增加一些延迟，实时性没有 Flink 好。Flink 的流计算性能和 Storm 差不多，可以支持毫秒级的响应，而 Spark Streaming 只能支持秒级响应。总体而言，Flink 和 Spark 都是非常优秀的基于内存的分布式计算框架，但是，Spark 的市场影响力和社区活跃度明显超过 Flink，这在一定程度上限制了 Flink 的发展空间。

2. Flink 是理想的流计算框架

流计算框架需要具备低延迟、高吞吐量和高性能的特性，而目前从市场上已有的产品来看，只有 Flink 可以满足要求。流计算框架 Storm 虽然可以做到低延迟，但是无法实现高吞吐，也不能在故障发生时准确地处理计算状态。Spark Streaming 采用微批处理模型实现了高吞吐和容错性，但是牺牲了低延迟和实时处理能力。Structured Streaming 采用持续处理模型可以支持毫秒级的实时响应，但是这是以牺牲一致性为代价的，持续处理模型只能做到至少一次的一致性，而无法保证端到端的完全一致性。

Flink 实现了 Google Dataflow 流计算模型，是一种兼具高吞吐量、低延迟和高性能的实时流计算框架，并且同时支持批处理和流处理。此外，Flink 支持高度容错的状态管理，防止状态在计算过程中因为系统异常而出现丢失。因此，Flink 成为能够满足流处理架构要求的理想的流计算框架。

3. Flink 的体系架构

如图 8-33 所示，Flink 的体系架构主要由两个组件组成，分别为 JobManager 和 TaskManager。Flink 的体系架构也遵循 Master/Slave 架构设计原则，JobManager 为 Master 节点，TaskManager 为 Slave 节点。

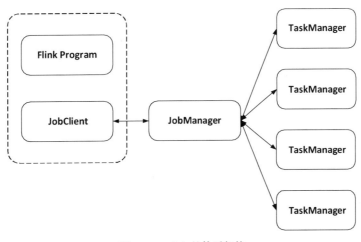

图 8-33　Flink 的体系架构

在执行 Flink 程序时，Flink 程序需要首先提交给 JobClient，然后 JobClient 将任务提交给 JobManager。JobManager 负责协调资源分配和任务执行，它首先要做的是分配所需的资源。资源分配完成后，任务将提交给相应的 TaskManager。在接收任务时，TaskManager 启动一个线程以开始执行。执行到位时，TaskManager 会继续向 JobManager 报告状态更改。任务可以有各种状态，例如开始执行、正在进行或已完成。任务执行完成后，其结果将发送回客户端（JobClient）。

4. Flink 和 Spark 的比较

目前开源大数据计算引擎有很多选择，典型的流计算框架包括 Storm、Samza、Flink、Kafka Stream、Spark Streaming、Structured Streaming 等，典型的批处理框架包括 Spark、Hive、Pig、Flink 等。而同时支持流处理和批处理的计算引擎只有两种选择：一种是 Apache Spark，另一种是 Apache Flink。因此，这里有必要对二者做一下比较。

Spark 和 Flink 都是 Apache 软件基金会旗下的项目，二者具有很多共同点，具体如下。

①都是基于内存的计算框架，因此都具有较好的实时计算性能。

②都有统一的批处理和流处理 API，都支持类似 SQL 的编程接口。

③都支持很多相同的转换操作，编程都是用类似于 Scala Collection API 的函数式编程模式。

④都有完善的错误恢复机制。

⑤都支持精确一次（exactly once）的语义一致性。

表 8-6、表 8-7 和表 8-8 分别给出了 Spark 和 Flink 在 API、支持语言、部署环境方面的比较，从中也可以看出二者具有很大的相似性。

表 8-6   Flink 和 Spark 在 API 方面的比较

API	Spark	Flink
底层 API	RDD	Process Function
核心 API	DataFrame/DataSet	DataStream/DataSet
SQL	Spark SQL	Table API&SQL
机器学习	MLlib	FlinkML
图计算	GraphX	Gelly
其他		FlinkCEP

表 8-7   Flink 和 Spark 在支持语言方面的比较

支持语言	Spark	Flink
Java	√	√
Scala	√	√
Python	√	√
R	√	第三方
SQL	√	√

部署环境	Spark	Flink
Local（Single JVM）	√	√
Standalone Cluster	√	√
YARN	√	√
Mesos	√	√
Kubernetes	√	√

表 8-8　　　　　　　　　　　　Flink 和 Spark 在部署环境方面的比较

同时，Flink 和 Spark 还存在一些明显的区别。

①Spark 采用批计算来模拟流计算。而 Flink 则完全相反，它采用流计算来模拟批计算。从技术发展方向看，用批处理来模拟流计算有一定的技术局限性，并且这个局限性可能很难突破。而 Flink 采用流计算来模拟批处理，在技术上有更好的扩展性。

②Flink 和 Spark 都支持流计算，二者的区别在于：Flink 是一条一条地处理数据，而 Spark 是基于 RDD 的小批量处理。所以，Spark 在流式处理方面不可避免地会增加一些延时，实时性没有 Flink 好。Flink 的流计算性能和 Storm 差不多，可以支持毫秒级的响应，而 Spark 则只能支持秒级响应。

③当全部运行在 Hadoop YARN 之上时，Flink 的性能要略好于 Spark，因为 Flink 支持增量迭代，具有对迭代进行自动优化的功能。

总体而言，Flink 和 Spark 都是非常优秀的基于内存的分布式计算框架，二者各有优势。Spark 在生态上更加完善，在机器学习的集成和易用性上更有优势；而 Flink 在流计算上有绝对优势，并且在核心架构和模型上更加通透、灵活。相信在未来很长一段时期内，两者将互相促进，共同成长。

8.6.7　大数据编程框架 Beam

在大数据处理领域,开发者经常要用到很多不同的技术、框架、API、开发语言和 SDK(Software Development Kit，软件开发工具包)。根据不同的企业业务系统开发需求，开发者很可能会用 MapReduce 进行批处理，用 Spark SQL 进行交互式查询，用 Flink 实现实时流处理，还有可能用到基于云端的机器学习框架。大量的开源大数据产品（如 MapReduce、Spark、Flink、Storm、Apex 等）为大数据开发者提供了丰富工具的同时，也增加了开发者选择合适工具的难度，尤其对于新入行的开发者来说更是如此。新的分布式处理框架可能带来更高的性能、更强大的功能和更低的延迟，但是，用户切换到新的分布式处理框架的代价也非常大——需要学习一个新的大数据处理框架，并重塑所有的业务逻辑。解决这个问题的思路包括两个部分：首先，需要一个编程范式，能够统一、规范分布式数据处理的需求，例如统一批处理和流处理的需求；其次，生成的分布式数据处理任务应该能够在各个分布式执行引擎（如 Spark、Flink 等）上执行，用户可以自由切换分布式数据处理任务的执行引擎与执行环境。Apache Beam 的出现就是为了解决这个问题。

Beam 是由谷歌贡献的 Apache 软件基金会的顶级项目，它的目标是为开发者提供一个易于使用又很强大的数据并行处理模型，能够支持流处理和批处理，并兼容多个运行平台。Beam 是一个开源的、统一的编程模型，开发者可以使用 Beam SDK 来创建数据处理管道，这些程序可以在任何支持的执行引擎上运行，比如 Apex、Spark、Flink、Cloud Dataflow。Beam SDK 定义了开发分布式数据处理任务业务逻辑的 API，即提供一个统一的编程接口给上层应用的开发者。开发者不需要了解底层的、具体的大数据平台的开发接口是什么，不管输入是用于批处理的有限数据集，还是用于流处理的无限数据集，直接通过 Beam SDK 的接口就可以开发数据处理的加工流程。对于有限或无限的输入数据，Beam SDK 都使用相同的类来表现，并且使用相同的转换操作进行处理。

如图 8-34 所示，终端用户用 Beam 来实现自己所需的流计算功能，使用的终端语言可能是 Python、Java 等；Beam 为每种语言提供了一个对应的 SDK，用户可以使用相应的 SDK 创建数据处理管道；用户写出的程序可以被运行在各个 Runner 上，每个 Runner 都实现了从 Beam 管道到平台功能的映射。目前主流的大数据处理框架 Flink、Spark、Apex 以及谷歌的 Cloud DataFlow 等都有了支持 Beam 的 Runner。通过这种方式，Beam 使用一套高层抽象的 API 屏蔽了多种计算引擎的区别，开发者只需要编写一套代码就可以运行在不同的计算引擎之上（如 Apex、Spark、Flink、Cloud Dataflow 等）。

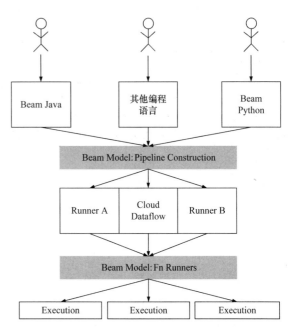

图 8-34　Beam 使用一套高层抽象的 API 屏蔽多种计算引擎的区别

8.6.8　查询分析系统 Dremel

随着 Hadoop 的流行，大规模的数据分析系统已经越来越普及。但是，Hadoop 比较适用于大规模数据的批量处理，而对于实时的交互式处理就显得力不从心。比如，Hadoop 通常无法做到让用户在 2～3s 迅速完成 PB 量级数据的查询。因此，大数据分析师需要一个能够快速分析数据的交互式系统，这样就可以非常方便快捷地浏览数据，建立分析模型。谷歌设计的 Dremel 就是一个能够满足这种实时交互式处理的系统。

Dremel 具有以下几个主要的特点。

①Dremel 是一个大规模、稳定的系统。在一个 PB 量级别的数据集上，将任务缩短到秒级，无疑需要大量的并发计算，这就需要大量机器的参与。但是，机器越多，出问题的概率就越大。如此大的集群规模需要有足够的容错考虑，保证整个分析的速度不被集群中的个别慢（坏）节点所影响。

②Dremel 是 MapReduce 交互式查询能力不足的补充。和 MapReduce 一样，Dremel 也需要和数据运行在一起，将计算移动到数据上。所以，它也需要 GFS 这样的文件系统作为存储层。在设

计之初，Dremel 并非 MapReduce 的替代品，它只是可以执行非常快的分析，在使用时，常用它来处理 MapReduce 的结果集或者用来建立分析原型。

③Dremel 的数据模型是嵌套的。互联网数据常是非关系的，这就要求 Dremel 必须有一个灵活的数据模型，这个数据模型对于获得高性能的交互式查询而言至关重要。因此，Dremel 采用了嵌套数据模型，有点类似于 JSON。嵌套数据模型相对于关系模型而言具有明显的优势。传统的关系模型中不可避免地存在大量连接操作，因此，在处理如此大规模数据的时候，往往是有心无力的。而嵌套数据模型可以在 PB 量级的数据上一展身手。

④Dremel 中的数据是用列式存储的。当对采用列式存储的数据进行分析的时候就可以只扫描需要的那部分数据，从而大大减少磁盘的访问量。同时，列式存储是压缩友好的，可以实现更高的压缩率，使 CPU 和磁盘发挥最大的效能。

⑤Dremel 结合了 Web 搜索和并行 DBMS 的技术。首先，它借鉴了 Web 搜索中查询树的概念，将一个相对巨大的、复杂的查询分割成较小、较简单的查询。大事化小，小事化了，能并发地在大量节点上查询。其次，和并行 DBMS 类似，Dremel 可以提供一个类似 SQL 的接口，就像 Hive 和 Pig 那样。

Dremel 从 2006 年就已经投入开发，并且在谷歌已经有了几千用户。多种多样的 Dremel 实例被部署在谷歌里，每个实例拥有数十至数千个节点。使用 Dremel 系统的例子如下。

- 网络文档分析。
- Android 市场应用程序的安装数据追踪。
- 谷歌产品的崩溃报告分析。
- Google Books 的 OCR 结果。
- 垃圾邮件分析。
- Google Maps 中的地图部件调试。
- 管理中的 Bigtable 实例的 Tablet 迁移。
- 谷歌分布式构建系统中的测试结果分析。
- 数万个硬盘的磁盘 I/O 统计信息。
- 谷歌数据中心上运行任务的资源监控。
- 谷歌代码库的符号和依赖关系分析。

8.7 本章小结

大数据处理与分析是传统数据处理与分析的进一步发展。虽然它依然采用具有多年历史的统计学、机器学习和数据挖掘方法，但是，在实现方式层面有了质的变革，已经从传统的单机程序演进到了分布式程序。分布式程序开发本是一个比较复杂的工作，具有很高的门槛，但是，MapReduce、Spark 和 Flink 等分布式计算框架的出现大大降低了分布式程序开发者的工作负担。

只需要简单编程就可以实现复杂的分布式计算程序，从而可以充分利用计算机集群构建起强大的数据分析能力。

本章对数据处理与分析的概念做了介绍，并详细阐述了大数据处理分析技术及其代表性产品。

8.8　习题

1. 试述数据分析的概念及其与数据处理的关系。
2. 试述机器学习的概念及其与数据挖掘的关系。
3. 试述常见的机器学习和数据挖掘算法。
4. 试述协同过滤算法的种类。
5. 试述典型的大数据处理与分析技术的类型，并给出代表性产品。
6. 试述流计算的概念及其处理流程。
7. 试述通用的图计算软件有哪几种。
8. 试述 MapReduce 的工作流程。
9. 试述 MapReduce 的不足之处。
10. 请将数据仓库 Hive 和传统数据库进行对比分析。
11. 试述数据仓库 Hive 的体系架构。
12. 试述 Spark 相对于 MapReduce 的优点。
13. 试述 Spark 与 Hadoop 的关系。
14. 试述 Spark 的体系架构包含的组件。
15. 试述 Spark 的部署方式有哪几种。
16. 试述推出 Spark SQL 的原因。
17. 试述 Spark Streaming 的基本原理。
18. 试述 Structured Streaming 的处理模型。
19. 请将 Structured Streaming 和 Spark SQL、Spark Streaming 进行对比分析。
20. 试述 Spark MLlib 的功能以及它提供了哪些工具。
21. 试述 TensorFlowOnSpark 的 Spark 应用程序包括的基本过程。
22. 请画出 Storm 的集群架构并加以简要说明。
23. 试述 Storm 的工作流程。
24. 请对 Spark Streaming 和 Storm 进行简要对比。
25. 试述为什么流计算场景比较适合采用 Flink。
26. 试述 Flink 的体系架构包含的组件。
27. 试述 Beam 的设计目标。
28. 试述查询分析系统 Dremel 的特点。

第9章
数据可视化

在大数据时代，人们面对海量数据有时难免显得无所适从。一方面，数据复杂繁多，各种不同类型的数据大量涌来，庞大的数据量已经大大超出了人们的处理能力，在日益紧张的工作中已经不允许人们在阅读和理解数据上花费大量时间；另一方面，人类大脑无法从堆积如山的数据中快速发现核心问题，必须有一种高效的方式来刻画和呈现数据所反映的本质问题。要解决这个问题，就需要数据可视化。它通过丰富的视觉效果，把数据以直观、生动、易理解的方式呈现给用户，可以有效提升数据分析的效率和效果。

数据可视化是大数据分析的最后环节，也是非常关键的一环。本章首先介绍数据可视化的概念和可视化图表，然后分类介绍可视化工具。

9.1 可视化概述

本节首先介绍数据可视化的概念，然后介绍可视化的发展历程，最后指出可视化的重要作用。

9.1.1 数据可视化简介

数据通常是枯燥乏味的，相对而言，人们对于大小、图形、颜色等怀有更加浓厚的兴趣。利用数据可视化平台，枯燥乏味的数据具备丰富生动的视觉效果，不仅有助于简化人们的分析过程，也在很大程度上提高了分析数据的效率。

数据可视化是指将大型数据集中的数据以图形图像形式表示，并利用数据分析和开发工具发现其中未知信息的处理过程。数据可视化技术的基本思想是将数据库中每一个数据项作为单个图元素表示，大量的数据集构成数据图像，同时将数据的各个属性值以多维数据的形式表示，可以从不同的维度观察数据，从而对数据进行更深入的观察和分析。

虽然可视化在数据分析领域并非最具技术挑战性的部分，但却是整个数据分析流程中最重要的一个环节。

9.1.2 可视化的发展历程

人类很早就引入了可视化技术来辅助分析问题。1854年，伦敦暴发霍乱，10天内有500多人死于该病。当时很多人都认为霍乱是通过空气传播的。但是，约翰·斯诺医师却不这么认为。于是他绘制了一张霍乱地图，如图9-1所示，分析了霍乱患者分布与水井分布之间的关系，发现在其中一口井的供水范围内患者明显偏多，他据此找到了霍乱暴发的根源是一个被污染的水泵。人们把这个水泵移除以后，霍乱的发病人数就开始明显下降。

数据可视化历史上的另一个经典之作是1857年提灯女神南丁格尔设计的鸡冠花图（又称玫瑰图），如图9-2所示。它以图形的方式直观地呈现了英国在克里米亚战争中阵亡的战士数量和死亡原因，有力地说明了改善军队医院的医疗条件对于减少战争伤亡的重要性。

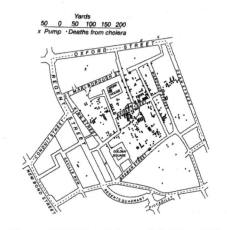
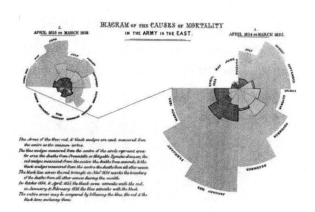

图9-1 反映霍乱患者分布与水井分布的地图　　　图9-2 提灯女神南丁格尔设计的鸡冠花图

20世纪50年代，随着计算机的出现和计算机图形学的发展，人们可以利用计算机技术在计算机屏幕上绘制出各种图形图表，可视化技术开启了全新的发展阶段。最初，可视化技术被大量应用于统计学领域，用来绘制统计图表，如圆环图、柱状图和饼图、直方图、时间序列图、等高线图、散点图等；后来，可视化技术又逐步应用于地理信息系统、数据挖掘分析、商务智能工具等，有效地促进了人类对不同类型数据的分析与理解。

随着大数据时代的到来，每时每刻都有海量数据在不断生成，需要我们对数据进行及时、全面、快速、准确的分析，呈现数据背后的价值。这就更需要可视化技术协助我们更好地理解和分析数据，可视化成为大数据分析的最后一环和对用户而言最重要的一环。

9.1.3 可视化的重要作用

在大数据时代，数据容量和复杂性的不断增加限制了普通用户从大数据中直接获取知识，可视化的需求越来越大，依靠可视化手段进行数据分析必将成为大数据分析流程的主要环节之一。让茫茫数据以可视化的方式呈现，让枯燥的数据以简单友好的图表形式展现出来，可以让数据变得更加通俗易懂，有助于用户更加方便快捷地理解数据的深层次含义，有效参与复杂的数据分析过程，提升数据分析效率，改善数据分析效果。

在大数据时代，可视化技术可以支持实现多种不同的目标。

1. 观测、跟踪数据

许多实际应用中的数据量已经远远超出人类大脑可以理解及消化吸收的能力范围。对于处于不断变化中的多个参数值，如果还是以枯燥数值的形式呈现，人们必将茫然无措。利用变化的数据生成实时变化的可视化图表，可以让人们一眼看出各种参数的动态变化过程，有效跟踪各种参数值。比如，百度地图提供实时路况服务，可以查询包括北京在内的各大城市的实时交通路况信息。

2. 分析数据

利用可视化技术可实时呈现当前分析结果，引导用户参与分析过程，根据用户反馈的信息执行后续分析操作，完成用户与分析算法的全程交互，实现数据分析算法与用户领域知识的完美结合。一个典型的可视化分析过程如图 9-3 所示，数据首先被转化为图像呈现给用户；用户通过视觉系统进行观察分析，同时结合自己的领域背景知识对可视化图像进行认知，从而理解和分析数据的内涵与特征；随后，用户还可以根据分析结果，通过改变可视化程序系统的设置来交互式地改变输出的可视化图像，从而根据自己的需求从不同角度对数据进行理解。

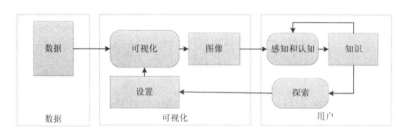

图 9-3　用户参与的可视化分析过程

3. 辅助理解数据

可视化技术可帮助普通用户更快、更准确地理解数据背后的含义，如用不同的颜色区分不同对象，用动画显示变化过程，用图结构展现对象之间的复杂关系等。例如，微软亚洲研究院设计开发的人立方关系搜索能从超过 10 亿的中文网页中自动抽取出人名、地名、机构名以及中文短语，并通过算法自动计算出它们之间存在关系的可能性，最终以可视化的关系图形式呈现结果。微软人立方展示的人物关系示意如图 9-4 所示。

4. 增强数据吸引力

利用可视化技术将枯燥的数据制作成具有强大视觉冲击力和说服力的图像，可以大大增强读者的阅读兴趣。可视化的图表新闻（见图 9-5）就是一个非常受欢迎的应用。在海量的新闻信息面前，读者的时间和精力都开始显得有些捉襟见肘。传统单调保守的讲述方式已经不能引起读者的兴趣，需要更加直观、高效的信息呈现方式。因此，现在的新闻播报越来多地使用数据图表，动态、立体化地呈现报道内容，让读者对内容一目了然，能够在短时间内迅速消化和吸收，大大提高了知识理解的效率。

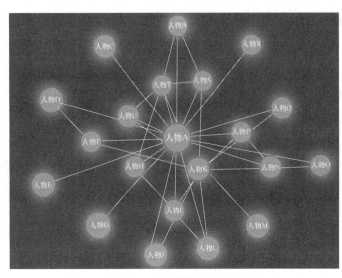

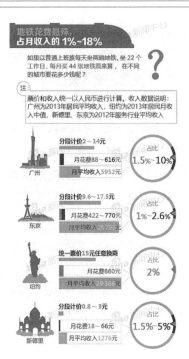

图 9-4　微软人立方展示的人物关系示意　　　　图 9-5　可视化的图表新闻实例

9.2　可视化图表

统计图表是使用最早的可视化图形，已经有数百年的发展历史，逐渐形成了一套成熟的方法，比较符合人类的感知和认知，因而得到了大量的使用。当然，数据可视化不仅是统计图表。本质上，任何能够借助于图形方式展示事物原理、规律、逻辑的方法都叫数据可视化。常见的统计图表包括柱状图、折线图（Line Charts）、饼图（Pie Charts）、散点图（Scatter Charts）、气泡图、雷达图等。表 9-1 给出了最常用的统计图表类型及其应用场景。

表 9-1　　　　　　　　　　　　最常用的统计图表类型及其应用场景

图表	维度	应用场景
柱状图	二维	指定一个分析轴进行数据大小的比较，只需比较其中一维
折线图	二维	按照时间序列分析数据的变化趋势，适用于较大的数据集
饼图	二维	指定一个分析轴进行所占比例的比较，只适用于反映部分与整体的关系
散点图	二维或三维	有两个维度需要比较
气泡图	三维或四维	其中只有两个维度能够精确辨识
雷达图	四维以上	数据点不超过 6 个

除了上述常见的图表以外，数据可视化还可以使用其他图表。

①漏斗图。漏斗图适用于业务流程比较规范、周期长、环节多的流程分析，通过漏斗各环节业务数据的比较，能够直观地发现和说明问题所在。

②树图。树图是一种流行的、利用包含关系表达层次化数据的可视化方法，它能将事物或现象分解成树枝状，因此又称树状图或系统图。树图就是把要实现的目的与需要采取的措施或手段系统地展开并绘制成图，以明确问题的重点，寻找最佳手段或措施。

③热力图。热力图以特殊高亮的形式显示访客热衷的页面区域和访客所在的地理区域的图示。它基于 GIS（Geographic Information System，地理信息系统）坐标，用于显示人或物品的相对密度。

④关系图。关系图是基于 3D 空间中的点线组合，再加以颜色、粗细等维度的修饰，适用于表征各节点之间的关系。

⑤词云。通过形成关键词云层或关键词渲染，对网络文本中出现频率较高的关键词给予视觉上的突出。

⑥桑基图。桑基图也被称为桑基能量分流图或桑基能量平衡图，它是一种特定类型的流程图，图中延伸的分支的宽度对应数据流量的大小，通常用于能源、材料成分、金融等数据的可视化分析。

⑦日历图。日历图是以日历为基本维度的、对单元格加以修饰的图表。

9.3　可视化工具

目前已经有许多数据可视化工具，其中大部分都是免费使用的，可以满足各种可视化需求，主要包括入门级工具（Excel）、信息图表工具（Google Chart API、ECharts、D3、Raphaël、Flot、Tableau、大数据魔镜）、地图工具（Modest Maps、Leaflet、PolyMaps、OpenLayers、Kartograph、Google Fushion Tables、Quanum GIS）、时间线工具（Timetoast、Xtimeline、Timeslide、Dipity）和高级分析工具（Processing、NodeBox、R、Weka 和 Gephi）等。

9.3.1　入门级工具

Excel 是微软公司的办公软件 Office 家族的系列软件之一，可以进行各种数据的处理、统计分析和辅助决策操作，已经广泛地应用于管理、统计、金融等领域。Excel 是日常数据分析工作中最常用的工具，简单易用，用户不需要复杂的学习就可以轻松使用 Excel 提供的各种图表功能。尤其是制作折线图、饼图、柱状图、散点图等各种统计图表时，Excel 是普通用户的首选工具。但是，Excel 在颜色、线条和样式上可选择的范围较为有限。

9.3.2　信息图表工具

信息图表是信息、数据、知识等的视觉化表达，它利用人脑对于图形信息相对于文字信息更容易理解的特点，更高效、直观、清晰地传递信息，在计算机科学、数学以及统计学领域有着广泛的应用。

1. Google Chart API

谷歌公司的制图服务接口 Google Chart API 可以用来为统计数据自动生成图片。该工具的使用非常简单，不需要安装任何软件，可以通过浏览器在线查看统计图表。Google Chart 提供了折线图、条状图（Bar Charts）、饼图、Venn 图（Venn Diagrams）和散点图 5 种图表。

比如，在浏览器中输入字符串 "http://chart.apis.google.com/chart?cht=p3&chd=s:hW&chs=200x100&chl=Big|Data&chtt=Big+Data"，就可以得到图 9-6 所示的饼图。字符串中的各个参数含义如下。

①cht（chart type）：图表种类，cht=p3 表示生成 3D 饼图。

②chs（chart size）：图表面积，chs=200×100 表示宽 200 像素，高 100 像素。

③chtt（chart title）：图表标题，chtt=Big+Data 表示标题是 Big Data。

④chd（chart data）：图表数据，chd=s:hW 表示数据是普通字符串（Simple String）hW。目前，允许的编码选择有 simple(s)、extended(e)和 text(t)。

2. ECharts

ECharts 是由百度公司前端数据可视化团队研发的图表库，可以流畅地运行在 PC 和移动设备上，兼容当前绝大部分浏览器（IE8/9/10/11/12、Chrome、Firefox、Safari 等），底层依赖轻量级的 Canvas 类库 ZRender，可以提供直观、生动、可交互、可高度个性化定制的数据可视化图表。

ECharts 提供了非常丰富的图表类型，包括常规的折线图、柱状图、散点图、饼图、K 线图，用于统计的盒形图，用于地理数据可视化的地图、热力图、线图，用于关系数据可视化的关系图、treemap，用于多维数据可视化的平行坐标，以及用于 BI 的漏斗图、仪表盘，并且支持图与图之间的混搭，能够满足用户分析数据时绝大部分的图表制作需求。

3. D3

D3 是最流行的可视化库之一，是一个用于网页作图、生成互动图形的 JavaScript 函数库。它提供了一个 D3 对象，所有方法都通过这个对象调用。D3 能够提供大量线性图和条形图之外的复杂图表样式，如 Voronoi 图、树状图、圆形集群和单词云等，如图 9-7 所示。

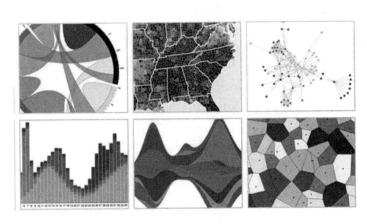

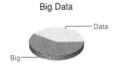

图 9-6　3D 饼图　　　　　　　　　图 9-7　D3 提供的可视化图表

4．Tableau

Tableau 是桌面系统中最简单的商业智能工具软件，更适合企业和部门进行日常数据报表和数据可视化分析工作。Tableau 实现了数据运算与美观图表的完美结合，用户只要将大量数据拖放到数字画布上，转眼间就能创建好各种图表。

5．大数据魔镜

大数据魔镜是一款优秀的国产数据分析软件，它丰富的数据公式和算法可以让用户真正理解探索分析数据，用户只要通过一个直观的拖放界面就可以创造交互式的图表和数据挖掘模型。大数据魔镜提供了中国最大的、绚丽实用的可视化效果库。通过魔镜，企业积累的各种来自内部和外部的数据，比如网站数据、销售数据、ERP（Enterprise Resource Planning，企业资源计划）数据、财务数据、大数据、社会化数据、MySQL 数据库数据等，都可整合在魔镜中进行实时分析。魔镜移动 BI 平台可以在 IPad/IPhone/IPod Touch、安卓智能手机和平板上展示 KPI（Key Performance Indicator，关键绩效指标）、文档和仪表盘，而且所有图标都可以进行交互、触摸，在手掌间随意查看和分析业务数据。

9.3.3　地图工具

地图工具在数据可视化中较为常见，它在展现数据基于空间或地理的分布上有很强的表现力，可以直观地展现各分析指标的分布、区域等特征。当指标数据要表达的主题与地域有关联时，就可以选择以地图作为大背景，从而帮助用户更加直观地了解整体的数据情况，同时也可以根据地理位置快速地定位到某一地区来查看详细数据。

1．Google Fusion Tables

Google Fusion Tables 让一般使用者也可以轻松制作出专业的统计地图。该工具可以让数据表呈现为图表、图形和地图，从而帮助使用者发现一些隐藏在数据背后的模式和趋势。

2．Modest Maps

Modest Maps 是一个小型、可扩展、交互式的免费库，提供了一套查看卫星地图的 API，只有 10 KB 大小，是目前最小的可用地图库。它也是一个开源项目，有强大的社区支持，是在网站中整合地图应用的理想选择。

3．Leaflet

Leaflet 是一个小型化的地图框架，通过小型化和轻量化来满足移动网页的需要。

9.3.4　时间线工具

时间线是表现数据在时间维度演变的有效方式，它通过互联网技术，依据时间顺序，把一方面或多方面的事件串联起来，形成相对完整的记录体系，再运用图文的形式呈现给用户。时间线可以运用于不同领域，其最大的作用就是把过去的事物系统化、完整化、精确化。时间线工具在国内外社交网站中大面积流行。

1．Timetoast

Timetoast 是在线创作基于时间轴事件记载服务的网站，提供个性化的时间线服务，可以用不同的时间线来记录用户某个方面的发展历程、心理路程、进度过程等。Timetoast 基于 Flash 平台，可以在类似 Flash 的时间轴上任意加入事件，定义每个事件的时间、名称、图像、描述，最终在时间轴上显示事件在时间序列上的发展，事件显示和切换十分流畅，用鼠标单击时可显示相关事件，操作简单。

2. Xtimeline

Xtimeline 是一个绘制时间线的免费在线工具网站，操作简便，用户通过添加事件日志的形式构建时间表，同时也可给日志配上相应的图表。不同于 Timetoast 的是，Xtimeline 是一个社区类型的时间轴网站，其中加入了组群功能和更多的社会化因素，除了可以分享和评论时间轴外，还可以建立组群讨论所制作的时间轴。

9.3.5 高级分析工具

1. R

R 是属于 GNU 系统的一个自由、免费、源码开放的软件，是一个用于统计计算和统计制图的优秀工具，使用难度较高。R 可以作为数据存储和处理系统、数组运算工具（具有强大的向量、矩阵运算功能）、完整连贯的统计分析工具、优秀的统计制图工具、简便而强大的编程语言，可操纵数据的输入和输出，实现分支、循环以及用户可自定义功能等，通常用于大数据集的统计与分析。

2. Python

Python 是一种面向对象的解释型计算机程序设计语言，由荷兰人吉多·范罗苏姆于 1989 年发明。Python 是纯粹的自由软件，源码和解释器 CPython 遵循 GPL（GNU General Public License，GNU 通用公共授权）协议。Python 具有丰富和强大的库。它常被称为胶水语言，能够把用其他语言制作的各种模块（尤其是 C/C++）很轻松地连接在一起。Python 也是一种很好的可视化工具，可以开发出各种可视化效果图。Python 可视化库可以大致分为基于 Matplotlib 的可视化库、基于 JavaScript 的可视化库、基于上述两者或其他组合功能的库。

3. Weka

Weka 是一款免费、基于 Java 环境、开源的机器学习以及数据挖掘软件，不但可以进行数据分析，还可以生成一些简单图表。

4. Gephi

Gephi 是一款比较特殊也很复杂的软件，主要用于社交图谱数据可视化分析，可以生成非常酷炫的可视化图形。

9.4　本章小结

本章介绍了数据可视化的相关知识。数据可视化在大数据分析中具有非常重要的作用，尤其从用户角度而言，它是提升用户数据分析效率的有效手段。

统计图表是可视化图形的常见形式，常见的统计图表包括柱状图、折线图、饼图、散点图、气泡图、雷达图等。

可视化工具包括入门级工具、信息图表工具、地图工具、时间线工具和高级分析工具，每种工具都可以帮助我们实现不同类型的数据可视化分析，可以根据具体应用场合来选择适合的工具。

9.5　习题

1. 试述数据可视化的概念。
2. 试述数据可视化的重要作用。
3. 常见的统计图表有哪些类型？给出每种类型的具体应用场景。
4. 可视化工具主要包含哪些类型？各自的代表性产品有哪些？
5. 请举出几个数据可视化的案例。

第10章
大数据分析综合案例

通过前面的学习，我们已经对大数据分析全流程所涉及的各种理论和技术有了初步的了解。本章将通过一个具体的案例，对大数据分析全流程的部分理论和技术进行一个串联，从而帮助读者了解这些理论和技术是如何有机融合在一起来解决我们实际应用中的具体问题的。本章案例来自《大数据实训案例——电影推荐系统（Scala 版）》一书，案例的完整实现是一个复杂的过程，需要掌握大量专业知识和技能。显然，就我们目前已经掌握的知识而言，是无法真正在计算机上顺利运行该案例的。这里提供的案例是经过缩减以后的高度精练的版本，主要目的在于帮助读者形成一个对于大数据分析的全局性的轮廓认识，从而了解大数据理论和技术的综合运用方法。

本章首先给出案例任务，然后介绍系统设计，包括系统总体设计、数据库设计、系统网站设计和算法设计，最后阐述技术选择、系统实现以及案例所需知识和技能。

10.1 案例任务

网络上的电影信息在迅速增长。随着时间的推进，电影信息越来越多，用户面对如此庞大的数据，可能会无所适从。电影推荐系统可以根据用户的喜好（用户对一些电影的评分）向用户推荐可能感兴趣的电影，这样可以给用户创造一个良好的电影信息推荐体验，让用户不再漫无目的地去寻找符合自己口味的电影。

电影推荐系统的功能包括用户管理功能和电影推荐功能，如图 10-1 所示。用户管理功能是系统的基础功能，包括注册功能和登录功能。注册是第一次使用本系统的用户的必要步骤。用户进入注册页面，按要求填写相关信息，即用户自定义用户名和登录密码，完成新用户注册。用户成功注册后，即可使用系统的登录功能。用户可在登录页面填写用户名和密码，验证成功后可进入推荐系统。

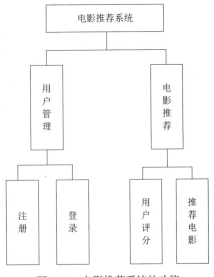

图 10-1 电影推荐系统的功能

电影推荐功能是系统的核心功能。用户登录成功以后，系统会自动随机挑选一些电影呈现给用户，由用户根据个人喜好对电影进行评分；然后，系统会根据用户的评分信息调用 Spark 程序计算出用户最可能感兴趣的几部电影，并在网页中为用户呈现精美的电影图片。

10.2　系统设计

系统设计包括系统总体设计、数据库设计、系统网站设计和算法设计。

10.2.1　系统总体设计

电影推荐系统的设计开发工作包括网站、电影推荐程序和数据库 3 个部分。

①网站：搭建一个网站，提供用户管理和电影推荐功能。

②电影推荐程序：开发电影推荐程序，结合大规模历史数据集和用户个人喜好，为用户推荐其可能感兴趣的电影。

③数据库：设计一个关系数据库，存放用户信息、电影信息、用户评分信息和电影推荐结果信息。

图 10-2 描述了网站、电影推荐程序和数据库 3 个部分之间的关系。当用户注册时，新用户的用户名和登录密码会被写入数据库中；当用户登录时，系统会到数据库中读取用户名和登录密码进行验证；当用户评分时，用户对多部电影的评分信息会被写入数据库；当用户请求推荐电影时，网页会调用电影推荐程序；电影推荐程序会读取数据库中该用户的个性化评分数据，并从分布式文件系统中读取大规模历史评分数据，计算得到推荐结果（如 5 部用户最感兴趣的电影），并把推荐结果写入数据库；最后，由相关程序从数据库中读取推荐结果呈现到网页中。

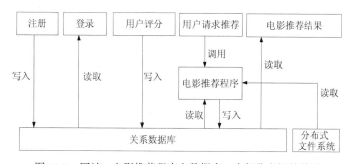

图 10-2　网站、电影推荐程序和数据库 3 个部分之间的关系

10.2.2　数据库设计

本系统使用关系数据库保存用户信息、电影信息、用户评分信息和电影推荐结果信息。首先我们需要创建一个数据库 movierecommend，并在数据库中创建 4 个表，即电影信息表 movieinfo、

用户信息表 user、用户评分表 personalratings 以及电影推荐结果表 recommendresult。各个表的字段如下。

①电影信息表 movieinfo：电影 ID、电影名称、电影上映时间、电影导演、主要演员、电影宣传海报、电影的平均评分、参与电影评分的人数、电影简介、电影类型。

②用户信息表 user：用户 ID、用户名、用户登录密码。

③用户评分表 personalratings：用户 ID、电影 ID、用户对电影的评分、评分时间。

④电影推荐结果表 recommendresult：用户 ID、电影 ID、电影评分、电影名称。

10.2.3 系统网站设计

电影推荐系统的网页跳转示意图如图 10-3 所示。电影推荐系统网站主要包括首页、登录页面、注册页面、用户评分页面和电影推荐结果页面。

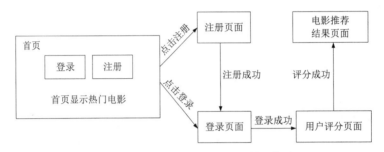

图 10-3　电影推荐系统的网页跳转示意图

如图 10-4 所示，电影推荐系统网站首页，会滚动显示当前热播的几部电影，同时在页面的右上角提供了登录和注册按钮。当用户单击时，分别会跳转到登录和注册页面。

图 10-4　电影推荐系统网站首页

用户评分成功以后，系统会调用电影推荐程序计算得到电影推荐结果，并把推荐结果写入数据库。然后，系统从数据库中读取推荐结果，并以可视化方式呈现在电影推荐结果页面上。

10.2.4　算法设计

1. 算法的选择

电影推荐程序的设计是电影推荐系统设计的核心。电影推荐程序需要完成推荐功能，因此，我们可以选择经典的推荐算法——协同过滤算法。基于 ALS 矩阵分解的协同过滤算法（以下简称 ASL 算法）就是典型的基于模型的协同过滤算法。基于模型的协同过滤算法是通过已经观察到的所有用户给产品的打分，来推断每个用户的喜好并向用户推荐合适的产品。本系统就采用该算法来预测某个用户对某部电影的评分，并把合适的电影推荐给该用户。

2. ALS 算法的基本原理

在实际应用中，用户和商品的关系可以抽象为一个三元组<User,Item,Rating>，其中，User 表示用户，Item 表示物品，Rating 表示用户对物品的评分，即用户对物品的喜好程度。

用户对物品的评分行为可以表示成一个 "用户-物品" 矩阵 $A(u*v)$，该矩阵表示 u 个用户对 v 个物品的评分情况。表 10-1 是一个评分矩阵实例。

表 10-1　　　　　　　　　　　　用户对物品的评分

	v_1	v_2	v_3	v_4	v_5
u_1	3	5	4		1
u_2	4		3	3	1
u_3	3	4	5	3	2
u_4	4	4	3	2	1
u_5	2	4		1	2
u_6		5	4	1	2

其中，矩阵 A 的每个元素 A_{ij} 表示用户 u_i 对物品 v_j 的评分。由于用户不会对所有的物品都进行评分，因此，在矩阵 A 中会不可避免地存在一些缺失值（表 10-1 中的空白单元格），这意味着 A 是一个稀疏矩阵，里面会存在很多空值，如图 10-5 所示。基于模型的协同过滤算法就是根据已经观察到的用户、物品信息来预测矩阵 A 中的缺失值。

用户-物品矩阵 A 中的元素 A_{ij} 是用户给予物品的显式偏好，例如用户根据自己的喜好对电影进行评分。在现实世界中使用时，我们经常只能获得隐式反馈信息（如意见、点击、购买、喜欢以及分享等），而无法直接获得显式反馈信息（比如用户对物品的评分）。基于 ALS 矩阵分解的协同过滤算法不是直接对评分矩阵进行建模，而是根据隐式反馈（如意见、点击、购买、喜欢以及分享等）来衡量用户喜好某个物品的置信水平，从而得到用户-物品矩阵 A 中的缺失值。

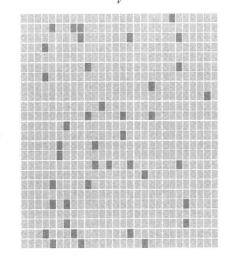

图 10-5　稀疏矩阵

ALS 算法采用隐语义模型（又叫潜在因素模型），试图通过数量相对少的、未被观察到的底层原因来解释大量用户和产品之间可观察到的交互。ALS通过降维的方法来补全用户-物品矩阵，并对矩阵中没有出现的值进行估计。ALS的核心思想基于一个假设，即评分矩阵是近似低秩的。也就是说，一个$m×n$的用户-物品矩阵A可以由分解得到的两个小矩阵$P(m×k)$和$Q(n×k)$的乘积来近似得到，如图10-6所示，即$A=PQ^T$，其中$k<<m$，$k<<n$。在这个矩阵分解的过程中，评分缺失项得到了填充，即可以基于填充的评分来给用户推荐物品。在实际应用场景中，m和n的数值都很大，矩阵A的规模很容易突破1亿项。这时，传统的矩阵分解方法（比如奇异值分解SVD）面对如此巨大的数据量往往会显得无能为力，而采用ALS则可以获得较好的性能。

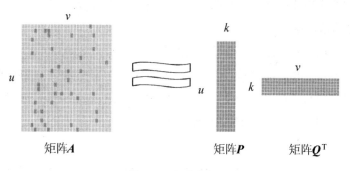

矩阵A 矩阵P 矩阵Q^T

图10-6 矩阵分解

例如，将用户（User）对物品（Item）的评分矩阵分解为两个矩阵：一个是用户对物品隐含特征的偏好矩阵，另一个是物品所包含的隐含特征的矩阵。具体而言，将用户-物品的评分矩阵R分解成两个隐含因子矩阵P和Q，从而将用户和物品都投影到一个隐含因子的空间中。即对于$R(m×n)$的矩阵，ALS旨在找到两个低维矩阵$P(m×k)$和矩阵$Q(n×k)$，来近似逼近$R(m×n)$：

$$R_{m×n} \simeq P_{m×k}Q_{n×k}^T$$

（10-1）

其中，$k<<\min(m, n)$。

这里相当于降维了，矩阵P和Q也被称为低秩矩阵。需要注意的是，我们并不需要显式地定义这k个关联维度，而只需要假定它们存在即可，因此这里的关联维度又被称为隐语义因子（Latent Factor），k的典型取值一般是20～200。这种方法被称为概率矩阵分解算法（Probabilistic Matrix Factorization，PMF）。ALS算法是PMF在数值计算方面的应用。

下面简要说明ALS的低秩假设为什么是合理的。大千世界，人海茫茫，人们的喜好各不相同。描述一个人的喜好通常都可以在一个抽象的低维空间上进行，并不需要将其喜欢的事物一一列出。比如，用户a喜欢看战争题材的电影，则根据这个描述就知道用户a大概会喜欢《集结号》和《拯救大兵瑞恩》等电影，因为这些电影都符合用户a对自己喜好的描述。也就是说，这些电影在这个抽象的低维空间的投影和用户a的喜好相似。进一步，可以把用户的喜好和电影的特征都投影到一个低维空间。比如，把一个用户的喜好投影到一个低维向量p_i，把一个电影的特征投影到一个低维向量q_j，那么这个用户和这个电影的相似度就可以表示成这两个向量之间的内积$p_iq_j^T$。如果把评分理解成相似度，那么矩阵A就可以由用户喜好矩阵P和电影特征矩阵Q的乘积PQ^T来近似了。

为了使低秩矩阵 P 和 Q 尽可能地逼近 R，可以通过最小化下面的损失函数 L 来完成：

$$L(P,Q) = \Sigma_{u,i}(r_{ui} - p_u q_i^{\mathrm{T}})^2 + \lambda(|\,p_u\,|^2 + |\,q_i\,|^2) \qquad (10\text{-}2)$$

其中，p_u 表示用户 u 偏好的隐含特征向量；q_i 表示物品 i 包含的隐含特征向量；r_{ui} 表示用户 u 对物品 i 的评分；向量 p_u 和 q_i 的内积 $p_u q_i^{\mathrm{T}}$ 是用户 u 对物品 i 评分的近似。

最小化该损失函数可使两个隐语义因子矩阵的乘积尽可能逼近原始的评分。同时，损失函数中增加了 L2 规范化项（Regularization Term），对较大的参数值进行惩罚，以减小过拟合造成的影响。

ALS 是求解 $L(P,Q)$ 的著名算法，它的基本思想是：固定其中一类参数，使问题变为单类变量优化问题，利用解析方法进行优化；再反过来，固定先前优化过的参数，再优化另一组参数；此过程迭代进行，直到收敛。ALS 算法中的 A 即最小交替二乘法中的交替，就是指我们先随机生成 P_0，然后固定 P_0 去求解 Q_0，再固定 Q_0 求解 P_1，这样交替进行下去。因为每步迭代都会降低重构误差，并且误差是有下界的，所以 ALS 一定会收敛。具体求解过程如下。

① 固定 Q，对 p_u 求偏导数 $\dfrac{\partial L(P,Q)}{\partial p_u} = 0$，得到求解 p_u 的公式：

$$p_u = (Q^{\mathrm{T}}Q + \lambda I)^{-1} Q^{\mathrm{T}} \gamma_u \qquad (10\text{-}3)$$

② 固定 P，对 q_i 求偏导数 $\dfrac{\partial L(P,Q)}{\partial q_i} = 0$，得到求解 q_i 的公式：

$$q_i = (p^{\mathrm{T}}p + \lambda I)^{-1} P^{\mathrm{T}} \gamma_i \qquad (10\text{-}4)$$

实际运行时，程序会首先随机对 P、Q 进行初始化，随后根据以上过程，交替对 P、Q 进行优化直到收敛。收敛的标准是其均方根误差（Root Mean Squared Error，RMSE）小于某一预定义的阈值。

3. 使用 ALS 算法预测用户对电影的评分

在本案例中，我们可以获得一个电影评分数据集，其中包含了大量用户对不同电影的评分，这个电影评分表就相当于表 10-1 和图 10-6。用户和商品的关系三元组<User,Item,Rating>中，User 就是参与打分的电影观众，Item 就是电影，Rating 就是观众对电影的打分。在我们获取到的电影评分数据集中，只包含了大量用户对他们已经看过的电影的评分。对于没有看过的电影，用户几乎无法评分，因此，由这个数据集构建得到的矩阵肯定是一个类似图 10-6 的稀疏矩阵。我们可以使用电影评分数据集对 ALS 算法进行训练，训练的过程就是寻找低秩矩阵 P 和 Q、使 P 和 Q 尽可能地逼近 R。算法训练过程达到收敛以后，得到一个模型，然后就可以使用这个模型进行评分预测。也就是给定一个用户和一部电影，该模型就会预测该用户可能给该电影打多少分。

10.3 技术选择

为了实现之前给出的系统设计方案，需要确定相关的实现技术（见表 10-2），具体如下。

①数据集。通过网络爬虫从网络获得电影评分数据集，这里使用 Scrapy 爬虫。

②操作系统。在构建大数据分析系统时，一般建议采用 Linux 操作系统。Linux 操作系统有许多发行版，这里选择 Ubuntu 版。

③关系数据库。在电影推荐系统中需要使用关系数据库来存储用户信息、电影信息、用户评分信息和电影推荐结果信息。目前，市场上有许多关系数据库产品，比如 Oracle、SQL Server、DB2、MySQL 等，这里选择开源数据库产品 MySQL。

④分布式文件系统。分布式文件系统用来保存大量的电影评分数据，这里选择 Hadoop 的 HDFS。

⑤ETL。ETL 用来把通过网络爬虫得到的、保存在文本文件中的数据，经过数据清洗以后加载到分布式文件系统中。这里采用开源 ETL 工具 Kettle。

⑥分布式计算框架。对于机器学习算法而言，传统的机器学习算法由于技术和单机存储的限制，只能在少量数据上使用。在面对大规模数据集时，需要使用分布式机器学习算法，因此，这里采用机器学习框架 Spark MLlib。MLlib 提供了 ALS 算法的分布式实现，也就是说，开发者不需要编写 ALS 算法的实现细节，只要调用 MLlib 提供的 ALS 算法的 API，传入训练数据（电影评分数据集），MLlib 就会自动完成模型训练，训练得到的模型就可以直接用于预测某个用户对某部电影的评分。

⑦编程语言。Spark MLlib 支持 Java、Scala 和 Python，这里采用 Scala。

⑧开发工具。调试 Spark 程序需要一款高效的开发工具，这里选择 IntelliJ IDEA。

⑨网站。网站开发采用 Node.js。Node.js 是一个 JavaScript 运行环境，是一个能让 Chrome JavaScript 运行在服务端的开发平台，用于方便地搭建响应速度快、易于扩展的网络应用。Node.js 使用事件驱动、非阻塞 I/O 模型，具备轻量和高效的特点，非常适合在分布式设备上运行数据密集型的实时应用。

表 10-2　　　　　　　　　　系统实现技术

项目	技术
数据集	Scrapy 爬虫
操作系统	Linux 操作系统，比如 Ubuntu
关系数据库	MySQL
分布式文件系统	HDFS
ETL	Kettle
分布式计算框架	Spark MLlib
编程语言	Scala
开发工具	IntelliJ IDEA
网站	Node.js

通过上述技术选择以后，本案例的数据分析全流程就十分清晰了，整体过程如图 10-7 所示。

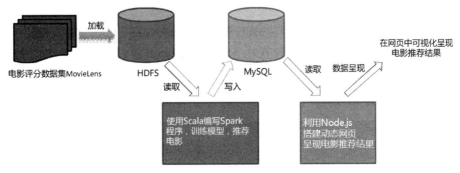

图 10-7　本案例的数据分析整体过程

10.4　系统实现

1. 系统实现涉及的任务

系统实现是一个比较复杂的过程，这里只简单介绍系统实现过程中所涉及的一些任务。关于系统实现的详细细节可以参考《大数据实训案例——电影推荐系统（Scala 版）》。系统实现涉及的主要任务如下。

①搭建环境。安装 Linux 操作系统、JDK、关系数据库 MySQL、大数据软件 Hadoop、大数据软件 Spark、开发工具 IntelliJ IDEA、ETL 工具 Kettle 和 Node.js。

②采集数据。编写 Scrapy 爬虫，从网络上获取电影评分数据。

③加载数据。使用 ETL 工具 Kettle 对数据进行清洗后加载到分布式文件系统 HDFS 中。

④存储和管理数据。使用分布式文件系统 HDFS 和关系数据库 MySQL 对数据进行存储和管理。

⑤处理和分析。使用 Scala 和开发工具 IntelliJ IDEA 编写 Spark MLlib 程序，根据 HDFS 中的大量数据进行模型训练（即使用数据对 ALS 算法进行训练得到模型），然后使用训练得到的模型进行电影评分预测，并为用户推荐合适的电影。

⑥可视化。使用 Node.js 搭建网站，接受用户访问，并以可视化的方式呈现电影推荐结果。

2. 案例所需知识和技能

总体而言，要实现本案例，我们需要掌握以下知识：Linux 操作系统、关系数据库、JDK 的基本知识、面向对象编程、Scala、网络爬虫、数据清洗、分布式文件系统、Spark、Spark SQL、Spark MLlib、JDBC、机器学习、数据挖掘、推荐系统、协同过滤算法、ASL 算法、网页应用程序开发、HTML、数据可视化、系统设计等。

从专业技能的角度，我们需要掌握：Linux 操作系统及相关软件的安装和使用方法、JDK 的安装、Hadoop 的安装和基本使用方法、Spark 的安装和基本使用方法、MySQL 数据库的安装和基本使用方法、开发工具 IntelliJ IDEA 的安装和使用方法、Scala 程序开发方法、软件项目管理工具 Maven 的使用方法、ETL 工具 Kettle 的安装和使用方法、Spark SQL 程序的开发方法、ALS 算法的使用方法、Spark MLlib 程序开发方法、Node.js 的安装和使用 Node.js 开发动态网页的方法等。

10.5　本章小结

学习大数据理论和技术是为了帮助我们解决实际具体问题。而如何对所学知识进行学以致用，有效地应用到问题的解决中，通常是一个烦琐的过程，这个过程不仅需要细致认真的思考，更需要不断的摸索实践。为了帮助读者搭建起理论联系实际的桥梁，本章给出了一个简单而具有代表性的案例。这个案例是一个复杂系统的微缩版，但是，麻雀虽小，五脏俱全。通过对这个案例的学习，相信可以帮助读者建立对大数据分析全流程的感知性认识，为以后更好、更有针对性地开展各门专业课的学习打下坚实的基础。

10.6　习题

1. 试述大数据分析全流程的主要环节。
2. 试述 ASL 算法的基本原理。
3. 请介绍几种常见的开发工具并说明各自的优缺点。
4. 请说明 ALS 算法是如何应用于电影推荐系统的。

参考文献

[1] 林子雨. 大数据导论（通识课版）[M]. 北京：高等教育出版社，2020.

[2] 林子雨. 大数据技术原理与应用[M]. 3版. 北京：人民邮电出版社，2021.

[3] 林子雨. 大数据基础编程、实验和案例教程[M]. 2版. 北京：清华大学出版社，2020.

[4] 林子雨. 数据采集与预处理[M]. 北京：人民邮电出版社，2022.

[5] 林子雨，赵江声，陶继平. Python 程序设计基础教程（微课版）[M]. 北京：人民邮电出版社，2022年.

[6] 林子雨，赖永炫，陶继平. Spark 编程基础（Scala 版）[M]. 2版. 北京：人民邮电出版社，2022.

[7] 林子雨，郑海山，赖永炫. Spark 编程基础（Python 版）[M]. 北京：人民邮电出版社，2020.

[8] 林子雨. 大数据实训案例——电影推荐系统（Scala 版）[M]. 北京：人民邮电出版社，2019.

[9] 林子雨. 大数据实训案例——电信用户行为分析（Scala 版）[M]. 北京：人民邮电出版社，2019.

[10] 维克托·迈尔-舍恩伯格，肯尼思·库克耶. 大数据时代——生活、工作与思维的大变革[M]. 盛杨燕，周涛，译. 杭州：浙江人民出版社，2013.

[11] 涂子沛. 数商[M]. 北京：中信出版集团，2020.

[12] 黄源，涂旭东. 数据清洗[M]. 北京：机械工业出版社，2020.

[13] 杜小勇，杨晓春，童咏昕. 大数据治理的理论与技术专题前言[J]. 软件学报，2023, 34(3): 1007-1009.

[14] 凡景强，邢思聪. 大数据伦理研究进展、理论框架及其启示[J]. 情报杂志，2023, 42(3): 167-173.

[15] 张丽冰. 大数据伦理问题相关研究综述[J]. 文化创新比较研究，2023, 7(1): 58-61.

[16] 张涛，崔文波，刘硕，等. 英国国家数据安全治理：制度、机构及启示[J]. 信息资源管理学报，2022, 12(6): 44-57.

[17] 黎四奇. 数据科技伦理法律化问题探究[J]. 中国法学，2022(04): 114-134.

[18] 刘云雷，刘磊. 数据要素市场培育发展的伦理问题及其规制[J]. 伦理学研究，2022(3): 96-103.

[19] 王强芬. 儒家伦理对大数据隐私伦理构建的现代价值[J]. 医学与哲学，2019, 40(1): 30-34.

[20] 张敏，朱雪燕. 我国大数据交易的立法思考[J]. 学习与实践，2018(7): 60-70.

[21] 郑飞鸿，潘燕杰. 政府数据开放中公民知情权与隐私权协调机制[J]. 西华大学学报，2019,

38(1): 105-112.

[22] 程园园. 大数据时代大数据思维与统计思维的融合[J]. 中国统计，2018(1): 15-16.

[23] 刘佳祎. 云计算与大数据环境下的信息安全技术[J]. 电子技术与软件工程，2019(2): 204.

[24] 吴沈括. 数据治理的全球态势及中国应对策略[J]. 电子政务，2019(1): 2-10.

[25] 唐文剑，吕雯，林松祥，等. 区块链将如何重新定义世界[M]. 北京：机械工业出版社，2016.

[26] 陆嘉恒. Hadoop 实战[M]. 2 版. 北京：机械工业出版社，2012.

[27] 汤姆·怀特. Hadoop 权威指南（中文版）[M]. 周傲英，曾大聃，译. 北京：清华大学出版社，2010.

[28] 王鹏. 云计算的关键技术与应用实例[M]. 北京：人民邮电出版社，2010.

[29] 黄宜华. 深入理解大数据——大数据处理与编程实践[M]. 北京：机械工业出版社，2014.

[30] 蔡斌，陈湘萍. Hadoop 技术内幕——深入解析 Hadoop Common 和 HDFS 架构设计与实现原理[M]. 北京：机械工业出版社，2013.

[31] 尼克·迪米达克，阿曼迪普·库拉纳. HBase 实战[M]. 谢磊，译. 北京：人民邮电出版社，2013.

[32] 陆嘉恒. 大数据挑战与 NoSQL 数据库技术[M]. 北京：电子工业出版社，2013.

[33] 阿纳德·拉贾拉曼，杰弗里·戴维·乌尔曼. 大数据——互联网大规模数据挖掘与分布式处理[M]. 王斌，译. 北京：人民邮电出版社，2013.

[34] 林子雨，赖永炫，林琛，等. 云数据库研究[J]. 软件学报. 2012,23(5): 1148-1166.

[35] 姚宏宇，田溯宁. 云计算——大数据时代的系统工程[M]. 北京：电子工业出版社，2013.

[36] 曹伟. MySQL 云数据库服务的架构探索[J]. 程序员，2012(10): 90-93.

[37] 埃里克·雷德蒙，吉姆·R. 威尔逊. 七周七数据库[M]. 王海鹏，田思源，王晨，译. 北京：人民邮电出版社，2013.

[38] 范凯. NoSQL 数据库综述[J]. 程序员，2010(6): 76-78.

[39] 王道远. Spark 快速大数据分析[M]. 北京：人民邮电出版社，2015.

[40] 张利兵. Flink 原理、实战与性能优化[M]. 北京：机械工业出版社，2019.

[41] 朱扬勇，叶雅珍. 从数据的属性看数据资产[J]. 大数据. 2018,4(6): 65-76.